The Development of Agriculture and Rural
Science-Technology in Zhejiang Province

浙江农业和农村科学技术发展历史研究

张　蕾　毛建卫　主编

U0221366

ZHEJIANG UNIVERSITY PRESS
浙江大学出版社

图书在版编目(CIP)数据

浙江农业和农村科学技术发展历史研究 / 张蕾，毛建卫主编. —杭州：浙江大学出版社，2020.3
ISBN 978-7-308-19799-1

Ⅰ.①浙… Ⅱ.①张… ②毛… Ⅲ.①农业技术—技术史—浙江—1012—2010 Ⅳ.①S-092

中国版本图书馆 CIP 数据核字(2019)第 275502 号

浙江农业和农村科学技术发展历史研究

张　蕾　毛建卫　主编

责任编辑	石国华
责任校对	杨利军　许晓蝶
封面设计	周　灵
出版发行	浙江大学出版社
	（杭州市天目山路 148 号　邮政编码 310007）
	（网址：http://www.zjupress.com）
排　　版	杭州星云光电图文制作有限公司
印　　刷	杭州高腾印务有限公司
开　　本	710mm×1000mm　1/16
印　　张	17.5
插　　页	4
字　　数	360 千
版印次	2020 年 3 月第 1 版　2020 年 3 月第 1 次印刷
书　　号	ISBN 978-7-308-19799-1
定　　价	78.00 元

```
    ┌4┐
1 │ 3 │ 2
    └5┘
```

图1　余姚河姆渡出土的稻谷（距今7000－6500年）

图2　浙江省农科院研究完成的"大麦和性花叶病在禾谷多黏菌介体内的发现和增殖"

图3　中国水稻研究所研究完成的"印水型水稻不育胞质的发掘及应用"

图4　浙江省农科院完成的"浙江省新围海涂综合治理与农业利用研究"

图5　嘉兴市农业科学研究所育成的晚稻（糯）"秀水48"和"祥湖25"

图6 中国水稻研究所育成的"协优9308"和"汕优10号"杂交水稻新组合

图7 浙江省农科院育成的"Ⅱ优7954"

图8 浙江省农科院国家大麦改良中心

图9 浙江省农科院育成的雄蚕新品种

图10　中国农业科学院茶叶研究所育成的"中茶102"和"中茶302"

图11　浙江省农科院育成的"之豇28-2"豇豆

图12　中国农业科学院茶叶研究所"茶叶功能成分提取及四种系列产品研制"

图13　浙江省农科院育成的瘦肉型猪种
　　——新嘉兴黑猪（嘉兴市农业局）

图14　浙江省农科院"环保型规模化养猪业的关键技术研究与示范"

图15　温岭高峰牛

图16　浙江省海洋水产研究所"中国对虾工厂化全人工育苗"

图17　宁波大学"三疣梭子蟹人工育苗与品系选育"

图18　浙江省淡水水产研究所"淡水名优鱼类规模化繁育及健康养殖技术开发与示范"

图19 浙江林学院"毛竹笋竹速生丰产林"

造林前

马尾松林
择代后现场

造林后1a

择伐10a后种
恢复状况

造林后3a

锥栗林3a

杉木、马褂木、
毛红椿交林1a

木荷人工林3a

图20 浙江林科院"森林生态体系快速构建"

图21 浙江林学院"竹炭及其系列产品"

图22　浙江省林科院"竹材深加工系列产品"

图23　浙江工业大学研制"小型农业作业机"

图24　浙江省农科院育成早稻"原丰早"

图25　浙江省农科院建成无土栽培研究中心

内容简介

农耕文明是中华文明的基石,在几千年的文明传承中,农业生产始终是推动农耕文明发展的重要因素,而农业科学技术进步是促进农业生产发展的重要支撑。纵观浙江省古代农业、近代农业和现代农业的发展进程,发现浙江早就形成了较系统的农业生产指导思想和技术体系,包括与农耕文明一体的涵盖思维、方法和工具的独特的农业科技创新方法。

《浙江农业和农村科学技术发展历史研究》一书,探讨的是新石器时期到2010年浙江农业和农村科技发展的历史。它以浙江省农业发展历史为基础,以浙江省历史上实施重大或重点科技项目和取得的科技成就为主线,系统收集整理了30多万字的浙江省古代农业、近代农业和现代农业科学技术发展资料。其主要内容包括农业科学技术的起源、演变和发展规律,以及农业基础、农业水利、种植业、畜牧养殖业、海洋与淡水渔业、林业与生态、涉农领域高科技新业态或新产业发展、科技促进农村经济社会发展等八大领域和多个技术节点。重点突出三个大类21个产业:第一,战略性产业,如粮油产业;第二,传统农业主导产业,如水产、畜牧、竹林、茶叶、蚕桑、果品、蔬菜、中药材、食用菌、花卉等10个产业;第三,涉农高科技新业态或新兴产业,如农业生物技术、农业信息技术、农业生物质能源与材料、农业生物药物及其制品、营养健康食品设计与制造、农业生物种业、新型海洋农业、新型微生物农业、设施农业技术与装备、智能化农业机械与装备等10个产业。对上述21个产业全产业链中与主要节点相关的产业科技创新成就(果)和大事件进行概括,梳理其起源、发展及演化过程,深入剖析其经典科技专项、重大(点)科技项目、科技制度和科技大事件的创新思维、创新方法和创新工具三个方面的演变规律。探讨、分析和归纳总结浙江省农业和农村科学技术遗产,达到古为今用的目的。本书的读者对象是各级农业和农村领导干部、科技人员、涉农高校科研院所师生,以及农业史、经济史、科技史的研究人员。

本书编委会

主　编　张　蕾　毛建卫
副主编　戴丹丽　俞　峻

参编人员（按姓氏笔画排列）

王阳光	王志安	计东风	邓尚贵
叶兴乾	付建英	付深渊	朱　华
朱丹华	刘建新	江用文	李志兰
杨建明	杨悦俭	吴　迪	何革华
汪奎宏	陈昆松	陈国定	郑可峰
郑寨生	项品辉	胡培松	郜海燕
姚海根	骆文坚	徐汉祥	黄坚钦
童再康	谢　鸣	谢起浪	鲍国连
蔡为明	魏克明		

目　录

第一章　概　论 ……………………………………………………（1）

一、浙江省农业科学技术的起源 …………………………………（1）

二、浙江省农业科学技术的演变 …………………………………（2）

三、浙江省农业科学技术的发展规律 ……………………………（3）

第二章　农业基础研究 ……………………………………………（7）

第一节　农史与农业资源调查研究 ………………………………（7）

一、农史研究 ………………………………………………………（7）

二、农业资源调查研究 ……………………………………………（8）

第二节　农业应用基础研究 ………………………………………（9）

一、作物生理和遗传基础研究 ……………………………………（9）

二、自然科学基金项目研究 ………………………………………（10）

第三节　土壤与肥料 ………………………………………………（12）

一、土壤 ……………………………………………………………（12）

二、肥料 ……………………………………………………………（12）

第四节　农作物种子与种苗 ………………………………………（14）

一、品种评选与利用 ………………………………………………（14）

二、品种选育 ………………………………………………………（14）

三、品种区试和审定 ………………………………………………（14）

第五节　农药与植物保护 …………………………………………（15）

一、农药 ……………………………………………………………（15）

二、植物保护 ………………………………………………………（17）

第三章　农业水利 …………………………………………………（20）

第一节　水文和水资源 ……………………………………………（21）

一、水文 ……………………………………………………………（21）

二、水资源 …………………………………………………………（26）

第二节　农田水利 …………………………………………………（27）

一、蓄水灌溉 ………………………………………………………（27）

二、引水灌溉 ………………………………………………………（29）

三、机电排灌 ………………………………………………………（29）

　　　四、涝、渍治理 ……………………………………………（31）

　　　五、水土保持 ……………………………………………（33）

　　第三节　海涂围垦 …………………………………………（34）

　　　一、海涂资源调查 ………………………………………（34）

　　　二、钱塘江河口围垦 ……………………………………（35）

　　　三、海岸围垦 ……………………………………………（35）

　　　四、堵港蓄淡 ……………………………………………（37）

　　第四节　农村小水电 ………………………………………（38）

　　　一、小河流水资源开发 …………………………………（39）

　　　二、水库坝型 ……………………………………………（39）

　　　三、钢丝网水泥压力管 …………………………………（41）

　　　四、水电站虹吸式进水口 ………………………………（41）

　　　五、小型水力发电机组自动化 …………………………（42）

　　　六、县小水电电网电力调度自动化 ……………………（42）

　第四章　种植业 ………………………………………………（43）

　　第一节　粮油作物 …………………………………………（43）

　　　一、耕作制度及其配套技术研究 ………………………（43）

　　　二、水稻 …………………………………………………（44）

　　　三、大小麦 ………………………………………………（47）

　　　四、旱粮 …………………………………………………（49）

　　　五、油菜 …………………………………………………（50）

　　第二节　经济作物 …………………………………………（51）

　　　一、蚕桑 …………………………………………………（51）

　　　二、茶叶 …………………………………………………（54）

　　　三、中药材 ………………………………………………（56）

　　　四、棉花 …………………………………………………（58）

　　　五、麻 ……………………………………………………（59）

　　第三节　园艺作物 …………………………………………（60）

　　　一、果品 …………………………………………………（60）

　　　二、蔬菜 …………………………………………………（62）

　　　三、食用菌 ………………………………………………（65）

　　第四节　农产品贮藏与加工 ………………………………（67）

　　　一、粮油产品 ……………………………………………（67）

　　　二、桑茶产品 ……………………………………………（71）

　　　三、果蔬菌产品 …………………………………………（75）

第五章　畜禽养殖业 …………………………………………………（79）

　第一节　畜牧 ………………………………………………………（79）

　　一、猪 ……………………………………………………………（79）

　　二、牛 ……………………………………………………………（81）

　　三、羊 ……………………………………………………………（83）

　　四、兔 ……………………………………………………………（84）

　　五、鸡 ……………………………………………………………（85）

　　六、鸭 ……………………………………………………………（85）

　　七、鹅 ……………………………………………………………（86）

　第二节　兽医 ………………………………………………………（87）

　　一、畜禽传染病 …………………………………………………（87）

　　二、家畜寄生虫病 ………………………………………………（90）

　第三节　营养与饲料 ………………………………………………（92）

　　一、动物营养基础研究 …………………………………………（92）

　　二、饲料资源调查 ………………………………………………（92）

　　三、饲料资源的开发利用 ………………………………………（93）

　　四、配合饲料研究 ………………………………………………（94）

　　五、饲料添加剂及预混饲料研究 ………………………………（94）

　第四节　蜜蜂 ………………………………………………………（96）

　　一、蜜蜂引种和良种选育 ………………………………………（96）

　　二、饲养和采集技术 ……………………………………………（97）

　第五节　畜产品保鲜与加工 ………………………………………（97）

　　一、肉禽蛋加工 …………………………………………………（97）

　　二、乳品加工 ……………………………………………………（100）

　　三、蜂蜜产品 ……………………………………………………（101）

第六章　海洋与淡水渔业 ……………………………………………（103）

　第一节　水产资源调查与区划 ……………………………………（103）

　　一、海洋渔业资源调查与区划 …………………………………（103）

　　二、专属经济区划界影响的调查 ………………………………（104）

　　三、浅海滩涂渔业资源调查和区划 ……………………………（105）

　　四、内陆水域渔业资源调查与区划 ……………………………（106）

　　五、浙江省渔业区划 ……………………………………………（106）

　第二节　渔业捕捞与机械 …………………………………………（107）

　　一、淡水与海洋捕捞 ……………………………………………（107）

　　二、渔业机械 ……………………………………………………（108）

第三节　海洋水产养殖 ……………………………………………………（110）

　　一、育苗与养殖技术 ………………………………………………（110）

　　二、浅海滩涂综合利用技术 ………………………………………（114）

第四节　淡水水产养殖 ……………………………………………………（115）

　　一、育苗技术 ………………………………………………………（115）

　　二、养殖技术 ………………………………………………………（119）

第五节　饲料与鱼病防治 …………………………………………………（121）

　　一、养鱼饲料 ………………………………………………………（121）

　　二、鱼病防治 ………………………………………………………（122）

第六节　水产品保鲜与加工 ………………………………………………（123）

　　一、保鲜 ……………………………………………………………（123）

　　二、加工 ……………………………………………………………（124）

　　三、综合利用 ………………………………………………………（126）

第七章　林业与生态 ………………………………………………………（130）

第一节　资源调查与规划 …………………………………………………（131）

　　一、资源调查 ………………………………………………………（131）

　　二、造林规划设计 …………………………………………………（131）

　　三、城镇环境规划设计 ……………………………………………（132）

　　四、森林经理 ………………………………………………………（133）

第二节　林木良种与森林培育 ……………………………………………（133）

　　一、林木遗传改良 …………………………………………………（133）

　　二、花卉苗木引种驯化与选育 ……………………………………（139）

　　三、森林培育 ………………………………………………………（140）

第三节　森林保护与生态安全 ……………………………………………（144）

　　一、森林保护 ………………………………………………………（144）

　　二、生态安全 ………………………………………………………（145）

第四节　林业机械与装备 …………………………………………………（147）

　　一、营林机械及装备 ………………………………………………（147）

　　二、森保机械及装备 ………………………………………………（148）

　　三、森工机械及装备 ………………………………………………（148）

第五节　林产化工与木材加工 ……………………………………………（148）

　　一、林产化工 ………………………………………………………（148）

　　二、木材加工 ………………………………………………………（150）

第八章　涉农高科技新业态或新兴产业发展 ……………………………（152）

第一节　农业生物技术及其制品 …………………………………………（152）

一、植物生物技术 ……………………………………… (152)

二、动物生物技术 ……………………………………… (154)

三、林业生物技术 ……………………………………… (156)

第二节 农业信息与核技术及其装备 ……………………… (157)

一、农业信息技术 ……………………………………… (157)

二、农业机械装备 ……………………………………… (160)

三、核技术在农业上的应用 …………………………… (162)

第三节 农业生物质能源与材料 …………………………… (164)

一、农业生物质能源利用技术 ………………………… (164)

二、农业生物质材料 …………………………………… (165)

第四节 农业生物药物及其制品 …………………………… (166)

一、生物农药、兽药和鱼药 …………………………… (166)

二、酶制剂及制品 ……………………………………… (168)

第五节 营养健康食品设计与制造 ………………………… (170)

一、农产品精深加工技术 ……………………………… (170)

二、营养食品设计与制造 ……………………………… (172)

三、功能性食品设计与制造 …………………………… (173)

第六节 现代设施农业技术与装备 ………………………… (176)

一、农作物设施种植技术 ……………………………… (176)

二、畜禽设施养殖技术 ………………………………… (177)

三、水产设施养殖技术 ………………………………… (178)

四、现代设施农业装备及材料研制 …………………… (179)

第七节 农产品质量安全与标准化技术 …………………… (181)

一、农业"三药"(农药、兽药和鱼药)残留研究 ……… (181)

二、粮油果蔬产品质量安全与标准化技术研究 ……… (182)

三、畜产品质量安全与标准化技术研究 ……………… (183)

四、水产品质量安全与标准化技术研究 ……………… (184)

第九章 科技促进农村经济社会发展 ………………………… (187)

第一节 星火计划与乡镇企业的发展 ……………………… (187)

一、星火计划工作 ……………………………………… (188)

二、星火计划的方针与政策 …………………………… (195)

三、星火计划的主要成效 ……………………………… (198)

四、星火计划实施成功原因分析 ……………………… (201)

第二节 农业科技成果转化计划与高效生态农业发展 …… (203)

一、基本做法 …………………………………………… (204)

二、主要作用 …………………………………………………………（207）

三、主要成效 …………………………………………………………（212）

第三节　科技特派员制度创新促进了欠发达县（市、区）科技跨越发展 …（213）

一、科技特派员制度的起因 …………………………………………（214）

二、科技特派员制度主要运行模式和工作机制 ……………………（214）

三、科技特派员制度的主要作用与实施体会 ………………………（217）

第四节　科技创新载体（平台）与农业高科技园区建设 ………………（219）

一、农业科技创新载体（平台）建设 …………………………………（219）

二、农业高科技园区 …………………………………………………（223）

第五节　科技富民强县与新农村建设科技示范 ………………………（233）

一、科技富民强县专项行动 …………………………………………（233）

二、新农村建设科技示范 ……………………………………………（238）

参考文献 …………………………………………………………………（242）

附录一　国家奖励项目名录 ……………………………………………（244）

附录二　新石器时代到 2010 年浙江农业和农村科学技术发展大事记 ……（245）

附录三　部分农业生物学名表 …………………………………………（255）

后　记 ……………………………………………………………………（263）

第一章 概 论

一、浙江省农业科学技术的起源

现代农业科学是近百年来从西方传入的,被称为实验科学。中国古代农业则是一种长期积累的经验科学,但含有不少合乎现代农业科学的成分。如徐光启的《农政全书》、宋应星的《天工开物》、湖州地区涟川沈氏的《沈氏农书》和嘉兴地区张履祥的《补农书》、金华地区胡炜的《胡氏治家略农事编》等论著,都有丰富的科学性内容。但是因缺乏现代生物学、化学等自然科学的支持,始终未能进入现代农业科学领域。

我们中华民族的祖先,如果从元谋猿人算起,至今已有一百七十万年以上的历史了。但在相当漫长的历史岁月里,人们是靠采集野生植物的果实、根、茎、叶,捕捞水生物和狩猎野兽为生的。后来,人们逐渐发现当时到处生长的一些草本植物的籽粒,既可充饥,又可储存,采集又容易,于是就把它作为主要食物。古史传说中的"神农……乃求可食之物,尝百草之实。察酸苦之味,教民食五谷"(《新语·道基》)可视为农业发生之际的写照。但是,这时候还不能算是真正产生了农业。只有当人们经过长期的采集野生谷物的实践,发现掉在地上的籽粒在来年会发芽、长苗、抽穗、结实,从而尝试将收集来的谷粒撒在地里以待秋后收获的时候,才算真正发明了农业。《淮南子·修务训》所说的"神农乃始教民播种五谷",大约指的就是这一时期。这一时期大体上就是我国考古学上所说的旧石器时代末期到新石器时代初期,距今大约一万年。

浙江是全国农业发展的源头地区之一。在新石器时期的原始社会中,浙江的祖先随着生产实践经验的积累,原始技术才开始萌芽。1936 年,余杭县良渚首次发现新石器时代晚期人类居住的良渚文化遗址,距今已有四五千年历史。1987 年出土的石钺、石镰、石铲、陶器、玉器,尤其是大型三角石犁标志着农业生产已从耜耕进入人力犁耕。玉器、石器的制造由打制发展为磨琢技术。1973 年,余姚县河姆渡遗址中出土的石器、陶器、骨器、玉器和大量的骨耜、稻谷等遗迹,经测定,距今六七千年。骨耜是耕地工具,说明浙江祖先已进入耜耕农业时代。2000 年,经浙江省文物考古研究所三期专题考古,浦江县上山遗址中发现不同形式的灰坑、灰沟、柱洞及由柱洞构成的木构建筑遗迹,出土了以大口盆、平底盆、双耳罐为典型代表的陶器群和以石磨盘、石磨棒、石球等砾石石器为特征的石制工具。经碳-14 测定,其年代在公元前 11400—前 8600 年。值得注意的是,在夹陶器的胎土中,羼和了大量的稻壳、稻叶,遗址还出土了稻米遗存。原始生产技术的改进,促进了农业生产的发展,同时,形成原始手工业,开始制作陶器、竹木器、玉器等。

二、浙江省农业科学技术的演变

(一)春秋战国时期

这一时期是奴隶社会向封建社会的过渡时期,农业和手工业技术得到发展。公元前770—前220年,于越族在浙江境内建立了历史上第一个国家——越国。越王勾践(公元前520—前465)奖励农业生产,把谷物分为粢、黍、赤豆、稻粟、麦、大豆、穬(裸麦)、果8类,并依次规定价格。在葛山种葛、麻林山种苎麻,用作纺织原料。在鸡山养鸡、豕山养猪、池塘养鱼。距山阴县(今绍兴地区)20里兴筑富中大塘,垦地为义田。这一时期,手工业技术发展迅速,冶炼技术也已颇具盛名。制陶技术的发展,使浙江较早出现瓷器。

(二)秦汉时期

汉代,牛耕与铁器农具在浙江被广泛推广和应用,促进了农业生产效率的提高。东汉永和五年(140),会稽太守马臻主持兴建镜(鑑)湖(今鉴湖),周围358里,灌田九千余顷。东汉已进入瓷器生产阶段,这是浙江陶瓷发展的最大特点。东汉初,上虞人王充著《论衡》,记载了当时的科学思想,首次提出潮汐成因与月球有关,还提出以生丝评定蚕质。浙江海盐是全国35处设有盐官的地区之一,既采用直接从海水中煎盐法,也采用制取碱土淋卤煎盐法。

(三)两晋、南北朝时期

两晋时,剡溪一带和余杭由拳村盛产优质藤纸。东晋时,蚕丝业已成为温州和杭嘉湖一带民间的家庭副业,南齐永嘉郡(今温州)用低温催青法制取生种,还创造了"八辈蚕"。南梁天监四年(505),处州詹、南两司马在松荫溪上创建通济堰,这是世界最早的拱坝。南北朝时,浙江已出现把生铁、熟铁配在一起加热的"杂炼生鍒法"。当时,浙北和钱塘江流域的经济(特别是农业、陶瓷、纺织业)有了较快发展。

(四)隋唐五代时期

隋唐五代时期(581—960)的近400年间,浙江人口和劳动力迅速增加,加快了技术发展,特别是农田种植、水利、丝绸、瓷器、造纸、制茶、制盐、矿冶业和航运等。唐代天宝年间(742—756),秧田法从中原传入浙江,杭州开始移栽水稻,得到丰收。当时兴修杭州西湖、海宁长安闸等30多处水利工程。后梁开平年间(907—910),吴越王钱镠发动修筑杭州捍海塘,创造"石囤木柜法",这是国内水利工程史上的创举。唐代中期后,越州(今绍兴)首先成为江南丝织中心。同期,国内瓷器业出现"南青(瓷)北白(瓷)"的特点。大业六年(610)开通京口(今镇江)至余杭(今杭州)的江南运河,沟通了海河、黄河、淮河、长江与钱塘江五大水系,促进了航运业发展。唐开元中期,四明(今宁波)人陈藏器汇集唐《新修本草》所遗漏并加增订,作《本草拾遗》10卷,这是一部草学上的重要著作。唐上元初期,陆羽在苕溪撰世界上第一部茶叶专著《茶经》。

(五)宋元时期

宋代是浙江农业和手工业发展的重要时期。尤其是南宋定都临安(今杭州),临安成为全国政治、经济中心,发展尤为迅速。在农业上,临安开始兴修水利,由官府引种"占城稻"和粟、麦、黍、豆等,烤田壮根、增施肥料等技术也在全国处于先进水平。同时,棉、桑、茶、柑橘、甘蔗等作物种植技术也有改进。韩彦直撰世界上首部柑橘专著《橘录》,记载柑橘品种、栽培、贮藏、加工等经验。其间,以龙泉窑为代表的青瓷体系成为宋代六大窑系之一。其间,浙江是全国酿酒最发达地区之一,国内第一部酿酒专著《北山酒经》在杭州问世。北宋钱塘(今杭州)人沈括在数学、物理、天文、地学、气象、生物、医药等方面都有研究成就,其所著《梦溪笔谈》是一部科技史的典籍。南宋仙居人陈仁玉于淳祐五年(1245)著《菌谱》,天台人陈景沂于宝祐四年(1256)著《全芳备祖》,为国内最早的生物学著作。

(六)明清时期

农业生产中除水稻、麦外,又引进玉米、甘薯等新品种。明代,浙江实行两熟制,东南沿海发展间作稻,耕作林木日益精细,密植、施肥、除草已作为粮食增产的技术措施。渔业生产技术逐步完善。清代,水稻栽培技术进一步提高。

浙江古代传统农业科技的积累虽已取得重要进展,但到明、清时期,朝廷实行闭关锁国政策,严重束缚农业和手工业科学技术的发展,使原来处于领先的科技落后于西方。

三、浙江省农业科学技术的发展规律

19世纪80年代以后,浙江从闭关自守转而开放门户,西方的资本、机器、医药技术由此较早进入,国外先进的农业和手工业科学技术也逐步传入。清光绪八年(1882),海宁县硖石镇创办省内首家由机器加工大米的碾米厂——泰润北米厂。以后,省内陆续开办通益公纱厂、世经缫丝厂和大缫丝厂,到辛亥革命前夕,浙江已有数十家民族资本企业。

19世纪末20世纪初,一批科学家和有识之士怀着"科学救国"愿望,出国留学,回国后在浙江传播现代科学技术、组建科研机构和科技社团、创办现代学校、培养科技人才,为浙江现代科学技术的形成和发展做出重要贡献。

清光绪二十三年(1897)浙江成立蚕学馆,在全国率先引进日本优良蚕种和法国的蚕病防治技术。宣统三年(1911),浙江创办了全国第一个农业研究机构——浙江农事试验场。民国十六年至二十六年(1927—1937)是浙江农业试验研究发展较快的时期,先后建立稻麦、蚕业、茶叶、园艺、病虫防治、家畜、土壤、水产等试验场(所),进行品种改良、种植制度、栽培和养殖技术的研究改进和推广。民国二十一年(1932),莫定森主持稻麦试验工作后,开始稻麦杂交育种,颇有成效。民国二十年(1931)抗日战争爆发以后,浙江农业研究机构裁并迁往松阳县,建立浙江省农业改进所,民国三十五年(1946)迁回杭州拱宸桥稻麦改良场原址。浙江省农业改进所综管全省农业试验研究和推广工作。

中华人民共和国成立后,农业科研事业迅速发展。1951年,浙江省人民政府决定将省农业改进所更名为浙江省农业科学研究所。1957年12月、1958年1月,周恩来总理、毛泽东主席先后视察浙江省农业科学研究所。20世纪50年代,新兴学科开始起步,浙江农学院创立种子教学研究学科,建成同位素实验室,开展生长激素和核技术的农业应用研究。全省11个地(市)先后建立农业试验站。中国农业科学院在杭州建立中国农业科学研究院茶叶研究所(以下简称"中茶所")。1953年,浙江实现全省粮食自给,棉、油、茧、茶、猪商品量增加,促进轻纺、食品和外贸业的发展。1960年,中共浙江省委决定将浙江省农业科学研究所扩建为浙江省农业科学研究院(以下简称"省农科院"),并提出了自然科学研究工作十四条意见。各地贯彻执行省委的决定,地(市)农业试验站先后扩建为地(市)农业科学研究所。1964年2月,国家林业局在浙江省富阳县建立中国林业科学研究院亚热带林业研究站。1978年8月更名为中国林业科学院亚热带林业研究所(以下简称"中林院亚林所")。1966年,国家海洋局在杭州建立国家海洋局第二海洋研究所(以下简称"国家海洋二所")。1964年,全省建立了2万多个农业科学实验小组。粮食生产在推广三熟制的同时,引进和培育矮秆良种,实现水稻品种更换的第一次突破。1965年,浙江在全国首先提出发展粮食生产的良田、良制、良种、良法的"四良"配套技术,继续大修水利,发展电力排灌,在低丘红壤地区推广以磷增氮,改良土壤,加速开发利用。1966年,全省粮食耕地亩产达437公斤,成为全国第一个实现《全国农业发展纲要(草案)》规定的粮食耕地亩产800斤(400公斤)的省。海洋渔业捕捞由木质机帆船向钢质机帆船转变。林业发展速生丰产,1961年在黄岩县进行首次飞机播种。农村小水电得到快速发展。1966—1976年,科技人员在极其艰苦的条件下坚持科学技术试验,选育成适应三熟制发展需要的早中迟熟配套的早稻矮秆良种,全面更换了高秆品种,晚粳育种也取得重大进展,实现了水稻品种的第二次突破。1972年全省粮食亩产541公斤,是全国第一个亩产超千斤的省。桑茶果树矮化密植,大幅度提高产量。自力更生建造渔轮,发展捕捞。1977年开始大面积推广籼型杂交晚稻,改变连作晚粳产量低的局面,实现水稻品种第三次突破。

1978年,党的十一届三中全会和全国科学大会以后,浙江从地少人多、农业后备资源缺乏的实际出发,于20世纪80年代逐步确立科教兴农的战略。省政府于1987年成立协调农业科研和技术推广的领导小组,农业科学研究工作进入了一个新的发展时期。(1)基本形成了专业门类齐全的研发机构。国家有关部门在浙江新建水稻、茶叶加工、竹子、农村电气化等研发机构。县普遍建立农科所,从事技术的试验示范。(2)组织多学科协作攻关,育成并更换水稻良种,推广模式栽培等一大批先进适用技术。80年代中后期开展大规模吨粮田建设,对低丘红壤、滩涂、圩区、山区、水库流域进行区域性综合开发,对病虫实行综合防治,蚕桑、茶叶、棉花、柑橘、畜牧、水产、林业等也都引进或选育了一批优良品种,加上现代的栽培、饲养技术,产量大幅度提高。(3)生物技术、信息技术、核技术等高新技术在农业环境保护和农产品安全等领域的应用取得突破性进展。其中辐射育种、叶绿体基因工程、核技术在农业上应用,"籼粳稻亚种间杂交""大面积水产高产养殖""瘦肉型猪配套新品种系选育""杉木无性系选择方法和繁育""蔬菜无土栽培研究"处国内先进水平。(4)各级农业技术推广机构和以农民为主体的各种农业技术服务组织结合,推广应用农业科技成果。(5)加强国际的农业科技交流和合作,引进一批新品种、新技术。

1991—2000年,组织实施"八五"(1991—1995)和"九五"(1996—2000)两个农业科技发展五年规划。重点实施"8812"(籼粳亚种间杂种优势利用)"9410"(优质专用早籼稻育种)"优质高产多抗晚稻新品种选育""9602"(饲料资源开发利用)及"科技兴海"等5个重大科技专项计划。这一时期在超级杂交稻、高油双低油菜、优质高产专用早籼稻、优质食用晚粳稻、杉木杂交新品系选育、猪羊品系引进改良、海水虾淡水驯化等方面获得较大成功,推动了农产品的专用化、优质化和特色化。水稻轻型栽培、复合型旱地综合开发、城郊型粮经结合种植模式开发、冬春边"三笋"综合配套技术、多功能用材林高效生产技术等主要农作物及特色林木生产技术方面形成重要成果,促进了农产品生产向高产优质高效方向发展。规模养猪、大黄鱼人工育苗、泥蚶全人工养殖等畜禽、水产集约化生产技术等得到较快发展,丰富了居民菜篮子,提高了人民生活水平。

进入21世纪后,为认真贯彻落实国务院印发的《农业科技发展纲要(2001—2010年)》和全国农业科学技术大会精神,加快推进全省农村全面小康社会建设,浙江省委省政府于2001年和2006年连续2次召开全省农业科学技术大会,组织实施《浙江省"十五"农业和农村科技发展规划》《浙江省"十一五"农业和农村科技发展规划》。"十五"(2001—2005)期间,重点实施"农业生物技术""农产品精深加工""农产品安全与标准化""主要农作物新品种选育""优质高效安全畜牧业""海洋与淡水渔业""现代林特业""现代农业工程技术""农业水土资源保护利用""农业高科技园区与特色农业科技示范基地建设"等10个农业科技专项。2001年,在全国率先启动实施省级农业科技成果转化计划;2003年,启动实施农村科技特派员制度;2004年,启动农业科技企业研发中心和农业科技企业创建培育工作。其间,浙江农业科学研究方向与重点实现了重大转变,促进了50多个技术领域研发水平达到全国先进或部分领先水平。"十一五"(2006—2010)期间,启动实施《浙江省农业和农村科技创新能力提升行动计划》,重点实施现代农业科技创新工程和现代农村科技推广工程,构建新型农业科技创新服务体系。其间,粮油、蔬菜、茶叶、果品、畜牧、水产、竹木、花卉、蚕桑、食用菌、中药材等11个农业主导产业科技支撑明显增强,农业生物种业、农产品精深加工、农业生物技术及其制品、农业信息技术与装备、现代海洋农业与装备等涉农高科技产业培育明显加快,其增加值占农业 GDP 的比重明显提高,60 多个技术领域研发水平达到全国领先或部分国际领先水平,荣获省部级以上科技进步奖 300 多项。截至 2010 年,全省 43 个涉农高校和科研院所有科技人员 4763 人,其中专业科研人员 2627 人。省、市、县(市、区)农业和水产推广科技人员 16266 人(不包括农民),其中具有高级技术职称 1733 人。林业推广科技人员 734 人,其中具有高级职称 126 人。

第二章 农业基础研究

浙江省农业基础研究始于 20 世纪 20 年代。民国十一年(1922),气象学家竺可桢发表论文《气象与农业的关系》,成为国内农业气象学的奠基人。翌年吴觉农发表《茶树原产地考》,开始农史研究。20 世纪 40 年代,谈家桢、丁振麟、肖辅在作物遗传学方面的论著,成为省内这一学科的先导。中华人民共和国成立后,浙江省农业基础研究主要集中在种植业技术基础和农业应用基础科学研究两大领域,在农史研究、农业资源调查研究、农作物生理和遗传研究,以及土壤与肥料、植物保护与农业生物"三药"、种子与种苗、农田水利工程技术等方面进行了大量研究,取得了一大批突破性科研成果。1961 年,浙江农业大学(简称浙农大)成立农业遗产研究室(1978 年改名为农业科技史研究室)。1979 年,省农科院成立农业自然资源与农业区划研究所;1990 年,浙农大成立农业生态研究所,从此农业基础研究队伍不断壮大。

第一节 农史与农业资源调查研究

一、农史研究

浙江省农业科技史研究始于 20 世纪 20—30 年代,浙江大学有关学者先后发表《茶树原产地考》《中国古代养蜂学史料》《甘薯史略》等论文约 10 篇。农学院吴耕民编著《浙江柑橘栽培史考》《果树园艺学》《蔬菜园艺学》等书籍,成为中国园艺科学的重要奠基人。1945—1948 年,李曙轩多次发表蔬菜生理方面的研究论文。

1961 年,浙农大成立农业遗产研究室。1965 年,游修龄主编出版《浙江农史研究集刊》和《浙江农谚解说》。20 世纪 70 年代,游修龄通过对浙江河姆渡遗址出土文物的重点研究,认为河姆渡遗址是迄今为止亚洲及中国已知的最早稻作遗址,是栽培稻的起源地之一。遗址中稻谷的籼、粳类型并存现象,是原始稻种还没有经受后天选择,保留着原始多型的杂合性状。籼、粳分化是人工选择和自然选择共同作用的结果。中国的籼稻起源于本土,不是国外文献所说由印度传入。1979 年,游修龄发表的论文《从河姆渡遗址出土稻谷试论我国栽培稻的起源、分化和传播》获

1979 年省科学大会奖二等奖,并与其他 20 多篇研究论文一起编成《稻作史论集》出版(中国农业科技出版社出版)。省农科院蒋猷龙关于农蚕起源的研究、浙农大庄晚芳关于茶叶起源的研究等在国内外均有重大影响;章安荣的《浙江枇杷栽培史》、赵荣琛的《黄芽菜栽培史料》、陈学平的《湖州蒸谷米加工技术史》等研究成果,均已收入《浙江农史研究集刊》。90 年代后,杭州大学、浙江省动物学会董韦苑等 10 多人,用 6 年时间编著的《浙江动物志》,获浙江省科技进步奖一等奖。杭州大学、浙江省植物学会方云忆等 10 多人,用 6 年时间编著的《浙江植物志》,获浙江省科技进步奖一等奖和第七届全国优秀科技图书奖一等奖。中国水稻研究所熊振民、蔡洪法等 58 人共同编著出版的《中国水稻》一书,获农业部科技进步奖二等奖。浙江涉农相关厅局相继开展了农业及其技术发展史的软科学研究,编著出版了《浙江省科学技术志》《浙江省农业志》《浙江省水利志》《浙江省粮食志》《浙江省水产志》《浙江省林业志》《浙江省土地志》《浙江省茶叶志》《浙江省盐业志》《浙江省蜂类志》等一批记载农业及其科学技术发展历史的书。省涉农高校科研院所重视农业科技发展史研究,编著出版了多种成果,如:省农科院的《1911—2011 年浙江省农业科学院志》、中国水稻研究所的《1981—1999 年中国水稻研究所志》、浙江大学农业与生物技术学院的《1910—2010 年浙江大学农业与生物技术学院志》、浙江林科院的《1958—2008 年 50 年林业科技发展历程》、浙江农林大学的《2003—2009 年浙江林学院科研发展报告》、浙江省海洋水产研究所的《1953—2003 年浙江省海洋水产志》、浙江省淡水水产研究所的《1952—2001 年浙江省淡水水产研究所志》。浙江省科委(科技局、科技厅)从 20 世纪 80 年代开始,到 2010 年相继编著出版了浙江省"六五""七五""八五""九五""十五""十一五"等 6 个五年农业科技发展研究报告和《浙江星火计划大全》《浙江星火计划十五年》等一批记载农业科技发展历史的书。

二、农业资源调查研究

(一)农业资源调查

1958—1960 年进行全省土壤普查。1979—1990 年开展土地利用现状概查,基本查清全省土地总面积(含海涂)为 10.53 万平方公里。1981 年,省农垦局完成浙江省红黄壤利用改良区划。1999 年,浙江省土地管理局王松林等进行的"浙江省土地资源详查研究"获省科技进步奖一等奖。

1958 年,全省开展野生植物资源调查,调查成果汇集为《浙江中药资源名录》《浙江药用植物志》《浙江药用资源名录》等。省农科院刘无畏等撰写的《全国野生大豆资源考察与收集》获 1980 年农业部技术改进奖一等奖。瑞安县农业局参与撰写的《中国水牛资源调查》获 1983 年农牧渔业部技术改进奖一等奖。1986 年,杭州大学生物系指出省内高等植物门类齐全、资源丰富,提出"东南植物宝库"的概念。1987—1990 年,省农业厅、省林业厅、省水产局分别进行名特优品种资源调查,汇编成《浙江省农林牧渔业名特优品种资源集》。1989—1990 年,省农业区划办主持开展山丘坡地资源调查,1990 年又进行以四低(中低产田、低产园地、低产林地、低产水面)和四荒(荒地、荒山、荒水、荒滩)为主的后备土地资源调查。

1980—1990 年,省农科院、杭州大学及有关厅局完成的"浙江省农业资源和综合农业区划研究",获 1990 年农业部科技进步奖二等奖。1986 年,省农业厅完成"浙江省种植业区划研究"和"浙江省畜牧业综合区划研究"。1979—1986 年,省水利厅完成"浙江省水资源调查与水利区划研究"。1985—1987 年,省气象局完成"浙江省综合农业气象区划研究"。1986 年,省水产局完成"浙江省综合渔业区划研究"。1979—1996 年,省林业厅完成"浙江省林业区划研究"。1987 年,省乡镇企业局完成"浙江省乡镇企业区划研究"。1996 年,中国农科院茶叶研究所等进行的"茶树优质资源的系统鉴定与综合评价",获国家科技进步奖二等奖。2001 年,省政府防汛防旱指挥部办公室主持完成"浙江省重大自然灾害和风险区划研究",获省科技进步奖二等奖。

(二)海洋与淡水渔业资源调查

在本书第六章"海洋与淡水渔业"第一节"水产资源调查与区划"中记述。

(三)林业资源调查与规划设计研究

在本书第七章"林业与生态"第一节"资源调查与规划"中记述。

第二节　农业应用基础研究

一、作物生理和遗传基础研究

民国三十五年(1946),丁振麟在《中华农学会报》上发表《野生大豆与栽培大豆之遗传研究》,获中央研究院科学论文奖二等奖。浙江省作物生理研究,从 20 世纪 40 年代李曙轩的蔬菜生理研究、并首次应用植物生长调节剂开始,逐步扩展到各个领域。

中华人民共和国成立后,浙江省农业应用基础研究工作分散在各个科学研究项目中,主要集中在农作物生理和遗传研究领域。1950 年,浙江农学院进行结球白菜叶形成与花芽分化机理研究,获 1988 年国家教委科技进步奖一等奖。1951 年,肖辅、申宗坦在《中国农业研究》上发表论文,提出南方型洋麻经 12 小时短日照处理 20 分钟,可促进提早现蕾,但不能结果,如再增加 10 天短日照处理,则可促进开花并获得种子。20 世纪 60 年代以后,水稻、大小麦、棉花等作物的遗传研究和新品种选育同时展开。1980—1985 年,省农科院陆定志等人进行"杂交水稻高产生理基础及生理生化指标研究",获 1985 年省科技进步奖二等奖。1981 年,浙农大进行"水稻营养生理研究",获 1989 年国家教委科技进步奖二等奖。1979—1986 年,浙农大用 ^{14}C 标记的葡萄糖、尿嘧啶、尿嘧啶核苷、15 种氨基酸、核糖核酸等分别进行溶液培养研究,该成果获 1989 年国家教委科技进步奖二等奖。1986—1990年,浙农大进行"全国有机肥作用、供肥机制和提高作物产量实施技术研究",该成果获 1991 年农牧渔业部科技进步奖二等奖。浙农大吴平进行"溶液培养与土壤培养试制比较和基因定位比较研究",该成果荣获教育部 2000 年自然科学奖一等奖。浙农大饲料研究所进行"改善畜禽肉蛋白营养调控机理研究",该成果荣获省科技进步奖二等奖。1986 年,浙农大薛庆中等从花培抗病品系"单 209"中,发现矮秆突变体"单 209 矮",其具有抗稻瘟病和抗白叶枯病的特性,该成果获 1987 年省优秀科技成果奖二等奖。20 世纪 80 年代中后期,嘉兴市农科院与浙农大合作,将抗性基因导入晚粳稻,育成抗稻瘟病品种"秀水 48""秀水 11""浙农大 40"等。浙农大吴平进行的水稻磷高效基因定位及机理研究,获省科技进步奖一等奖。浙农大朱汉如等进行的"小麦基因导入研究",获 1990 年国家教委科技进步奖二等奖。浙农大汪丽泉等进行的"小麦和大麦属间杂交研究",获 1996 年国家教委科技进步奖二等奖。

二、自然科学基金项目研究

1988 年,省政府批准省科委关于设立浙江省自然科学基金的请示,当年拨款200 万元,并成立浙江省自然科学基金委员会。之后,浙江农业应用基础研究工作进入全面快速发展时期。据浙江省自然科学基金办公室(简称省基金办)统计资料显示:1988—2010 年,浙江省自然科学基金支持农业应用基础研究领域的科研项目有 1146 项,占全省自然科学基金资助项目总量的 18%;研究领域从农作物生理和遗传研究逐渐向分子生物学水平发展,到 20 世纪 90 年代后期,分子生物学研究基本覆盖了生理和遗传研究领域,并达到全国领先或部分国际领先水平;其中最具代表性的成果是省农科院陈剑平等进行的"大麦和性花叶病毒在禾谷多黏菌介体内的发现和增殖的证明研究",该成果获 1992 年农业部科技进步奖一等奖,获 1995年国家科技进步奖一等奖。

中国水稻研究所沈瑛等进行的"稻瘟菌的遗传多样性及其菌丝融合后代的致病性变异研究",获 1999 年国家科技进步奖二等奖。中国水稻研究所黄大年等进行的"用抗除草剂基因水稻快速检测和提高杂交水稻纯度的新技术研究",解决了两系杂交水稻育性不稳定造成种子不纯的难题,入选由中国科学院和中国工程院院士(即两院院士)投票评选的 1997 年中国十大科技新闻的头条。中国水稻研究所与中科院遗传所合作克隆了水稻分蘖关键基因 MOC1 与脆秆基因 BC1,在水稻分子调控机理方面取得突破性进展,研究成果在 *Nature*、*Plaut Ceu* 等重要科学刊物上发表,转基因杂交水稻和水稻单基(MOR1)基因分别被两院院士评为 1997 年和 2003 年中国十大科技进展。

中国水稻研究所与日本专家合作,首次在世界上克隆出一种能增加水稻穗粒数的水稻高产基因,并据此培育出了既高产又对抗倒伏的新型超级稻组合。这一重大突破性成果发表于 2005 年 6 月 24 日出版的美国《科学》杂志上。中国水稻研究所张慧廉等进行的"印水型水稻不育胞质的发掘及应用研究",获 2005 年国家科技进步奖一等奖。

2006 年,浙江大学朱军等进行的"双列杂交和种质资源评价的遗传模型与分析方法研究"获省科技进步奖一等奖。浙江理工大学张跃洲等进行的"昆虫杆状病毒分子生物学研究"获省科技进步奖二等奖。宁波市农科院严成其等进行的"水稻抗真菌(稻瘟病)的基因工程研究"获省科技进步奖二等奖。2008 年,浙江大学周雪平等进行的"双生病毒种鉴定、分子变异及致病机理研究"获省科技进步奖一等奖。傅承新等进行的"濒危药用植物八角莲的保护遗传学及开发利用研究"获省科技进步奖二等奖。中国水稻研究所进行"揭示水稻理想株型形成的分子调控机制研究","水稻基因育种技术研究"获得突破性进展,该项研究成果荣获 2010 年中国十大科技进展。

通过项目的实施,浙江省培养了陈子元、陈宗懋、沈寅初、张齐生、陈剑平等一批农业领域院士,冯明光、张立彬、吴平等一大批国家杰出青年科学基金获得者并收获了一大批高层次原始创新成果。浙江省主持或参与的"杂交水稻理论和克隆水稻中与株型相关的单分蘖突变体分子生物理论研究",通过合理控制分蘖,大大提高了水稻等禾本科作物产量。"稻飞虱鸣声信息行为机制"(张志涛),"蔬菜作物对非生物逆境应答的生理机制及其调控"(喻景权、朱祝军),"马尾松花粉的采集及储存技术"(朱德俊),"王浆、蜂蜜双高产'浙农大 1 号'意蜂品种的培育"(陈盛禄),"家蚕'生物反应器'制备生产生物制品的方法"(张耀洲、吴祥甫),"刨切微薄竹生产技术与应用"(李延军、杜春贵),"高速插秧机的机构创新、机理研究和产品研制"(赵匀、陈建能)等一大批研究项目荣获国家技术发明奖。"规模化猪禽环保养殖业关键技术研究与示范"(徐子伟等),"基于丝素反应特性调控原理的蚕丝高色牢度染色技术开发及产业化"(邵健中等),"工厂化农业(园艺)关键技术研究与示范"(徐志豪等),"海水生物活饵料和全熟膨化饲料的关键技术创新与产业化"(严小军等),"柑橘加工技术研究与产业化开发"(程绍南等),"禾谷多黏菌及其传播的小麦病毒种类、发生规律和综合防治技术应用"(陈剑平等),"超级稻'协优 9308'选育、超高产生理基础研究与生产集成技术示范推广"(程式华等),"沿海防护林体系综合配套技术"(高智慧等),"小型农业作业机关键技术及产品开发"(张立彬),"用酶技术开发大麦及高麸型饲粮及其产业化研究"(徐子伟等),"我国大麦黄花叶病毒株系鉴定、抗源筛选、抗病品种应用及其分子生物学研究"(陈剑平等),"高效转化肉质改良资源开发型全价饲料的研发与产业化"(许梓荣等),"高产优质春大豆新品种'浙春 2 号'的选育与应用"(朱文英等),"毛竹林养分循环规模及其应用研究"(付懋毅等),"高产优质多抗杂交水稻新组合'汕优 10 号'"(叶复初等),"蔬菜种质资源的搜集、研究和利用"(戚春章等)等一大批成果,均获得国家科技进步奖二等奖以上奖励。

第三节　土壤与肥料

一、土壤

20 世纪 30 年代,中央地质调查所分别对杭县、兰溪、舟山进行首次土壤普查,并作初次分类。1951 年,浙江省农科所设土肥系,1960 年扩建为浙江省农科院土壤肥料研究所。20 世纪 50 年代,浙江省农业厅和各地(市)、县农业局设土肥站。50 年代和 80 年代全省开展了两次土壤普查。60 年代,程学达、俞震豫、朱祖祥等编纂《浙江土壤志》和 1:500000《浙江省土壤图》。70 年代至 80 年代初,浙农大陆景纲等人进行的《长江三角洲新构造运动与土壤的形成及发展研究》,获 1987 年国家教委科技进步奖二等奖。1978—1980 年,省农科院、浙农大和沿海地区农科所,对全省海涂土壤进行考察,编制浙江省 1:200000《海涂土壤图》。到 90 年代先后开展了全省土壤普查和制图、土壤分类、土壤分析化验、土壤改良、低产田改良和高产田建设等方面的研究。在土壤普查、红壤和海涂的综合开发、水稻土的分类等方面取得一批重大科研成果。浙农大俞震豫、严学芝、魏孝孚等 35 人进行的"浙江省土壤类型及其分布研究",获 1990 年省科技进步奖一等奖。1992 年,省农科院陆允甫等人进行的"低丘红壤磷钾诊断及计量施肥机理研究"获省科技进步奖二等奖。省农科院参与的"中国土壤系统分类研究",获 2005 年国家自然科学奖二等奖。

20 世纪 80 年代中后期开始,省农科院、浙农大等 66 个单位 153 名科技人员联合进行了"浙西金衢盆地低丘红壤区域综合治理与发展实验区""浙西北低丘红壤农业综合开发实验区""浙江省新围海涂综合治理与农业利用""杭嘉湖圩区农业开发等三大区域土壤综合治理与发展研究"等研究,取得一批科研成果。1986 年,省农科院、金华市科委俞荣梁等在金衢盆地红壤综合治理基础上,进行了"浙江省农业综合技术开发和管理研究",获省科技进步奖二等奖。1996 年,省农科院董炳荣等人进行的"浙江省新围海涂综合治理与农业利用技术途径研究",获省科技进步奖一等奖。

二、肥料

(一)有机肥

20 世纪 60—70 年代中期,浙江发展绿萍、水浮莲、水花生等水生绿肥。60 年代省农科院选育出"浙紫 5 号"绿肥新品种在全省推广。60—70 年代中期进行"南萍北移"试验,1978 年全省稻田养萍 21 万公顷,该成果获 1978 年全国科学大会奖。1977 年,温州地区农科所吕书缨进行绿萍孢子育苗试验,成果获 1982 年国家发明奖三等奖。80 年代引种旱地冬肥大荚箭舌豌豆。浙农大孙義等研究的"畜禽粪无机营养和有机成分含量",先后获 1988 年国家教委和 1990 年农业部科技进步奖二等奖。

1978—1980 年,省农科院研究黄花苜蓿净籽播种技术,使绿肥产量增加 30％。1983 年,省农科院选育"耐寒 83-8 号绿萍"和"抗热 86-13 号绿萍"新品种在全省推广。1993 年,省农科院进行的"满江红生物种农业生物学特性与固氮活性研究",获省科技进步奖二等奖。2000 年,省农科院符建荣等人进行的"畜禽粪便快速无害化处理及资源化利用新技术研究",获 2008 年省科技进步奖二等奖。2004 年,省农科院王卫平等人进行的"畜禽养殖废弃物资源化生态化综合处置技术研究",获 2007 年省科技进步奖二等奖。2005 年,省农科院薛智勇等人进行的"畜禽养殖区域循环经济关键技术研究",获 2008 年教育部科技进步奖一等奖。2006 年,省农科院符建荣等人进行的"有机无机复混作物专用肥等新产品研制",获 2009 年省科技进步奖二等奖。

（二）无机肥

20 世纪 50 年代初,省农科所进行矿质磷肥的肥效和施用技术研究。1963—1966 年,在全省推广紫云英施用磷肥,以磷增氮,改良低产田效果明显。1973 年,省农科院试验用三氯甲基吡啶（氮肥增效剂）,抑制土壤中的硝化细菌,水稻增产 5.6％。80 年代,省农科院詹长康等人进行的"青海有盐湖钾肥施用技术研究",获 1995 年农业部科技进步奖二等奖。2001 年,省农科院陈义等人进行的"高产水稻肥力演变规律及调控技术研究",2005 年,又进行"水旱轮作稻田氮素归趋及氮肥可持续利用技术"研究,获 2011 年省科技进步奖二等奖。

（三）生物肥料

20 世纪 60 年代,浙农大和省农科院分别选出紫云英根瘤菌"浙农 5523""湘云-6""浙农 380""7653-1"等优良菌株,并投入生产。1965—1981 年,全省共生产 327 万公斤,推广应用面积 160 万公顷,紫云英平均亩产增产 24.2％～46.2％,每亩净增鲜草628～932 公斤。1977—1979 年,省农科院筛选出黄花苜蓿根瘤菌株"C-32",亩增绿肥 400～500 公斤,平均增长 16.4％。1978—1985 年,浙农大经过 5 年研究,首次摸清了水稻根际固氮的生态条件。同期省农科院在水稻、玉米、甘蔗等作物的 54 个样品中,分离出 907 个株菌,研究发现在水稻、玉米、甘蔗等作物的根表及根内部存在着联合固氮细菌,水稻根际以产碱菌属和肠杆菌属居多,其中有 4 个菌株系国内首次报道。1979—1985 年,省农科院进行"紫云英根瘤菌冻干菌剂研究"。

1983—1985 年,省农科院筛选出箭豌"19-2""20-1"两个菌株。1987—1990 年,筛选出 6 株芽孢杆菌,研制成适用于禾本科和双子叶作物的 2 种多效菌菌剂,经 300 次田间试验,水稻、大小麦、油菜、甘薯增产 5.8％～18.2％。

（四）施肥技术

1981—1986 年,杭州市农科所王竺美等人进行的"水稻测土施肥技术研究",获 1990 年省科技进步奖二等奖。浙农大"水稻叶色诊断法追施氮肥的研究与应用",达国内领先水平。1985—1989 年,中国水稻研究所陈荣业进行的"水稻以水带氮深施技术研究",获 1989 年省科技进步奖二等奖。20 世纪 90 年代后期,重点加强了"持续农业化肥结构与化肥增效技术研究",获省、部科技进步奖各 1 个,二等奖 3 个。2005 年,省农科院符建荣等人进行的"有机无机复混作物专用肥系列产品创制与产业化研究"获省科技进步奖二等奖。

第四节　农作物种子与种苗

一、品种评选与利用

(一)品种资源

20 世纪 50 年代,省农业厅组织黄岩、金华、嘉兴、宁波 4 所农校学生,分春、夏、秋三季,在全省广泛开展农家品种调查与征集工作。1979 年,省农科院再次补充征集。经多次的征集、补充,全省已保存作物品种资源:水稻 3700 份、小麦 734 份、皮大麦 399 份、稞大麦 308 份、玉米 118 份、甘薯 99 份、大豆 660 份、豇豆 755 份、油菜 82 份、花生 51 份、芝麻 44 份、棉花 88 份、黄红麻 354 份、蔬菜 511 份。地方品种的征集、整理、保存,为品种选育提供了丰富的资源。

(二)农家品种评选

1950 年,省种子公司开展农家品种评选试点。1951 年,评选出 36 个优良农家水稻和大小麦品种。1952 年,评选出 129 个优良农家品种,其中水稻 98 个、麦类 29 个、杂粮 2 个。这些品种推广后,替换了部分低产、感病的品种。

(三)农家品种利用

一是直接利用。1962 年全省种植面积较大的作物品种为 149 个,其中农家优良品种 69 个,占 49%。二是改良利用。从农家品种中选育出的新品种有:"早籼 503""中籼 10 号""晚粳 10509""小麦 17 号"及大豆、甘薯等品种 27 个。这些品种在 20 世纪 50 年代均得到利用。三是作为亲本杂交利用。晚粳"农虎 6 号""农虎 3 号""农虎 4 号""嘉湖 4 号""嘉湖 5 号""嘉四辐"及秀水系统、祥湖系统数十个晚粳、糯品种,这些品种成为浙江在 20 世纪 70—90 年代的当家品种。

二、品种选育

品种选育内容在第四章"粮油作物""经济作物"和"园艺作物"三节中记述。

三、品种区试和审定

(一)品种区域试验

最初是以品种试验种植或品种对比试验形式进行。1932—1947 年,浙江省农业育种推广单位选育出 20 多个稻、麦、豆品种,通过各县农业推广所(农场)或示范户试验,逐步得到推广。20世纪50—60年代,品种试验工作由省农科所(院)、省种子管理所联合负责,共同布置。70年代开始,全省品种试验和区域试验由省农业行政部门会同省农科院负责,全省区域试验点调整为35个。1980年后,归属省种子公司管理。到1990年,全省建立早稻、晚稻、杂交稻、大小麦、油菜、玉米、大豆、甘薯、棉麻、蔬菜等23种作物231个区域试验点和146个生产性试验点,形成了比较完整的区域网络,并且成为农作物品种审定委员会成员实施考察评议品种场点。1981年,浙江省农作物品种审定委员会通过《关于加强农作物品种区域试验工作意见》,对区域组织领导、试验点设置、申请区试品种的条件以及区试年限等做了具体规定。1987年做了修正补充,颁发了《浙江省农作物品种区域试验和生产性试验实施细则》,区试工作程序日趋规范。

(二)品种审定

1981年7月8日成立浙江省农作物品种审定委员会。同年颁布《农作物品种审定试行条例》(下文简称《条例》)。《条例》对品种审定委员会机构设置、工作任务、品种申报和审定程序等做出具体规定。之后,对《条例》做过两次大的修改补充。截至1993年,审定新品种104个,认定品种155个,合计259个。

第五节　农药与植物保护

一、农药

(一)化学农药

浙江化学农药研究起步于20世纪50年代。1958年,杭州农药厂建成省内第一个农药合成车间。60年代,有机磷农药合成得到较快发展,先后开发出"甲基1605""马拉硫磷""杀螟松""倍硫磷"等一批新品种。70年代,浙江在国内较早开展农药残留和毒理研究,逐渐形成农药药效试验网络。80年代,农药剂型由单一型向复合型发展,并实现高毒农药向低毒化转变,形成了乳油、粉剂、颗粒剂、水剂、飘浮剂5个大类。

1.杀虫剂。杀虫剂包括有机氯和有机磷、氨基甲酸酯、有机氮和熏蒸剂等5类。1958年,省化工研究所以松节油为原料,采用间歇法制得毒杀酚,1969年在龙游药厂实现千吨级连续化生产。1958年,杭州农药厂采用甲醇、三氯化磷等一步法制得敌百虫。1978年,省化工研究所刘润生等成功研制"敌百虫凝固点在线自动分析仪",获1981年化工部科技成果奖二等奖。1962年,省化工研究所采用醇纳二步法合成甲基氯化物,采用有机溶剂法和溶性法合成甲基1605,获1978年全国科学大会奖。1979年,省粮科所、宁波农药厂等用精制脱臭法得到纯度大于95%的无臭马拉硫磷,定名为防虫磷,在国内粮食储仓中广泛应用,该成果获1980

年省科技进步奖二等奖。1962年,宁波市工业研究所研制杀螟粉,1968年,在宁波农药厂投产。1979年,该所蒋兴材等人进行杀螟粉装置大型化开发,独立完成甲苯溶剂性综合工艺,上述成果分别获1978年全国科学大会奖和1982年化工部科技成果奖二等奖。1962年,杭州农药厂研制乐果,技术全国推广,产品出口美国。1980年,浙江工业学院解决了亚磷酸二甲酯的酸度控制等一系列技术难题,获1980年省优秀科技成果奖二等奖。1966年,省化工研究所用二甲基二硫法制得倍硫磷,1970年,完成中间试验,获1978年全国科学大会奖。1976年,省化工研究所研制甲胺磷和醋酸法乙酰甲胺磷,获1978年全国科学大会奖。1971年,省化工研究所研制速灭威,获1978年全国科学大会奖。1981年,浙江工学院徐振元等人研制杀螨杀虫剂单甲脒,获1989年国家发明奖三等奖。1985年,徐振元等人又制得单甲脒的同系物杀螨脒,获1989年浙江省和吉林省科技进步奖二等奖。1977年,省化工研究所开展硫酰氟合成研究,获1983年农牧渔业部技术改进奖一等奖、1987年国家科技进步奖三等奖。

2. 杀菌剂。1966年,兰溪农药厂制得8%异稻瘟净颗粒剂,成为国内主要杀菌剂品种之一,获1978年全国科学大会奖。1972年,省化工研究所合成亚胺类杀菌剂纹枯利,获1978年全国科学大会奖。1982年,温州农药厂与温州工业科学研究所合作,完成双硫脲法杀菌剂叶青双中试,获1983年省优秀科学技术成果奖二等奖。1986年,浙江工学院沈德隆等人研究甲基硫菌灵除草臭、脱色技术,获1989年国家发明奖四等奖。

3. 除草剂和植物生长调节剂。1970年,鄞肥农药厂(后改名宁波化工厂)成功研制除草醚。1981—1982年,浙江工学院完成杀草丹防腐材料研究。1986年,宁波化工厂研制草甘膦成功。1987年,杭州农药厂制得60%丁草胺乳油,获1987年省科技进步奖二等奖。1989年,东阳农药厂完成氟乐灵中试研究,总收率≥73.4%,质量达国际同类产品水平,填补国内空白,获1992年省科技进步奖一等奖。1987年,兰溪农药厂引进上海市农药研究所多效唑小试成果并进行中试研究,成果获1988年省科技进步奖二等奖。1990年,海宁农药厂采用微生物真菌素的变异菌株"4303",制得"发酵效价≥1500单位/毫升"的植物生长调节剂赤霉素,为国内首创。

4. 高毒农药低毒化。1957年,杭州农药厂研制成889和甲-六杀螟粉等农药。1978—1986年,省化工研究所和浙江工学院分别制得50%灭响灵、40%稻安磷、50%多灭磷,使原高毒农药毒性下降,药效提高。1979年,浙江工学院制得以天然沸石为载体的甲胺磷细粒剂,1983年又制得甲基1605水面漂浮剂,分别获1982年、1983年省优秀科技成果奖二等奖。

5. "三废"处理技术。1967年,杭州农药厂在国内率先采用表面曝气生化处理有机磷污水技术,1979年建成日处理污水4000吨装置,1980年建成深井曝气装置。1981年,浙江化工院田水式等人进行"马拉硫磷生产废水的底压酸解、中和回收硫和磷以及循环使用的中试",获1981年省优秀科技成果奖二等奖。1981年,该院朱良天等人进行"甲胺磷废水站处理技术研究",获 1985 年省科技进步奖二等奖。

1991 年,浙江工学院徐振元等人进行的"新杀螨杀虫剂双甲脒、杀螨脒及中间体的研制与应用",获国家科技进步奖二等奖。1992 年,省农科院何福恒等人进行的"多效菌剂研制与开发应用",获省科技进步奖二等奖。1993 年,仙居农药厂进行年产 150 吨三唑磷研制,获省科技进步奖二等奖。1994 年,省化工院进行的"杀螨杀虫剂达螨尽中试研究"获省科技进步奖二等奖。2007 年,浙江永农化工有限公司诸锡云等人进行的"草铵膦原药技术开发研究"获省科技进步奖二等奖。许月倩等人进行的"取代高毒农药关键中间体——乙基氯化物的绿色合成技术研发及产业化"获 2009 年省科技进步奖一等奖。2009 年,浙江升华拜克生物股份有限公司储消和等人进行的"甲氨基阿维菌素苯甲酸盐研究"获浙江省科技进步奖二等奖。

(二)生物农药

在本书第八章第四节"农业生物药物及其制品"中记述。

二、植物保护

(一)农作物病害及防治

民国二十年(1931),浙江省已有发生水稻稻瘟病记载。1953—1956 年,省农科所首次提出用西力生或赛力散药液处理带病种子,发现用西力生石灰粉防病效果较好。1972 年,省农科院牵头成立全国水稻病毒病研究协作组,由林瑞芬、陈光培主持研发的"3 种水稻病毒(矮缩病、暂黄病、条纹叶枯病)血清学检测技术"获农牧渔业部 1982 年技术改进奖二等奖。同期,该院金敏忠、沈瑛主持的"全国稻瘟病菌生理小种的鉴别研究",获 1979 年农业部技术改进奖一等奖。1976—1979 年,省农科院孙漱源主持的"全国水稻抗稻瘟病抗源的研究",获 1980 年农业部技术改进奖一等奖。1980 年,省农业厅章强华、孙敏功等人参与全国协作,主持的"浙江大面积应用井冈霉素防治稻纹枯病研究",获 1985 年农牧渔业部科技进步奖二等奖。1978—1984 年,省农科院翁锦屏、浙农大徐鸿润等人进行的"白叶枝病区系分布及其分化研究",获 1985 年省科技进步奖二等奖。1982 年,温州市农科所、工科所等研究明确 20％叶青双农药防治白叶枯病效果明显,获 1983 年省优秀科技成果奖二等奖。1982 年,浙农大洪剑鸣、谢良泰等首先发现和鉴定出水稻细菌性基腐病的病原菌为菊欧氏杆菌玉米致病变种,获 1985 年省科技进步奖二等奖。

1980—1983 年,省农科院嘉兴市农科院陈宣民、严明富、章强华等人进行的"大小麦赤霉病的测根技术研究",获 1983 年省优秀科技成果奖二等奖。1986—1990 年,省农科院承担"中国大麦资源抗病鉴定"国家科技攻关项目,其中"大麦黄花叶病抗原筛选研究"获 1983 年省优秀科技成果奖二等奖。1992 年,省农科院谢关林等人进行的"水稻细菌性条斑病种子带菌检测技术研究",获省科技进步奖二等奖。1995—2000 年,省农科院陈剑平等人完成的"禾谷多黏菌传小麦线状病毒种类、发病规律、抗源筛选及其分子生物学研究",获 2002 年省科技进步奖一等奖。同期,陈剑平等人完成的"禾谷多黏菌及其小麦传播的小麦病毒种类、发生规律和综合防治技术应用",获 2005 年国家科技进步奖二等奖。2006 年,浙江大学冯明光等人进行的"蚜虫真菌性病毒的传播流行机制研究"获省科技进步奖一等奖。2008 年,省植物保护检疫局王华弟、省农科院陈剑平等人进行的"水稻条纹叶枯病与传毒媒介灰飞虱发生规律、监测预警与持续控制技术研究"获省科技进步奖一等奖。2009 年,浙江大学刘树生等人进行的"外来入侵生物烟粉虱发生危害规律和综合治理研究"获省科技进步奖一等奖。

(二)农作物虫害及防治

20 世纪 60 年代后期,宁波市农科所完成的"二化螟发生防治和简易预测研究",获 1979 年省科学大会奖。1968—1971 年,省农科院、温州地区和象山病虫测报站等参与的"全国稻纵卷叶螟迁飞规律和防治研究",获 1982 年农牧渔业部技术改进奖二等奖,1985 年国家科技进步奖三等奖。1975—1981 年,省农业厅和湖州市农科所程忠方等人进行的"稻纵卷叶螟绒茧蜂为寄生性的优势天敌研究",获 1983 年省优秀科技成果奖二等奖。1977 年,省农科院、省农业厅巫国瑞等人参加的"全国水稻褐飞虱迁飞规律的阐明及其在预测预报中的应用研究",获 1985 年国家科技进步奖一等奖。1978 年,省农科院和衢州、舟山农业局参加的"全国白背飞虱迁飞规律及异地测报研究",获农业部农业技术改进奖二等奖。1980 年,省农业厅徐加生等主持的"稻田害虫天敌资源调查及保护利用研究",获 1983 年省科技进步奖二等奖。浙农大采集收藏的农林寄生蜱标本数量为全国之冠,在寄生蜱分类上成绩显著,获 1979 年省科学大会奖二等奖。1984—1987 年,省农业厅、浙农大徐卫、程家安等主持的"水稻二化螟为害损失与防治指标研究",获 1987 年省科技进步奖二等奖。该校"中国水稻害虫姬蜂科寄生蜂研究"获 1985 年农牧渔业部技术改进奖二等奖。1995 年,省植保站的"旱粮主要病虫草害发生规律与防治配套技术研究"获省科技进步奖二等奖。1991—1995 年,省农业厅、浙农大共同主持的"稻水象甲发生规律和防治技术研究",获 1997 年省科技进步奖一等奖。2004 年,省农科院俞晓平等人进行的"茭白主要病虫害治理关键技术研究",获 2004 年省科技进步奖二等奖。2010 年,省植物保护检疫局王华弟等人进行的"外来入侵危险性生物福寿螺突变规律、监测预警与综合治理技术研究",获 2010 年省科技进步奖二等奖。

(三)病虫预测预报

1975—1988 年,省农科院、省农业厅和慈溪、余姚、萧山棉花病虫测报站等协作,杨樟法、申屠广仁等人进行的"开展性信息素棉红铃虫蛾诱集物质、物候条件和发生程度预测技术研究",获 1988 年省科技进步奖二等奖。1980 年,省农科院、省计算机研究所张志明、周洪祥等人进行的"应用电子计算机做长期晚稻稻瘟病、麦类赤霉病组建长、中、短配套预测模型研究",分别获 1987 年国家科技进步奖三等奖和 1985 年农牧渔业部科技进步奖二等奖。

1985年,浙江省病虫测报站对稻、麦、油菜等主要病虫测报的关键因子进行筛选,建立省标《农作物主要病虫模式电报标准》(DB 33/B16,059-90),成为全国稻区首次正式颁发的标准。1983年,省农业厅受农业部委托,由张佐生、徐卫、程家安等主持起草国标"水稻二化螟防治标准"(GB 8246-87),获农牧渔业部1987年科技进步奖二等奖。

(四)病虫综合防治

1974—1979年,浙农大陈子元主持全国农药使用标准研究,编制29种农药、18种作物的《农药安全使用标准》(GB 4285-84,GB 4285-89),为科学使用农药提供依据。同期,省农业厅、湖州市农科所等20个单位的徐加生、程忠方、李思椿、戴雪琴等人进行的"粮食作物主要害虫天敌资源调查及纵卷叶螟绒茧蜂研究与利用",获1983年省优秀科技成果奖二等奖。1980—1984年,省农业厅章强华、浙农大陈瑶等主持的"开展保护利用天敌、合理用药的水稻综合防治体系研究",获1987年国家科技进步奖三等奖。1983—1985年,省农科院蒋文烈主持的"太湖稻区主要病虫害综合防治技术研究",获1987年国家科技进步奖三等奖。1986—1989年,省农科院黄次伟等主持的"水稻三虫三病综防技术研究",获1990年省科技进步奖二等奖。

1991—1995年,省农科院主持,省农业厅、浙农大和各市农科所共同参与的"水稻主要病虫草害综合防治技术研究"的应用重大攻关项目,推广应用面积200万公顷,发表论文128篇,出版著作3册,成果通过鉴定12项,获奖7项,总体上达到国内同类研究领先水平。1994—1995年,中国水稻研究所主持,浙农大、省农科院共同参与的"水稻褐飞虱应急综合防治技术研究与应用",仅示范区就挽回稻谷损失274.7万公斤,经济效益达1165.34万元。1991—1995年,省农业厅主持,全省15个单位33名科技人员历时5年协作攻关的"旱粮主要病虫害发生规律与综合防治技术研究与应用",累计推广应用面积52.34万公顷,挽回粮食损失2.98亿元,增收节支3.28亿元。同期,省农科院主持,省农业厅、中国水稻所等单位共同参与的"水稻病虫草害突变规律、预测和协调综合防治技术研究",示范推广面积73.53万公顷,经济效益达2.94亿元,获农业部科技进步奖一等奖。

1996—2000年,省农科院主持的"浙江省水稻重大病虫害减灾控灾综合治理系统研究"取得3项国家发明专利,获2个省部级科技进步奖。同期,省农科院陈剑平主持,30多位科技人员共同参与的"我国水稻黑条矮缩病和玉米粗缩病病原、发生规律及其可持续控防关键技术研究",累计推广应用面积49.98万公顷,经济效益达23.07亿元,获2004年国家科技进步奖二等奖。2005年,省植保站王华弟等人进行的"农田鼠害控防关键技术研究与集成推广",获省科技进步奖二等奖。2006年,省植保站王华弟等人进行的"蔬菜重大病虫害监测预报与防控关键技术研究",获省科技进步奖二等奖。

第三章　农业水利

据《史记》记载,公元前两千年禹奉舜命治理洪水,改变鲧以堵治水的方法,用疏导法引水入海,治理水患,最后来到会稽(今浙江绍兴)集各路首领论功行赏,禹死葬会稽山。以后,历代都通过水利工程治理水患、发展农业生产、便利交通。隋大业六年(610),动工开凿从京口(今江苏镇江)到余杭(今浙江杭州)的江南运河。明弘治八年(1495)令浙江按察司管屯田官带浙西七府水利。宋、明时期钱塘江南岸建成大古塘。清康熙、雍正、乾隆年间大规模修筑钱塘江海塘(《清嘉庆重修一统志》卷284《杭州府》),光绪三十四年(1908)于海宁县成立海塘工程局。

民国四年(1915),浙江省水利委员会设立,管理水利行政,民国十六年(1927),钱塘江工程局成立,翌年浙江省水利局成立,将钱塘江工程局并入。民国二十七年(1938)浙江省农业改进所设农田水利工程队,民国三十一年(1942)并入省建设厅水利处。到民国三十七年(1948),水利工程以江河整治为主,堤防与灌溉并重,包括钱塘江杭海段、盐平段塘堤、萧绍段塘闸、三江闸修理、浙东建闸、诸暨县东泌湖排灌工程、龙游县鸡鸣堰工程等。建小水电站7座。

水利是农业的命脉,是国民经济的基础产业之一。中华人民共和国成立以后,浙江省十分重视水利建设。1956年,浙江省农林厅水利局升格为浙江省水利厅(简称省水利厅)。1956年、1958年该厅先后成立浙江省水利水电勘测设计院(简称省水电勘测设计院)、浙江省水利水电科学研究所(简称省水科所),1978年又成立浙江省河口海岸研究所(简称省河口所),分别从事勘测设计和科学技术研究。

各级政府每年投入大量资金,采取大规模群众性与专业队伍结合兴修水利。工程规模从小型到中、大型,施工从依靠大量劳力逐步向半机械、机械化发展,坝工建设从土坝、土石坝到砌石、堆石、混凝土拱坝。随着新技术、新材料、新设备的应用,创造了不少先进施工技术和各具特色的优秀工程。水文观测和通信技术日趋先进,大型水库已建立自动测报系统。排灌机电化、水资源利用、农村小水电、库区综合开发等也都取得丰硕成果。

1990年,全省共建成10万立方米以上的水库3500多座,灌溉面积148万公顷,其中大型18座,中型98座。机电灌溉面积最大的1985年达到116万公顷。1989年旱涝保收农田101.6万公顷,占耕地的58.7%。全省水电装机223万千瓦,其中小水电75万千瓦。1950—1990年围垦海涂14.3万公顷。1991年,浙江省水利水电科学研究院周胜等3个单位9人,进行"钱塘江水下防护工程的研究",

该研究荣获国家科技进步奖二等奖。2000 年,浙江大学王绍民等人进行的"真空激光自动检测大坝变形技术研究",荣获国家科技进步奖二等奖。1994 年,省水利管理总站周骥等 4 人开展的"浙江省海塘工程断面结构及施工设计研究",荣获省科技进步奖三等奖。省钱塘江管理局蒋纬等 4 个单位 7 人联合进行的"钱塘江海塘基础防冲技术研究",获 1998 年省科技进步奖二等奖。浙江大学罗尧治等 3 个单位 10 人联合进行的"挡潮泄洪双拱闸门关键技术与应用研究",获 2010 年省科技进步奖一等奖。

本章第二节"农田水利"和第四节"农村小水电"主要记述中、小型水库的坝工建筑技术。大型水库建设中有特色的工程,如:20 世纪 50 年代建设的黄坛口水电站大坝采用木笼坝土式深水围堰、水下爆破;新安江水电站采用宽缝重力坝、坝内大底孔导流和溢流顶厂房;80 年代建设的紧水滩水电站的三心双曲变厚混凝土拱坝,最大坝高 102 米,采用低热微膨胀水泥分 3 段整体浇筑;奉化亭下水库大坝用预制钢板滑模施工等,均属当时国内先进水平。2002 年,华东勘测设计研究院谭建平等 7 人联合进行的"用于水利水电工程上的防渗止水结构研究",获省科技进步奖三等奖。

第一节　水文和水资源

北宋以前,浙江已有立石测水。南宋有测雨测雪及其计算方法。20 世纪 30 年代开始流量测验和水面蒸发观测。1949 年,全省有水文站 37 个,职工 42 人。中华人民共和国成立以后,水文事业发展迅速,到 1990 年有水文站 124 个,水位站 142 个,雨量站 670 个,实验站 2 个。按观测内容分有:雨量观测 854 处,流量观测 248 处,水位观测 268 处,蒸发观测 87 处,泥沙观测 36 处,地下水位观测 14 处,共有编制职工 674 人,代办人员 700 人。雨量流量观测点的密度居全国先列。观测的设施和预报通信等技术日趋先进,并拥有质高量多的水文资料。20 世纪 80 年代初,通过水资源调查,摸清了全省水资源的量和质及其时空分布规律,制定了开发利用规划。

一、水文

(一)水文观测

1. 水位观测。北宋曾巩在《序越州鉴湖图》中有"鉴湖立石测水"之句。鸦片战争后,西方科学技术进入中国,江河上设立刻度精密的直立式水尺,以观读水位。民国四年(1915),沪杭甬铁路局在杭州闸口设立省内第一个潮位站,有一座自记水位台,抗战期间被毁,1950 年重建为岛式水位台,并采用美制直立式月型自记仪。1956 年起,全省兴建了一批自记水位台,均用国产日型自记仪。至 1990 年,全省共有自记水位台 200 处,占水位观测站的 75%。水位台有岛式和岸式两种,岸式造价低,但易被泥沙淤塞。1966 年浙江省水文总站(简称省水文总站)研制成虹连岸式水位台,把测井直径从原来的 1 米改为 0.1～0.15 米,进水口设置调节直径为测井的 50 倍左右,使泥沙不能进入测井,1967 年海盐县澉浦站建成。水电部于 1980 年将此成果推荐给联合国世界气象组织,后被列入《水文业务综合计划(HOMS)咨询手册》。1980 年,雨水地区水文站朱洪源创造斜式自记水位台(进水管为斜式),在瓯江五里亭站建成使用,后又推广到南山水库等早期建成的水库上应用。1986 年,浙江省水文总站研制的数据现场储存设备,数据模块可以录记 0.01 米涨落的水位过程,并可用计算机完成资料整编、打印。

2. 雨量观测。历代均有上报"雨泽"的记述。南宋淳祐七年(1247)秦九韶著《数书九章》提到 4 种测雨、测雪的计算方法。明洪熙元年(1425)颁发了雨量器制度,比西欧的雨量器早 200 余年。鸦片战争后,在主要商埠、港口、岛屿均设立雨量观测站,开始形成正式的雨量观测。仪器均用承雨口直径 20.32 厘米、高 65 厘米的雨量筒,筒内设盛雨筒,面积为承雨口的 1/10,用木尺量读降水量,实量 1 厘米深即降水量 1 毫米。也有用量杯量体积,再折算成降水量的,但均系人工观测,难以观测到完整的降雨过程。1953 年引进国外以浮子为传感的月型自记雨量计。1956 年国产日型虹吸式雨量计开始批量生产,1957—1990 年全省已配备这种雨量计 826 台,占雨量观测点总数的 96.7%,浙江成为全国雨量自计化程度最高的省份。1986 年,省水文总站周五一等研制成功现场数据模块存储设备,可以记录变化 0.1 毫米的降水过程,又可检索、遥测,由计算机完成资料整编、打印。

3. 流量测验。自 20 世纪 30 年代起,中、高水位用浮标法,低水位用流速仪。中华人民共和国成立后注重于流速仪法,多用测船抛锚定位,1953 年改用过河缆吊船法定位,但是翻船事故时有发生。1954 年,新昌县长诏水文站张士平等人创造了水文缆道测流,即由缆道把流速仪传送到指定位置,用悬索放到指定水深,可在岸上进行水文测流,一次完成全断面测流过程,称为"悬索缆道"。1958 年,张文尧和张士平等人又创造了悬杆缆道,可以解决悬索被水流冲刷引起的偏角。不仅保证测验人员的安全,而且提高了测验精度,这是流量测验上的一个突破。1966 年,全省有 80% 的水文站采用缆道测流。该技术在全国推广后,又有较大的改进和发展,成为全国流量测验的重要手段,获 1978 年全国科学大会奖。

4. 超声波测速。1980 年,绍兴地区水文站陈耀祖、冯雪安完成 SDS-801 型超声波流速仪的研制,在青山殿、诸暨水文站试验,测速范围为 0.1～2.0 米/秒。1986 年又研制完成 SDS-861 型单向高速超声波流速仪,实测最大流速超过 3 米/秒。之后他们和姜洪鼎、周五一等人合作,又研制出 SDS-862 型双向低速超声波流速仪,适用于流向顺逆不定,流量变化复杂的河道流量测验。先后在嘉兴市有关水文站试测,测速范围为 −2～2 米/秒,能自动定时测速,数据由模块储存和打印输出。1988 年 10 月取得国家专利,1989 年起推广应用。

5.蒸发观测。20世纪30年代,浙江已有水面蒸发观测,用直径20厘米的水面蒸发器(置于百叶箱内)。1951年起采用直径80厘米套盆式水面蒸发器。1964年起统一改用E601型水面蒸发器,将其埋入土内,四周有水圈与土壤隔开,器口与地面平行,但试验方法均以加减水法计算,精度较低。1982年以后用南京水文水利自动化研究所研制的ZHD蒸发器测针,使观测精度有了提高。

6.土壤及潜水蒸发观测。为了研究平原地区地表水、土壤水、地下水之间的转换机制,湖州市双林平原水文实验站从1985年起将水量土壤蒸发器与地下渗透仪两套观测方法结合,于1989年成功研制蒸渗仪,从而可以观测逐日的潜水蒸发和土壤蒸发。

(二)水文预报

1.洪水预报。20世纪50年代初,江河水文预报主要是以降雨径流合轴相关和上下游洪峰水位相关制作预报图线,来预报洪峰水位及其出现时间。1954年,浦阳江诸暨水文站采用"单位过程线"法预报洪水,60年代全省普遍推广。在产流方面,60年代以前均用超渗产流的概念。60年代中期,华东水利学院赵人俊等人研究了浙江等湿润地区径流的资料,提出"蓄满产流的概念",认为这些地区降雨形成径流的条件,主要是降雨量在满足包气带缺水量后而产流的,降水强度不是主要因素。因此建立了蓄满产流的降雨径流关系,提出湿润地区洪水预报方法,成为浙江70年代的主要预报方法。该成果获1978年全国科学大会奖。随着计算机技术的发展,70年代中期开始应用流域水文模型,采用产流分层、汇流分块的产汇流计算方法,80年代普遍推广应用流域水文模型编制预报方案,模型有新安江三水源模型、马斯京根法河道演算模型、线性约束控制模型等。1992年,省水文总站马志鑫、谢龙大等6人开展的"富春江流域洪水预报和洪水调度的研究",荣获省科技进步奖二等奖。1995年,省水文总站等3个单位的刘谷琮等5人联合进行的"富春江流域水情自动测报系统研究",荣获省科技进步奖优秀奖。2000年,省防汛防旱指挥部办公室周毅等7人联合进行的"青山水库洪水预报调度系统研究",获省科技进步二等奖。2006年,省防汛防旱指挥部办公室周毅等7人联合进行的"钱塘江流域防洪管理决策支持系统研究",获省科技进步奖三等奖。

2.风暴潮预报。20世纪70年代末,省水文总站、省河口所、国家海洋局第二海洋研究所开始进行风暴潮预报,均采用单站统计预报。以台风的风压为预报因子来预报增水值,再与天文潮叠加,预报最高潮位。从1986年起开展浙东南沿海增水数值预报,并对瓯江感潮河段洪水位进行数值预报研究,取得初步成果。国家海洋局第二海洋研究所在1989年开始将美国SLOSH模型应用于浙江省沿海风暴潮预报的研究。2002年,省水文勘测局伍远康等人进行的"浙江省暴雨强度公式推导研究及工程应用",获省科技进步奖二等奖。

(三)水情通信

1975年以前,浙江水情通信均依靠有线电报,遇到台风、暴雨,常造成信息中断,影响防汛、抢险和救灾。1976年,根据全国防汛总指挥部的意见,开始建立无线电通信网,并开展超短波无线电台报汛的研究。1977年,省水文总站先后建成以莫干山为中继站的东西苕溪、太湖运河区的通信网,以诸暨吴公山为中继站的浦阳江通信网,以金华北山为中继站的钱塘江中、上游通信网。全省共建立145个无线电报讯站。张文尧、周五一等于1977年成功研制第一台数字遥测装置,该装置由74系列电台、选呼器、定时控制器、数传机组成,另有数字编码雨量、水位计,能遥测距离60公里以内10~90个站的雨量、水位,一般2分钟内可测10个站的水文数据,安装在浦阳江诸暨水文站使用,效果良好。该装置获1979年省科学大会一等奖。以后进一步完善系统功能,1982年在浦阳江流域实现水文自动遥测实时联机预报,当时在国内属领先水平。世界气象组织等专家认为"设备比较简单、技术比较先进、造价比较低廉"。该成果获1985年省科技进步奖二等奖。

1988年,浙江省科委与欧共体达成协议,由欧方援建富春江水文自动测报系统,共设立中继站7处、接收中心站2处、遥测站19处,基本上覆盖了钱塘江流域,1991年7月基本建成。此外,省内的大型水库如里石门、牛头山、对河口、安华、陈蔡、石壁、赋石等,为了调度预报的需要,也单独建立水库区水文自动测报系统。

1990年,省水文总站着手建立省级防汛通信网。该站周卫平于1988年研制了防汛水情自动译电系统,能自动完成水情电报译电收转、存储、检索等,并协助其他省(区、市)和流域防汛机构(共14个单位)建立了这一系统。1991年,省水文总站李琪等5人开展的"地貌水文数学模型及其在水文站网规划中的应用",荣获水利部科技进步奖三等奖。2006年,省水利信息管理中心等3个单位的黄孔海等9人联合进行的"基于Web GIS的实时水情信息发布与辅助决策系统",获省科技进步奖二等奖。2010年,省水文局张裕海等6人联合进行的"浙江省水情信息采集系统研究及应用",获省科技进步奖三等奖。

(四)水文调查和设计

1. 洪水调查。1957—1965年,华东水利学院、杭州大学、南京大学、浙江省水利水电学校为研究地区洪水规律,在金华江、浦阳江、分水江、曹娥江、灵江、瓯江等河流进行了历史洪水调查。省水文总站也于1958年进行过此项调查。1979—1984年,省水文总站、省水电勘测设计院陶泉炜、陶湘泉等根据水电部关于历史洪水调查成果汇编的要求,完成了《浙江省历史洪水调查》,被水利部汇集编入《中国的历史洪水》一书,该书获1991年水利部科技进步奖二等奖,陶泉炜为获奖人之一。此外,省水文总站还完成了《曹娥江流域1962年14号台风暴雨洪水情况调查》《1963年12号台风暴雨洪水资料初步分析》《分水江7·5洪水调查报告》《浙江省1988年7·30暴雨洪水调查报告》。

2. 暴潮调查。20世纪80年代初,省河口所提出暴潮水位的组合频率分析法,直接算出了已经出现过的最大增水值同最高天文潮遭遇的结果,比原有分析法扩大了小频率部分的非外延适用范围。用平湖县乍浦的实测资料计算表明该法合理、安全,且在小频率部分比较稳定。

1989年9月15日,8923号台风在温岭县登陆,海门站出现了特大风暴潮,最高潮位6.90米(吴淞),重现期在200年左右,对国民经济造成巨大的损失。省有关单位先后派人到现场进行暴潮、波浪、工程损坏情况的调查,由省水文总站林显钰汇总编写出《浙江省8923号台风暴潮综合调查报告》,对风暴潮设计频率的计算方法和防潮工程提出新的建议。

3.设计暴雨。1963年省水文总站编制的《浙江省暴雨分析》,作为全省中、小型水库设计的依据。1975年河南发生特大暴雨后,感到用频率计算的设计暴雨在确保大坝安全方面存在很多问题,水利电力部提出"以可能最大暴雨及洪水作为水库的保坝标准",并与中央气象局共同决定在全国编制可能最大24小时暴雨量等值线图。浙江省由省水文总站马志鑫负责,水电勘测设计院等单位参加,采用水气放大、水气风速联合放大、水分水气效率放大、水气朝送率放大、暴雨移置、动力气象法等综合分析,绘制浙江省可能最大24小时、72小时点雨量及其有关参数等值线图,于1977年报水电部和中央气象局,并于1978年起在全省试用。1984年又根据水电部要求,省水文总站完成了浙江省年最大1小时和6小时点雨量均值变差系数等值线图。20世纪80年代初,省水电勘测设计院以浙江省梅雨、台风两种暴雨的规律和成因上的差异为基础,提出分期设计暴雨的频率组合方法,应用于水库设计中,可提高蓄水量。该计算方法简便,已在省内大、中水库广泛应用。2004年,省水文勘测局马志鑫等7人联合进行的"浙江省暴雨研究",获省科技进步奖三等奖。

4.设计洪水。设计洪水对水利建设至关重要。20世纪50年代以来,水文和水利设计部门提出了许多计算方法。1979年,水利电力部在部署各省市完成最大暴雨图集的基础上,继续完成暴雨径流查算图表的编制工作,以完整从暴雨推算设计洪水的各个技术环节。浙江省水电勘测设计院承接暴雨径流图表的编制工作,采用"新综合单位线""瞬时单位线"和"推理公式法",分析整理全省暴雨洪水资料380多场,实测暴雨172场,进行参数分析优选,于1982年完成了此项工作。2004年,余姚市水利局张松达等7人联合进行的"余姚市防洪调度决策系统技术研究",获省科技进步奖三等奖。2010年,省水利信息管理中心等3个单位的虞开森等7人联合进行的"浙江省防洪减灾GIS支撑平台和汛情信息集成研究",获省科技进步奖三等奖。

5.海塘工程水文计算。1979年的10号台风使浙北海塘破坏严重,省水利局组织编制《浙江省海塘工程技术规定》,分两册,由省水文总站林显钰负责,1980年完成第一册《塘顶设计高程》,内容包括设计潮位、设计风速、设计波浪及波浪爬高计算方法等。同年,由省水利局颁发全省试用,并于1983年、1989年做了修改,对全省建设标准海塘起了重要作用。第二册《海塘断面结构》也于1989年完成。2003年,省钱塘江管理局宣伟丽等6人联合进行的"钱塘江海塘粉砂土地基抗震分析研究",获省科技进步奖二等奖。

二、水资源

(一)水资源调查评价

1979—1980年,省水利厅根据省农业自然资源调查和综合区划的部署,组织省水电勘测设计院、水文总站、水文地质大队等单位的钱曾弇、翁华强、马志鑫、陈明富等7人,进行浙江省水资源调查评价与水利化简明区划。得出全省水资源总量为944.3亿立方米,其中地表水为879.9亿立方米、地下水为64.4亿立方米,以及其时空分布规律和水旱灾害特点,并认为水质的有机污染重于毒物污染,绝大部分河流水质符合地面水标准。同时,将全省水利划分为3个二级区、9个三级区,提出了分区的治理措施和主攻方向。该成果获1984年浙江省科技进步奖二等奖。

为了使水资源调查评价工作做得更细,根据水利部的要求,省水文总站马志鑫等人于1981—1986年编写完成《浙江省水资源》一书,内容包括降水、蒸发、径流、地下水、水质、泥沙,以及水资源总量和评价,为市、县编制水资源和水利区划提供了依据。同时,省水电勘测设计院钱曾弇调查预测了国民经济各部门的需水量,研究了水资源供需平衡,并于1985年完成《浙江水资源利用》一书,该书对省内各分区水资源的合理利用与供需平衡进行分析研究和预测,提出解决缺水问题的途径和措施。2008年,省水利水电勘测设计院唐巨山等7人联合进行的"浙江省水资源供给配置综合研究",获省科技进步奖三等奖。是年,省水文局伍远康等7人联合进行的"浙江省水资源研究",获省科技进步奖三等奖。

(二)富春江引水工程的综合考察

宁波、绍兴地区人口密集,工业发达,但水资源人均只有854立方米,为全省人均的36%,亩均水资源1089立方米,为全省亩均的30%左右,是一个缺水较严重地区。据省水利部门粗略估计,该地区大旱的1967年缺水9亿立方米,1971年缺水5亿立方米。而该地区可以兴建水库增加的水量也仅为2亿~3亿立方米。省水电勘测设计院、省水科所根据钱塘江年径流量386.4亿立方米,且有新安江、富春江等水库可以调节径流,即使旱季,富春江站仍有$300\sim400$米^3/秒的流量下泄,于1972年提出从富春江引水解决萧绍宁地区缺水的工程规划。1980年,省水电勘测设计院又提出萧绍宁供水规划。1982年,浙江省科协和浙江省建委组织各学科专家40多人进行实地考察,写出《浙东水资源综合开发工程考察报告》。1983年浙江省科委立项,由浙江省水电勘测设计院、省河口所、省交通设计院共同研究,1986年完成《浙东水资源综合开发工程可行性研究报告》,提出需引水流量120米^3/秒至萧绍宁地区,其中萧绍地区40米^3/秒、姚江平原和宁波市80米^3/秒。由于有关市对此认识不一,一时难以决策。以后,浙江省经济建设咨询委员会又组织考察团,由翟翕武、钱铭岐率领进行实地考察,再次提出引水工程考察报告,说明该工程的重要性和可行性,上报中共浙江省委和省人民政府。

此外,浙江省科协于1986年曾组织科技人员对钱塘江和瓯江流域水资源的开发进行综合考察,并分别提出考察报告。2002 年,省水利管理总站等 5 个单位的姚月伟等 7 人联合进行的"钱塘江河道综合整治技术研究",获省科技进步奖三等奖。

第二节 农田水利

浙江省农田水利建设历史悠久,对发展农业生产起了十分重要的作用。汉永和五年(140),会稽太守马臻组织兴建镜湖(后改名为鉴湖),灌田九千余顷。东汉熹平二年(173),余杭令陈浑筑两湖(今临安县南上湖、南下湖)导苕溪水入湖,又筑湖塘三十余里,蓄水溉田(《水经注》)。南北朝时在河渠入江处建堰闸,控制水位,便利灌溉运输。梁天监四年(505),处州詹、南二司马在松荫溪上创建通济堰,这是最早的拱坝拦河引水。唐代浙江水利工程据《隋唐史》记载的有近 30 处。大和七年(833)鄞县令王元韦创建鄞江它山堰,御咸蓄淡、泄洪、引水,溉田数千顷。五代十国时,吴越国建立圩区维修制度,组建撩浅军修治疏浚西湖、太湖流域(清雍正《浙江通志》)。南宋杭嘉湖、宁绍的圩围已较普通,沿海建涂田。明嘉靖十六年(1537)建成 28 孔的绍兴三江闸,并继续疏浚东钱湖、西湖。民国时期建诸暨县东沿湖排灌工程和龙游县鸡鸣堰工程,但长期以来由于受生产条件的限制,水利工程规模狭小,山区以堰坝引水为主,平原主要靠人畜提水和少量的机灌。中华人民共和国成立后,开展大规模农田水利建设,20 世纪 50 年代初期借鉴苏联技术规范,以后从实践中总结和编制出定型设计和有关技术规定。80 年代前后,新技术、新材料、新设备开始应用于农田水利,促进农田水利建设的发展。

一、蓄水灌溉

唐大和七年(833)建造的鄞县它山堰(27 米高条石溢流坝)是浙江仅存的古代水利工程,国家重点文物保护单位,此后,历代有堰坝建设。中华人民共和国成立后,于 1954 年动工兴建省内第一座灌溉水库——长兴二界岭水库,坝高 20.5 米,库容 1192 万立方米,灌田 553 公顷。此后,坝工建设由单一土坝发展到各种防渗体土石坝和溢流圬工坝;坝基由用铺盖处理沙砾地基发展到 20 世纪 70 年代初用沙井垫层提高软土筑坝技术;溢洪设施由宽浅式向侧堰与隧洞泻槽过渡,并试建了自控虹吸溢洪建筑;渠系发展了双用石拱、U 形薄壳和空腹桁架等多种渡槽;并在金兰盆地等丘陵缺水地区建立以骨干水库为主,与塘坝串联的"长藤结瓜"式水库群。

(一)群众性坝工建设

1. 照谷社堆石坝。1956 年,温岭县在河谷狭窄、坝头陡峭、土料不足的照谷社,创建了位于岩基的溢流堆石坝。坝轴成拱形布置,下游坝坡几成垂直,黏性土用料少,与常规的土石坝比较,工程量节约 40%,并解决了施工导流和溢洪道开挖的困难。1958 年编写成《照谷社戏水土石坝》一书,在十一届国际大坝会议上交流,水利部将它编入英文版《小坝》一书,供国内外参考。

2. 土石坝。1957 年,乐清县首先在海、洪积互层沙砾地建成黏土铺盖心墙沙壳坝——白石水库。同年,舟山地区也建成土防渗体堆石坝——芦东水库,开始了相异坝基建堆石坝的历史。

3. 软土地基建坝。1955 年,瑞安县桐溪水库在 17 米厚的软土地基上建坝,用镇压层和控制位移的方法施工,历时 4 年才建成 10 米坝高。1958 年动工的余姚县四明湖水库也采用同样的施工方法,多次出现深层滑动,高灵敏黏土抗剪强度恢复缓慢,历时 12 年才完成设计坝高 13.8 米。可见,施工难度较大。1970 年动工的慈溪县杜湖水库,基础与四明湖相同,因采用沙井沙垫层加速地基固结排水,并埋设孔隙水压力仪监控施工,到 1972 年就完成设计坝高 18.2 米。

4. 非土防渗体堆石坝。20 世纪 70 年代以后,弹塑性和柔性材料为防渗体的堆石坝得到发展,包括铭面板、沥青混凝土心、斜墙、圬工重力墙、钢丝网水泥面板,以及用聚氯乙烯、锦纶丝橡胶复合膜处理漏水坝工等,其中有:(1)高频振捣钢丝网水泥薄板堆石坝,1981 年在永嘉县西章水库建成,该坝用每分钟大于 12000 次高频振动工艺将水灰比低于 0.35 的水泥砂浆形成流态,注入密布钢筋、丝网的窄模空间,挤出气泡完成致密的防渗薄板,抗压强度 39.2~58.8MPa,抗洪标号>S8,每平方米造价为喷浆钢丝网的 78%,铭面板的 65%。(2)硬壳干砌石溢流坝,1974 年在开化县大溪垄水库建成,坝高 33.1 米,坝体与圬工重力坝相似,但防渗与溢流面板之间为干砌块石,也用非真空溢流堰顶和挑流消能,溢流水深 5 米,具有渗透压力小、水泥用量节约 60% 等优点。(3)干砌石溢流拱坝,1973 年建成的嵊县八一水库干砌石溢流拱坝,高 22 米,除堰顶与迎水面为混凝土外,其余均为干砌石,与圬土坝比较,水泥用量少 50%~70%,节约人工 60%。

省内最高的砌石溢流拱坝是武义县方坑双曲拱坝,1970 年动工,1979 年完成,高 75 米,厚高比 0.131,弧高比 2.25,迎水面有 0.6~2 米混凝土防渗体,其余均为浆砌石。

(二)溢洪建筑

侧流式溢洪道水力计算。1965 年以后,省水科所在大量水工模型试验的基础上,给侧堰深槽起始水深与堰顶水深比值、末端水深与临界水深比值、起始宽度与末端宽度选择、深槽水面曲线计算,以及末端水力调整段与泻槽的水面衔接等 7 个部分的设计参数提供了控制范围,从而提高设计精度。这些成果被《全国农田水利设计手册》引用。

溢洪道的结构形式。20 世纪 60 年代初,东阳县东溪、鄞县卖柴岙、余姚县相岙单溪口等水库用侧堰与无压隧洞泻槽相组合的形式,解决坝头溢洪道开挖量大,且与大坝施工有干扰的难题。1990 年,建德县建成的胜利水库虹吸溢洪道,由 4

道宽 7.5 米、深 3 米的虹吸喉组成,虹吸罩至河床面高 27.68 米,至挑鼻坎 12.38 米,最大泄量 800 米³/秒,是当时国内坝最高、泄量最大的一座水库。该溢洪道当水位超过虹吸顶时即自动泄流,可避免控制失误而引起的洪水漫坝。当虹吸喉水深增加时,通过偏向棱挑流曳出,形成真空虹吸,堰流变成压力管流,这时单宽流量要比自由溢流增大 260%。

二、引水灌溉

南北朝梁天监四年(505)建成的丽水通济堰是省内较著名的古代拦河引水工程,平面成拱形布置,史载早期为木筏结构,南宋开禧元年(1205)改建成干砌石坝后,用眠牛、关桩提高坝基的整体性和抗冲能力,左侧建有进水闸、排沙闸、筏道和古代倒虹吸(三洞桥),进水闸以下渠系完整,历经整修,灌田 2266 公顷。以后陆续有引水工程建设,但比重较小。中华人民共和国成立以后,引水工程主要向活动拦河堰、引蓄、蓄引三个方向发展。

活动坝可减少洪水期上游回水区淹没损失。1954 年,余杭县南湖分洪工程首先采用全自动翻板闸门,当支承轴以上转动力矩大于轴以下力矩时,自动平卧进水。20 世纪 70 年代以后,在钱塘江中游用减震器、铰座保护罩以及链式多铰支承技术,建设翻板活动坝 10 余座。

引蓄工程是通过拦河堰与泵站,将丰水期江水提引至高地水源不足处,作为旱季用水储备的水利设施。1961 年建成的龙游县蜡烛台引蓄工程解决了该县模环地区的农田灌溉。

蓄引工程是利用河道作为灌溉总渠,将上游大、中型水库蓄水和自然径流通过堰坝引水来灌溉平原农田的水利设施。1975 年建成的上虞县上浦闸引水工程,位于咸潮河道,建有 102 米翻板闸门、12 米宽船闸,利用右岸河凹引水流量 50 米³/秒,灌田 2.67 万公顷,解决了拦与引、蓄与排、通航和坝下淤积等问题,并为国内首次应用水泥石灰砂浆板桩截渗。该工程获 1984 年浙江省优质工程奖。

三、机电排灌

(一)机电排灌

长期以来,农田灌溉主要依靠人畜力车水,民国十九年(1930)开始有机械排灌,到 1949 年全省拥有排灌机械动力 1232 台 8876 马力,受益农田 1.67 万公顷。1950 年后,兴建长兴、嘉兴、诸暨 3 个国营抽水机站,推广以内燃机为动力的抽水机灌溉,到 1955 年全省已建成 44 个抽水机站,排灌动力 25474 马力,排灌面积 10.8 万公顷,其中国营站 7.8 万公顷,并开始在海宁县进行电力排灌试点。1956 年,为了贯彻"鼓励和扶助农业社自办小型机械灌溉排水工程"的方针,当年就发展了民办抽水机动力 20290 马力,排灌面积增加 8.8 万公顷,黄岩县横街民办抽水机站得到了国务院的嘉奖。1961 年,全省拥有排灌动力 15 万马力,机电排灌总面积近 66 万公顷,90%为集体所有。新安江水电站建成后,从 1961 年开始集中连片发展电力排灌,仅 1962 年在杭嘉湖地区就发展电力排灌 14 万公顷,安装电动抽水机 54533 千瓦。到 1976 年全省机电排灌面积达到 106.6 万公顷,同时建成机电排灌 10 千伏、输电线路 59658 公里的农村电网,促进了农村用电事业和乡镇企业的发展。1977—1985 年,全省进行电灌补点,同时在山区发展高扬程电流工程。1985 年,全省机电排灌面积达到最高峰,共 116.1 万公顷,占耕地面积的 65.4%,其中电力排灌 97 万公顷,占 83%。

从 1982 年开始,浙江在全国率先对机电排灌泵站进行技术改造,并首创用千吨米耗电量来考核评定农村泵站技术状态,进而引申到装置效率考核标准。温州市三溪排灌站、海宁县辛江乡排灌站和 1985 年完成技改的金华县 11 处中扬程小型农村泵站,装置效率从 37.6%提高到 53.9%,加权平均亩节电 5.28 千瓦时。据 1986 年普测,全省农村泵站平均装置效率仅 30%,渠系水利用系数仅 50%。

1989 年,根据省人民政府部署,由省机电排灌总站、机电设计研究院等单位和 5 个工厂协作,研制特低扬程系列水泵,其特点是扬程特低(2～5 米),流量大(0.1～1.1 米^3/秒),效率高(80%～86%),填补了国家标准水泵中的缺档,特别适合平原低洼地区农村泵站需要。到 1990 年,15 个型号的特低扬程水泵全部通过鉴定,其中 12 个型号水泵填补了国内空白,为平原低洼地区泵站改造创造了条件。是年,省人民政府决定用 3 年时间完成杭嘉湖低洼地区 21.3 万公顷农田的泵站更新改造。1995 年,省机电排灌总站蒋屏等 4 个单位 7 人联合开展的"杭嘉湖地区机电排灌技术改造研究与推广",获省科技进步奖二等奖。

(二)水轮泵、潜水泵

1956 年,开化县大路边乡爱国村从福建省引进的水轮泵试用成功后,逐步在全省推广。据 1967 年统计,全省共安装 1378 台,灌溉农田 9000 公顷,带动增加农副产品加工机具 2000 余台,发电装机容量 4000 千瓦。但由于缺乏专项资金,到 1990 年全省水轮泵的保有量减少到 484 台,灌溉农田 4706 公顷,其中综合利用的水轮泵仅为 324 台。安吉县丰食溪乡 6 处水轮泵站,安装水轮泵 9 台,建设和管理较好,受益农田 600 多公顷,每亩每年灌溉成本只需 3 元左右。义乌市杨宅水轮泵站是省内最大的 1 个,建在东阳江边,灌溉农田 500 公顷,发电装机容量 1280 千瓦,年发电 450 万千瓦时。

2007 年,浙江丰球泵业股份有限公司与江苏大学开展的"潜水泵理论与关键技术研究及推广应用",获国家科技进步奖二等奖。

(三)喷灌

1956 年,杭州市郊区曾试办过喷灌工程,因设备等问题没有推广。1975 年,浙江省机械科学研究所、温州市工科所与萧山、新昌有关厂合作,试制摇臂喷头和轻小型喷灌机成功。嗣后喷灌在城市郊区和经济作物种植地区逐步推广。1980 年,水电部确定浙江为全国茶叶喷灌试点省,之后又要求在蚕桑、柑橘中进行喷灌试验。

1979年,省机电排灌总站和嵊县抽水机站合作,研制成功射流喷头,其特点是没有摇臂,利用本身的压力驱动喷头均匀旋转喷洒水滴。以后又相继研制成互控、自控、空心轴不转动、双击同步等4个系列的射流喷头,分别于1988年、1989年、1990年取得3项国家专利。

同期,研制成自应力钢丝网水泥压力管配件104种,水利部鉴定认为设计合理,结构紧凑、新颖,性能可靠,安装方便,适应性广,可与多种管道连接配套使用,填补了国内空白。由于聚丙烯管件和伸缩节的应用,聚丙烯管在省内外喷灌和城乡自来水工程中得到广泛应用。之后又改进涂塑软管管环材质、编织工艺和塑料配方,提高其耐压、耐老化性能,降低其磨耗量,使产品综合性能达到国内先进水平,产品覆盖全国70%。改进轻小型喷灌机,其销售量占全国1/3。

从1975年到1987年,全省喷灌面积有较大发展,经济作物喷灌后可增产15%~40%,"推广喷灌新技术"获1985年国家科技进步奖三等奖,获奖人为徐海根、褚加福、吴埃德、施学炉、余培养。1985年,浙江省在全国首先进行喷灌规划,并参与编制全国喷灌规划。1998年,吴俊德获水利部科技进步奖二等奖。

（四）机井

1958年以前,丘陵地区打井主要依靠人工开挖,沿海采用竹弓钻。20世纪60年代,我省引进和生产半人工、半机械的大锅钻。70年代以后,省机电排灌总站、省机械科学研究所、天台县机械厂和县水电局共同研制成功8JZ-95型自动挂卸冲抓式打井机。80年代,省机电排灌总站、温岭县蔡洋翻水站、临海市水利机械厂又合作研制成功8JZ-52型、8JZ-70型、8JZ-120型、8JZ-140型自动挂卸冲抓式打井机,形成系列产品。其特点是能自动挂卸,特别适应大粒径沙砾层掘进,可提高工效10倍,节省费用35%~80%。其不仅可打井,而且可应用到桥梁码头的水下基础工程施工、建筑工程地基浇制灌柱桩、病险水库大坝和堤塘修补、地质钻探等方面。其于1991年取得国家专利,到1990年已在全国水利、交通、建筑、卫生、地质等部门推广800余台,其中省内200余台,建成机井2400多眼,井灌面积106万公顷。龚怀仁、丁鼎荣、陈伦孝等人获1982年国家科委、农委科技推广奖。1991年,萧山市农机水利局朱一帆等7人开展的"农田水利工程中沉井基础的研究实践与应用推广",获省科技进步奖二等奖。

四、涝、渍治理

杭嘉湖及沿江滨海咸潮河道的平原地区是浙江的主要粮区,但地势低洼,汛期外江水位持续高于田面,洪、涝、渍害兼重,农田产量不稳。1995年,省水利厅等5个单位的童达琳等8人联合进行的"浙江省洪涝台灾害预报及省级防汛决策系统研究",获省科技进步奖二等奖。2002年,省防汛防旱指挥部办公室等14个单位的周毅等9人联合进行的"浙江省洪涝灾害模拟与预测技术研究",获省科技进步奖一等奖。

（一）内涝治理

20 世纪 30 年代初,诸暨县曾在东泌湖区建排洪及灌溉工程,以提高湖田抗涝能力。1954 年开始,又对东泌、白塔湖区进行大规模排涝工程建设,首先采用沿山开渠,将相当于湖田面积 225% 的山丘水直接排出外江,又以等高筑圩开渠,扩建涵闸,增加高水高排机遇,减轻低田内涝压力。60 年代初兴建电力排涝站,达到以自流排水为主,电力排涝为辅。此后,浦阳江、姚江、钱塘江下游及杭嘉湖导流西岸内涝地区普遍得到治理,80 年代末咸潮河道平原抗涝能力已普遍达到 5 年一遇、3日降雨不成灾的标准,其中富阳县皇天畈治理成效较显著。该畈三面环山,东临富春江,总面积 320.25 平方公里,山丘占 87.2%,平原只占 12.8%。过去,耕种面积仅 660 公顷左右,粮食亩产 150 公斤左右,其余均为芦苇荒地。50 年代建设了富春江防洪堤和 7 孔排涝闸,全面整治内河,增加排水总量。60 年代扩建 5 孔新网和3500 千瓦电力排涝站,5 台水泵安装于闸墩中,这是省内第一座闸站结合的电力排涝站。70 年代完成南、北两条沿山排涝渠,拦截山水面积 254.46 平方公里,使 5 年一遇的洪水直接排出外江,并继续进行排灌分系和林田路三结合的格田建设,到80 年代末已建成 20 年一遇洪水不成灾,3 日降雨 250 毫米不成涝,70 天无雨不干旱,地下水位降低到田面以下 1.2 米的丰产方。农田面积增加到 2660 公顷,1990年粮食平均亩产 717 公斤。

杭嘉湖平原有水田 36 万公顷,其中 26 万公顷田面高程在洪水位以下,靠围堤御洪,但圩区规模小,无自我调蓄能力,且堤身单薄,渗漏严重,常年受涝。中华人民共和国成立后,全面加固四险大塘,恢复南、北湖分洪工程,1958 年动工兴建导流工程,将东西苕溪 4541 平方公里山水导流入太湖。20 世纪 60 年代在西部建成青山、赋石、老石坎、对河口等大、中型水库。1975 年以后在钱塘江建造长山闸和南台头闸等南排工程,加上圩区持续打坝并圩,增加圩内可调蓄水面,缩短堤线,消灭"蓑衣漏",以及采取建设电力排涝站等措施,洪涝灾害有所缓解。但是,70 年代以后黄浦江水道被堵塞 1/3,东太湖出水口门被封堵 70%,湖身被围垦 1.33 万公顷,太湖汛期水位居高不下,内涝又趋严重。1983 年梅雨季节涝区中心高于警戒水位 3.8 米,时间长达 57 天,最高洪水位 4.95 米。为此,国务院把杭嘉湖内涝治理再次列入圩区改造计划。1987 年,省水利厅等单位重新调查杭嘉湖有圩区 3669个,平均每圩 137 公顷,保护水田面积 71 公顷,占 52%,水面率仅 2.952%,平均每亩田负担防洪堤 5.416 米、排灌动力 0.0573 千瓦。接着,通过技术经济比较,将圩区排涝标准由 5 年一遇、3 日降雨 4 天排出,改为 10 年两遇、1 日降雨 2 天排出,界定圩内 10% 最低田的积水不深于 20 厘米,不超过 24 小时。按此要求,圩区有19.5 万公顷面积要调整规模:每圩保护水田面积扩大到 166～1000 公顷,圩内水面率增加到 5%～8%,并要更新排涝设备,改建防洪堤和排涝闸站。第一批 5.6 公顷圩区改造工程已于 1990 年竣工,每圩平均面积 647 公顷,保护水田 340 公顷,防洪堤负担减少到 1.6 米/亩,排涝动力降低到 0.0381 千瓦/亩,水面率增大到控制指标内。

（二）渍害治理

山区治理冷泉渍害采用沿山开辟水沟截断冷泉侧渗，穿心深挖灌排两用渠，沿渠设置跌水，使逐丘垄田上口进水灌溉，下口排水搁田，田间埋设砌石方涵或瓦管进行暗降的办法，再加上农业措施，改变冷渍田的生态环境，先后在开化县城汶星、龙泉县查田、庆元县荷泽等地建成高产稳产农田。

杭嘉湖等平原地区主要是地下水位高于作物耕作层。20世纪70年代开始建设以灰土、瓦管为主的三暗设施，采用顺向与交叉布置的深浅暗洞、交叉线沟和暗管等双层暗降排水系统，加速田间垂直渗透流速，降低地下水位。线沟暗洞的施工，1983年前用绳牵静态弹头犁挤压成形，洞径7厘米，深不逾40厘米，状如鼠洞，俗称"鼠道犁"，工效较低。1984年桐乡县机械研究所研制出弹簧浮动支承，垂直惯性振动，非仿形（unprofile model）振态塑孔的ILA-60型手拖振动鼠道犁，成洞面积34平方厘米，洞深35～60厘米，中等硬度土壤平均工效950～1200米/时，较静态鼠道犁提高6倍，产品在国内推广。

到1989年年底全省尚有渍害农田44.38万公顷，1/5在山区，4/5在平原。1994年，湖州市水利农机局陈皓等人进行的"柔性导管法浇筑水下砼板技术的研究"，获省科技进步奖三等奖。

五、水土保持

据1980年普查，全省土地总面积为10.18×10^4平方公里，其中荒山1.074×10^4平方公里，水土流失面积0.68×10^4平方公里，集中在曹娥江粗晶花岗岩地层和钱塘江中游红壤盆地。

20世纪50年代，曹娥江、浦阳江及西苕溪上游的浑泥港、藏绿江等地曾建设有以谷坊、拦沙堰、砌磘等为主的工程，对提高山溪造床能力、避免淤积、控制水土流失起过良好的作用。

1961年，省水利部门选择水土流失较为严重的嵊县、建德、东阳县建立3个水土保持试验站。20世纪80年代中期又在兰溪、常山、安吉、绍兴4个县建立试验站，试验研究不同地质地貌、不同作物的有效防治措施。其中常山县狮子口站1986年引进和筛选出多变小冠花、大绿豆、黑麦草等5种优质牧草，在控制水土流失方面取得较好成绩，1992年被评为全国水土保持先进集体。鄞县水土保持站1988年完成的小区治理和观测试验，通过选择林种，建立林带，并和工程措施结合，使水土流失基本得到控制，经济林产量大幅度提高。该小区观测项目比较齐全，满足流量变幅较大地区测试要求。

1987年，水电部南京水文水资源研究所、浙江省农田水利总站会同常山水土保持站，首次利用陆地卫星多光谱扫描仪（landsat multispectral scanner, landsat MSS）假色合成图像，对照野外样区用目视解释判别地层田质、土壤、植被、地貌、土地利用等图片资料,以多名法双指标命名原则,完成了常山县 1:10000 土壤侵蚀图。同年,完成 1:500000 全省土壤侵蚀图,作为全国土壤侵蚀图组成部分。1991年,他们应用陆地卫星主题绘图仪(thematic mapper,TM)图像,借助 ARTES-Ⅱ数字图像计算机处理系统的运算,分析完成江山、开化、常山 3 县(市)水土流失调查资料,该成果分辨精度高、实用性强、覆盖面大,是今后水土、水文、防汛抗旱动态监控的一项有效方法。2006 年,浙江林学院等 4 个单位的周国模等 9 人联合进行的"浙江省水土流失重点治理区林业生态体系配套技术研究",获省科技进步奖二等奖。

第三节　海涂围垦

浙江省对海涂的开发利用始于西汉。当时海盐县设盐官,在海涂发展海水煮盐业,进而发展围垦。杭州湾南岸的三北平原于宋、明时期陆续建成大古塘。塘南至山麓成陆约 150 平方公里,塘北到 1948 年延伸 10 余公里,围涂 500 平方公里。在钱塘江河口,唐代以后有重筑、增筑海塘的记载。清代和民国时期,在古海塘之外,南北两岸陆续围涂成陆 430 余平方公里。

浙东沿海自唐、宋以后有筑塘围地的记载。唐贞元元年(785)以后在南部的温瑞平原建筑海塘。宋代庆历年间(1041—1048),鄞州县令王安石修筑坡陀塘。象山县岳头塘相传为晋人陶凯所筑,未百年为海潮所毁,明成化年间(1465—1487)再筑而成田 1330 多公顷。中部的黄岩县金清港北岸从明代正德年间(1506—1521)建成洪辅塘后,至清代光绪年间(1875—1908)又先后建了 1~7 塘,延伸成陆 7000 多米。

20 世纪 50 年代中期,浙江省成立围垦海涂指挥部,在浙江省农林厅设办事机构。1972 年,浙江省水利厅设围垦处。随着技术、经济水平的提高,海涂利用改变传统先盐后农的办法,因地制宜地发展盐、农、养殖等,将"长草围堤、旁山建闸"的传统发展为加速中低滩的促淤围垦和软地基建闸并举;在钱塘江河口将围垦与江道整治结合;在沿海将港湾围垦与供水结合。1950—1990 年,全省完成围垦海涂14.13 万公顷,其中建成新耕地 6.18 万公顷,新园地 1.07 万公顷。此外,用于盐业、水产和建设等用地 3.53 万公顷。可利用面积为围垦海涂的 76.4%。围垦建设中的科学技术也发展迅速。

一、海涂资源调查

1958—1960 年,浙江省围垦海涂指挥部曾对平均低潮位露出水面的海涂(海宁、平湖和杭州市中潮位以上海涂)做过调查,面积为 20.16 万公顷,其中地势较高、短期可围的约为 5.33 万公顷,堵塞港湾后可利用的为 2.66 万公顷。海涂土壤,以象山港为界,分为涂砂、涂泥两个土组。温州专区海涂围垦指挥部将它分为细砂黏土、细沙土、黏土 3 个类型。

1977—1978 年,省河口所、上海师范大学河口海岸研究所、杭州大学分别对浙江中南部基准面以上、钱塘江和杭州湾低水位线以上的海涂资源进行调查,得出海涂面积为 26.6 万公顷。1978 年,省科委组织海涂土壤考察组,经 2 年考察,绘制了1∶200000 的浙江省海涂土壤图,提交考察报告。

1982—1985 年,在全省海岸带和海涂资源综合调查中,浙江省测绘局对理论深度基准面至海岸线之间的潮间带进行测算,得出钱塘江河口共有江涂 4.42 万公顷,沿海自嵊泗县至苍南县共有海涂 24.44 万公顷。同时,浙江省农业科学院、浙江农业大学等单位完成了 1∶200000 的浙江省海岸带土壤图和土壤调查报告,将海涂土壤分为砾石潮滩地、砂质潮滩地、闭砂涂地、粉砂泥涂及泥涂等 5 个类型。

二、钱塘江河口围垦

(一)围涂治江

民国十六年(1927)已有用丁坝缩窄河宽、固定河槽的设想。1952 年,钱塘江水利工程局按照缩窄江流、减少潮量、稳定江槽的原则,提出钱塘江下游稳定江槽初步设计。1961 年,省水科所首次提出在钱塘江规划治导线许可范围内,结合整治江道需要,筑堤围涂,以围代坝的措施,把围涂与治江直接联系起来。1966 年,萧山县在河庄山以下逐丘圈围,取得成功。1969 年后迅速推广到两岸有关县市,使河口段的治江围涂工程有突破性进展,到 1990 年共完成围涂 5.34 万公顷。不仅获得了大面积土地,而且有效地推进了钱塘江河口江道的整治,使萧山市围垦区20 工段以上 70 公里江道基本稳定。

(二)粉砂土筑堤

20 世纪 60 年代中期,萧山等县市针对钱塘江强潮河口和粉砂土滩涂的特性,在大潮尾巴开始的 7~8 天小潮汛期,组织几万到十几万劳力筑堤、挖河、抛岩渣护坡,突击施工,先使土堤顶超越施工期高潮位,然后组织专业队进行大堤巩固工程和围区农田水利建设,这种施工方式一直沿用到 80 年代。

1989 年,绍兴县围垦海涂指挥部在九〇丘围涂工程中首次采用以机械筑堤为主,由冲泥系统(高压水泵、输水管道和冲土水枪)、输泥系统(立式泥浆泵、输泥管道和浮筒)、配电系统组成,完成土方 83 万立方米,节省劳力 27 万工日;每立方米土方单价 2 元,不到人工的一半;土体干容重 1.39~1.42 吨/米^3,比人工堤高 0.33吨/米^3;可以在非汛期常年施工,也可在中、低滩地段筑堤,使主堤线位置符合江道整治要求;还可分划围区,分块堵口合拢,显著提高围堤质量。以后,该县兴建的九一丘围涂工程发展了这一技术措施,命名为"围海造田新工艺"。

三、海岸围垦

(一)中、低滩促淤

1.丁坝促淤。1964—1965 年,慈溪县在 3 号闸东 650 米处抛筑单条短丁坝(长

100 米),在高背浦东侧抛筑 3 条 130 米的短丁坝群,取得促淤保滩效果。1968 年,该县在海王山片抛筑长丁坝群,以后又建成郑家浦等 3 处丁坝,长度为 1540～2100 米。结果在丁坝两侧形成弧形淤积区,但整个规划围区在达到适围要求前,却先带来了老田的排涝问题。1973—1974 年,在海王山、郑家浦两条丁坝旁分别围涂 100 公顷和 140 公顷,把水闸外移,同时在两丁坝坝头之间筑堤的位置筑顺坝共长 10284 米,使整个规划围区淤积到适围高程,然后再在丁坝、顺坝背水面填筑闭气土方,至 1986 年完成促淤围涂 1765 公顷。

2. 顺岸潜坝促淤。1975 年动工的瑞安县丁山促淤工程,由 16 公里顺岸潜坝和 4 条长度为 1600～1700 米的丁坝组成。丁坝高程 6.1～6.4 米(吴淞基面,下同),顺岸潜坝高程 3.3 米。1983 年全部完工,促淤结果是:坝距小的丁坝群和顺岸坝组成的北段 4.1 公里,等深线即向海推进,4 年平均淤厚 0.71 米,年均 0.15 米,丁坝群和顺岸坝能联合起促淤作用。坝距大的长丁坝群和顺岸坝组合的中南段 11.9 公里,年均淤积 0.07 米,其中顺岸潜坝内侧 300 米年均 0.11 米。由于丁坝间距过大,丁坝、顺岸潜坝只能分别促淤。

3. 网坝促淤。1979 年在宁海县下洋涂试验建造顺岸桩网坝 3 公里,1981 年在慈溪县海王山试验建造浮网丁坝 2 道,坝长 560 米和 700 米,坝距 2 公里。网坝虽具有重量轻、工期短、拆装方便、造价低等优点,但由于网坝理论尚未成熟,对滩涂较高部位(海岸滩涂在吴淞基面 2 米以上)不易大量促淤,且使用寿命太短,维修管理也有不少困难,因此没有继续试验。

4. 联岛(屿)抛坝促淤。黄岩县见门港堵坝是中华人民共和国成立以后省内第一个堵坝工程,1958 年 3 月动工,施工中受台风大潮袭击 3 次,坝体被冲坍冲深 5 次。后改用竹笼装石护底护坡,采用沉船堵缺等措施,于 11 月合龙,坝长 263 米,顶宽 3 米,坝高 7 米,坝坡 1∶3,抛石 4.5 万立方米。促淤后于 1972 年完成王屿涂围垦 760 公顷,1975 年完成白沙涂围垦 110 公顷。玉环县漩门港是玉环岛与楚门半岛之间最近的海峡,最狭处高潮位水面宽度 120 米,深 40 米以上,水势湍急,原始最大流速达 5.4 米/秒,有"龙窝""险峡"之称。该县漩门工程指挥部和水电部十二工程局、钱塘江工程管理局于 1975 年开始进行"深水岩基截流中水力条件变化规律和抛坝方法的研究"。1976 年试验性抛石,翌年全面施工,完成大坝建筑,最大坝高 50 米,坝顶长度 150 米,宽度 10 米,高程 6.5 米(黄海基面),挡浪墙顶高程 7.2 米,岩基、堆石坝体、干砌石护坡的总土石方工程量达 52 万立方米。该成果获 1979 年省优秀科技成果奖二等奖。20 世纪 70 年代完成堵港促淤的还有岱山县拷门大坝、仇家门大坝、定海县钓门大坝,1983—1988 年完成的普陀县小郭巨抛坝等。

5. 生物促淤。1964 年冬,南京大学生物系与温岭县水利局合作,在该县东片海涂和陆地引种英国大米草成功。种植大米草与光滩比较,14 个月后淤高 0.15 米,18 个月后淤高 0.80 米;草带地 10 厘米以上土层的脱盐率为 81.7%,光滩仅 10.3%;土壤有机质含量增高,团粒结构改善,干容重降低。试种浙农 12 号麦,亩产 204 公斤,光滩地仅 105 公斤。该成果获 1978 年全国科学大会奖。又据 1970 年镇海县新碶东涂试验,地势越低的涂面种草后促淤增高越快,地势较高的涂面促淤增高较慢较少,但大米草必须种在中潮带才能生长旺盛。1983 年美国的互花米草传入浙江,先后在玉环、瓯海、苍南等县试种,其促淤、保滩、消浪等效果均优于大米草。1998 年,省围垦局闵龙佑等 5 人联合进行的"互花米草的观测、试验及其工程效能与应用研究",获省科技进步奖三等奖。

（二）软黏土筑堤施工

20 世纪 80 年代以前,软黏土筑堤一直沿用人工泥弓切土、溜板运土法,工效低,且含水量高的软黏土难于施工。1989 年、1990 年,象山县大目涂、乐清县胜利塘试验采用 HB30A 液压混凝土泵输送,对含水量在 50%～70%的软黏土具有较佳可泵性,且输送距离远,施工效率高,堆筑方便,闭气质量好。1990 年试制的 904-1 型桁架式土方抓运机,1991 年试制的 HT-1.5/50 型桥式海涂土方筑堤机,分别在象山县大目涂和乐清县胜利塘试用,效果良好。这些机械突破了传统的人工溜板施工方法,基本解决了软黏土施工的难题。

（三）软土地基处理

20 世纪 50 年代初,在松软涂面采用打松木桩,上铺"眠牛"(松木排架),然后间隔铺柴填土的办法,减轻堤身容重,改善地基荷载状况。50 年代中期以后采用抛石或土石混合填筑镇压层,提高地基承载力。70 年代开始用砂垫层或碎石(石渣)垫层与镇压层合用改善软土地基。温岭县东海塘试验表明,采用石渣垫层,地基表层 3 米以下,土的强度没有明显增加,地表部分则增加约 2 倍。80 年代象山县大目涂围垦,以土工布、砂垫层与镇压层合用,改善软基。台州电厂使用砂井、砂垫层合用改善软基。

四、堵港蓄淡

1951 年 4 月动工的宁海县车岙港堵港工程,按设计以沉排压石作坝体,内外坡均用土方填筑。由于沉排压石坝体偏轻,土石方没能跟上,8 月 12 日合龙前后又没有利用水闸调节水位,14 日即被冲毁。1952 年 4 月做完 8 层沉排后又被冲毁。后改用块石填筑坝体,于 10 月底竣工。堵坝全长 350 米,坝顶宽 4～5 米,最大坝高 11.55 米。

1970 年动工的乐清大小芙港(方江屿)堵港围涂工程,由于受"文化大革命"的影响,没有做好前期工作,未取得地质资料,未做工程设计,在深港软基上,依靠手拉车运石料立堵,结果连遭挫折,先后滑坡 12 次。1974 年 7 月 13 日强行堵口合龙后,18 日即被冲毁 60 米,港底深度从 6.7 米(吴淞基面,下同)冲深到 14 米。后来重新编制技术设计,并加建施工浮桥进行平堵,于 1977 年 6 月合龙,1979 年 5 月完成土方闭气任务。围区面积 904 公顷,其中滩涂 638 公顷,水域 266 公顷,蓄水库容 450 万立方米。

20 世纪 70 年代初兴建的象山港堵港工程、宁海县胡陈港堵港工程采用平堵、立堵结合的施工方法,水下部分以平堵为主,水上部分用立堵分层加高法。平堵中均使用木质开底船,卸石时底部开门,容量 10~12 立方米。70 年代中期施工的瑞安县丁山促淤工程,为使卸石时不减小船体与坝面之间的距离,改为蝴蝶式抛石船(卸石时两边开门,容量 8 立方米)。80 年代起使用钢质装石容量 20 立方米以上的对开驳,取得较好效果。

第四节　农村小水电

浙江省的水能资源比较丰富,据 1978 年普查,全省可开发利用的水能资源有 530 万千瓦,其中装机 2.5 万千瓦以下(不含 2.5 万千瓦)的小水电 255 万千瓦。另有潮汐水能资源 825 万千瓦,居全国第二位。

丽水县于民国三十年(1941)3 月建成的太平汛水电站是省内第一座水电站,装机 14 千瓦。嗣后云和、龙泉、遂昌及瑞安等县先后建成小水电站 7 座,共装机 185 千瓦,1949 年留下 4 座 139 千瓦。

中华人民共和国成立后,金华县湖海塘水电站于 1950 年动工并建成,装机一台 200 千瓦混流式机组。1955 年以后,小水电站建设在全省发展。1960 年 3 月 14 日,毛泽东主席视察金华县双龙水电站,指出"浙江水力资源丰富,搞水电大有前途"。到 1969 年全省小水电发展到 1425 座,总装机 9.18 万千瓦,容量比 1959 年增长 9 倍以上,年发电量 1.56 亿千瓦时。1973 年水电部提出"谁建、谁管、归谁所有"等扶持小水电的方针政策,进一步调动了各地的积极性,仅 1980 年全省新增装机近 8 万千瓦,是浙江历史上发展最多的一年。这年年底全省小水电累计达 50 万千瓦,年发电量 8.84 亿千瓦时。20 世纪 80 年代,全国 100 个农村初级电气化试点县中,浙江有新昌、天台、缙云、仙居、武义、庆元、泰顺、云和、龙泉、临安等 10 个县,后来又加上景宁、嵊县、开化 3 个县,共 13 个县。1986 年 12 月新昌县成为全省第一个达到初级农村电气化试点标准的县。到 1989 年年底有 11 个试点县通过验收。

1990 年,全省有小水电站 3095 座,总装机 75 万千瓦,占水电总装机的 32.5%,年发电量 20 亿千瓦时,并建成了相应的配套电网。1990 年省内有发电设备专业厂 10 多家,生产的水轮机有 30 个转轮系列 84 个品种规格,配套发电机也有 80 多种,规格品种能满足一般要求,机组适用水头 2.5~500 米,单机容量从几千瓦到一万千瓦。辅助设备生产能力也能满足需要。

1991 年,富春江水电工机械厂等 3 个单位的周国璋等 5 人进行的"龙羊峡水电站泄洪底孔偏心铰弧形工作闸门研制"项目,获国家科技进步奖三等奖。浙江省的小水电建设、运行管理和设备制造等受到联合国工发组织和第三世界一些国家的注意,1981 年,联合国开发计划署资助在杭州建立亚太地区小水电研究培训中心,并先后在杭州召开了 3 次国际性小水电会议。

一、小河流水资源开发

20 世纪 50 年代建设的小水电,大都是利用急滩、弯曲河道、灌渠跌水等自然条件,修筑堰坝和引水工程,集中河流的自然落差,兴建几千瓦、几十千瓦的单个径流式小电站。以后在水库下游建设落差较大、具有一定调蓄性能的坝后式或混合式水电站。1957 年 12 月建成的金华县峙垄水库电站,是省内最早的坝后式小水电站,装机 160 千瓦。1967 年 11 月投产的淳安县霞源水电站是省内第一座混合式小水电站,水库坝高 34.5 米,电站水头 138 米,装机 1500 千瓦。

20 世纪 70 年代,开始有步骤地进行梯级开发,特别是高落差小河流,一库多站,一水多用。有的修建跨流域引水工程,增加发电水量。缙云县从 1970 年开始对盘溪进行梯级开发,10 年中建成 2 座水库,库容 1295 万立方米;梯级电站 6 座,总装机 8930 千瓦,共利用水头 606 米,占开发河段总落差的 95%,水库放水 0.83 立方米就可发电 1 千瓦时。80 年代他们又在一级水库上游山区打通 9.28 公里隧洞,引入相邻流域 15.74 平方公里的径流,使年发电量增加 60%。

到 1990 年年底,全省小河流梯级开发装机超 5000 千瓦的有 27 条,建梯级电站 110 座,总装机 17 万多千瓦。以文成县百丈漈三级开发,总利用水头 557 米,装机 3.94 万千瓦为最大。80 年代末,全国最大的抽水蓄能电站在安吉县天荒坪建立。

二、水库坝型

1990 年全省 3558 座水库中,92% 为土坝,最高的为嵊县南山水库,坝高 72 米。其余为砌石和堆石坝 280 座,混凝土坝 5 座,在这 285 座水库中,蓄水 100 万立方米以上并建有小水电站的有 100 座,其中拱坝 28 座,重力坝 34 座,堆石坝 38 座。

(一)拱坝

浙江是砌石拱坝较多的省。1966 年兰溪县建成双溪口砌石单曲拱坝,为省内第一座拱坝,高 19.2 米,厚高比 0.4。20 世纪 70 年代天台县建成 4 座各具特色、全国闻名的薄拱坝。

1972 年建成的桐坑溪电站水库大坝,是首座变圆心、变半径双曲细石混凝土砌石薄拱坝。坝高 48 米,底厚仅 5 米,厚高比 0.104,为当时全国之冠,其最大倒悬度 1/5,坝体接近壳体,应力分布比较合理。该工程由省水电勘测设计院设计,已编入《中国拱坝》等书。1978 年,省水电勘测设计院获水电部颁发的"先进科技集体"奖。

1976 年建成的张板溪电站浆砌条石双曲拱坝,高 20 米,底厚 1 米,厚高比仅 0.05。据《砌石坝设计》记载,该坝是拱坝中厚高比最小的。

1977年建成的光明电站混凝土双曲拱坝,是省内第一座设置平底缝的拱坝,高20米,厚高比0.1。平底缝使悬臂梁只传递垂直荷载而难于传递水平剪力,降低了悬臂梁拉应力,可使坝体断面减薄。

1978年建成的里石门综合利用水库大坝为混凝土双曲拱坝,高74.3米,厚高比0.208,是当时国内较薄的高拱坝,结构先进,造价低。该项目获1982年国家经济委员会优质工程银质奖和水电部优质工程奖。省水电勘测设计院获1981年国家优秀设计奖。

诸暨县1980年建成的三坑浆砌石双曲拱坝(坝高25.5米)和青田县1981年竣工的马岭头混凝土拱坝(坝高12.2米)均设置周边缝,以改善坝体的周边弯曲应力,使坝体工程量明显减少,但坝体的稳定问题需要特别重视。青田县1984年建成的金坑电站浆砌条石双曲拱坝,高80.6米,厚高比0.248,为省内最高的拱坝。1985年东阳县沈岭坑水库建成省内首座三圆心变截面双曲拱坝,高48.2米,具有提高坝肩稳定性、改善坝体应力分布和节省坝体工程量等优点。

(二)重力坝

1966年,遂昌县成屏二级电站,建成全省首座浆砌石重力坝,高45.3米,装机2890千瓦。1984年,奉化县建成亭下水库混凝土重力坝,高76.5米,为全省之冠,装机4000千瓦。

20世纪60年代后期发展干砌石溢流坝,文成县百丈漈二级水电站干砌石溢流坝建于1967年,坝高20.5米,坝体结构由干砌块石主体与浆砌条石及混凝土外壳组成,砌石平均空隙率仅19.27%。该工程被编入《砌石坝设计》等书。1988年,余姚县建成省内最高的干砌石溢流坝——姚岭水库大坝,高29.3米。

(三)堆石坝

1959年,青田县石郭电站首先采用定向爆破筑坝,爆破河室共装炸药326吨,抛石上坝方量18.4万立方米,占全部坝体方量的60%;爆堆高30米,占坝高51.5米的58.2%,其余石方用人工堆筑。大坝采用黏土斜墙防渗,但因渗漏问题,到1965年才正式蓄水。

1960年采用定向爆破筑坝成功的有:泰顺县南山电站堆石坝,高48米,采用钢筋混凝土面板防渗;乐清县福溪电站堆石坝,高50米,采用黏土斜墙防渗。

1977年建德县建成的九里坑水库大坝是省内目前唯一的沥青混凝土心墙堆石坝,高44米。1982年青田县建成的坑口水电站大坝,高37米,是国内第一座全面采用复式断面的沥青混凝土斜着堆石坝。其中一段坝面采用的是蛎灰改性后的酸性骨料制成的沥青混凝土,可进行长期渗水观测试验。

薄层碾压式堆石坝发展较远。遂昌县成屏一级电站大坝于1989年年底建成,坝高74.6米,是省内当前最高的堆石坝。该坝采用钢筋混凝土面板防渗,坝体根据填筑部位不同,选择不同的填料级配和压实标准。

（四）混合坝

1972 年,松阳县梧桐源电站建成省内首座浆砌石重力墙堆石坝,高 40.5 米,上游面为浆砌石直立墙,下游为堆石棱体。这类坝以建德县居多。

三、钢丝网水泥压力管

20 世纪 60 年代钢材供不应求,省水科所和新安江水泥制品厂于 1965 年起研制钢丝网水泥压力管。1967 年,安吉县报福水电站首先使用内径 350 毫米的钢丝网水泥压力管,水头 13 米,管路长 22.5 米。接着,建德县解放电站应用内径 500 毫米的钢丝网水泥管,水头 44.1 米,管路长 92.5 米。

1969 年,他们用高标号普通水泥、巩土水泥及二水石膏,按一定比例,掺入适量塑化剂,配制硅酸盐自应力水泥获得成功,生产了自应力钢丝网水泥压力管。该管在膨胀过程中能自密和产生自应力特性,使内压强度提高近一倍,允许工作压力 0.8 兆帕。管径为 500 毫米和 800 毫米的自应力管子于 1970 年和 1972 年投产后,在省内广泛采用。该成果获 1978 年全国科学大会奖。

1979 年,省水科所和新安江水泥制品厂又采用三阶段工艺,研制内径 330 毫米的预应力-自应力钢丝网水泥高压管,即以纵向施加预应力的自应力钢丝网水泥管做管芯,环向缠绕预应力高强钢丝,外加砂浆保护层的复合结构,具有优良的抗裂和抗渗性能,最高开裂内水压力达 7.35 兆帕,比同口径钢管节省钢材 63%,而且抗外压稳定性和耐腐蚀性较好。1981 年又试制成内径 800 毫米预应力-自应力钢丝网水泥压力管。1993 年,温州市建筑设计院钱振荣等 3 人开展的"预制钢筋混凝土开口空心桩的设计和应用研究",获省科技进步奖三等奖。

四、水电站虹吸式进水口

1966 年,金华蒋堂水电站首次安装天津的微型整装虹吸式进水口机组,水头 3.2 米,装机 40 千瓦。此后,省内又陆续兴建了 10 多座虹吸式进水口电站,规模以 1989 年投产的磐安县下坑电站为最大,水头 71 米,装机 2×2000 千瓦。省水科所于 1981—1982 年进行虹吸进水口电站的水力特性研究,做了 7 种不同体形的模型试验,取得 813 组系统数据,提出了虹吸式进水口水力设计的计算方法。同期,省水电勘测设计院对 4 座虹吸进水口电站进行原型观测,特别是对在模型上无法研究的几个重要运行工况进行了动态观测。结果表明采用自动形成虹吸直至并网发电的运行方式可行,当事故状态下调速失灵时,破坏真空,紧急打机的工况可靠。1984 年,省水电勘测设计院和省水科所联合撰写了《水电站虹吸进水口试验研究综合报告》。1999 年,省水利水电勘测设计院等 4 个单位的徐富平等 5 人联合进行的"高橡胶坝技术在龙潭水电站工程中的应用研究",获省科技进步奖优秀奖。

五、小型水力发电机组自动化

1983年,浙江省机械科学研究所研制成具有指令开机、停机、自动并网发电、发生事故时自动停机等功能的小型机组自动控制系统,安装于余杭县泗岭水电站3号机(320千瓦),实现无人值班小水电系统。该系统适用于低压水轮发电机组并网运行的小水电站。

1983—1987年,水利部小水电研究所引进美国等"智能网监控及数据采集系统"及可编程控制器,应用于缙云县盘溪梯级电站,实现了自动化控制,其中二级站(3×800千瓦)可以遥测、遥信、遥控、遥调,三级站(3×800千瓦)和四级站(2×800千瓦)可以遥测、遥信。

1991年建成的临海柴坦水电站装置了水利部农村电气化研究所研制的微电脑小型机组自动控制系统,该系统由水轮机电(手)动调速器、带微机的调速并网控制器和发电机无功跟踪调节器、发电机自动电压调节器、进水阀门自动开启和关闭装置等构成,实现半自动开机、自动准同期并网、自动停机和自动调频。

六、县小水电电网电力调度自动化

1988—1990年,嵊县电力公司等单位以西安电子科技大学研制的电力调度通用监控系统为基础,研制成电力调度"三遥"(遥信、遥测、遥控)系统。该系统可从显示器和模拟屏上观察到各变电所的运行情况,为电网合理调度和准确及时处理各类事故提供条件。通过对电网潮流分布图的分析,可制定有利于小水电站的最佳运行方式,减少弃水,多发电,将采集到的整点数据自动存盘,调度端可以自动和手动追补24小时内的整点数据,经微机处理后编制出各种图表。

为进一步做好小水电群的优化调度,1989—1991年新昌县成功研制电网计算机监控优化调度系统,并投入运行。该系统可以根据水库水位变化,通过数据处理,优化水资源利用;可以用实时遥测主变压器运行数据,提示经济运行方式;可以控制小水电群的发电情况;可以监控网内电力潮流的频繁变化,提示及时调整线路网络运行方式,降低线损;可以控制县电网无功倒、顺送情况及网内无功需舍容量。

1993年,浙江省水电开发中心陈一麟等9人开展的"第一批百个县级农村初级电气化建设试点研究",获水利部科技进步奖一等奖。

第四章　种植业

距今约万年的浦江上山遗址中已发现有水稻栽培。距今四五千年的吴兴钱山漾遗址中已有丝麻织物。唐中叶起太湖流域出现稻、麦两熟的耕作制度。明代已经形成稻棉轮作,粮棉间套种的种植制度和深沟高畦的植棉技术,油菜普遍采用育苗移栽技术。浙江种植业科学研究始于北宋大中祥符五年(1012)引种和推广占城稻。民国十一年(1922),钱江果园开始在桃、梨、柿、枇杷等果树上采用嫁接繁殖、整枝修剪、疏花疏果、套袋等技术。民国十六年(1927),国立第三中山大学劳农学院(后为浙江大学农学院)建立园艺系,并附设笕桥园艺试验场,开始形成独立的园艺学科。民国十九年(1930)在上虞五夫建立稻麦改良场,民国二十七年(1938)成立浙江省农业改进所,从事种植业科学研究和推广工作。

中华人民共和国成立以后,浙江省粮油、经济和园艺三大类作物及其种植产品贮藏与加工的科学技术研究进入一个全新的发展时期。水田与旱地耕作制度改革创新,开展亩产超吨粮技术集成与应用研究。水稻、大小麦、旱粮、油菜等粮油作物,蚕桑、茶叶、中药材、棉花等经济作物,果品、蔬菜、食用菌等园艺作物品种选育及其配套栽培技术研究不断取得新突破,促进了浙江粮油生产与十大农业主导产业的形成和发展。种植产品贮藏与加工技术的创新和发展,促进了农产品附加值的提高、产业链的拉长、农民收入的增加。种植业科技水平在国内领先,部分领域达到国际先进或领先水平。

第一节　粮油作物

一、耕作制度及其配套技术研究

(一)水田

民国二十三年(1934)浙江省建设厅在宁波、绍兴、台州等地设置推广双季稻实施区 10 处,当年双季稻种植面积达 6660 公顷。为配合双季稻推广,省农改所进行双季早、晚稻品种搭配和移栽期研究。1956 年开始,绍兴县东湖农场胡香泉进行水田麦(油菜)—早稻—晚稻的新三熟制试验。1965 年,省农业厅、省农科院、浙农大(简称"三农")张天成、王如海、沈学年、吴本忠等人进行不同类型水田多熟高产技术研究,提出良田、良制、良种和良法"四良"综合配套技术,这在全国是一个新突破。其间,全省粮地平均复种指数 203.1,年平均亩产 448.2 公斤。1972—1990年,多熟制高产技术不断完善,全省水田粮食作物种植制度以新三熟与两熟为主体,一年一熟制面积仅占 6%～7%。"浙江省耕作制度的调查研究"获 1979 年全国科学大会奖一等奖。黄岩县拱东公社妙儿桥大队 27.4 亩高产田平均亩产 837 公斤,获省科学大会奖二等奖。

(二)旱地

1966 年,普陀县礁潭乡田岙村进行旱地耕作制度改革试验,1972 年在舟山地区推广,到 1980 年全省推广 1.3 万公顷,获 1979 年省优秀科技成果推广奖二等奖。20 世纪 80 年代初期,瑞安县在涂园甘薯地试验间套种春玉米和各种瓜菜,一年 5 种 5 收或 6 种 6 收;温岭、天台等地在甘薯地开展套种绿豆技术研究;1983—1985 年天台等 14 个县市开展旱地分带轮作多熟制技术研究,土地利用率提高30%,粮食增产 29.3%,经济收益增加 25.9%。1990 年,全省旱地三熟制面积达到6 万公顷。2001—2010 年,省农科院、省农业厅共同主持,联合台州、温州、丽水、衢州、浙农大、嘉兴等市地农科所和东阳玉米所进行为期 6 年的"旱地多熟耕作制度与高产栽培技术研究"。

(三)亩产超吨粮技术

1960 年,浙农大、省农科院在绍兴东湖农场召开全年粮食亩产双千斤现场会议。这是浙江省第一次有计划地研究亩产超吨粮技术。20 世纪 60—70 年代,浙江省全年粮食亩产 1500 公斤试验协作组主要开展高产群体结构研究。1965—1972 年,省农业厅、浙江农大、省农科院等单位联合进一步深化亩产吨粮配套技术研究,多次总结推广亩产吨粮(双千斤)配套技术,吨粮田面积逐步扩大,技术不断完善。"全年粮食亩产双千斤技术经验调查总结和推广"获 1979 年浙江省技术推广奖二等奖。80 年代初,省农科院蒋彭炎等研究提出春花田早稻"广陆矮 4 号"亩产超 500 公斤的"稀少平"栽培法,获 1983 年省优秀科技成果奖二等奖。1985 年,中国水稻研究所王熹等开展的"连作晚稻育秧试用多效唑(NET)技术研究",获1989 年省科技进步奖二等奖。1987 年,省农业厅、省农科院、浙农大和中国水稻研究等 4 个单位合作,由马岳、邹庆弟等主持联合进行的"100 万亩吨粮模式栽培技术的研究",获 1990 年浙江省科技进步奖一等奖。2006 年,中国水稻研究所朱德峰等联合进行的"水稻好气灌溉技术研究与示范"获省科技进步奖二等奖。浙江大学张国平等人联合进行的"提升稻田综合生产能力的关键农艺技术集成与应用研究",获 2010 年省科技进步奖二等奖。

二、水稻

(一)品种选育

民国十九年(1930)浙江省建设厅在上虞县创办稻麦改良场,开始稻、麦品种改良工作。民国二十九年(1938)成立浙江省农业改进所,从事水稻育种、改革水田耕作制度等研究。育成的水稻品种有早籼"503号""504号"(双季稻用),旱中籼"5575号""5441号""6506号",中籼"浙农1号""10号""302号""龙凤尖",晚籼"浙场9号",晚粳"浙农129",晚糯"浙农204号""丹阳糯"等,产量高出对照土种5%～49%,大多在15%以上。同时还进行双季早、晚稻的品种配合、移栽期、施肥效应、稀植与密植比较试验。

1959年,省农业厅从广东省引入早籼"矮脚南特",在诸暨原种场等单位试种;1960年从江苏省引进晚粳"农垦58"(世界稻),在嘉兴做连作晚稻试种。是年,又从广东省引进"广场矮""珍珠矮"和"二九矮"等耐肥高产的中籼品种,在浙南、浙中地区做连作晚稻栽培,更换部分生育期长的晚籼品种,实现了以矮秆化为主要目标的水稻品种更换第一次突破。从20世纪60年代初期开始至80年代,浙江省农业科研单位和教学单位先后育成了一批早中迟熟配套的早稻新品种"矮南早1号""二九青""二九南1号""圭陆短8号""珍汕97""温选青""温菜""军协"等。到1972年全省早稻矮秆良种面积占早稻面积的95%,全面更换了高秆品种。同时还育成了"先锋1号""原丰早""青秆黄""竹科2号""浙辐802""二九丰"等良种。1969年,省农业厅又从广东省引入早籼"广陆矮4号"试种成功,更换了"矮脚南特",成为全省早稻的主栽品种,获1979年农业部技术推广奖一等奖。嘉兴地区农科所来乐春等育成的"二九丰",获1986年浙江省科技进步奖一等奖。到20世纪60年代后期,先后育成了晚粳新品种"农虎6号""农红73"等,80年代又先后育成"秀水48""秀水11"系列和"祥湖"系列等优良品种,实现水稻品种更换第二次突破。嘉兴地区农科所宋㭊宪等于1966年育成的晚粳稻新品种"农虎6号"获1978年全国科学大会奖。嘉兴地区农科所姚海根等育成的"秀水48"获1983年省优秀科技成果奖一等奖,"秀水04"获1988年农牧渔业部科技进步奖,"祥湖25"获1990年省科技进步奖一等奖。1971年,浙江省组建农作物杂种优势利用协作组,1974年省农科院叶福初等测配出籼型强优组合"汕优6号",1976年试种面积推广到300公顷。1977年,成立浙江省杂交水稻生产办公室,组织协调杂交水稻科研与推广,当年全省种植杂交水稻21460公顷,1980年以后种植面积超过46.67万公顷,占全省晚稻面积的40%,"汕优6号"为主栽组合。这是水稻品种更换的第三次突破。"汕优6号"获1979年省科技进步奖一等奖,科技成果推广奖一等奖,武义县等育成的"汕优64"获1988年省科技进步奖一等奖。

进入21世纪后,浙江省委省政府拨出专项经费,设立"籼粳亚种间杂种优势利用(8812)计划"和"优质早籼新品种选育(9410)计划",以及省科委1979年在海南省陵水县成立的浙江省晚粳多学科协作攻关组等3个重大育种科研专项。"八五"期间(1991—1995),育成并通过国家和省审定或认定新品种(组合)44个,还有30个新品系(组合)进入省区域试验。本省育成品种种植面积百万亩以上的有早籼"浙733""嘉育293""舟903",晚粳"丙1067""丙91-17""宁67",有19项获国家、农业部和省级科技进步奖。其中,晚籼杂交稻"汕优 10 号"获国家科技进步奖一等奖和农业部科技进步奖一等奖,"协优 46"获省科技进步奖一等奖,早籼"浙 852""浙 733""嘉育 293""舟 903",晚粳"秀水 11",晚糯"祥湖 25"和"祥湖 84"分别获省科技进步奖二等奖。

"九五"期间(1996—2000),"8812"计划育成"协优 9516""Ⅱ优 2070""协优 9308"三个新组合并通过省审定,累计推广面积 14.08 万公顷。育成 7 个不育系和一批广亲和恢复系,并通过科技成果鉴定。"水稻广亲和资源的鉴定、评价和利用"获 1997 年省科技进步奖二等奖。"应用原生质体培养选育水稻光敏核不育系"获 1988 年省科技进步奖二等奖。杂交水稻超高产新组合研究。育成"早优 49 辐""优Ⅰ66""优Ⅰ98""协优 914""协优 92""甬优 1 号""七优 7 号"等 7 个新组合,通过省级审定,在省内累计推广 145.35 万公顷。育成"中 9A""中 8A""宁 67A""甬粳 2 号 A"等 4 个新的不育系,通过省科技厅主持的鉴定。"9410"计划育成"浙 9248""嘉育 948""嘉早 935""中丝 2 号"和"杭 931"等 5 个新品种,通过省审定,推广面积累计为 61.51 万公顷。2000 年农业部向全国推荐的 37 个新品种中,浙江省"9410"计划育成的有 7 个。优质高产多抗晚粳(糯)新品种选育。1996—2000 年,共育成 20 个新品种通过省级以上审定,省内累计推广 130 万公顷,其中植物面积达 100 万亩以上的有"宁 67""秀水 11""绍糯 119""舟水 11""丙 92528"等。在长江中下游晚粳稻区推广 2059 万亩,其中种植面积达 100 万亩以上的有"秀水 64""秀水 63""明珠 1 号""秀水 31""春江 03""秀水 122""原粳 4 号"等。

2001—2010 年,浙江省委省政府继续加大对水稻新品种选育支持力度。"十五"期间(2001—2005),晚稻新品种选育,共选育出 48 个新品种并通过审定,其中国家级 9 个。推广积 509 万公顷,其中省内 184.5 万公顷,省外 324 万公顷,新增稻谷 15.3 亿公斤,增加农民收入 23 亿元。其中早籼"中鉴 100"等 3 个品种订单合同突破 10 万公顷,晚粳"秀水 110"等 3 个新品种突破 33.4 万公顷,成为继"秀水 63"后的新一代当家品种。"8812"计划育成 34 个新组合并通过审定,推广面积达 5000 万亩,育成新不育系 12 个。中国水稻研究所育成的超级稻"协优 9308",省农科院育成的"Ⅱ优 7954"等新组合千万亩连片亩产分别达 818.77 公斤和 1195.2 公斤,"浙双 758""浙双 6 号"两个品种在省内推广 5.63 万公顷,研究成果获 2004 年国家科技进步奖二等奖。2005 年,金华市农科院育成杂交晚籼稻"Ⅱ优 92",获省科技进步奖二等奖。2005 年形成了湖南、浙江、辽宁全国超级稻三足鼎立之势,标志着浙江超级稻研究处于国内领先地位。印水型系列不育系的选育。全国已审定印水型杂交水稻新组合 146 个,到 2004 年累计推广 0.25 亿公顷(次),增产稻谷 64 亿公斤,获 2004 年省科技进步奖一等奖、2005 年国家科技进步奖一等奖。

"十一五"期间(2006—2010),"9410"计划与晚稻新品种选育两个专项计划,合并调整为高产优质专用水稻新品种选育研究,协作组共选育出新品种 87 个。其中国家审定 11 个(次),浙江审定 50 个,外省审定 26 个。省内外累计推广 516.7 万公顷。其中种植面积超过 100 万亩的早籼品种有"金早 47""嘉育 253",晚粳有"秀水 09""浙粳 22""秀水 128""嘉 991""秀水 114"和"嘉花 1 号"。5 年内共获各级奖励 11 项,其中"优质早籼高效育种技术及新品种选育与开发"获 2006 年省科技进步奖二等奖。"籼型系列优质香稻品种选育及应用"和"香稻骨干亲本的筛选利用与高档优质香稻研发"分别获 2009 年国家和农业部科技进步奖二等奖。"利用花培技术育成的晚粳新品种嘉花 1 号的选育和应用"获 2007 年省科技进步奖一等奖。"8812"计划。5 年内协作组共育成晚稻或中晚兼用型杂交水稻品种 53 个,其中 8 个品种通过国家审定,在省内推广 76.7 万公顷,在外省推广 156.7 万公顷,获得植物新品种保护权 23 项,获得省级以上科技进步奖等 12 项奖励,其中国家奖励 1 项,在超级稻育种方法和技术研究、超级稻品质改良、株型改良、杂交晚稻育种、粳型杂交稻育种、杂交稻单产提高等 6 个方面取得突破性进展。"水稻重要遗传材料的创制及其应用"获 2010 年国家科技进步奖二等奖,"优质香型不育系'中浙 A'及超级稻'中浙优 1 号'选育与产业化"获 2008 年省科技进步奖一等奖,"'甬粳 2 号 A'及所配制籼粳杂交晚稻新组合选育及产业化研究"获 2010 年浙江省科技进步奖一等奖。

（二）育种技术研究

20 世纪 40—50 年代以系统选育为主,70 年代开展杂种优势利用研究。1979 年,省科委在海南省陵水县南繁基地组建浙江省晚粳稻多学科协作攻关组,由嘉兴市农科所姚海根牵头,省农科院、浙农大、省农业厅和各市（地）农科所联合参加攻关。1980 年,组建由省农科院闵绍楷、董世钧为正副组长,并有 4 位顾问的浙江省杂种优势利用攻关协作组,8 个学科的 80 多人参加攻关,推进育种工作。80 年代后期开展籼粳亚种间杂交利用研究,形成多种育种技术相结合的育种方法。90 年代后期进入以水稻分子设计和全基因组选择为核心的分子育种技术体系研究,通过优异基因聚合创制新种质,培育一批突破性新品种,促进现代生物种业的发展。

（三）杂交水稻制种技术研究

1976 年,浙江省首次在省内配制杂交种,制种面积达 1053 公顷,平均亩产只有 21 公斤;1977 年制种面积扩大到 7400 公顷,平均亩产 33 公斤;1978 年制种面积 15620 公顷,平均亩产 42 公斤,比 1976 年增产 1 倍。1985 年以后,制种平均亩产超过 110 公斤,最高的 1986 年达到 156 公斤,种子质量达到部颁一级标准,获 1984 年省科技进步奖二等奖。

三、大小麦

（一）品种选育

20 世纪 30 年代,省农业改良总场莫定森选育出"莫氏 101"和"莫氏 105"两个小麦新品种,并在全省推广。50 年代,省农业厅组织评选出"萧山立夏黄""嵊县无芒六棱""东阳三月黄"等 14 个优良农家品种,在全省推广。1957 年,浙农大汪丽泉选育出二棱皮大麦"浙农 12"。1962 年,省农科院选育出"裸麦 757"。1964 年,省农科院王乃玲选育出"浙麦 1 号"小麦新品种,在全省种植 18 万公顷。该成果获 1979 年省科学大会奖二等奖。1967 年,省农科院罗树中选育出"浙麦 2 号"小麦新品种,在全省种植 5.9 万公顷。该成果获 1980 年省优秀科技成果奖二等奖。70—80 年代,浙农大丁守仁、徐绍英于 1976 年选育出"浙农大 3 号",在全省推广,该品种荣获 1990 年省科技进步奖二等奖,"浙农大 2 号"获 1988 年省科技进步奖二等奖。1977 年,省农科院许梅芬选育出"浙麦 3 号"小麦新品种,获 1988 年省科技进步奖二等奖。

"八五"期间(1991—1995),全省大小麦育种协作组育成并通过省级审定(认定)的大小麦新品种 14 个,其中大麦有"秀麦 2 号""秀麦 3 号""浙皮 3 号""甬麦 2 号""大麦 68"和"舟麦 16"等 6 个,小麦有"浙麦 4 号""浙麦 5 号""浙麦 6 号""核组 8 号""农大 105""钱江 2 号""温麦 8 号"和"全麦 90"等 8 个。种植面积 100 万亩以上的有大麦品种"秀麦 2 号",小麦品种"钱江 2 号"。利用体细胞变异育种技术首次培育的"核组 8 号",获 1993 年浙江省科技进步奖一等奖。国内首创利用矮秆基因回变转育法育成的"钱江 2 号",获 1992 年浙江省科技进步奖二等奖。"九五"期间(1996—2000),协作组育成"浙原 18""浙皮 4 号"和"浙农大 7 号""秀麦 3 号""温麦 10""核组 9 号""浙麦 8 号"等大小麦新品种 7 个,其中 6 个新品种通过省级审定。大麦新品种"秀麦 3 号"替代原当家品种"浙农大 3 号",成为"九五"期间浙江省大麦主栽品种,种植面积 14.12 万公顷。

进入 21 世纪后,协作组实施"优质高产多抗专用大小麦新品种选育与超高产栽培技术研究"重大科技专项。先后育成并通过省级审定的大麦新品种有"浙皮 8 号""浙秀 12""浙啤 33 号""浙皮 9 号""浙皮 6 号""浙皮 7 号""浙秀 22""秀麦 11""浙大 8 号""浙大 9 号"等 10 个品种。累计推广面积 12 万公顷,其中"浙啤 33 号"成为大麦主栽品种,"浙丰 2 号"成为小麦主栽品种,推广应用种植面积 2 万公顷。"啤用大麦主要麦芽品质的遗传差异和环境调控研究"获 2011 年浙江省科技进步奖一等奖。"啤酒大麦优质育种关键技术研究与新品种选育"获 2009 年省科技进步奖三等奖。"作物重金属耐性和积累的基因型差异机理和调控"获 2009 年浙江省科技进步奖二等奖。"啤用大麦麦芽品质的基因型与环境效应研究"获 2009 年教育部自然科学奖二等奖。

(二)国家大麦改良中心建设

2001 年,农业部批准省农科院建立杭州国家大麦改良中心。一期建设已拥有各类先进仪器 200 台(套),建有设施较好的遗传育种、品质分析、细胞工程、生物技术和病理生理等实验室 300 平方米,配备有温室、种子仓库、低温种质库、病害鉴定圃等育种设施 2500 平方米。主持的全国大麦育种攻关项目,在遗传资源评价、材料创新、育种技术研究、新品种选育、分子遗传研究等领域取得了一大批重要科研成果,向全国育种单位提供穿梭育种材料逾 1 万份次,促进了我国大麦育种的发展。2010 年,国家农业部批准省农科院建立二期国家大麦改良中心,新增仪器设备 91 台(套),新建抗逆鉴定圃、种质鉴定圃、育种实验室等设施 3800 平方米。

四、旱粮

(一)甘薯

1953—1955 年,省农科所开展甘薯地方品种征集、利用研究,征集地方品种 99 个。1955 年,该所在浙江北部和中部推广余杭农推站引入良种"胜利百号"。20 世纪 60 年代初,浙南先后从广东、福建等省引入"港头白""蓬尾"等良种,逐步替代地方品种。同期,省农科院开展品种间杂交,采用复变和回变等方法,先后育成"红红 1 号""红头 8 号""黄皮 9 号""梅类红""荆选 4 号"等新品种,在全省推广种植。70 年代后期,育成"浙薯 1 号""浙薯 2 号""丽群 6 号""瑞薯 1 号""舟薯 1 号"和"浙舟 80-64"等专用型新品种,在全省推广种植。1979 年,省农科院从江苏引入"徐薯 18",在浙北和浙中地区推广。1986 年从四川省引入"南薯 88",在全省推广。

"八五"(1991—1995)期间,省农科院先后育成"瑞薯 1 号""荆 56""浙 275""125-7""34-39"等 5 个新品种在全省推广。1991—1995 年累计推广种植面积 17.3 万公顷,增产薯干 1.6 亿公斤,增值 3 亿元。"九五"(1996—2000)期间,先后育成"浙薯 3481""浙薯 219""浙薯 6025""浙薯 13""浙薯 23"和"浙薯 51"等 6 个新品种(系),并在生产上推广应用。

进入 21 世纪后,省农科院先后育成"浙薯 13""金玉""心香""浙薯 132""浙薯 25""浙紫薯 1 号""浙薯 81 号""浙薯 259 号""浙薯 70""浙菜薯 726"等 10 个新品种(系),在全省推广应用,10 年累计栽培面积 40 万公顷,年均栽培 4 万公顷,占全省薯类种植面积的 50%。

(二)玉米

20 世纪 50 年代初期,省农科所征集到 600 多份地方品种,筛选出"满蒲金"在各地推广。1956 年,通过品种杂交育成"浙杂 1 号"。1969 年,东阳玉米研究所育成"浙单 1 号",成为当时水田秋玉米的主栽品种。1974 年,东阳县虎鹿农科站育成单交种"旅曲",在 1977 年后成为水田秋玉米的主栽良种。同期,还先后育成"虎单"系列单交品种数个。70 年代,从辽宁省引入"丹玉 6 号",成为旱地玉米主栽品种。到 70 年代中后期,全省推广玉米杂交种。80 年代初,又从辽宁省引入优良组合"丹玉 13 号",成为 80 年代末期旱地玉米主栽品种。至此,全省杂交良种覆盖率达到 90% 左右。1985 年,东阳玉米所从中国农科院引入高赖氨酸玉米良种"中单 206",1990 年育成浙江省第一个超甜玉米良种"浙甜 1 号"。

"八五"(1991—1995)期间,省农科院玉米研究所育成中晚熟高产优质抗病杂交种"浙单 9 号",于 1994 年 5 月通过省品种审定。育成"京早 10 号""唐抗 1 号"新品系,1995 年在磐安、兰溪种植 1000 亩,1996 年成为磐安主栽品种。"九五"

(1996—2000)期间,育成中晚熟高产、优质、抗病玉米杂交种"浙单 10 号"、甜玉米新品种"超甜 3 号",并通过浙江省品种认定,推广种植面积 0.34 万公顷。"浙糯玉1 号"通过浙江省品种认定,推广种植面积 0.2 万公顷。2001—2010 年,先后育成"超甜 3 号""超甜 2018""特甜 1 号"系列甜玉米品种,通过浙江省品种审(认)定,其中"超甜 2018"通过全国审定。

（三）豆类

1958—1962 年,省农科院进行大豆地方品种征集,筛选出 8 个良种在生产上种植。20 世纪 70 年代后期,该院刘无畏参与主持全国野生大豆资源征集,共征集野生大豆材料 166 份,获 1980 年农业部技术改进奖一等奖。同期,省农业厅从湖北省引进良种"矮脚早",其适应性广,成为全省主栽品种。1977—1982 年,省农科院朱文英、竺庆如等人育成春大豆"浙春 1 号"和"浙春 2 号",在山区半山区和红壤丘陵地区推广。80 年代,省农科院主持全国蚕豆资源研究,1989 年育成"浙杭8096"新品系。"八五"(1991—1995)期间,先后育成"浙春 3 号""华春 14""婺春 1号""丽秋 1 号"等 4 个大豆新品种,通过省品种审定。"浙春 2 号"新品种获 1992年省科技进步奖一等奖。蚕豆育成"利丰蚕豆""越豆 2 号"两个新品种,通过省级品种审定。"九五"(1995—2000)期间,先后育成中熟春大豆"6569"和"6985"2 个、特早熟菜用大豆"华春 18"1 个、秋大豆"豆秋 1 号"1 个等 4 个新品种,分别通过省品种审定。2001—2010 年,共实施省级以上科研项目 48 项,其中国家级 18 项;通过国家和省级审定新品种 15 个,其中国家级审定新品种 4 个;获省部奖 4 项,其中高产优质抗病大豆新品种"浙春 3 号"的选育与应用,获 2003 年省科技进步奖二等奖。

五、油菜

民国三十年(1941),浙大农学院孙逢吉为研究中国油菜之植物学名,向英国皇家植物园哈瓦特先生(Mr. Howard)征得 5 种芸薹属植物种子各几十粒。20 世纪40 年代,浙大农学院于景让从韩国引入 19 个染色体的大油菜,这是全国最早引进的甘蓝型油菜。1954 年,省农科院进行油菜地方品种征集和引种科研工作。1964年,育成第一个符合三熟制要求的甘蓝型半冬性早中熟新品种"早丰 1 号"。1968年,省农科院王庆伦等人育成早中熟高产甘蓝型新品种"九二油菜",成为 70 年代全省主栽品种,获 1978 年全国科学大会奖。70 年代后期,省农科院育成新品种"浙油 480"。80 年代育成甘蓝型半冬性品种"浙油 7 号",获 1982 年省优秀科技成果奖二等奖。1980 年,镇海县良种场茅阿银、黄道聪等人育成"九二 13 系"新品种,获 1981 年省科技进步奖一等奖,1985 年种植面积占全省油菜总面积的 67%。同期,宁波市农业局、慈溪水稻农场张选祥、范友庭等人育成"九二 5-8 系"新品种,获 1988 年省科技进步奖二等奖。1991—1995 年,省农科院育成油饲兼用的新品种"浙优油 1 号"和"浙优油 2 号"两个油菜新品种。其中低芥酸低硫苷新品种"浙优油 2 号"于 1992 年通过省品种审定。1996—2000 年,省农科院育成"浙油 758"
和"高油 605"两个新品种,分别通过省品种审定,累计推广 3.34 万公顷。2001—
2005 年,双高双低优质油菜新品种选育,先后育成"浙双 6 号"和"浙双 7 号"两个新
品种,于 2003 年通过国家品种审定,其中"浙双 7 号"荣获 2002 年省科技进步奖一
等奖。2006—2010 年,三高二低高效型油菜新品种杂交种选育研究,育成高产、高
油分、低芥酸、低硫苷油菜新品种"浙双 758",于 2003 年通过省品种审定,荣获
2008 年度省科技进步奖二等奖。甘蓝型油菜高油酸育种技术研究和新品种选育
研究,育成"浙油 18"并于 2006 年通过省品种审定,2010 年推广种植面积突破 6.7
万公顷。能源食用型油菜高效育种技术及新品种选育研究,育成"浙大 619"新品
种,于 2009 年 10 月通过省品种审定,双低高油分品种"浙油 50"于 2009 年通过省
品种审定,2010 年推广种植面积 3.34 万公顷。

第二节　经济作物

一、蚕桑

(一)品种选育

1.桑品种选育。宋代吴自牧的《梦粱录》中已有关于桑品种的记述。民国二十
二年(1933)《中国实业志》载称桑有 210 种,列湖桑、火桑、望海桑、海桑 4 类。20 世
纪 20 年代,浙大、省蚕业改良所先后进行地方桑品种征集评选。赵鸿基从收集到
的地方品种中整理出"湖桑"品种 40 个、"火桑"品种 16 个、"野生桑"品种 22 个。
1958 年,整理鉴定选出"桐乡青""荷叶白"等 12 个桑品种。1959 年,省农科院评选
出荷叶桑品种 150 个,其中早生桑 20 个、中晚生桑 130 个,并引进品种 180 个,建
成品种桑园。1975 年全省评比鉴定确认"团头荷叶白""湖桑 197""荷叶白""桐乡
青"为 4 大优良品种,并推广到长江中、下游和黄河流域,种植面积 26.6 万公顷。
1989 年,林寿康等获国家科技进步奖二等奖。70 年代,省农科院、浙农大、绍兴农
校等从自然芽变、有性杂交后代中系统选育出"农桑 2 号""白芽大叶旱生"等 7 个
品种。1985 年,省农科院从桑树花粉中诱导出完整植株,移栽大田成活,经鉴定系
单倍体(N-14)植株,在全国属首例。

1990—1995 年,省农科院先后育成了优质高产桑新品种 2 个("农桑 10 号"和
"大中华"),并通过省品种审定,开始全省推广。其间,省农科院进行的"桑树诱变
及多倍体育种技术研究",获 1999 年省科技进步奖二等奖。1996—2000 年,省农
科院先后育成"农桑 12 号"和"农桑 14 号"2 个桑新品种,并通过省和国家级品种审
定,开始在全省推广。其中"新一代桑树配套品种农桑系列的育成与推广"科研成
果,于 2000 年 10 月通过省级鉴定。2001—2010 年,省农科院先后育成早、中熟配

套的农桑系列新品种,具有熟期理想、高产、优质、抗性强、农艺性状优良、适应性广等特点,两次荣获国家科技进步奖二等奖,两次获省科技进步奖一等奖。2010 年,省农科院杨今后等人进行的"人工三倍体桑品种'丰田 2 号'的育成与推广"获省科技进步奖二等奖。截至 2010 年,长江流域 70%和浙江省 90%以上的栽培桑品种由浙江省农科院育成。

2.蚕品种选育。清光绪二十三年(1897)蚕学馆在全国最早进行蚕种改良,并创杂交育种之始。民国十五年(1926),省立蚕业学校制成"诸桂×赤熟"杂交种,生产上开始大批量饲养一代杂交种。民国二十二年(1933),浙大孙本忠等饲养地方蚕品种及引进品种 102 份,为大量保育蚕品种的先驱。民国三十一至三十四年(1942—1945),浙江省农业改进所从余杭、临海、杭州等地征集到地方蚕品种 11种,选出茧质、抗病兼优的石灰、绉纱、余杭和临海 4 种。20 世纪 50—80 年代,选育成 23 个新品种及其杂交组合,以适应养蚕季节,扩大夏秋蚕,提高茧质。其中:"603"为省农科院用"兰溪 5 号"和"镇 11"杂交于 1959 年育成的夏秋蚕品种,1972年成为浙江和江苏、四川等省夏秋蚕主要推广品种;"浙农 1 号"为浙农大陆星垣等运用早期世代选择等方法,以"141×306"复壮系于 1970 年选育成的夏秋蚕品种,1980 年获省科技成果推广奖一等奖,1981 年获国家农委、国家科委重大科技成果推广奖;"浙蕾""春晓"是省农科院采用"753×757"和"春 4×758"杂交,于 1974 年育成的春用品种,获 1992 年省科技进步奖二等奖。

1991—2000 年,省农科院、浙江大学等单位先后育成春蚕品种 2 对("繁花×春梅"和"华光×春日"),夏秋蚕品种 3 对("芳华×星宝""芳草×星""星和丰×富日")以及耐氟性基础蚕品种 2 个(原种"秋菊"和"新日")。这些系列蚕品种不但在浙江省内成主养品种,并已推广到全国各大蚕区,年增效益 2 亿元以上。

2001—2010 年,蚕品种选育改变以往春秋两季为三季,先后育成的春蚕"613×春日"、夏蚕"夏 7×夏 7"通过国家级品种审定,推广量为 8 万盒。建立蚕性别控制基因库,包括蚕性连锁平衡致死系 38 个,限性品种 29 个和无性孤雌克隆系 8 个。雄蚕杂交种在浙江、山东等地推广 2000 余张。其间,在省科技厅的支持下,集聚全省科技资源建立了国内第一个省级"蚕桑茧科技创新服务平台",组建了浙江省桑蚕产业科技创新团队。建有蚕品种保存库,其中雄蚕种质资源库为国内唯一。家蚕性别控制研究和专养雄蚕实用化技术研究居国际领先水平。育成"秋丰×平 28""秋华×平 30""限 7×平 48"等雄蚕品种,每年雄蚕平均可新增效益 20%左右,获2005 年浙江省科技进步奖一等奖。省农科院孟智启等进行的"雄蚕新品种选育及种、茧、丝一体化开发"研究,获 2010 年省科技进步奖一等奖。常规育种,分别育成"春华×秋实(茧丝质优)""明丰×春玉"(高产、易繁)"钱塘×新潮"(抗逆强)等多对家蚕新品种,并通过省品种审定。省农科院曹锦如等进行的"优质高效家蚕系列品种的育成与应用"获 2009 年省科技进步奖二等奖。育种技术和理论研究取得新进展,建立了桑蚕育种新技术体系。转基因家蚕研究进入全国领先地位,"利用

EST 信息资源大规模克隆家蚕功能基因研究"获 2007 年省科技进步奖一等奖。

3. 育种设备研制。1982 年，省农科院吕亚军等成功研制 DS84-10 型单粒缫丝机，为国内首创，1985 年获省科技进步奖二等奖。1984 年，省农科院与杭州缫丝厂协作成功研制 CS-1 型自动计长返丝机，能确保测定茧丝长、解舒丝等在小数点后一位，被审定为复摇式的标准检测机器，并在《国家标准 GBg111-88 桑蚕茧（干茧）检验方法》中颁布。1991 年，省农科院成功研制荧光检测仪（第二轮样机），建立"芳山×星明"蚕茧的茧质信息数据库，改进了数模评茧法，使其更趋完善，精度和效率提高，并做了较大面积（6 个茧站）的示范应用。

（二）栽桑养蚕技术研究

1. 养蚕。20 世纪 40 年代，浙大吴载德揭示蚕卵内过氧化氢酶与滞育的关系，在国内最早提出以数学公式表示桑蚕生长速度的桑蚕生长模式。1964 年，省农业厅、省农科院从中国农科院蚕业研究所引进小蚕炕房（炕床）育技术，在海宁县试点成功，60 年代中期在全省推广。80 年代，省农科院周若梅等与浙江省农业厅合作，制定《春蚕杂交种饲育技术标准》，全省小蚕饲育走向标准化，获 1983 年省优秀科技成果奖二等奖。1973 年，省农科院参与中国科学院上海有机化学研究所开展的"昆虫激素养蚕研究"，获 1985 年国家科技进步奖二等奖。1991—1995 年，省农科院开发出低成本稚蚕人工饲料配方 4 种，初步育成了适应低成本人工饲料的蚕品种"广菁"和"杂新"。同期，进行了"非蛋白氨基酸 ACC 的养蚕增茧研究"。1996—2000 年，省农科院进行"雄蚕饲养配套技术研究"，2001 年分别在湖州、海盐、杭州等地进行杂交种试繁试养。

2. 蚕桑综合配套技术研究。1981 年，省农科院葛惠英等与省、市丝绸公司和浙江缫丝一厂等协作，进行"桑蚕茧丰产优质配套技术开发研究"，获 1985 年浙江省科技进步奖二等奖。1984 年，湖州市农业局马秀康牵头，在该市郊区和德清、长兴、安吉 3 县改造 2.2 万公顷老桑园，选用桑、蚕良种及标准化养蚕等综合技术，1988 年亩产茧 103.5 公斤，成为全国亩产茧最高的县（市）。1988 年、1989 年分别获省和农业部科技进步奖二等奖。1991—1995 年，省农科院进行"雄蚕杂交种制种配套技术"的研究。

（三）桑蚕病虫防治技术研究

20 世纪 50 年代研制的防僵粉、60 年代的"灭蚕蝇"，有效地控制了僵病和多化性蝇蛆病危害。浙农大、省农科院对家蚕体内磷代谢和质型多角体病毒对次代蚕的传递进行研究。70 年代研制的新蚕药控制了胃肠型脓病的发生，蚕病危害率在 10% 以下。桑树害虫测报技术。1979 年，全省 17 个市县建立了桑树病虫测报站，省植保站等先后提出野蚕、桑螟、桑尺蠖、桑毛虫、桑螟、桑蓟马、叶虫类、桑天牛、桑白盾蚧、桑橙瘿蚊等 10 种声虫的为害习性，以及其发生规律、发生世代与时间、调查方法、预测方法和防治要点，获 1990 年省科技进步奖二等奖。蚕体蚕座消毒剂。1972 年，浙农大、省农科院先后成功仿制"防病一号"。嗣后，省农科院丁辉等采用国产原料,改进配方和生产工艺,研制成广谱、高效蚕体蚕座消毒剂,对白僵、曲霉和卒倒真菌、细菌均能彻底杀灭,对胃肠型脓病、血液型脓病和空头病病原有杀灭效果。药效持续期 24 小时,获 1984 年省优秀科技成果奖二等奖。新洁尔灭石灰浆合剂。省农科院与上海十七制药厂协作,于 1976 年在国内首次研究利用表面活性剂做蚕室蚕具消毒剂,替代汞制剂,具有杀菌范围广谱、药效较高、药性稳定、腐蚀性小、使用简便、成本较低等特点。消特灵。浙农大于 1989 年研制成功,在全国推广。蚕药开发。1991—1995 年,研制开发出新蚕药 3 种,即蚕细菌病防治药剂"蚕宝康",蚕室蚕具消毒水剂"蚕家乐 1 号"和蚕室蚕具烟雾消毒剂"强力杀"。1996—2000 年,研制出省力型蚕体蚕座消毒剂"熏消净",对家蚕细菌病原(以大肠杆菌、沙苗氏菌为供试菌)消毒效果达 100%。同时该消毒剂可兼作蚕室蚕具消毒剂用。其间,初步研制成功预防 NPV 兼防细菌病的复合制剂 1 个。浙江大学研制出蚕桑大气氟化物控制技术和装置。省农科院等单位进行"暴发性桑病灾害预警与综合防治系统"的研究。

二、茶叶

(一)品种选育

浙江茶叶生产始于汉代,兴于唐宋。《洞山岕茶系》记载,"汉代,栖迟茗岭之阳,课童艺茶"(茗岭古属吴郡)。唐代浙江茶叶生产遍及 55 个县,上元初年(674)陆羽在浙江苕溪著世界第一部茶叶专著《茶经》。宋嘉泰《吴兴府志》记载,长城(今长兴)有贡茶院,在虎头岩后,曰顾渚茶,自大历五年至贞元十六年(778—800)于此造茶,命名紫笋茶。民国四年(1915)景宁县惠明茶在巴拿马国际博览会获金奖。民国二十三年(1934)绍兴县政府开始设立茶叶指导员。民国二十六年(1937)嵊县三界建立浙江茶业改良场。民国三十年(1941),财政部贸易委员会茶叶处处长吴觉农在衢州市万川成立东南茶叶改良总场,同年 9 月奉令改为财政部贸易委员会茶叶研究所。

中华人民共和国成立后,20 世纪 50 年代,浙江农学院建立茶叶专业,在余杭县建立浙江省茶叶试验场,1958 年中国农科院在杭州建立茶叶研究所(简称"中茶所")。1979 和 1987 年,商业部、国家旅游局分别在杭州建立茶叶加工研究所和中国茶叶博物馆。1958—1965 年,中茶所进行茶叶种质资源调查研究,共收集国内地方品种 87 个,建立茶树品种园,同时从苏联、越南引进优良品种,开展引种试验。1966—1980 年,重点进行优良单株扩繁和初试鉴定,从中筛选出"龙井 43"(6043)"龙井长叶""寒绿"等 24 个品系。1987—1997 年,进行品种资源编目,编印了《中国茶树品种资源目录》。"七五"(1996—1990)期间建成"国家种质杭州茶圃"和"国家种质勐海茶树分圃",到 1997 年,征集茶树资源 2700 份,到 2009 年又新征集茶树资源 570 份。建立并维护中国"茶树优良种质评价利用数据库""国家种质茶树圃保存资源目录""茶树种质资源共性信息数据库""茶树种质资源特征信息数据库"和"茶树资源图像数据库"等 5 个数据库和资源共享平台。"茶树优质资源的系统鉴定与综合评价研究"获 1993 年农业部科技进步奖二等奖、1996 年国家科技进步奖二等奖。"经济作物种质资源鉴定技术研究与应用"获 2009 年浙江省科技进步奖二等奖。"多年生和无性繁殖作物种质资源标准化整理、整合及共享试点"获 2010 年浙江省科技进步奖二等奖。截至 2010 年,浙江茶树品种经搜集整理有 50 多个。通过国家审定推广的有"鸠坑""龙井 43""迎霜""翠峰""劲峰""碧云""浙农 12""菊花春""中茶 102""中茶 302""中茶 108""中茶 111"等 12 个品种。通过省认定推广的有"乌牛早""碧云""浙农 121""浙农 11""龙井长叶""水古茶""滕茶""寒绿""碧峰""福云 6-37""苹云""中茶 102""中茶 302""中茶 108""中黄 1 号""中黄 2 号"等 16 个品种。其中"迎霜"获 1979 年省优秀科技成果奖二等奖,"浙农 12"获 1980 年省优秀科技成果奖二等奖,"劲峰""翠峰"获 1980 年省优秀科技成果奖二等奖。"中茶 251""中茶 125""中茶 211"等 3 个茶树新品种通过国家农业部授权,获植物新品种保护权。

（二）栽培技术

条栽密植。1973 年,浙农大刘祖生、童启庆和余杭县潘板供销社邵锡昌在潘板乡漕桥村进行矮化密植速成高产栽培试验,第四年亩产干茶 276 公斤。1975 年以后,在全省推广 1 万公顷。1983 年获省优秀科技成果奖二等奖。20 世纪 90 年代,中茶所等先后开展了"低丘红壤茶树高效栽培技术""茶树生物有机专用肥、控释专用肥研制""土壤酸化成因与改良""重金属和风险元素氟""铝在茶叶中的累积特性和防治技术""氮、钾、镁和硫等营养特性及养分管理技术""名优茶机采和树冠培养技术研究"等项目,研制出茶树生育控制剂及其配套技术,开发出"百禾福生物活性有机肥"和"多效菌生物有机肥",并实现工业化生产,已生产 1 万吨,在全省 11000 亩茶园进行了应用。提出了我国有机茶生产技术体系,制定出我国首部《有机茶生产和加工技术规范》地方标准、《有机茶生产技术规程》等 4 项农业行业标准,并已发布,这些工作为我国有机茶生产和发展提供了重要的依据。"茶树钾镁肥营养特性及其养分管理技术研究"获 2007 年省科技进步奖二等奖。

（三）茶树保护与虫害防治

20 世纪 60 年代,中国农科院茶叶研究所开展对茶尺蠖、小绿叶蝉、长白蚧、螨类等 4 大害虫的生活习性及其发生规律和防治技术、农药筛选等的研究,同时进行农药在茶叶中残留降解动态研究,制定出安全使用标准。14 种农药安全使用标准经国家标准局审定为国家标准。70 年代末到 80 年代初,杭州茶叶试验场和省农业厅、浙农大等单位先后开展"小绿叶蝉、茶尺蠖等的消长规律及主要影响因子的研究"。1991—2000 年,中国农科院茶叶研究所、浙江大学等单位,先后进行"茶树主要病虫害综合防治技术研究"。"茶叶中农药残留预测技术研究"获 1996 年农业部科技进步奖二等奖、1997 年国家科技进步奖三等奖。2001—2010 年,先后进行了茶园生物综合防治研究与生物农药研制。"茶叶中农药残留控制技术推广应用"

获 2003 年农业部丰收奖二等奖。"茶尺蠖病毒杀虫剂的生产技术与推广应用"获 2005 年省科技进步奖三等奖。"茶园害虫与天敌的互作关系及生态调控技术研究"获 2004 年省科技进步奖三等奖。"茶树与黑刺粉虱成虫间化学与光通讯的机制研究与应用"获 2007 年省科技进步奖三等奖。

茶园害虫生物农药。研制开发出了防治多种茶树害虫的病毒制剂和真菌制剂,实现了病毒杀虫剂的批量生产,推广应用面积达到数万公顷。研制了以假眼小绿叶蝉、茶蚜和黑刺粉虱的信息素诱捕剂为引物的害虫诱捕器,以及以茶尺蠖绒茧蜂信息素诱集剂为引物的天敌诱集器,大面积诱捕黑刺粉虱成虫的效果达到 85%~98%。成功研制茶尺蠖和假眼小绿叶蝉的拒食剂,能够有效控制茶园这两种主要害虫的虫口密度,并在衢州、绍兴等地进行了推广应用。完成了 386 项次新农药对假眼小绿叶蝉、茶尺蠖、茶橙瘿螨和茶炭疽病等茶树主要病虫害的室内和田间药效试验,筛选出了联苯菊酯、农用喷淋油和苦参碱等一批适宜茶园使用的高效低毒无公害农药品种,并已在生产上大面积推广应用。

三、中药材

(一)资源调查

20 世纪 20 年代,镇海钟观光考察浙江植物区系,采集标本。1954—1956 年,浙江医学院对杭州市各县进行药用植物资源综合性调查。1958 年,浙江省科学工作委员会成立省野生植物资源普查队,对温州、宁波、金华、嘉兴 4 个地区进行普查,后由省卫生厅编成《浙江中药资源名录》。1972—1979 年,省卫生实验院、省中医研究所等单位编撰《浙江药用植物志》,收集浙江药用植物共计 1699 种,该书是省内最完整的大型中草药工具书,获 1980 年省优秀科技成果奖二等奖。1986—1987 年,省政府办公厅组织中药资源普查,采集标本 1700 余种共 2300 余份,基本摸清省内药用资源的种类、生态、分布及蕴藏量,确定 23 种新品种,编写《浙江省药用资源名录》,该成果获 1988 年省科技进步奖二等奖。

(二)品种选育

1987 年,浙江省中药研究所进行"华东药材开发湖州基地及药用植物种质库建设"研究后,到 2010 年,先后开展了"元胡等 5 种中药材规模化种植研究""皮类药用植物及浙贝母等 4 种药用植物种质资源描述标准和规范的制定与示范研究""药用植物种质资源描述标准和规范的制定与示范研究""新型林源药用植物(千层塔等)新品种选育和扩繁基地建设研究""'浙八味'良种选育及规范化基地建设与示范研究""浙江中药材新品种选育"等 27 个省和国家级重点和重大中药材科技攻关项目的研究。其中"厚朴、雷公藤、肿节风等 3 种重要木本药材品种选育与资源培育"获 2008 年省科技进步奖二等奖。"'浙八味'良种选育及规范化基地建设与示范研究"获 2009 年省科技进步奖二等奖。浙江大学何潮洪等进行的"雷公藤有效成分的提取分离及质量控制技术研究"获 2009 年省科技进步奖二等奖。2002

年,磐安县大盘山被国务院列为国家级自然保护区。该保护区总面积 4558 公顷,地处磐安县境内,是我国目前唯一以药用植物种质资源为主要保护对象的国家级自然保护区,保护区内有野生药用维管植物 853 种,生物多样性丰富。建成了"浙八味"药材种质资源圃(磐安)、浙产重要药材种质资源圃(淳安)、浙江林学院珍稀药用植物园(临安)、丽水特种药材种质资源圃等 4 个公益性综合性种质资源圃和创制中心,保存珍稀、重要药材种质资源 200 种共 3000 份材料。自 2005 年正式启动浙江省中药材新品种认定工作以来,在中药材新品种选育方面取得了显著进展,到 2010 年省新品种审(认)定委员会已审(认)定了菊花新品种"早小洋菊"和"迟小洋菊"、铁皮石斛新品种"天目山 1 号"、浙贝母新品种"浙贝 1 号"等 19 个中药材新品种,实现了零的突破。结束了我省没有真正意义上中药材新品种的历史,育成的中药材新品种数量和推广应用成效在全国居前。

(三)基地建设

建成了以浙江省中药研究所为技术依托的浙江省第一个专业从事中药材种子种苗繁育的"浙江省中药材种子种苗繁育中心",中心占地面积 40 亩,总投资 2000 多万元,建有实验楼、中试楼等 10000 多平方米,连栋大棚、钢管大棚 10000 多平方米,种子低温库、保藏库 2000 多立方米,一期建成年产 500 多万株组培苗的先进组培生产线一条,以及相关的专业实验、检验室。开展了浙贝母、元胡、白术、杭白菊、薏苡、铁皮石斛、山茱萸、益母草、西红花、雷公藤等浙产重要药材的规范化种植技术研究,制定了 15 种重要药材的规范化栽培技术体系和标准操作规程(SOP)。自 2003 年国家食品药品监督管理局实施中药材 GAP 认证以来,我省一些以企业为主体的中药材 GAP 种植基地已通过 GAP 认证,如浙江康莱特集团的薏苡基地、天台中药药物研究所的铁皮石斛基地和北京同仁堂浙江分公司的山茱萸基地,GAP基地面积达 15000 亩,为企业提供了优质中药材原料,增强了企业在国际和国内市场的竞争能力。另外,东阳市中药材公司的元胡基地、浙江康恩贝制药股份有限公司的白术和浙贝母基地、桐乡星和菊花制品公司的杭白菊基地、新昌得恩德制药公司的雷公藤基地、义乌大德制药公司的益母草基地已经基本符合 GAP 规范的要求。杭白菊和乌药已通过国家质量监督检验检疫总局的地理标志产品保护的认证。制定了省级地方标准 14 个(无公害中药材白术、延胡索、玄参、浙贝母等),市县级地方标准 8 个。"一种中药千层塔的仿野生种植方法"等 30 余项发明专利获得授权,发表论文 300 余篇。"栀子等中药材加工设备、饮片加工标准及产品研发与产业化""超临界萃取-柱层析集成技术分离五味子降糖有效成分的研究"分别获得浙江省科学技术奖三等奖。一批长期从事中药材生产技术研究和推广应用的科技人员获得了浙江省农业科技成果转化推广奖。浙江省中药现代化产业技术创新战略联盟基本形成,正大青春宝药业有限公司联合浙江省中药研究所有限公司、浙江康恩贝制药股份有限公司等 10 家单位共同发起建立了浙江省中药现代化产业技术创新战略联盟,其中中药制药企业 4 家,农业企业 1 家,科研机构 2 家,高等院校 3 家。

四、棉花

(一)引种与育种

民国三十五年至三十六年(1946—1947),省农业改进所引进德字棉"531"种子100吨,在镇海、慈溪、余姚、萧山县推广,引进珂字棉种子15吨在舟山种植。1950年,全省种植德字棉"531"4.79万公顷,占棉田面积的65.8%。这年从美国引入岱字棉"15号",在平湖县试种繁殖,皮棉产量比中棉高20%~30%,衣分高4%~8%,纤维长2~4毫米,于20世纪50—70年代初为我省主栽品种。90年代开始选育新品种。1960—1962年,省农业科学院用系统选育方法,在岱字棉"15号"中选出"浙棉1号"和"浙棉3号"。1966—1968年,省农科院与萧山棉麻研究所协作,从"浙棉1号"中用系统选育法育成"协作2号",成熟度1.71,主体纤维长度28.89毫米,单强4.73克,细度5344米/克,断裂长度25.28千米,纤维洁白而有光泽,亩产皮棉79.54~90.07公斤,比岱字棉"15号"增产10.96%~27.97%。1969年在全省试种推广,持续种植时间长达22年之久,累计种植18.6万公顷,获1978年省科学大会奖。1973年,浙农大以"浙棉1号"和密字棉"21号"为亲本,杂交育成中、早熟的"钱江9号",主茎粗壮、棉铃较大、高产。经多年试验,皮棉亩产75公斤,纤维品质符合纺织要求,1983年在萧山、平湖、慈溪等县和江苏部分地区种植1.53万公顷。1972—1975年,省农科院与慈溪棉科所协作,针对该县枯萎病蔓延,选出抗病品种"浙110"。1975—1977年又在全国抗病区试种选出抗枯萎病能力和产量均居首位的"86-1",1982年成为慈溪县主栽品种,并推广到枯萎病棉区。1976年,省农科院从"徐州1818×岱福棉"杂交组合中育成"浙棉8号",其棉势强、结铃性强、产量高、抗角斑病、耐枯萎病和涝害、纤维品质较好、适合金华市棉区,1981—1990年累计种植1.73万公顷。1978年,萧山棉麻研究所从"浙棉3号×岱15-746"组合中选育成"浙萧棉1号",1979—1981年省区皮棉亩产70.6公斤,比当地推广品种增产9.3%,至1988年累计种植2.67万公顷。1987—1988年,中国农科院棉花研究所育成的"中棉12号"引入浙江区域,表现出高产、优质、抗枯萎病等特性,皮棉亩产73.46公斤,比对照种"86-1"增产16.1%。1987年在慈溪县五洞闸乡示范试种68公顷,1990年全省种植面积5.12万公顷,占棉花总面积的74.5%。

(二)低酚棉选育

80年代省农科院用有酚棉"8114"为母本、低酚棉"79-5"为父本,杂交育成低酚棉新品种"浙棉9号",1990年通过省级审定后,在金华、衢州市种植面积迅速扩大。1991—1995年,省农科院选育成"浙棉10号"新品种,1995年通过省品种审定,这个品种填补了我省抗枯萎病低酚棉的品种空白。

(三)杂种优势利用

浙农大于1963—1964年进行海陆杂种优势利用研究,选育出纤维优异、产量高的杂交种"保米"（"保加利亚 2361×米奴非"）及"洞米"杂种（"洞庭 1 号×米奴非"），在金华地区试种成功。1974—1979 年该校用隐性突变体无腺体"62-1"作为亲本，与"中棉 7 号"杂交，F2 代皮棉产量比生产品种增产 26.87%，提出可利用"62-1"的无腺体性状作杂交制种的指示性状，在全国属首创。1996—2000 年，浙农大进行"三系"杂交棉选育，育成 1 个对不育系有强恢复力的恢复系"浙大强恢"，并实现不育系、保持系和恢复系的"三系"配套。育成"浙杂 166"（"抗 A×浙大强恢"）平均亩产皮棉 78.24 公斤，到 2000 年每亩皮棉产量达 98.52 公斤，制种产量达每亩 120 公斤。2007—2010 年，浙大先后育成 6 个天然彩色棉新品系。其中与浙江帅马服饰有限公司合作，开展了天然彩色棉纺织工艺和全程绿色整理工艺及关键技术攻关，研制出羊绒彩棉系列、863 天衣系列、衬衫 T 恤系列、家居服饰系列等新品种，投向市场后，深受消费者一致好评。该品种取得 7 项国家发明专利。

（四）种间杂交

浙农大季道藩等从 1984 年开始进行栽培棉与野生棉的种间杂种及其转育和利用，以及陆地棉野生种系生物学特性和应用的研究，于 1990 年完成。同期，又在岱字棉"15 号"和"泗棉 2 号"与野生种系杂种后代中，选择光周期不敏感、高度抗枯萎病和农艺性状优良的单株，到 1990 年已选出 11 个优良株系。1992 年，"栽培棉种与野生棉的种间杂交及其转种和利用研究"获省科技进步奖二等奖。

五、麻

（一）品种资源的收集整理和保存利用

1. 收集和整理。省农科院作物所黄麻品种资源的征集工作始于 1950 年，接收了前南京麻种场和华东地区农科所的黄麻原始材料 39 份，后向省内外收集到 1407 份。1957 年，浙江省农科院承担了全国黄麻品种资源的保存工作。1990 年编写的《中国主要麻类作物品种资源目录》中，省农科院保存的黄麻品种资源有 89 份。1992 年，省农科院作物所李祖土等参加的"中国主要麻类作物种质资源的搜集、鉴定与利用研究"获农业部科技进步奖二等奖。

2. 保存和利用。1951—1956 年，省农科院选育出了圆果种"新丰""杏口"和长果种"翠绿"等品种。经各地种植，这些品种可比原有品种增产 10% 以上，解决了浙江省原有麻品种混杂和种性不良问题。1959—1962 年，省农科院又从品种资源中选育了长果种"浙麻 2 号""浙麻 3 号""浙麻 4 号"3 个品种。1966—1974 年，省农科院作物所从黄麻品种资源中选育出圆果种"564""70-259"等品种，原南京军区浙江建设兵团二师直属农科所（后为省萧山棉麻研究所）也选育了圆果种"70-423"和长果种"71-414"等品种。20 世纪 70 年代后期和 80 年代前期，省农科院又选育了圆果种"818""828""10-38"，长果种"长果 1 号""浙长 763"等，萧山棉麻研究所选育了圆果种"78-445"等。

（二）引种及其规律研究

利用南种北栽增产是浙江黄红麻生产的一大特点,省农科院为此先后引进"广丰长果"(江西省)、"奥园5号"(广东省)、"长果134"(中国麻类所)、"梅峰4号"(福建省)、"红麻青皮3号"(越南)、"巴长"(巴基斯坦)、"D154"(广东)、"龙溪长果"(福建)、"红麻粤74-3"(广东)等品种。

（三）品种选育

1.黄麻。20世纪70年代以前,省农科所农艺系从1951年开始,选育出圆果种"新丰""杏口""白莲芝"长果种"翠绿""曲江""25""29""浙麻2号""浙麻3号""浙麻4号"等黄麻新品种在生产上推广应用。80年代后,省农科院作物所选育出"长果1号"和圆果种"10-38"两个黄麻新品种在生产上推广应用。

2.红麻。20世纪70年代后,浙江省的红麻面积迅速扩大,取代了黄麻,因此,选育种也转向红麻。育成"浙萧麻1号""浙红832""浙红8310"等3个红麻新品种在生产上推广应用。

（四）耕作栽培技术研究

1.稻麻轮作技术研究。1963年省农科院张锦泉等人进行了稻麻轮作技术研究。

2.黄麻栽培技术研究。20世纪50年代前期,郑志烓等人进行了黄麻播种、栽培技术研究。

3.红麻栽培技术研究。1982—1984年,省萧山棉麻研究所开展了青皮红麻高产规律研究,叶龄模式栽培技术研究,皮骨兼用品种栽培技术研究。

（五）留种技术研究

1979—1982年,省农科院梅桢等在平阳县进行了留种技术研究。研究结果:中熟和中熟偏晚的黄红麻品种,在浙南平阳县可以留种。

20世纪90年代中后期开始,浙江省调整农业产业结构,发展高效生态农业需要,黄红麻生产和科研工作逐年减少。

第三节　园艺作物

一、果品

（一）果树资源调查

南宋淳熙五年(1178)韩彦直在《橘录》中记述了温州4县栽培的27个柑橘品种,并第一次将柑橘类别划分为柑、橘和橙,《橘录》成为最早描述柑橘种质和栽培技术的科学专著。1958—1963年,省柑橘所和省农科院等主持全省果树资源普查,基本查清了柑橘、枇杷、杨梅、桃、梨、柿、枣、板栗、香榧、山核桃等 10 种主要果树的栽培历史、分布、种质资源和地方良种,发现不少珍贵资源,如平阳(现苍南县)四季柚、玉环柚(即楚门文旦)、无核柿、常山县胡柚、黄岩县藤梨(即猕猴桃)、桐乡檇李、云和真香梨等。20 世纪 80 年代以来,省农科院主持完成全国、全省枇杷资源的复查和整理工作。同时,该院还查清了中华猕猴桃在省内的分布和蕴藏量,有 13 个种,5 个变种,并发现 1 个新种,定名为浙江猕猴桃,选出优良株系 17 个。1990 年年底,全省共查清 10 类主要果树的地方优良品种 560 多个,以及梅、李、杏、樱桃、石榴、银杏等地方品种 50 多个,野生半野生猕猴桃类型 10 多种和自然实生优株 40 多株。1990 年,省农科院进行"浙江枇杷资源调查整改、收集保存和利用研究"。是年,该院进行"中国枇杷种质资源调查及其利用研究""中国杨梅种质资源的发掘及利用研究"。

(二)水果品种引种与选育

1.引种。清光绪三十四年(1908),瑞安县务农会从日本引进一个无核柑橘品种(系中熟温州蜜柑类型),成为全国最早引进的温州蜜柑。民国五至二十六年(1916—1937),温州市和省园艺改良场等先后 4 次从日本引进柑橘品种 10 多个,其中尾张、山田蜜柑曾发展成为全省主栽品种。1982 年,宁波市林特局引入美国、西班牙系的脐橙品种 9 个共 13 个株系,经试种筛选出"朋娜""纽荷尔"和"奈维里娜"等 3 个早熟品种,成为省内脐橙引种成功的首例。1986 年,省柑橘所等 4 个单位从日本的特早熟蜜柑品种中筛选出"胁山""88-3"等适应本省风土的、国庆节前可上市的丰产优质品系。

其他果树的引种最早始于民国九年(1920),浙江农学院从日本引进桃品种"小林""东云",梨品种"菊冰",甜柿品种"富有""次郎""天神御所"等,在杭州郊区种植。1982 年,浙农大与上虞县副食品公司合作,从引进的鲜食葡萄品种中,筛选出"巨峰""红富士"等,在全省迅速发展。1987 年金华市引种果粒特大型的藤稔葡萄成功,迅速推广。1982 年,杭州市大观山果园等从引进的草莓品种中筛选出"丽红""宝交早生"等。1984 年,省农科院确定"宝交早生"和"车香"分别为露地栽培和设施栽培的最优品种,推广全省。1985 年,开化县林业局引种大红种山楂成功。据不完全统计,自 1979—1989 年,全省从国外共引进柑橘品种 84 个,桃品种 65 个(包括黄桃 15 个、油桃 42 个),葡萄品种 44 个,柿品种 23 个,枇杷品种 21 个,草莓品种 15 个,杨梅和梨品种各 11 个,猕猴桃品种 9 个,青梅品种 7 个,还有西洋樱桃、无花果、李等品种 10 多个。

2.选种和育种。民国十九年(1930),浙江园艺学会在余杭县塘栖镇农家实生枇杷园中发现一优良单株,选育成新品种"宝珠"。1954 年,黄岩柑橘试验站等选育出丰产、优质的"本地早"和成熟期特早的优质朱红珠心系"满头红"。温州市农科所通过有性杂交育成早熟优质、鲜食与果汁加工兼用的瓯橙等。省农科院进行柑橘幼胚的早期离体培养获得成功,为国内首次报道。浙农大等从宁波种植的大叶尾张系温州蜜柑中选出"宁红""海红"和"金山"等3个适合加工的芽变优系,这两项成果均获1979年省科学大会奖二等奖。

其他果树的选种育种以桃、梨开展较早。1956年,浙江农学院与省农科所选出一批优质、高产、不同成熟期的玉露水蜜桃优良单株。20世纪70年代,省农科院等育成杭州"早水蜜"和引选"冈山""砂子"等品种,取代"小林"桃。此后,省农科院杂交育成的"早霞露""玫瑰露"和"雪雨露"等早熟品种,使水蜜桃成熟期提前20天,果形增大,品质改善。60年代,省农科院、浙农大等先后从国内外引入的罐藏黄桃种植品种中筛选出"丰黄""罐5"等,填补了省内罐桃专用品种的空白。1980年,浙江省罐桃种植面积和产量均居全国首位,省农科院胡征龄主持的"黄桃引种及其推广"成果获1980年农牧渔业部技术改进奖一等奖。1962年,浙农大沈德绪等人以"黄蜜"为母本、"三花"为父本杂交育种的新品种黄花梨,优质、丰产、抗病、耐瘠、易栽培,成为长江流域的主栽品种。此外,浙农大李三玉等人于60年代在黄岩县发掘单果重20～25克的特大果型杨梅,定名为"东魁",坐果率高、产量稳定、成熟时不易落果,是鲜食加工兼宜的晚熟品种。1976年,省农科院胡征龄等人杂交育成了丰产、稳产、优质、加工适性好的成熟期不同的罐桃系列品种,其中"浙金2号"和"浙金3号"被列入全国罐桃熟期配套品种,获1991年农业部科技进步奖一等奖。同期,浙农大沈德绪、陈学平等人进行的"罐桃品种选育与加工理论研究及丰黄桃的引选",提出了以黄肉、不溶质、粘核3个性状为主的罐桃育种目标,该项成果获1979年省优秀科技成果奖二等奖。1992年,省农科院胡征龄等人进行的"早熟沙梨的翠冠新品种选育研究",通过1999年省品种审定。2001—2002年,该品种被农业部确定为全国南方梨发展的首推品种。到2009年该品种栽培面积达0.84万公顷,占全省梨种植面积41.67%,成为我国南方梨主栽品种,获2003年省科技进步奖二等奖。同期,该院谢鸣等人进行的"猕猴桃新品种选育及综合配套技术研究",获2001年省科技进步奖二等奖。其间,该院戚行江等人进行"杨梅新品种选育研究",选出优质杨梅"早荠蜜梅""晚荠蜜梅"两个新品种,推广面积达1.15万公顷。浙江大学李三玉等人进行的"杨梅良种区域化发展及配套技术研究与推广"获2005年省科技进步奖二等奖。省农科院谢鸣等人进行"杨梅、枇杷、草莓新品种选育及品质提升关键技术研究与应用",2002—2009年累计推广种植面积2.65万公顷,新增产值8.87亿元,获2008年省科技进步奖二等奖。2005年,中国林科院亚林所龚榜初等人进行的"锥栗优良品种选育研究"获省科技进步奖二等奖。浙江大学张上隆等人进行的"柑橘果实品质形成与调探分子生理研究"获2008年国家教育部自然科学奖二等奖。

干果品种改良,在第七章"林业与生态"中记述。

二、蔬菜

(一)品种选育

1.品种改良。地方品种整理。20世纪30年代,浙大农学院调查全省的蔬菜地方品种,在《中国蔬菜栽培学》(科学出版社,1957 年)中记述的良种有 138 个。1958—1990 年,省农科院先后进行 3 次调查整理,在 1986—1990 年第 3 次调查后,确认全省有 589 个品种,分属 12 类 60 种,至 1990 年经省农作物品种审定委员会认定的品种有 51 个,审定的有 4 个。"蔬菜种质资源的收集研究和利用"获 1992 年农业部科技进步奖二等奖和 1993 年国家科技进步奖二等奖。"浙江省蔬菜种质资源调查收集引进保存和利用"获 1998 年省科技进步奖二等奖。

2. 良种引进。20 世纪 30—40 年代,浙大农学院等从国内外相继引进榨菜、大白菜、甘蓝、花椰菜、洋葱等良种,民国三十七年(1948)又从于台湾引进的 48 个番茄品种中选出"早雀钻"和"真善美"等,成为浙、沪 50—60 年代的主栽品种。20 世纪 60 年代,为解决蔬菜淡季供应问题,省农科院、浙农大等引进一批耐热、耐寒、晚抽薹、耐贮藏的高产良种,70 年代引进芦笋等,80 年代引进绿花菜、生菜、西洋芹、甜豌豆、甜玉米、玉米笋等。省农科院对中介茭进行高产栽培研究成功,使之成为浙江省双季茭白中分布面积最大的品种。

3. 选种与杂交育种。民国三十六年(1947),浙大农学院吴耕民、沈德绪从杭州市郊古荡获得大型农家萝卜品种,经 7 年系统选种,育成了名闻全国的浙大长萝卜,直根粗壮,长 80 厘米左右,平均根重 2～2.5 公斤,最大根重 11.2 公斤,开创浙江省蔬菜品种选育的历史。20 世纪 50 年代,该院通过有性杂交,育成"浙农 5 号"番茄和"浙农早生 8 号"结球白菜等,开创了浙江省蔬菜杂交育种的先例。1972 年,省农科院张德威等育成鲜食加工兼用,更为丰产优质、抗性强、耐高温的番茄新品种"浙红 20",其制成的番茄酱于 1979 年列全国样品的首位,获 1981 年农业部技术改进奖一等奖。1977 年,省农科院蔡俊德、汪雁峰等在国内率先开展豇豆的杂交育种,用红嘴燕与杭州青皮豇豆杂交,经单株系谱筛选,于 1981 年育成综合性状好、适应性广、抗蚜传花叶病毒、果荚长而粗、产量高、早期产量比例大的豇豆新品种"之豇 28-2",到 1986 年成为全国的主栽品种,覆盖率 70% 以上,1987 年获国家发明奖二等奖。此后育成对黑眼花叶病毒免疫、抗煤霉病的"秋豇 512"和早熟丰产优质的"矮早 18"四季豆等。同期,浙农大对西瓜"浙蜜 1 号"后代进行改良,选育成高产优质的"浙蜜 2 号"常规品种。20 世纪 80 年代,浙农大还从桐乡农家品种中选育出"浙桐 1 号"榨菜新品种。1991—1995 年,省农科院、浙农大等单位联合进行"蔬菜新品种选育"重大科技攻关项目研究,选育出黄芽菜"14-2"、春甘蓝"春宝"、番茄"浙杂 805"、四季豆"短早 18"等 4 个新品种,均通过省品种审(认)定,推广面积 0.88 万公顷,增加效益 5092 万元,创汇 19.5 万美元。

4. 杂种优势利用。1954—1958 年,浙江农学院张学明研究证明番茄、大白菜、甘蓝的杂种一代有明显的增产效果。1971 年,省农科院陈绍等在省内首次育成番茄杂一代品种"浙红 1 号",抗斑点病,早熟高产优质,鲜食加工均可,成为浙江省 20 世纪 70 年代的主栽品种。浙农大育成"浙园 6-73""浙园 1-75"等杂种一代应用于生产。上述品种均获 1979 年省科学大会奖。1975 年引进抗烟草花叶病毒的种质

"玛娜佩尔-Tm-2nV",经省农科院转育和组合选配,于80年代相继育成抗番茄烟草花叶病、丰产优质、鲜食加工兼用的早中晚配套的"浙杂4号""5号""7号"等番茄杂一代系列品种。1972年,该院韦顺恋等育成大白菜杂一代"早自"和"城青1号",获1979年省科学大会奖。同年,育成自交不亲和系的杂一代"城青2号"和"旅城4号",抗病、结球紧实、球形好,其中"城青2号"在70年代末成为晚熟主栽品种,使十字花科蔬菜的杂一代利用上了新台阶,获1982年省优秀科技成果奖二等奖。1976年,浙农大育成杂一带西瓜"浙蜜1号",丰产优质,迅速推广。1985年,省农科院韦顺恋等利用早熟种自交不亲和系与二环系杂交的技术,育成具有生育迅速、早熟、耐热、抗病、耐涝、丰产、优质,并可兼作小白菜栽培的"早熟5号"大白菜,成为夏秋淡季的良种,获1991年省科技进步奖二等奖。

进入21世纪后,省农科院、浙江大学和11个市农科所联合进行了"优质多抗高效蔬菜种质创新与新品种选育研究"。2003年,以省科技厅下达的4个重大攻关项目为纽带,由省农科院牵头,浙江大学和11个市(地)农科所共同参加,联合组建了浙江省蔬菜育种协作攻关组,先后育成了优质、多抗、耐贮运番茄系列品种"浙杂202""浙杂203"和"浙杂204",适合在全国不同生态区域种植,获2006年省科技进步奖一等奖。番茄新品种"浙杂205"产量高、抗性强、耐贮运,可替代以色列进口品种。适合我国南方地区冬春季多低温阴雨天气的优质、丰产的瓠瓜新品种"浙蒲2号""浙蒲6号",已成为我国瓠瓜的主栽品种。鲜食毛豆新品种"浙农6号""浙农8号"优质、高产、抗病、鲜食加工兼用,可替代"台湾75"。萝卜新品种"白雪春2号"、青花菜新品种"浙361"与国外同类品种特性相近,松花菜新品种"浙017"适合消费新需求。此外,还育成了一批茄子、辣椒、豇豆、豌豆、南瓜、丝瓜、早熟白菜、茭白、榨菜、雪菜等40多个蔬菜新品种,多数已通过浙江省非主要农作物品种认(审)定委员会认(审)定,将逐步成为全省蔬菜的主栽品种。以蔬菜新品种选育、育种新技术研发、种质创新和配套产业化技术推广应用为主要内容的"设施蔬菜优异种质创新和专用新品种选育""加工芥菜优异种质创制和产业化"分别获得2009年、2010年浙江省科技进步奖二等奖。

(二)栽培技术

1.育苗技术。民国十七年(1928),笕桥园艺试验场设置第一只酿热玻璃窗温床,开创了保护地育苗的夏菜早熟栽培技术。20世纪50年代在杭州市郊逐步形成了"温床早播、草钵(或土块)移苗、放大苗距、大苗定植"等果菜类早熟高产育苗栽培技术。60年代,省农科院研究提出品种搭配、合理间套种、引进淡季蔬菜品种等措施,解决蔬菜淡季生产技术问题。80年代,省农科院研究提出海拔600米以上、夏季月平均温度在25℃以下的地方,是山区夏季栽培茄果瓜豆类和叶菜类蔬菜基地适宜区。

2.化学调控技术。20世纪50年代,浙江农学院李曙轩开创用"2,4-D"防止茄果类在低温下和高温季节落花。60年代他又提出"大白菜和甘蓝的无性繁殖快速浅沾法",获 1979 年省优秀科技成果奖二等奖。70 年代初,李曙轩等研究"乙烯利"对番茄的催红技术,能使早期产量增加 33%～64%、总产增 17%～25%,获 1986 年国家教委科技进步奖二等奖。

3. 保护地栽培。1960 年浙农大引进推广塑料薄膜覆盖栽培蔬菜。1980 年,省农科院郑云林、浙农大曹莜芝主持的"蔬菜地膜覆盖栽培技术研究",获 1982 年省优秀科技成果推广奖二等奖。1984 年,省农科院李素珍等研究推广芦笋小苗移栽、留母茎采收等丰产栽培技术,使芦笋采收提早一年,延长了采收期,增产 2～3 倍,该项成果获 1987 年省科技进步奖二等奖。1988 年,省农业厅等的研究明确了棚栽主要蔬菜的播种期、定植期、二氧化碳施肥、轮作、病虫防治、化学调控等技术环节,使棚菜进入规范化栽培。该成果与其他省市联合获 1991 年农业部科技进步奖二等奖。

(三)病虫草害防治

浙农大调查记述浙江省 39 种蔬菜的 257 种病害。1961 年,该校屈天祥筛选出防治黄条跳甲的特效药敌百虫,推广后使该虫在菜区绝迹。20 世纪 80 年代,省农业厅钟慧敏等开展无公害蔬菜研究,获 1988 年省科技进步奖二等奖。1986 年,省农科院研制成功复配农药芦笋清。1990 年,省农科院研制成功烟熏剂烟熏灵,控制棚菜的病虫害。2007 年,省农业厅赵建阳等进行的"西兰花生产主要障碍因子综合治理技术集成与示范"获省科技进步奖二等奖。2010 年,省农科院俞晓平等进行的"茭白高效安全生产技术研究与集成应用"获省科技进步奖二等奖。

截至 2010 年,浙江省从事蔬菜科研的技术力量有省农科院蔬菜研究所、浙江大学、地(市)农科院和企业或民间育种机构。引进和培育蔬菜新品种 1200 多个,一批新品种成为主栽品种,同时研究提出适合我省蔬菜周年供应、高山反季节性高效种植、稻蔬轮作等的多种耕作制度及农艺技术在生产上的应用,推动浙西南地区海拔 500～1200 米山地建立了 12 万亩高山反季节蔬菜基地,在萧山、临海、金华等地形成了 15 万亩西兰花、四季豆、毛豆等出口蔬菜基地,在台州、嘉兴、兰溪等地形成了 15 万亩水生蔬菜基地,在杭州湾形成了工厂化设施栽培蔬菜产业带,面积达 70 万亩。

三、食用菌

(一)引种

20 世纪 60 年代,浙农大最早引进蘑菇"老三号"品种。80 年代,省、地(市)、县科研教学及基层菌种生产单位从国内外引入的食用菌种类除蘑菇外,还有香菇、平菇、金针菇、草菇、猴头菇、木耳、银耳、茯苓、灵芝、灰树花、蜜环菌等 12 大类。大多数经品种对比试验,择优推广。

(二)育种

浙江食用菌育种工作始于 20 世纪 80 年代。育种方法有野生种驯化、自然分离选育、杂交育种和诱变育种。80 年代初,浙农大和杭州罐头厂协作,引进国外蘑菇培养料后发酵(二次发酵)技术,较传统堆制的培养料蘑菇产量提高 35％以上。该成果获 1982 年省科技成果奖二等奖。1980—1985 年,浙农大寿诚学、陆亚蓉等选育出"浙农 1 号"蘑菇罐藏新品种,使其成为全国蘑菇的主栽品种之一,1985 年分别获农牧渔业部和省科技进步奖二等奖。1986—1990 年,省农科院园艺研究所在从上海引进的"176"品种中选育出蘑菇"12-1"新品种,1993 年通过省级认定。"香菇 82-2"是庆元县食用菌研究所与上海市农科院联合从福建省古田县的鲜香菇品种中,经组织分离选育而成的中温型。"香菇 241-4"由庆元县食用菌研究所于1993 年从段木品种"241"中分离选育而成。"金针菇 851"由常山微生物总厂于1985 年筛选而成。江山白(金针)菇是江山市农科所、浙农大、省农业厅合作,于1987—1994 年从日本商品金针菇中分离、提纯、驯化而成的新菌株。1985 年,省农科院园艺研究所选育成的新金针菇菌株 F-7,于 1993 年通过省级认定。1986 年,省农科院与省轻工业厅方菊莲等人,引进了罐藏蘑菇优良菌株"闽 1 号",两年推广面积达 111.4 万平方米,占全省蘑菇栽培总面积的 34.5％,成为省内栽培面积最大的蘑菇品种,该项目获 1987 年省科技进步奖二等奖。1991 年省农科院育成了浙AgH-1 高温蘑菇菌株,定名为"夏茹 93",填补了国内高温季节栽培蘑菇的空白。1987—1994 年,省农科院孙培基等与开化县农科所协作选育出一个优质高产、加工鲜销皆宜的金针菇菌种 F-7。1990—1993 年累计推广栽培 6188.34 万袋,在全省覆盖率达 70％以上。1985 年,省农科院开展草菇引种筛选工作,筛选出"V1"和"V27"两个优良草菇品种。1985—1986 年,省农科院以平菇优良菌种进行杂交育种获得平菇"ZP8"和"ZP"。同期,该院先后从 10 多个黑木耳品种中筛选出"A4"(杂交木耳)夏播品种和"A10"秋播品种。2005 年,庆元食用菌研究中心陈俏彪等人进行的"香菇新菌株'庆科 20'选育研究"获省科技进步奖二等奖。2007—2009年,省农科院蔡为明等人进行"名优食用菌工厂化生产专用品种选育与关键生产技术研究"。2008—2010 年,蔡为明、裴盈盈等人进行"食用菌种质资源普查研究"。浙江大学、常山微生物总厂等单位开展诱变育种,育成猴头菇"99 号"、蘑菇"浙农 1号"等新品种,为全省蘑菇的主栽品种,在生产上大面积推广。

（三）栽培技术

1981 年,省农科院孙培基主持全省平菇新技术推广项目,与杭州市农科所等10 个单位共同进行了 3 年的试验示范,研究成果获 1984 年省优秀科技成果推广奖二等奖。1982 年,丽水地区林科所等单位联合进行浙南野生食(药)用真菌资源调查,历时 4 年,搜集到大型真菌标本 1976 个,分属 470 个种,其中省内新纪录 355种。1984—1996 年,省农科院与奉化蘑菇生产技术协会等单位协作,进行了大田中棚地栽蘑菇的技术研究,至 1995 年,该项技术全省累计推广 326 余公顷,获 1996年省科技进步奖优秀奖。1998—2000 年,省农科院蔡为明等人进行"蘑菇淡季栽培品种及高产栽培技术研究"。2004—2005 年,省农科院蔡为明等人进行"食用菌高海拔优质、高效、错时生产技术研究及其示范基地建设"。2007年,武义金星食用菌有限公司李明焱等人进行的"代料香菇周年栽培技术开发与推广"获省科技进步奖二等奖。2008年,浙江林学院张立钦等人进行的"浙江大型野生真菌资源及开发利用研究"获省科技进步奖二等奖。2009—2010年,蔡为明等人进行"食药用菌新品种生态高效生产技术中试与产业化示范研究"。其中,蔡为明等人完成的"蘑菇淡季栽培品种选育及高产栽培模式研究"获2009年省科技进步奖二等奖。

第四节　农产品贮藏与加工

一、粮油产品

(一)粮油储藏

1.粮食仓储技术研究。1970—1976年,嘉善县粮食局直属粮库等在省粮科所的配合下,先后对20多个品种的原粮与成品粮进行自然缺氧、辅助降氧、燃烧脱氧储粮试验研究,该成果获1978年全国科学大会奖。1970—1984年,省粮科所和舟山地区、杭州市粮食局合作开展地下库储粮及害虫消长规律的研究。1975—1980年,省粮食局组织省内10多个县市粮食局研究机械通风储粮技术,着重研究机械通风降温中有关风量选择、风道设置、通风时机和低温安全储粮的技术,该设计在全国12种地槽风道设计方案的优选中,获最佳方案,在全国推广。1983—1984年,省粮食局及有关单位,参加由国家城乡建设环境保护部等组织的全国粮食与出口食品农药(六六六、DDT)污染调查与研究,该成果获1985年国家科技进步奖二等奖。

2.病虫害防治技术研究。1962—1972年,省粮科所和浙农大等单位联合开展应用抗菌剂"401"对鲜薯进行气熏处理的试验研究,该成果于1965年受国家科委奖励。1978—1985年,省粮科所、宁波农药厂等4个单位与临安等21个县市粮食局合作,研制筛选出高效低毒防护剂优质马拉硫磷(商品名称防虫磷),该成果获1985年省优秀科技成果奖二等奖。

(二)粮油加工

1.大米加工。1968—1972年,粮食部科学研究设计院(简称粮食部科研设计院)等单位联合成功研制30型成套碾米工艺及设备,由萧山县临浦粮食加工厂承担安装、调试及部分设备的生产。1958年,湖州建立全国第一座日产50吨机械加工蒸谷米的湖州蒸谷厂(后改名湖州粮油蒸谷厂)。1960年,省卫生实验院对蒸谷米进行人体消化试验和胃肠排空试验,证明蒸谷米的三大营养素、无机盐及维生素B1的含量均高于普通米。1965年,粮食部科研设计院等设计的日产36吨蒸谷米机械化连续生产线在湖州粮油蒸谷厂投产,获1978年全国科学大会奖。1985年,省粮科所与桐乡乌镇米厂共同研制开发免洗米,制成特一或特二高等级免洗米。

2.面粉加工。民国二十年(1931),宁波立丰面粉厂(后改名宁波太丰面粉厂)引进英国西蒙公司制造的14台复式钢辊磨粉机及挑担式平筛等专用设备,加工等级粉。从1953年开始,省内面粉厂采用北京面粉厂创造的"前路出粉法"加工标准粉,出粉率提高2%以上,生产成本降低30%～40%。1958年建成全国第一座年产90万包(2.25万吨)气力输送面粉的金华面粉厂。1980年,省粮食局组织完成年产1万吨面粉厂通用设计,经兰溪、上虞等8个小型面粉厂生产验证,该设计制定的"四皮四心一渣"前路均衡出粉法磨制特二粉,适量提取特一粉的制粉工艺,适合小型面粉厂生产等级粉,质量稳定,出粉率高。1987年,年产6.5万吨的杭州东南面粉厂采用国内先进制粉工艺和设备,联产出粉率、吨粉耗电、面粉质量和吨粉生产成本接近或达到采用国外引进设备的同类规模面粉厂的生产水平。

3.油脂加工。(1)压榨法制油。1962年,粮食部科研设计院、省粮食厅和绍兴油厂等采用95型动力螺旋榨油机进行工艺试验。1963—1964年,常山、龙游油厂分别用95型榨油机压榨茶籽、柏蜡获得成功,茶籽出油效率为85%～90%,饼中残油率低于6.5%。1976年,德清粮油厂设计1套95型榨油机,压榨米糠专用的榨螺、圆排骨等零件在全省推广应用,获米糠出油率(毛油)达13.75%。(2)浸出法制油。1962年,省粮科所与平湖油厂合作,率先研制罐组式浸出法制油设备。1970年,该厂用履带式浸出法取代罐组式浸出法,实现了连续生产。1966年,粮食部科研设计院与省粮科所合作,在海宁实验油厂建成日处理15吨饼的U形拖链式浸出成套设备。1972年,上虞曹娥油厂成功研制日处理10吨饼的平转型油脂浸出成套设备。1979—1980年,海宁实验油厂成功研制JT70×30拖链式浸出器。1979年,平湖油厂将200型动力螺旋榨油机改为202型预榨机,采用"预榨—浸出"工艺制取菜籽油、棉籽油,单机日处理量比"压榨—浸出"增加3～4倍,且榨笼内的易损件磨耗明显降低,此后"预榨—浸出"工艺逐渐普及。(3)油脂精炼。1980年以前,省内植物油脂精炼除米糠油外,都以间歇式罐炼为主。1985年后逐步采用由上虞粮油机械厂生产的半连续精炼油成套设备,该设备可完成水化、碱炼、水洗、脱色、脱臭等工艺,具有精炼率高、油品质量好、能耗低、操作方便等优点。

(三)粮油深加工与综合利用

1967—1971年,省粮科所许大申、张秀鲁等人进行"从毛糠油精炼到利用糠油皂角制取谷维素的研究",该成果获1978年全国科学大会奖。至1990年,浙江省谷维素粉生产能力占全国70%以上。1971年,杭州粮油化工厂利用米糠饼提取植酸钙制成肌醇。1986年,省粮科所与湖州菱湖粮油厂合作采取新的制取植酸钙酸浸方法和中和操作水解条件,使肌醇收得率由6.5‰提高到10‰以上。1972—1977年,嘉善油脂化工厂王志荣等利用米糠油精炼后的皂角成功研制开发牙周宁药品,并于1982年投产,各项质量指标与以玉米为原料生产的法国同类药品相当。该成果获1979年商业部科技成果奖二等奖。1986年,杭州利民制药厂开展了中国可乐饮料生产技术开发研究。1988年,浙江义乌糖厂开展了味精废液生产饲料酵母研究。同年,上虞、平湖等县(市)开展了植物油制取成套设备的研制。1991年,杭州保灵有限公司开展了第二代植物花粉系列产品研制,研制出"孕宝"营养液、老年花粉产品和仿美"总统"花粉系列产品。同期,杭州粮油化工厂进行了新型淀粉高麦糖浆中试研究。遂昌县香料开发公司进行了植物香料系列产品研制及中试。1992年,湖州味精厂进行了氨基酸表面活性剂研究。1996年,海盐县精细化工厂进行废油脂制取十八醇的研发。2000年,浙江工业大学进行生物法预处理水相萃取植物油工艺研究。2001年,省粮科所、中国水稻研究所、浙江大学等单位联合进行稻米精深加工产品研制及产业化开发。2003年,省粮科所有限公司进行双低油菜籽制油新工艺关键技术研究及产业化示范。2003年,浙江大学进行以早籼米为原料生产辛烯基琥珀酸淀粉脂产品关键技术研究及产品开发,成果在杭州瑞霖化工有限公司应用,实现年均增利税100万元以上,并取得"稳定食品乳浊体系的乳化剂及其制造工艺""控制早籼米辛烯基琥珀酸淀粉酯黏度的方法""提高脂肪酶活性的方法"和"提高脂肪酶活力持续性的方法"4项发明专利。是年,浙江义乌丹溪酒业有限公司进行了"降脂红油醋的开发与研制"。省农科院进行"大豆活性多肽的提取及大豆肽奶的研制"。浙江工业大学进行"粮食加工下脚蛋白代替高蛋白食品技术的产业化开发"。2006年,浙江科技学院与浙江益万生物技术有限公司进行"富含伽马氨基丁酸(CABA)米糠及半旺芽研究与开发"。2007年,金华市进行"风味甜玉米饮品生产关键技术研究及产业化开发",到2009年实现年销售收入超亿元,利税1288万元,并取得2项发明专利。2008—2010年,浙江大学开展"芽孢杆菌产生的细菌素及其应用研究",研制出一批能有效抑制多种粮油等食品腐败和致病菌及其植物病原真菌的新型抗菌肽。

(四)粮油加工机械装备

1.仓储机械。1971年,上虞粮机面粉厂成功研制叉式堆包机并投入小批量生产。1976年又改为自动提升、定位、翻板、堆桩、复位的DB100×10型堆包机,实现堆包半自动化作业,该成果获1978年全国科学大会奖。1987年,该厂又将堆包机的钢丝绳改为滚柱链条牵引,提高了安全性,并且其使用寿命比钢丝绳延长37倍。该厂获1990年省星火先进集体奖二等奖。1978—1980年,省粮食局在余姚粮机厂协作下,成功研制30吨/时河埠吸粮机成套设备。1980年,该局在嘉兴地区粮食局协作下成功研制用于国库烘粮的7.5吨/时滚筒式粮食烘干设备,一次烘干稻谷的降水幅度达3%。1980—1982年,省粮科所与安吉粮机厂共同开发HS3型双筒体谷物烘干机。1982—1985年,嘉兴王店粮管所与商业部郑州粮食科学研究所合作,成功研制LZ-稻谷干燥设备。1984年,省粮科所与上虞县粮食局合作,在立筒型气流烘干机基础上成功研制HP-110型喷动床干燥机,能使两次气流与料流在具有废热回收功能的同一床体内并存,达到废热回收利用和干燥的双重功能,降低能耗25%以上。

2.粮食加工机械。1963—1965年,嘉兴粮机厂与省粮科所合作,成功研制FX01-3和FX01-5两种规格的吹式比重去石机,除去并肩石95%以上。1974年和1976年该机分别被商业部确认为制粉和碾米标准机型,后进而研制成功TQSC系列吹式比重去石机,投产的有TQSC-56、TQSC-71和TQSC-100三种规格,去石效率达98%以上。1978年,诸暨粮机厂与上海市粮科所合作,研制成功SG63×2×2和SG80×2×2两种规格的高速除稗筛,除稗效率达80%～85%,为全国碾米工业除稗杂的首选设备。翌年,该厂又成功研制SG91.4×3×2高速除稗筛,筛体共振性小,运转稳定性高,除稗效率高于国内同类设备水平。同期,宁海粮机厂研制成功GCP63×3平转谷糙分离筛,这是全国碾米设备标准化机型之一。1987年,绍兴粮机厂研制成功NP13.6丰收1号喷风碾米机,该机加工的白米表面光洁,碎米率明显降低。以该机为主组成的30型、50型和100型碾米成套设备,在20世纪80年代分别由嵊县、诸暨、宁海粮机厂总装投产。

3.油脂加工机械。1960年,绍兴粮机修造厂(后改名绍兴粮机厂)在消化、吸收日本56型小型动力螺旋榨油机的基础上,成功研制95型动力螺旋榨油机,并在小型油厂推广。1979—1980年,又经改型设计定型为ZX-10动力螺旋榨油机,为全国油脂设备标准化机型之一,该厂还建立了年产2000台的生产线,成为国内小型螺旋榨油机生产、出口的重要基地。1974年和1978年,省粮食厅借鉴上虞曹娥油厂研制的日处理10吨油饼的平转型油脂浸出成套设备,成功研制日产10～15吨和20吨的平转型油脂浸出成套设备。1979—1987年,余姚粮机厂与省粮油食品工业公司合作成功研制日处理20吨、30吨和50吨饼的平转型油脂浸出成套设备,可浸出菜籽饼、棉籽饼、茶籽饼、柏蜡饼和米糠饼,亦可用于大豆、米糠一次浸出。该套设备供应省内外并出口泰国。1985—1990年,上虞粮油机械厂汪汉荣等在省粮油食品工业公司协作下,先后成功研制日处理20吨、30吨和10吨的YJLB系列半连续精炼油成套设备,该设备填补国内空白,并形成年产36套的批量生产能力。该成果获1990年省科技进步奖二等奖。

(五)酿酒与味精加工

1.酿酒。(1)黄酒。20世纪50年代后期和60年代中期,省轻工业研究所、绍兴酒厂等单位对绍兴酒的传统生产工艺开展总结、整理和提高的研究,为制定黄酒生产基本规程和黄酒部颁标准、国家标准提供依据。80年代前期,省轻工业研究所、绍兴市酿酒总公司等单位开展黄酒生产机械化新工艺研究。80年代中期,绍兴市酿酒总公司建成国内首家微机控制发酵的机械化黄酒车间。1990年,省轻工业研究所和绍兴市酿酒总公司等起草制定《GB/T13662—92黄酒国家标准》。浙江黄酒的传统品种有绍兴酒的"元红""加饭""善酿""香雪"和金华"寿生酒"、宁式黄酒、嘉兴黄酒、红曲酒、乌衣红曲酒等。50年代后陆续开发的品种有桂花酒、白字酒、加饭宝、义乌顶陈酒、古越醇酒、洋蓟酒、八仙酒、血糯酒等。1988年,国务院礼宾司将古越龙山牌花雕酒、加饭酒定为国宴酒。(2)啤酒。1958年兴建的杭州啤酒厂,采用传统工艺在省内率先生产啤酒。1978年,杭州啤酒厂进行糖化添加酶制剂新技术研究,该工艺在省内推广。1978年,温州啤酒厂研究成功露天大罐发酵技术,在全省推广。1982年,钱江啤酒厂采用145立方米卧式露天大罐发酵并投产。1985年,杭州啤酒厂和浙东啤酒厂分别引进联邦德国加压露天大罐发酵技术,发酵压力达0.18MPa/cm^2,投资成本比普通露天罐节约45％,啤酒酒龄缩短到14天。1986年,钱江啤酒厂黄伟成等设计采用全不锈钢400立方米锥形立式露天大罐发酵并投入生产,成为当时国内啤酒生产中最大的露天大罐,该成果获农牧渔业部科技进步奖二等奖。1982年湖州酒厂引进联邦德国硅藻土过滤机和助滤剂,替代传统的棉饼过滤,使啤酒浓度由0.7BEC降至0.4BEC以下,酒耗降低1％,保质期由2～4个月延长到4～8个月,并实现了常温下过滤。1987年,钱江啤酒厂率先采用水平叶片式硅藻土过滤与聚乙烯吡咯烷酮(PVPP)过滤组合,嗣后又配以纸板精滤,使啤酒保质期超过一年。1990年,杭州啤酒厂与省化工研究院等试制PVPP配以硅藻土过滤机,用于啤酒精滤。

2. 味精。20世纪60年代开始,杭州味精厂在国内首创双酶法制糖工艺,并首先采用ASl.299谷氨酸产生菌的发酵工艺和相应的提取工艺。1964年,该厂与中国科学院微生物研究所合作,将该所筛选出的AS1.299菌种用于谷氨酸发酵取代以小麦面筋为原料的盐酸盐法,使生产1吨味精由原需33吨小麦制成的水面筋降到只需3吨左右的淀粉。该成果在全国推广,获1978年全国科学大会奖。1984年,丽水味精厂引进上海复旦大学筛选获得的FM84-415菌株用于高糖发酵,翌年进行生产性连续试验,平均产酸9.05％,转化率51.21％,发酵周期38小时。1986年,杭州味精厂成功研究出用常温等电点法提取谷氨酸,该工艺设备简单,提取周期短。1990年,新安江味精厂用硫酸代替盐酸用于谷氨酸提取,每吨麸酸可降低成本4％左右。该技术在全行业中推广应用。

二、桑茶产品

(一)桑蚕

1. 桑蚕副产品综合利用。20世纪80年代初,浙江省中医药研究院蚕业资源药用开发研究中心、浙农大、省农科院、杭州天龙蚕业资源科技开发公司、杭州丝织总厂等单位联合组成浙江省蚕副产品综合利用协作组,先后开展"蚕蛹提取复合氨基酸研制""蚕沙提取物研制新药生血宁""浙江省蚕业资源综合利用研究"等国家科委"八五"重点科技攻关项目研究、"蚕沙提取物研制新药肝血宝""蚕蛹提取复合氨基酸及应用研究"等省级重点科研项目、"蚕沙提取物研制治疗再障贫血的新药血障平"等国家中医药管理局的20多项科研项目研究。将已完成并通过了省级鉴定的16项成果转化为商品,投产面市的已有药品、保健食品、化妆品三大系列39个新产品,其中新药肝血宝、生血宁、复合氨基酸胶囊,保健食品如生宝养生液、天龙宝营养液及丝菊美系列天然化妆品,均取得了很好的社会效益和经济效益。

1991—2010 年,浙江大学、省中医研究院、省农科院及相关龙头企业先后进行"功能性凝胶——蚕丝蛋白的胶凝机理和特性研究""蚕丝蛋白的分子构象与桑蚕茧解舒特性的相关研究""水溶性重组丝蛋白的设计、结构特征及其纳米纤维形成关系研究""家蚕蛋白糖酰化途径及其重组人源化糖蛋白的表达研究""家蚕高效生产 800 药物的关键技术研究""新型家蚕生物反应器高效生产 DNJ 药物关键技术研究""用家蚕培育生产冬虫夏草的技术体系研究""桑枝治疗糖尿病的功能因子分离及其新产品开发关键技术研究""家蚕雌蛾生物反应器开发更年期综合征治疗药物的关键技术研究""糖尿病治疗药物蚕体 DNJ 的临床前研究"等 30 余项省和国家级自然科学基金和科技攻关项目。其中"通过生物技术用家蚕培育冬虫夏草及其医药品开发研究"获 2003 年省科技进步奖二等奖。同时通过科技成果转化与应用,扶持和培育了一批如浙江仕强桑木有限公司、宁波天宫庄果汁果酒有限公司、杭州电化集团有限公司叶绿素厂、杭州红绿生源保健品有限公司、海宁风鸣叶绿素有限公司、湖州澳特生物化工有限公司、湖州珍露生物制品有限公司等以桑、蚕沙、蚕丝、桑枝等蚕桑副产品为原料,进行深加工与综合利用的农业科技企业。

2.茧丝绸加工。浙江省拥有的自动缫丝机达到国际先进水平,全国 95% 以上企业使用的缫丝机械和新增的自动缫丝机几乎 100% 来自浙江。浙江省的出口厂丝等级高,在高品位生丝的生产上具有绝对优势。多年来,生丝整体质量居于全国领先水平,为扩大我国丝绸产品在国际上的影响,提高后加工产品档次打下了坚实的原料基础。(1)企业产品创新研发力强。"十五"以来,浙江省的丝绸企业通过加大科技投入和技术改造,为企业开发创新创造了条件。杭州喜得宝集团有限公司、万事利有限公司、杭州纺织机械有限公司、浙江康力亨集团有限公司等著名省市级企业均建立了技术研发中心。在全国丝绸商品出口 50 强中,浙江省企业占据 28 席;前 10 强中,浙江省占了 6 席。随着竹纤维、大豆蛋白纤维、保健功能性纤维的开发成功,交络、网络、包覆、包缠、复合等新工艺的广泛运用,丰富了丝绸产品的花色品种,拓展了桑蚕茧丝绸产业在家纺、化妆品、食品饮料、工业用材等领域的应用。(2)产业集群市场网络完善。浙江省茧丝绸行业产业集群特色明显,企业竞争力强,已形成了从产品开发、设计、丝绸织造、印染到成衣生产的完整产业链,建立了以我国香港为中心,遍及美国、法国、西班牙、意大利等地的国际销售网络。位于杭州的中国丝绸城、绍兴的中国轻纺城和嘉兴的中国茧丝绸交易市场,构成了浙江丝绸产业发达的市场网络和产业平台,特别是中国茧丝绸交易市场已成为中国最大的丝绸电子商务平台,目前在该市场参与交易的国内企业达 1000 余家,全国丝绸百强企业中 95% 是该市场的客户。专业市场和展会的形成与发展带动了相关配套产业如资金结算、物流配送、信息服务等体系的发展,从而进一步促进了产业的集聚与辐射,提升了产业发展的优势。(3)桑蚕茧丝绸产业竞争力强。浙江省桑蚕茧丝绸产业链中各个环节衔接紧密,产品创新设计能力强,茧丝绸品质好,丝绸产品市场占有份额大。浙江省生产了全国 10% 的蚕茧、30% 的生丝和 50% 的丝织品,全丝绸出口占全国总量的 40％以上。桑蚕茧丝绸产业是浙江省在国内外具有极强竞争力的优势产业。

（二）茶叶

1.制茶工具。民国十四年（1925）从日本引进蒸青煎茶揉捻、粗揉机,在杭县林牧公司试用。1955—1957 年,省农业、商业部门和浙江农学院在余杭县红旗农业生产合作社及建德县群力农业生产合作社研究并制造了杀青、揉捻、解块、分筛、炒干、烘干的初制机械成套设备,这套设备定名为"浙江 58 型"成套绿茶初制机械。1958 年、1959 年,全省建起 2000 个机械初制茶厂。在"浙江 58 型"茶机的基础上,研制成"67 型"初制机械。1958 年,浙农大、嵊县茶机厂、长乐茶机厂共同研制成珠茶成形炒干机,填补了珠茶炒干成形机械的空白,从而使珠茶的初制作业走向机械化。这是浙江茶叶历史上的首创,获 1984 年国家发明奖四等奖。1976 年,中茶所、绍兴茶机厂试制滚筒杀青机成功。1977 年,浙农大和临安、富阳茶机厂研制成6CR-55 型揉捻机,获 1978 年全国科学大会奖。1982 年,杭州市茶机所与杭州市农业局研制半导体远红外电热炒茶锅（炉）,在全国大量推广应用。全省从事眉茶、珠茶、烘青、红茶初制的茶厂有 10045 个,安装各种制茶机械 9 万多台,机械制茶已普及茶区。1972 年后,精制茶厂开展制茶机械联装流水线的研究,实现了机械化流水作业的精制,提高了茶叶精制的劳动生产率,降低了劳动强度。1980 年,杭州茶机总厂等单位研制 6CH-50 型、20 型、16 型、10 型等系列烘干机,用于红、绿茶的初制和精制加工。1984 年,杭州茶叶加工研究所汪国本等研制成高压静电拣梗机,获 1986 年商业部科技进步奖二等奖。1985 年,中茶所、杭州茶机总厂、省计算机研究所殷鸿范、郑锡翘等研究的"茶叶干燥程度的温度反馈监控技术"于 1989 年取得国家发明专利（CN1032708A）。

2.名优茶加工。1973 年,省农业厅、省茶叶公司等单位开始进行名茶调查、挖掘、整理、试制。1979—1982 年,全省评出西湖龙井、余杭径山茶、德清莫干黄芽、长兴紫笋茶、云和（今景宁）惠明茶、泰顺香菇寮白毫、开化龙顶等 7 个名茶。胡坪、王家斌等主持的"古代名茶的恢复和推广"项目获 1983 年省科技成果奖二等奖。1984 年,省农业厅应菊仙等承担名茶"临海蟠毫""千岛玉叶""鸠坑毛尖"的研制,该项目获 1986 年省科技进步奖二等奖。1984 年,浙江天坛牌特级珠茶在西班牙马德里举行的第 23 届世界优质食品评选会上获金质奖。1986 年,特级眉茶在瑞士日内瓦举行的第 25 届世界优质食品评选会上获金质奖。1988 年,狮峰极品龙井茶在希腊举行的第 27 届世界优质食品评选会上获最高奖——金棕榈奖。1992年,浙江骆驼牌特级珍眉在荷兰阿姆斯特丹举行的第 31 届世界优质食品评选会上获金质奖。1992 年中国首届农业博览会评选浙江开化龙顶、雪水云绿获金奖,龙游凤尖、兰溪银露、泰顺雪龙获银奖,萧山三清茶、常山银毫、莲城雾峰获铜奖。浙江名优茶品名繁多,加工工艺也不尽相同。西湖龙井茶是闻名国内外的名茶,素以"色绿、香郁、味甘、形美"四绝著称,为国家级的礼品茶。1993 年,中茶所研制龙井茶整形机,可炒制三级龙井茶。这是继珠茶炒干机后,又一次技术的突破。20世纪80年代,省茶叶公司仰少康、商业部杭州茶叶加工研究所骆少君等研制的"七套炒青绿茶"部标和"国际茶叶理化检验方法"等,均获商业部科技进步奖二等奖。1988年,浙江省茶叶标准化技术委员会提出"西湖龙井茶"的地方标准,1992年9月由浙江省标准计量局批准实施,促进西湖龙井茶实现质量标准化、加工工艺规范化。

3.精深加工。1972—1990年,中茶所进行了"传统茶加工新技术与品质改善研究"。1972年在国内首次试制成功了颗粒绿茶、颗粒花茶和袋泡茶,并完成机械化连续生产。1985—1990年,"多茶类组合生产技术研究"获省科技进步奖二等奖。1987—1996年,完成了《茶鲜叶分级标准研究》,并成为部颁标准执行。1991—1995年,进行"名优茶开发研究",5年内新创名茶331种,新增名优茶生产面积12.6万公顷。20世纪70年代,中茶所进行"速溶茶工艺技术的研究",1985—1987年进行"茶中系列饮料研制",研制出"茶可乐""桃茗""桔茗"三种产品,获中国首届食品博览会铜奖。1990—1995年,进行了"新型茶加工技术研究""罐装液态茶饮料加工技术研究"。1996—2000年,进行了"风味茶浓缩汁加工技术研究"。国家商业部杭州茶叶研究所、浙农大等单位研制开发"茶叶棒冰""茶汽水""茶可乐""红茶乳品""绿茶乳品""防龋齿茶叶口香糖"等产品。杭州茶叶试验场研制出"速溶茶""果香茶""苦丁茶""橙汁茶""减肥茶""杜仲茶""降压茶""七叶茶""嗓音茶""绞股蓝茶"等系列保健茶新产品。其中"茶浓缩汁加工关键技术与装备研究"获2002年省科技进步奖二等奖。"高香冷深速溶茶加工技术"获2004年省科技进步奖二等奖。"扁形和针芽形名优绿茶品质提升关键加工技术与集成应用研究"获2010年省科技进步奖二等奖。

4.综合利用。(1)茶叶。1985年中茶所成功地从茶叶中分离出天然抗氧化剂,主要成分是茶多酚。研究了茶多酚的衍生物防治心血管疾病及其机理,还完成了毒性试验,证明其既能用于药品又能用于食品。本产品于1988年开始商品化,商品名为"维多酚",1989年被国家计划委员会列为1989年国家级重大新产品。1990—1995年,进行了"茶叶中提取食品功能性成分的工艺技术及应用研究",该项研究成功地解决了用一份茶叶原料分离制备多种功能性成分的技术难题,一次投料同时获得茶多酚、咖啡碱、茶色素、茶多糖等四种产品,还能根据实际需要生产出不同品位的系列产品,如茶多酚粗品、茶多酚精品、咖啡碱粗品、咖啡碱精品等。还研究了茶多糖和咖啡碱的精制工艺,经精制处理后,咖啡碱的含量可达98%以上,茶多糖中总糖含量可达60%以上。以上技术在国内外居先进水平。在应用方面完成了准字号药品"天保胶囊"的研制,其具有降血脂、防治动脉粥样硬化、增强免疫功能等作用。"茶叶中儿茶素类物质及其有效成分的分离及应用"的研究结果表明,采用高速逆流色谱技术研究出一个能生产5种儿茶素单体(EGCG,EGG,ECG,EC和GCG)的生产线,产品纯度四种可达到97%以上,一种达88%以上。该项研究达到国际领先水平。(2)茶籽。20世纪70年代,中茶所进行"茶籽制油工艺及油脂精炼技术"的研究,提出茶籽榨油新工艺,经过精制的茶籽油可以食用。其中"茶皂素提取研究",获 1980 年农业部技术改进奖二等奖。"茶籽食用油开发"获 1988 年农牧渔业部科技进步奖二等奖。开展"中国茶树主要品种茶籽油的研究与调查",查清了茶籽含油量以种仁计算可达 25% 左右,明确了茶籽油的组成,确定了茶籽油是一种很适宜于食用的植物油脂。90 年代后,研究开发出专用于儿茶素等天然产物的大容量逆流色谱仪,已成功分离出儿茶素 EGCG,得率为 26.7%,纯度达到 95% 以上,生产成本为 35 元/克,并将该技术用于葛根、刺参等天然产物的分离,分离出纯度在 98% 以上的葛根素、EPX 等产物,得率均在 50% 以上,该低速色谱仪已取得国家实用新型专利。建立的儿茶素低速逆流色谱分离技术中试生产线可以分离制备 6 种高纯度的儿茶素单体,能够达到年产 10 公斤儿茶素单体的要求,相应技术取得 1 项国家发明专利。茶皂素已在浙江常山建立了工业化生产线,产品质量得到不断改善,茶皂素粉剂含量从过去的 60% 提高到 80% 以上。茶咖啡因已在安徽泾县建立了工业化生产线,纯度为 99.7% 的咖啡因得率提高到 1%,产品质量达到美国药典要求。开展了茶氨酸提取制备技术的工业化生产试验,已获得"茶氨酸含量>40%"的工业化产品。已发明制备茶黄素单体的逆流色谱技术和聚酰胺柱层析技术,可以有效地分离得到 4 种主要茶黄素成分,中茶所"一种制备四种茶黄素单体的方法",取得国家发明专利(ZL200610154852.1)。"茶叶综合利用研究"获 1979 年农业部技术改进奖二等奖。"茶皂素石蜡乳化(TS-80 乳化剂)"获 1984 年国家发明奖三等奖。"茶籽油及其利用研究"获 1988 年农业部科技进步奖二等奖。"茶叶天然抗氧化剂的提取及其应用"获 1992 年国家科技进步奖二等奖,1996 年农业部科技进步奖一等奖。"茶皂素鱼毒活性及其应用研究"获 1993 年农业部科技进步奖二等奖。"儿茶素有效成分分离、应用及新型茶加工技术研究"获 1996 年农业部科技进步奖二等奖。"茶氨酸提取制备产业化技术研究"获 2006 年省科技进步奖二等奖。"茶资源高效加工与多功能利用技术及应用研究"获 2009 年省科技进步奖二等奖。

三、果蔬菌产品

(一)果品

1.贮藏保鲜。20 世纪 60 年代以后,浙农大、省柑橘所等先后进行柑橘采后呼吸作用和防腐保鲜研究。80 年代省农科院对宽皮柑橘采用薄膜包裹的简易贮藏技术。省柑橘所、黄岩果品公司等筛选出 2 号和 3 号紫胶涂料蜡处理出口的橘果,商品效益明显。同期,该公司陈本平研究设计出适合国情的 4 种常温库,贮藏期的库温变幅为 6.8℃~10℃,保持相对湿度在 80%~90% 范围内达 100 多天,风速较稳定,贮藏中晚熟温州蜜柑 90 天的总损耗率为 8.63%~11.43%,在全国推广,获 1986 年商业部科技进步奖二等奖。80 年代,省农科院用速冻保鲜技术,使杨梅保鲜 8 个月,南方葡萄用低温防腐保鲜,贮藏 3 个月,好果率达 90% 以上。浙农大研究的胡柚保鲜技术,可使其贮藏半年左右。2004年,省农科院郜海燕等人进行的"板栗贮藏保鲜综合技术研究"获省科技进步奖二等奖。2006年,郜海燕等人进行的"枇杷、水蜜桃南方特色水果抗逆境物流保鲜技术研究"获省科技进步奖二等奖。2010年,浙江大学陈昆松等人进行的"特色果品采后贮运关键技术研制及其应用研究",获省科技进步奖一等奖。

2.加工研究。长期以来,果品加工主要是糖水罐头。20世纪80年代,省柑橘所成功研究出柑橘饮料基质的加工工艺及调配技术。1985年,该所研制成橘汁饮料添加剂——橘浊,同时成功研究出小苹果类沙司以及温州蜜柑、甜橙、菠萝混合果汁的加工工艺,制成天然饮料,技术达到国内先进水平。80年代后期,省农科院钱玉英等选育出能兼具生产高活力的果胶酶和纤维素酶的菌种,研制成复合酶,并设计出酶解橘皮制取橘汁的新工艺,制成具有天然风味、营养丰富的桔汁,属国内首例,获1988年省科技进步奖二等奖。2005—2007年,省农科院谢明等人进行"水果增糖降酸生物制剂的研制与产业化研究",研制出2种水果增糖降酸生物制剂,在生产上推广应用。

3.精深加工。20世纪80年代中后期,重点开展了杨梅、草莓、青梅深加工产品研制。90年代后期,浙农大、杭州商学院、省农科院联合进行板栗储藏保鲜加工技术研究。浙江大学进行提高杨梅等商品寿命的产后处理技术研究。2002年,衢州柑橘研究所进行"柑橘生物活性物质提取及产业化开发研究",研制出甲基橙皮苷、水溶性橙皮苷、新橙皮苷DC和椪柑油等系列产品。是年,舟山定海新野农特产经营有限公司进行舟山皋泄香柚(佛香柚)功能疗效组合成分的研发,提出了柠檬苦素类物质的提取方法、深剂选择等关键技术。2004年,浙江大学进行浙江特色高品质柑橘原汁成品与主要单体提取技术及产品开发,提出皮渣中的生物类黄酮功能因子的高效提取工艺、提取方法、制备复合酶发酵饮料技术等。2005年,省农科院进行"果蔬软罐头生产关键技术研究",研发出3个省级新产品,4个中试产品,自行设计制造的果蔬软罐头专用链板式低温连续杀菌抗乙供产业化应用。2006年,省农科院进行"柑橘新型饮品研制及产业化开发研究",成功开发了砂囊悬浮饮料(粒粒橙法)产品及椪柑砂囊饮品自动灌装设备,创建10条加工生产线,制定了砂囊饮料和果茸果汁饮料企业标准,取得"柑橘果汁与果茸联产方法及设备研制"发明专利。是年,省农科院程邵南等人进行的"果蔬软罐头生产关键技术开发研究"获省科技进步奖二等奖。绍兴市进行的"柑橘罐头新产品和新工艺开发与产业化示范研究",取得5项国家发明专利。2007年,浙江大学陈昆松等人进行"特色水果采后物流技术体系集成与应用研究",制定了浙江省地方标准——杨梅鲜果物流操作规程(DB33/T732-2009)和枇杷果实采存程序降温(LTC)贮藏技术操作规程(DB33/5782-2010),取得4项国家发明专利。2008年,浙江大学应义斌等人进行的"水果品质在线同步检测与智能化分级技术装备研究",获省科技进步奖二等奖。2009年,省农科院郜海燕等人进行的"干坚果制品氧化劣变及品质控制技术研究"获省科技进步奖一等奖。

（二）蔬菜

1. 蔬菜加工。民国九年(1920)，鄞县西门外马园新建如生笋厂，生产清渍笋、油焖笋、油焖大头菜等罐头蔬菜，开创了浙江加工罐头蔬菜的历史。1972 年，桐乡菜厂试制成功第一台液压榨机。1983 年，海宁蔬菜加工厂在国内首次推出铝箔小包装榨菜，获得国家农业部优质产品称号。20 世纪 80 年代开始，省农科院研究开发低盐萝卜和榨菜加工技术，浙大帮助嘉兴、嘉善等地开发低盐小包装雪里蕻菜加工，使传统的盐渍蔬菜符合人们口味的新需求。

2. 精深加工。20 世纪 80 年代中后期重点开展了：(1)无公害蔬菜和山区野生蔬菜精加工产品研制；(2)蔬菜汁及果菜混合汁产品研制；(3)营养健康功能型果蔬食品研制。90 年代后期，重点开发了蕨菜、苦叶菜、树参等野生蔬菜的护色保质技术与调味即食产品研制；净笋、佐餐笋、休闲笋与多功能健康纤维食品开发。2001 年，杭州麦林环保船用漆有限公司进行"辣椒碱提取关键技术研究"，研制成高纯度辣椒碱戒毒针剂。2002 年，浙江科技学院进行"栅栏技术和 HAC-CP 在软罐头腌制蔬菜中的应用研究"，取得授权专利。2003 年，浙江大学进行"净菜加工保鲜贮运技术与设备研制"，取得 6 项授权专利，制定了杭州市地方标准《净菜质量安全要求》和企业标准，编制了《净菜生产 HACCP 手册》。2004 年，浙江大学应铁进等进行的"浙江特色腌制菜质量控制技术和设备研制"，取得 2 项国家发明专利，制定了《腌制菜企业 GMP 规范(消食协〔2006〕4 号)》，建立年产 3000 吨以上腌制菜生产线一条，通过 HACCP 认证。2006—2010 年，浙江工商大学沈莲清等人进行的"西兰花等三种植物源天然活性物质制备技术研究及产业化"，获 2010 年省科技进步奖一等奖。浙江医科院王菌等人进行的"第三代保健食品的研发及技术平台构建研究"，获 2010 年省科技进步奖二等奖。

（三）食用菌

20 世纪 80 年代后期，浙江以食用菌为原料，开发加工出多种食用菌医药、保健新产品，已形成批量生产的有：庆元县与浙江医科大学合作生产的以灰树花多糖为原料的抗癌新药"保力生"；常山县浙江覃尔康制药公司生产的以猴头菇为原料的"复方猴头冲剂""猴菇菌片"和以金针菇为原料的"一休菇口服液"；杭州第二中药厂利用银耳孢子发酵物提取的"银耳孢子多糖"；浙江省中药研究所和杭州第二中药厂以虫草头孢菌体的深层发酵物为原料共同研制成抗心律失常的口服胶囊新药"宁心宝"。1987 年，龙泉市科技开发中心实验厂设计和制造的"双益牌"6JH 系列自动添柴节能型香菇烘干机，取得国家专利。2001—2005 年，浙江工业大学进行了"食用菌多糖分离纯化与质量控制关键技术研究"。2007 年，浙江大学进行"食用菌有效成分和利用关键技术研究"，完成香菇中多糖、多肽、膳食纤维、嘌呤、香菇精的提取技术研究，并进行功能性食品的开发研究。2009 年，浙江方格药业徐财泉等人开展的"中国台湾牛樟芝的引进与深加工技术研究"，取得 2 项国家专利。2002—2010 年，浙江省林科院与丽水市食用菌研发中心联合进行了"药用菌菌丝体多糖高效分离及结构改性研究""药用菌新型发酵技术及活性物质产品研制与中试""灵芝生物活性物质高效提取关键技术集成创新研究""森林食用菌活性多糖提取及护肝类功能食品开发研究""食用菌多糖分离纯化与质量控制关键技术研究及应用"等一批食用菌深加工科技攻关项目研究。其中"食用菌胶囊菌种工厂化繁育技术研究",使胶囊菌种繁育成品率达99.9%,菌棒接种成活率达97.3%,全程机械化操作,填补国内空白。"食用菌多糖提取及化学修饰技术研究",有效提高了香菇多糖总体得率,其多糖结构改性和金耳多糖结构特性分析填补国内空白。

第五章　畜禽养殖业

余姚河姆渡遗址出土有猪、狗、羊、水牛遗骨及陶猪等,说明距今六七千年前人们已驯化饲养这些牲畜。早在新石器时期,先民已从事猪、犬、羊和水牛等的驯养。春秋时越国养猪的称"豕山",养鸡的称"鸡山"。到汉代,相继出现相马牛的《相马经》和《相牛经》,以及家畜阉割技术,世代相传。到南北朝时,阉割技术已广泛用于猪、鸡、牛、羊等畜禽,并有预防术后感染破伤风的办法。唐代开元期间,金华农村创造腌制猪腿技术,后发展成金华火腿。宋代已有人工孵化家禽。20世纪初,青饲料发酵技术在各地应用。20世纪30—40年代,浙江省家畜保育所、浙江省农业改进所、中央畜牧实验所、浙江嘉兴绵羊场相继建立。这期间,浙江大学农学院、英士大学农学院开设畜牧兽医专业,开始进行畜禽品种调查与性能观察,并从欧美等地引进畜禽品种,开展杂交改良试验与兽疫防治研究。

中华人民共和国成立后,省农科所畜牧兽医系扩建为省农科院畜牧兽医研究所,浙江农学院恢复建立畜牧兽医系,浙江省饲料公司(简称省饲料公司)设饲料研究室,并有地、市农科所畜牧研究室3个、县级研究所3个,形成畜牧兽医研究体系。研究领域包括畜牧、兽医、营养与饲料、畜禽产品保鲜与加工等。20世纪50—60年代主要是调查、发掘地方品种,开始品种提纯选育,引进国外良种,进行杂交利用,并开展青粗饲料的加工利用研究。70—80年代,运用数量遗传学理论,按照专门化品系、群体继代选育法,选育畜禽新品种。兽医方面,以防疫为主,研制成多种疫苗,有效地控制了畜禽主要疾病。饲料方面,基本摸清全省资源,掌握各类饲料的组成成分和营养价值,研制成配合饲料、全价饲料和饲料添加剂及预混料。到2010年,全省形成较为理想的畜禽养殖、疫病防治、饲料工业和畜禽产品加工等4个全产业链科技研发体系。

第一节　畜牧

一、猪

(一)地方猪种调查与种质研究

20世纪30—40年代,英士大学和浙江省农业改进所进行过地方猪品种调查。

60—80年代初,省农业厅、省农科院和浙农大等调查整理了金华猪、乐清虹桥猪、江山乌猪、嘉兴黑猪、嵊县花猪等14个地方猪种。其中,金华猪和嘉兴黑猪是具有特色的地方良种,列为全国主要猪种。1979年,浙农大徐继初和省农科院徐士清参加全国10个主要地方猪种种质研究,分别主持金华猪和嘉兴黑猪种质特性研究,获1985年农牧渔业部科技进步奖一等奖,获1987年国家科技进步奖二等奖。(1)金华猪。1960—1965年,省农科院、省农业厅在金华种猪场对金华猪进行了提纯选育,并建立了包括粗壮型、细微型、中间型的育种核心群,种猪合格率特一级以上占64％。1979年,浙农大与金华猪场、金华市农科所、东阳县良种场协作进一步进行金华猪Ⅰ、Ⅱ、Ⅲ系选育提高。1979—1984年完成金华猪种质研究,在国内最早地制定金华猪的国家标准。(2)嘉兴黑猪。1979—1985年,省农科院等在嘉善县桑苗良种场、平湖县农牧场和嘉兴市双桥农场等地,完成嘉兴黑猪5个世代的选育及种质特性的研究。

(二)猪种引进和杂交育种

20世纪30年代省农改所引进大约克种猪。1958年,浙江省农科所引进苏联大白猪、克米洛夫猪。1964年,省农业厅引进伦德雷斯猪(长白猪),70年代引进大约克猪,80年代引进杜洛克、汉普夏猪、法系大约克猪、丹麦系长白猪等,分别在杭州、金华、龙游等地建场纯繁。1965年,温州地区农科所、浙农大等利用乐清虹桥猪作母本,苏白、长白猪作父本,选育成生长快、杂交效果好的肉脂兼用"温州白猪",获1979年省科学大会奖。70年代,省农科院王津等和德清县良种场合作,用金华猪、中型约克、长白猪进行三元杂交育种,经8～9个世代选育,至1980年育成胴体瘦肉率57％以上的省内第一个瘦肉型新猪种"浙江中白猪"。以中白猪作母本和大约克等杂交,杂种猪瘦肉率60％以上,获1979年省科学大会奖。同年制定《浙江中白猪》国家标准,该标准被列为全国瘦肉型猪综合标准之一,获1991年国家科技进步奖三等奖。1983—1985年,筛选出"杜浙"(杜洛克×浙江中白猪)、"杜长嘉"(杜洛克·长白×嘉兴黑猪)两类高产商品瘦肉组合,进行全窝育肥中试,获1985年省科技进步奖二等奖。1986—1990年,省农科院王津等人进行"杜洛克和中白猪专门化品系培育",育成高繁殖力(经产母猪产仔13.4头)母系DⅢ系,高瘦肉率(64％)父系SI系的配套新品系,制定了《瘦肉型猪杂交组合试验技术规程》国家标准,1988年7月实施,该项目获1991年省科技进步奖二等奖。1991—1995年,王津等进一步对瘦肉猪父系(SI系)和母系(DⅢ系)进行选育,1995年均通过部、省组织验收,获省科技进步奖二等奖。1986—1992年,嘉兴市农业局和双桥农场在原嘉兴黑猪中导入杜洛克外血培育新嘉系。经过6年技术攻关,完成了五个世代的选育任务。

1996—2000年,省农科院畜牧所参加了"中国瘦肉型猪新品系选育与配套技术研究",均通过部、省组织验收。1996年被省政府评为省科技进步奖重大贡献先进集体奖,获1999年国家科技进步奖二等奖。2001—2010年,省农科院畜牧所重点进行"杜洛克猪新品系选育与产业化研究""浙江省种猪遗传评估和联合育种研究""杜洛克猪父系选育与产业化开发应用研究"。其中胡锦平等人进行的"高性能种猪选育技术研发及应用研究",获 2010 年省科技进步奖二等奖。

（三）杂交优势利用

从 1984 年开始,浙江引进和采用瘦肉型良种公猪,并以瘦肉型猪为样板,开展杂交改良,并确定应用以杜洛克、长白猪为主的外来良种公猪作为杂交父本,进行全面推广。1991—1995 年,省农科院等在"七五"基础上,进一步培育专门化品系中国瘦肉猪新品种 SI 系（以下简称 SI 系）、大约克新品系（作母系,以下简称大新系）和专门化母系中国瘦肉猪新品系母本 DⅢ系（以下简称 DⅢ系）,瘦肉型猪新品系——新嘉系（以下简称新嘉系）、金华猪瘦肉系（以下简称金瘦系）。

（四）饲养技术

1957 年,省农科院进行肉猪一条龙、吊架子饲养方法比较试验。80 年代后,改传统的吊架子养猪法为直线（一条龙）育肥法。1989—1994 年,郎介金等人进行的"提高瘦肉猪繁殖技术研究",获 1993 年省科技进步奖二等奖。2005 年,浙江大学陈安国等人进行的"猪用干湿饲喂器的研究",获省科技进步奖二等奖。2005 年,浙江大学陈英旭等人进行的"畜禽养殖废弃物资源化生态化综合处置技术研究",获省科技进步奖二等奖。2006 年,省农科院徐子伟等人进行的"环保型规模化养猪业的关键技术研究与示范",获省科技进步奖一等奖,获 2007 年国家科技进步奖二等奖。2007 年,省畜牧局张火法等人进行的"规模猪场主要疫病控制净化技术研究与示范",获省科技进步奖二等奖。2009 年,省农科院徐子伟等人进行的"中国饲养背景下的 SEW 养猪技术系统研究与示范",获省科技进步奖一等奖。

二、牛

（一）地方品种与良种牛引进

浙江地方品种主要有温州水牛、舟山黄牛、温岭高峰牛,后又引进良种牛。早在 19 世纪 80 年代,杭州、宁波等地就开始饲养荷兰牛及娟珊、更赛等乳牛。20 世纪 30 年代,国内各地相继引进欧美乳牛品种,并用以改良黄牛,杭州有小范围试点。50 年代,省农业厅从陕西、山东、江苏、上海等地引进秦川黄牛、鲁西黄牛、上海荡脚牛等良种 450 多头。60 年代,引进吉林延边黄牛、湖北水牛、印度摩拉水牛及苏联拉维亚牛和西门塔尔牛。1980 年 5 月,农业部分配给浙江奥地利西门塔尔牛 22 头,在淳安县建村饲养。1985 年从丹麦引进荷斯坦牛（黑白花奶牛）47 头,并接受联邦德国无偿援助"奶牛项目"的液氮冻精的成套设备,在金华奶牛实验区饲养及应用;1987 年又从加拿大引进荷斯坦牛细管冻精 2 万支,用来改良低产奶牛,提高群体母牛产奶量。1993 年全省 3.7 万头奶牛中,成年乳母牛头均产奶量达 5.3 吨,跨入全国荷斯坦高产奶牛行列。20 世纪 80 年代开始,省农业厅从北京、内蒙古等地引入利木赞牛冻精改良当地黄牛。该品种与浙江温岭高峰母牛所繁殖的后代,称为利高杂交牛。

（二）品种改良与选育

牛的改良研究始于1939年,省农改所在景宁建立种畜繁殖场,并在松阳、云和、金华等地设点,饲养黄牛70头（公6头,母64头）、水牛12头（公3头,母9头）,开展选育和繁殖推广。1955年,温岭县开始对高峰牛进行选育,组建核心群,1979年测定成年公、母牛体重分别提高27.2%和14.2%,日耕能力提高20%,遗传性能稳定,品种特征明显,确定是以役用为主、役肉兼用的地方良种,成为全国十大良种黄牛之一。该项目获1981年省优秀科技成果奖一等奖。1956—1971年,省农科院先后引入秦川牛、鲁西牛、荷兰牛与西门塔尔牛改良浙江地方黄牛,至1978年,共繁殖杂交改良牛15800余头,活重提高32%,胴体重提高38%,平均屠宰率47.71%,净肉率38.04%,优质肉切块占41.23%,肉质鲜嫩,味香,肉用性能明显提高。1963年,省农科院王津等人在温州进行水牛选育研究,重点引进摩拉水牛开展导入杂交的改良办法。1978—1979年,瑞安县在参与中国水牛资源调查中,阐明温州水牛为役乳兼用的地方良种。该调查获1983年农牧渔业部技术改进奖一等奖。1989年,省农科院胡振尉与浙农大畜牧系、温岭县农业局合作开展"肉牛经济杂交利用研究",该成果获1991年省科技进步奖二等奖。

（三）繁殖技术

浙江繁殖牛的传统技术,历来以自然本交繁殖后代。20世纪70年代后,繁殖技术有较大进步。1975年,省农科院首先用铜纱法取代铝盒法制冻精成功,筛选出"柠果葡"和"蔗柠"冻精稀释液和解冻液配方,冻精活力达0.47。应用番茄汁添加解冻液,精子存活时间延长到48小时,配种效率提高20%以上,一次情期受胎率54.6%。70年代末,全省基本建成冻精推广体系。80年代,省农业厅、省农科院、天台种牛站等协作,扩大冻配奶牛,至1986年全省平均每头采制冻精的公牛配母牛比自然交配提高近19倍,后代产奶量提高60%,产犊周期缩短24天。该技术获1987年省科技进步奖二等奖。1977—1978年,省农科院与中国科学院动物所合作,在临安县应用前列腺素（15甲基PGF2a和PGla甲酯）,使黄牛同期发情率达85%和92%,妊娠率为黄牛47.3%、水牛37.7%。1978—1980年,浙农大、省农业厅应用垂体促性腺激素治疗不孕牛,有效率80%,一次输精受胎率42.25%。1982年,浙农大核农所应用放射免疫分析法,诊断奶牛配种后是否妊娠,确诊率为89.2%。1984—1987年,该校与宁波激素制品厂合作,在国内首次研发出促排卵素3号（LRH-A3）,试验奶牛情期受胎率提高27%。1986—1989年,浙农大研究成功酶免疫分析法测乳汁孕酮含量,还研制脱脂乳孕酮定性、定量测试盒,后者经杭州、上海等牧场测定准确率达97%。2002年,金华市佳乐乳业有限公司进行荷斯坦奶牛胚胎工厂化生产与移植技术研究,成功培育出金华市第一头胚胎奶牛,使金华市的奶牛平均产奶量从5500公斤上升到8500公斤,建立供体牛核心群300

头,后备供体母牛 350 头。2003 年,浙江大学进行"高产奶牛营养调控技术研究"。2004 年,浙江李子园牛奶良品有限公司进行"奶牛种质改良及乳质提升关键技术集成与示范研究"。同期,金华市农科所进行"金华市优质牛奶生产模式及其产品研制"。2008 年,浙江大学进行"奶牛高产饲养关键技术研究",取得发明专利。

(四)饲养技术

20 世纪 50 年代,主要推广役乳兼用牛。80 年代试行人工诱导泌乳。90 年代,推广青贮秸秆氨化技术,同时进行"提高牛生产性能综合配套技术研究"。1989 年,胡振尉与浙江农大畜牧系、温岭县农业局合作开展"肉牛经济杂交利用研究",该成果获 1991 年省科技进步奖二等奖。1994 年,胡振尉、蒋永清、周卫东等人进行"优质牛肉生产配套技术研究",该成果获 1996 年省科技进步奖二等奖。

三、羊

(一)地方品种与引进良种

浙江羊的品种较多,大多是地方品种,也有引进繁育的良种。地方品种中种质优良、饲养数量较多的品种主要有湖羊和山羊。引进的良种羊,在浙江推广较多的有四川黄羊、瑞士萨能奶羊和云南圭山山羊。

(二)改良与选育

1953 年,省农业厅在海宁县采用人工授精方法进行湖羊杂交改良,一二代杂交羊的产毛量比湖羊提高 3 倍以上。1954 年,省农科所着手湖羊品种选育,1959 年证明湖羊有乳用价值。1980 年在余杭县潘板建立湖羊种羊场。1979—1984 年,省农科院李天禧、何锡昌等与中国农科院兰州畜牧所合作,进行"以提高羔皮质量为主要目的的系统选育研究",首次明确决定羔皮品质的主要性状是被毛长度、花纹紧贴度和花纹明显度。该成果获 1985 年省科技进步奖二等奖。1984 年,省农业厅主持制定湖羊国家标准。

(三)繁殖技术

20 世纪 70 年代初试行湖羊纯繁人工授精。1977 年吴兴县 15.84 万只母羊采用人工授精,受胎率 90.3%,甲级和乙级羔皮分别比全省平均数量多 1 倍和 0.6 倍。1979—1982 年,省农科院研究出一套适用农村生产条件的湖羊精液冷冻技术程序,输精母羊情期受胎率为 41.8%,最高达 75%。1980—1982 年,该院与省畜产公司合作,进行湖羊引产提高羔皮品质的控娩技术研究。1981—1982 年,省农科院使用 FSH 和 LSH 外源激素诱发湖羊超数排卵成功。1986—1990 年,该院研究确定湖羊桑甚期囊胚期的胚胎为切割适宜时期,进行胚胎切割,有效率 71%,半胚体外培养发育率 68%,移植产羔率 31%。于 1986 年 10 月 29 日获得国内第一只半胚湖羊羔。在 1989 年 10 月首次获国内性别预测湖羊后代 2 公 1 母 3 只活羔。

四、兔

(一)引种与育种

20 世纪 20—30 年代,省农改所引入力克斯、青紫兰等皮肉用兔,英系、法系安哥拉兔和中国白兔,经长期杂交选育,形成狮子头型中系安哥拉兔。60 年代初省外贸部门引进日本大耳肉兔。70 年代初,新昌县土畜产公司将日本大耳肉兔血缘导入安哥拉兔,培育成新昌长毛兔,体重和年产毛量分别提高 28% 和 20%。1978 年引进德系安哥拉兔,在新昌、绍兴、奉化兔场饲养,每只平均年产毛量比农家饲养的高 3.3 倍,比同等条件下国内原有种兔高 95.2%。80 年代,新昌、嵊县相继成立长毛兔研究所(简称兔科所)。1983—1986 年,省农科院、新昌县兔科所、上虞县土产公司协作,对德系兔进行群体继代选育,产毛量提高 21.66%,创国内同类研究先进水平。同时研究明确以兔舍温度 8℃~20℃产毛量最高,90 天养毛期的兔毛质量最好,肩胛、臀部毛的长度全部达特级标准,75 天养毛期的毛长度达一级标准。该成果获省科技进步奖二等奖。2007 年,嵊州市畜产品有限公司钱庆祥等人进行的"嵊州白中王长毛兔新品种选育及产业化研究",获省科技进步奖二等奖。

(二)品系杂交育种

1987—1993 年,省农科院赵力知、冯尚连、陈立新等与嵊县、新昌县长毛兔研究所合作,进行"粗毛兔杂交选育和粗毛型长毛兔新品系培育的研究",在育种过程中采用法系、德系品系间杂交、横交和群体继代选育方法并建立三级繁育体系,向省内外推广粗毛兔 29 万余只。该项成果获 1993 年省科技进步奖二等奖。2003—2005 年,嵊州畜产品有限公司进行"细毛型长毛兔新品系选育研究",选育出产毛量达 1500 克/(年·只),粗毛含量在 5%左右的核心群 3050 只。3 年推广细毛型长毛兔 8.5 万只,建立了 3 个兔绒生产基地,年生产兔绒能力达到 300 吨,创效益 462.2 万元,农户养殖效益提高 21.2%。2003—2007 年,文成县科技星火服务中心进行"优质兔配套系选育研究",采用群体继代选育法进行本品种选育提高,保持其优良品种特性,提高生产性能,减少再次引种费用。全县兔群的饲养量从 100 万只发展到 200 万只,年提供优质兔种兔的能力由 1 万只增加到 10 万只以上。

(三)饲养技术

1980 年,上虞县土产公司陈方德首次成功研制台兔采精器,提高了兔精液品质,使良种公兔利用率提高 12.8 倍。1985 年,全省良种兔(杂交兔)占存栏兔的 52.7%,只均兔毛产量 350 克左右。台兔采精器推广全国,获 1983 年商业部技术推广奖二等奖。1986 年,新昌县兔科所、省农科院等进行"德系长毛兔日粮配方、饲料添加剂、颗粒饲料的研制"。1990 年,全国家兔育种委员会抽检宁波市镇海多种经营种兔场母兔和嵊县华兴种兔场公兔,平均年产毛量分别为 1683 克和 1293

克,创全国最高纪录。2007 年,省农科院鲍国连等人进行的"肉兔优质安全高效产业化关键技术研究与应用",获省科技进步奖一等奖。

五、鸡

(一)地方品种与良种鸡引进

20 世纪 30 年代,杭州开始饲养来航鸡、澳洲黑鸡、洛岛红、芦花鸡等外来鸡种。浙江大学农学院牧场已建有孵化室,实行孵化、育雏、成鸡饲养一条龙,并对不同品种、不同年龄的鸡实行分群饲养。50 年代,浙江省农科所进行地方鸡种调查,发掘萧山鸡、仙居鸡、白羽乌骨鸡、舟山火鸡等本省地方优良品种。70 年代后期,全省涌现出大批养鸡专业场、户。80 年代,养鸡科学研究全面展开,杭州、宁波、温州等城市郊区涌现出一批现代化养鸡场。引进新浦东鸡、海佩种鸡、艾维茵等肉鸡品种和罗斯、依莎蛋鸡品种,建立祖代、父母代、商品代配套的良种繁育推广体系。

(二)良种鸡繁育与新鸡种选育

1951—1957 年,省农科所通过选育,使萧山鸡选育群的年产蛋量提高近 50%。20 世纪 60 年代初,研究表明仙居鸡年产蛋 180～211 枚,为国内优良蛋用鸡种。1963—1976 年,省农科院、杭州市农科所进行萧山鸡提纯复壮和保种闭锁选育,明确了萧山鸡早期生长较快,可食与屠宰率都高于浦东鸡,肉中人体必需的 7 种氨基酸总含量比白洛克鸡高 3%～4%。1972—1985 年,该院以萧山鸡为母本,与引进的红色肯尼希、澳品顿公鸡杂交,育成"浙农黄鸡"。80 年代初期,杭州市农科所筛选出萧山鸡与红布罗、海佩科和新浦东鸡 3 个优良杂交组合。1979—1984 年,江山县农业局等完成白羽乌骨鸡群体继代选育 4 个世代,雏鸡符合标准特征的占 98%以上,90 日龄平均体重提高 496.4 克,500 日龄产蛋量提高 23%左右。1982—1984 年,萧山农科所引进大型良种尼古拉火鸡,建成萧山县火鸡场,研究并提出火鸡繁种、饲养管理和加工等配套技术。1983—1989 年,省农业厅吴金先等和杭州市农科所从上海引进新浦东鸡繁育,获 1986 年省科技进步奖二等奖。1984—1986 年,仙居县农业局用罗斯公鸡和仙居鸡杂交,其杂交鸡的产蛋量和蛋重分别提高 14%和 19%,且节省饲料,得到迅速推广。1989—1990 年,又用伊莎公鸡和仙居鸡杂交,效果进一步提高。2001—2005 年,浙江大学进行"规模蛋鸡场营养调控及高效生产技术研究",应用该成果生产的风味无抗蛋比一般规模化蛋场生产的高品质蛋每公斤可提高售价 0.6 元,1000 羽蛋鸡可增加年收入 1.1 万元。该成果在嘉兴、德清和上海等基地每年推广蛋禽全价饲料 2.7 万吨,饲喂蛋鸡 50 万羽,年增产值 6000 万元,每年给养殖户多增收入 550 万元。

六、鸭

(一)地方品种与良种鸭引进

浙江鸭的地方品种主要有绍鸭、麻鸭等两种。引进的国内外良种鸭主要有北京鸭、樱桃谷鸭、狄高鸭、番鸭等品种。

（二）品种选育

1976—1979 年，绍兴市食品公司进行绍兴鸭提纯复壮。1980—1985 年，该公司和省农科院等采用家系选育法，完成 4 个世代，选出 11 个优秀家系，建立种鸭核心群，500 日龄平均产蛋 310 个以上。1986—1990 年，省农科院陈烈等以绍鸭 WH系（白翼梢）和 RE 系（绿翼梢）作高产系，引进荷兰的卡基——康贝尔鸭（CK 系）作大蛋系，选育出 2 个高产蛋鸭配套系，获 1993 年省科技进步奖一等奖。1986—1989 年，省农科院张荣生等通过对 6 个鸭种的杂交组合和杂交鸭的肉用性能研究，筛选出生长快、省料、皮薄脂低、瘦肉率高、肉色深红、味鲜美的 TD-1 等瘦肉鸭。1996—2000 年，省农业厅、省农科院、浙江大学等 6 个单位联合进行"绍兴麻鸭遗传资源开发利用技术研究"。成功培育出绍兴鸭纯系 7 个，首次选育了绍兴鸭青壳蛋系；筛选出 6 个绍兴鸭品系配套杂交组合，均以"红毛绿翼梢"为最纯母本；研制了三种蛋鸭专用添加剂 DS、NE 和红心鸭蛋添加剂；解决了咸蛋白的脱盐和利用技术问题，完成了两个鸭肉制品的研发；累计推广绍兴鸭及其配套组合高品质蛋鸭 3.5 亿只，创直接效益 16.15 亿元。2001—2007 年，省农科院进行"绍兴鸭配套系中试研究"。育成了具有产蛋性能好、抗病力强、蛋壳厚、氨基酸含量高等特点的 2 个绍兴鸭配套系（PWC、RWC）；研发和应用多种饲料添加剂，提高了产蛋期饲料利用率，耗料成本下降 33.7％；研究出高效的综防技术，防治效率达到 91％以上；制定并颁布 4 项农业行业标准，取得 2 项国家发明专利，获 2005 年省科技进步奖二等奖。同期，省农科院进行"高产抗逆蛋鸭新品系选育研究"，育成绍兴鸭镇海青壳系，到 2009 年累计推广 2200 多万羽，2006 年通过省畜禽新品种审定。2004—2010 年，省农科院进行"特色家禽（蛋鸭、肉鸡）优良遗传资源利用技术研究"，选育出缙云麻鸭，按羽毛和蛋壳颜色分为Ⅰ系、Ⅱ系、青壳系三个品系，2006 年通过省畜禽新品种审定。到 2010 年，缙云麻鸭原种场有各品系存栏种鸭 33000 只，年供种能力可达 200 万只，推广到全国 26 个省（市），年麻鸭饲养量达到 2800 万只。

七、鹅

（一）地方品种

浙江鹅的地方品种主要有浙东白鹅和永康灰鹅两种。20 世纪 60—70 年代，省农科院在奉化、定海、象山等县，对浙东白鹅进行调查测定，明确其特点为生长快（70 日龄 5kg）、屠宰率较高（70 日龄上市，半净膛 80％，全净膛 65.5％）、繁殖性能好（6 日龄开产，年产蛋 40～50 枚），是一个优良的地方鹅种。

永康灰鹅原产于永康及武义县的部分毗邻地区，是一个成熟早、肥育快、肉质鲜嫩的地方鹅种，但体型较小，60 日龄体重平均为 2.5kg，年产蛋 40～60 枚，可作菜鹅上市。

（二）良种引进

20 世纪 80 年代后期,省农科院引进太湖鹅、皖西白鹅、四川白鹅、朗德鹅、莱茵鹅等国内外优良鹅种 730 只,进行各种杂交组合的生产性能和繁殖性能等研究。

第二节　兽医

一、畜禽传染病

（一）猪霍乱(又名猪瘟)

这是危害养猪生产的重要疫病之一。民国二十三年(1934),东阳县猪疫防治实验区使用自产抗猪瘟血清。民国二十七年(1938),浙江省农业改进所试制高免血清,并开始制造猪瘟脏器苗进行免疫。20 世纪 50 年代猪瘟广泛流行,用抗猪瘟血清和猪瘟灭活疫苗进行免疫和治疗。1957 年,省农科所为克服猪瘟灭活疫苗(猪瘟兔毒脾脏、淋巴结制的湿苗)的缺陷,用 50％甘油稀释兔毒疫苗免疫,提高疫苗的安全性,反应率降到 1.15％,死亡率为 0.05％。1958 年,该所在嘉善县首次采取一年 4 次定期预防注射,对新购入仔猪、怀孕 3 个月母猪及 10～20 日龄以上仔猪随时注射的免疫方法,结合清栏消毒、及时防治等措施,基本控制猪瘟。1982—1984 年,省农科院、省农业厅等通过对初生仔猪哺乳前肌注猪瘟兔化弱毒疫苗的研究,发现该疫苗免疫期可持续 8 个月,其间,省畜牧兽医站用酶标记抗体诊断猪瘟,阳性符合率 80％,并用活体采摘扁桃体,结合酶标记抗体和荧光抗体技术,进行猪瘟病原学监测获得成功。1986 年,浙农大等试制成猪瘟酶联免疫吸附试验(ELISA)测试盒,用于猪瘟的免疫监测。

（二）猪 1 号病

1968 年,嘉兴地区食品公司生猪仓库最先发现猪 1 号病。1972—1976 年,省农科院用黄岩系猪 1 号病病毒株培养 30～40 代,鼠化弱毒组织 20 倍稀释制造鼠化弱毒疫苗,免疫猪体免疫达全保护。该院用猪 1 号病杭系 35 代细胞毒、猪瘟兔化脾毒,研制成猪传染性 1 号病、猪瘟弱毒联苗,试用效果良好。1983 年以后全省没有发生疫情。1986—1989 年该院应用细胞杂交,研制成抗猪 1 号病病毒单克隆抗体,做圆斑酶联免疫吸附试验(SPOT-ELISA),直接检测猪 1 号病病毒,2.5 小时可直观判定结果,具有特异性强、敏感性高、快速简便的特点,在国内属领先水平。

（三）猪支原体肺炎(喘气病)

民国三十五年(1946)在诸暨县杨梅桥乡曾有发生猪支原体肺炎(喘气病),

1954年金华猪场又发生,1958年全省出现发病高峰。1956—1958年,省农科所试验用病猪肺组织10倍稀释悬液喷雾、滴鼻、气管或胸腔注入健康猪均能人工发病,而皮下接种或口服未见发病。临床康复猪,在恢复期4～8个月内有带毒现象。1973年探索用中药蟾蜍治疗,治愈率达83.2%。1976年改用土霉素与植物油配成25%土霉素油制剂进行注射,治疗后15～30天通过X光透视和剖检肺脏转阳率达86%。

1998—2001年,省农业厅、省农科院联合进行"规模猪场母猪繁殖障碍病控制与净化技术研究"。首次调查确诊了猪蓝耳病在浙江的发生与流行,并推广了以免疫为主的防治技术,建立了"猪瘟、猪伪狂犬病净化技术""猪伪狂犬病、猪蓝耳病与猪瘟的实验室联合诊断技术",建立了"猪瘟、W病、蓝耳病"三种疫苗联合同时免疫方法。2002—2005年,浙江大学进行"猪高热综合征防治与应急控制技术研究",研制了自家组织疫苗、多细菌疫苗等应急控制疫苗及配套的应急控制技术,建立了隔离条件下的疾病复制模式,研制了PRRSV-PCV2二价疫苗。2003—2007年,浙江大学、省农业厅联合进行"猪主要病毒免疫抑制性疫病防控技术研究",制备了单克隆抗体和多克隆抗体,建立了ELISA诊断方法,取得2项发明专利,构建了PCV_2核酸疫苗,取得1项发明专利。

(四)羊黑疫、快疫

1964年,羊黑疫、快疫在海宁县首次流行。20世纪60—70年代曾一度对湖羊造成危害。1966年经省农科院何秉耀、省农业厅王家珍等鉴定,羊黑疫为诺威氏梭菌,羊快疫为腐败梭菌,浙江省发生的病例多为二种病原菌混合感染。随后,用分离到的两种菌研制成羊黑疫快疫氢氧化铝甲醛菌苗,免疫期为一年,有效地控制和消灭了该病。该技术获1979年省科学大会奖二等奖。

(五)鸭瘟

民国八年(1919)在杭州市郊发生鸭瘟。20世纪30年代在鄞县、衢县、海盐、桐乡、温岭等县发生。50年代又在瑞安、吴兴、德清、上虞、永康、龙游等县发生。60—70年代发展到32个县。1962—1963年,省农科院用鸭瘟强毒(杭州系毒株)经致弱,研制成鸭瘟结晶紫甘油组织疫苗和石炭酸甘油组织疫苗,成年鸭保护率93.4%,小鸭93.1%。其后,用培育的鸭瘟弱毒接种于鸡胚组织,研制成鸭瘟二联弱毒疫苗。成年鸭免疫期一年。1996—2000年,省农科院鲍国连等人进行"鸭两大细菌性传染病联合防治技术和鸭传染性浆膜炎防治技术研究",研制出疗效良好的药物鸭菌消,平均治愈率达91.2%,分别获1999年和2004年省科技进步奖二等奖。"三大传染病病原特性与防治技术研究",获2010年省科技进步奖一等奖。

(六)鸡新城疫

民国十六至十七年(1927—1928),东阳县已有流行鸡新城疫。民国三十六年

（1947），诸暨和江山县应用鸡瘟血清注射。1951年有36个县发病，对大鸡采取活疫苗（Ⅰ系）刺种免疫。60年代推广春、秋二季防疫。70年代采取提高免疫密度的方法，到1989年免疫鸡群覆盖率达到62.8％，死亡率下降到0.93％。1983—1986年，省农科院用"Ⅰ系"种毒，经钴-60γ射线辐射诱变，筛选出的弱毒株制成钴-60诱变苗，对不同日龄鸡免疫均安全，为国内首创。1986—1989年，省农科院采用新城疫病毒Lasota株接种鸡胚增殖病毒，在国内首次成功研制琼脂扩散（AGP）试验抗原检测鸡新城疫沉淀抗体的有效方法，可用于该病的免疫监测和流行病学群体的定性诊断。1996—2000年，省农科院等14个单位联合进行"对非典型鸡新城疫病原特性和综合防治技术研究"。在国际上首次成功地探索出用TG-ROC筛选试剂盒适宜临界点，为ND免疫检测提供直观方法，研制出ND二价油佐剂灭活疫苗及其鹅副粘病毒-1型灭活苗等多种单（联）苗系列产品。同期，省畜牧局等6个单位联合进行"鸡肾变型传支地方毒株的分离及防治技术研究"。研制成具备肾变型及呼吸型两大血清型4毒株的二价灭活油乳苗；研制出6种肾变型传支的系列化免疫制剂。1997—2001年，浙江大学周继勇等人进行的"新的传染性支气管炎病毒株分子鉴定和防治技术"与"传染性支气管炎病毒纤突蛋白基因马铃薯生物反应器的体系建立"两个研究项目，分别获2002和2006年省科技进步奖二等奖。

（七）鸡传染性法氏囊病

1984年，桐乡县首次发现鸡传染性法氏囊病，至1989年有68个县、市先后发现该病。1987—1990年，省农科院顾亚仙、范坤晓和省农业厅金美玲等对该病进行研究，分离到3株强毒（HC871，HN914，ZYW），用分子生物学方法对HC871株做了病毒结构蛋白肽图谱分析，其VP2分子量与美国Luker弱毒株有显著差异，填补了国内空白，获1991年省科技进步奖二等奖。1996—2000年，浙江大学周继勇等人进行的"鸡传染性法氏囊病变异株分离及弱毒疫苗研究"，获2000年省科技进步奖二等奖。于涟等人进行的"传染性法氏囊病病毒主要宿主保护性抗原在大肠杆菌及家蚕中的表达研究"，获2006年省科技进步奖二等奖。同期，省农科院等单位联合进行"鸡传染性法氏囊病病毒变异株鉴定及防治技术研究"，首次查明在浙江省内存在IB-DV变异毒株，成功培育了遗传稳定性好的5个弱毒株（IBDV-HZ$_1$、JD、JD$_2$、NB、SC），并成功研制出IBDV变异毒株二价弱毒疫苗，研制出黄芪、绞股蓝复方中药免疫增强剂。1997—2001年，浙江大学方维焕等人进行的"传染性法氏囊病病毒基因免疫研究"，获2002年省科技进步奖一等奖。

（八）鸡白痢病

鸡白痢病，早有发生。1988年调查78个县322群种鸡9856份血清，平板凝集阳性检出274群2511份血清。1985—1988年，省农科院从健康成年鸡盲肠内容物中分离培养和筛选出乳酸杆菌、双歧杆菌、拟杆菌和消化球菌等4株纯菌种，研制成鸡白痢生物竞争性菌苗，可排斥鸡肠道致病沙门氏菌的居殖，使鸡获得保护，在国内属首创。

（九）兔病毒性出血症（又称兔瘟）

这是一种发病率和死亡率极高的烈性传染病，1984 年首次发现，1985 年疫情遍及 71 个县、市。省农科院用 1‰O 型红细胞进行凝集和抑制凝集试验诊断该病或检测兔群隐性感染，简便准确。省农科院佟承刚等利用人工发病兔的肝、脾、肾、肺等脏器，经高速粉碎稀释，以甲醛灭活，研制成兔瘟甲醛灭活疫苗，保护率为 98.67％。浙农大徐仲均和省农业厅赵国源等也试制出疫苗，有效地控制了兔瘟的流行。该技术获 1985 年省科技进步奖二等奖。

（十）兔波氏杆菌病

1983—1986 年省农科院佟承刚等从病兔分离鉴定细菌中，获得 TRBb-105，TRBb-104，SRBb-901，SRBb-905 等 4 个支气管败血波氏杆菌菌株。1985—1987 年，该院又成功研制兔瘟、波氏杆菌二联菌，对兔瘟、波氏杆菌的保护率分别为 100％和 93.7％，免疫期为 6 个月。

（十一）家兔腹泻病

这是引起家兔死亡的重要疾病。1987—1990 年，省农科院、嵊县中草药研究所查明主要病原为埃希氏大肠杆菌，占 72.4％，其余依次为魏氏梭苗、蜡样芽孢杆菌、绿脓杆菌、螺旋形梭状芽孢杆菌、嗜水气单孢杆菌、沙门氏杆菌和肠球虫，其中螺旋形梭状芽孢杆菌在国内属首次发现。他们研制成大肠杆菌苗和魏氏梭菌苗，保护率分别为 94.7％和 88.7％，注射后分别于第 7 天、第 14 天产生免疫力，并试制成二联苗。同时还研制出 3 种中西药剂"泻尔康"，对革兰阴性菌有较强的杀灭作用，平均治愈率为 87.9％。"止痢针"和"息痢片"有明显的抗菌、解毒、镇静作用，能提高机体抵抗力，平均治愈率分别为 80.6％和 85.6％。

二、家畜寄生虫病

（一）家畜血吸虫病（日本血吸虫病）

民国二十三年（1934）首次在杭州郊区牛、狗体内发现血吸虫病。20 世纪 50 年代查明全省有 53 个县流行血吸虫病。1970 年，省农科院研究证明敌百虫对水牛血吸虫病疗效极佳，且安全性良好。至 1981 年，全省用敌百虫治疗病牛 10 万余头，并在全国推广。1975 年，省农科院用 7905 混悬液合并麻黄素静注，疗程短、疗效高、副反应小、价格便宜，1978 年以后逐步取代敌百虫，成为主要药物。70 年代末研究用吡喹酮治疗，效果好。2004—2006 年，省农科院进行"家畜血吸虫病和囊虫病的早期快速诊断及综合防治新技术研究"，研制出高、长效的注射型吸绦灵缓释剂和吸绦虫虫缓释剂等 2 种新型产品，推广应用 25.6 万头，有效治愈率达 96.4％～100％，有效防治时间长达 2 个月，取得 2 项国家发明专利。2006—2009 年，省农科院再次进行"家畜血吸虫病斑点金标检测试剂盒的研制"，制备了血吸虫重组抗原，建立了家畜血吸虫病金标免疫渗滤快速诊断技术，推广应用 177.6 万头，取得国家发明专利 2 项,获 2010 年省科技进步奖二等奖。

(二)家畜锥虫病

此病危害最大的是耕牛。20 世纪 50 年代,嘉兴、金华、衢州等地区冬季耕牛发生大量死亡,其病原是伊氏锥虫。1979 年,省农科院胡增堂、杨继宗等研究了间接血凝诊断法(IHA),其具有敏感性强、检出率高、操作简便等优点,特别是创造了血纸代替血清以后,更加适于农村使用,获 1980 年省优秀科技成果奖二等奖。70 年代后期,省农科院试用喹嘧胺硫酸盐肌肉注射,效果良好。后将安锥赛预防盐配比做了改进,有治疗和预防双重作用,为国内首创。1990—1992 年,浙农大蒋次昇等人进行的"奶牛隐性乳腺炎综合防治技术研究",获 1992 年省科技进步奖二等奖。

(三)牛羊肝片吸虫病

这是浙江省家畜三大寄生虫病之一。民国二十四年(1935)吴光在《杭州脊椎动物寄生虫调查报告》中已有关于此病的记载,死亡最多的是湖羊。1973 年,嘉兴地区用四氯化碳,后用硫双二氯酚治病,并从国外引进拜尔 9015、二磺甲吡啉、Ronid 等进行驱虫。1975—1989 年开展综合防治,已基本无吸虫童虫引起的急性病例死羊。1981—1983 年,省农科院研究成肝片吸虫间接血凝诊断法,能检出早期病羊。1988 年又研究成家畜肝片吸虫和锥虫病双联诊断液,在省内外推广。1995—2000 年,省农科院再次进行"牛羊 4 种寄生虫病联合诊治技术研究",首次建立了血纸斑点酶标联合诊断牛羊 4 种寄生虫病(捻转血矛线虫、日本吸虫、伊氏锥虫及肝片吸虫)技术,研配出多种组合的抗虫剂,联合用药后,在 106 个县(市)推广应用 85 万余头,其感染率明显下降。该成果获 2001 年省科技进步奖二等奖。2001—2005 年,省农科院进行了"草食动物主要寄生虫病的联合控释剂研制",研制成 11 种注射型联合缓释剂,比口服用药延长防治时间 2 个月以上,解决了家畜重复感染寄生虫病的关键技术,取得国家发明专利 4 项,推广应用于牛羊猪兔763.5 万只,创效益 7.7 亿元以上。

家畜家禽寄生蠕虫区系调查。民国二十三至二十四年(1934—1935)吴光在杭州郊区调查过脊椎动物肠道寄生虫。20 世纪 50—60 年代,浙江卫生实验院、省农业厅、省农科院进行过两次调查。1981—1984 年,省农科院张峰山和省农业厅金美玲等选择沿海、岛屿、平原、山区、丘陵等 5 个类型 18 个县、市,调查了 13 种畜禽,发现了寄生蠕虫 273 种,分属于 4 个纲 57 科 126 属。其中发现新虫种 15 种,国内新纪录 13 种,畜禽新宿主 9 种,省内新纪录 130 种,国内少见虫种 91 种,人畜共患或互通的蠕虫 51 种,编写了《浙江省家畜家禽寄生蠕虫志》。该项目获 1984 年省优秀科技成果奖二等奖。70 年代后期,省农科院与农业部中监所合作,用新药丙硫咪唑驱除猪、牛、羊、鸡的各种蠕虫,均有良好效果,该技术获 1981 年农牧渔业部技术改进奖一等奖。1983—1984 年,省农科院在国内首次用吡喹酮对家禽进行驱虫,服用一次,可同时驱除鸭鹅体内 25 种、鸡体内 13 种以上寄生虫,药物安全指数在 20 以上。1985—1987 年,该院与鄞县、永康县兽医站等研制成 MP 复合驱虫剂,服用一次驱虫率达 71%～100%,安全指数在 5 以上。

家畜家禽寄生原虫和蜘蛛昆虫区系调查。1983 年龙泉县发生住白细胞原虫病，发病率 45.5%～70%，死亡率 19.2%～43.5%。1984—1987 年，省农科院等先后对 19 个县 13 个品种鸡进行调查，有 12 个鸡种都发现住白原虫，病原体为沙丘住白细胞原虫，山区发现率高于平原。1990 年，该院调查 11 个市、县 22 种畜禽，发现寄生原虫和蜘蛛昆虫 103 种，分隶于 5 纲 25 科 45 属。其中新虫种 2 种，国内新纪录 3 种，省内新纪录 32 种，新宿主 7 个，人畜共患寄生原虫 3 种，编写了《浙江省畜禽寄生原虫和蜘蛛昆虫志》。在防治上，复方安育散对鸡住白虫杀虫率达 95.2%，治净率 56.4%。1990 年又研制成杀虫剂蝇蚊殁，用 30PPM 蝇蚊殁喷杀，杀蝇率 90%。

第三节　营养与饲料

一、动物营养基础研究

1980—1985 年，省农科院以离体消化试验评定过鱼粉的消化能。1986 年以后，研究方法不断发展，1986—1990 年，以 T-型瘘管法测定了高赖氨酸玉米、普通玉米、脱毒菜籽饼粕和普通菜籽饼粕氨基酸的回肠表观消化率和真消化率。1992—1993 年，对猪回-直肠吻合手术方法做了改进，使手术成功率从 57% 提高到 100%，分别用回-直肠吻合猪和去盲肠鸡测定了喷雾血粉、蒸煮血粉、发酵血粉、热喷胶原蛋白、水解复合蛋白、进口鱼粉、国产鱼粉、酵母饲料及皮大麦等 9 种猪饲料和 14 种鸡饲料原料的氨基酸表观消化率和真消化率；该成果获 1996 年农业部科技进步奖一等奖。1995—2000 年，浙江大学开展营养与基因表达关系研究。2004 年，浙江大学许梓荣等人进行的"改善畜禽肉质的营养调控技术研究与产业化"获省科技进步奖二等奖。2006 年，浙江大学刘建新等人进行的"高产奶牛营养调控技术研究及产业化示范"获省科技进步奖二等奖。2008 年，浙江大学陈安国等进行的"断奶仔猪肠道营养调节肽的研究"获省科技进步奖二等奖。刘建新等人进行的"金华市奶牛种质改良及乳质提升关键技术集成与示范研究"，获 2008 年省科技进步奖二等奖。

二、饲料资源调查

1954 年，省农科院对杭县屏风乡农民采用甘薯藤养猪进行调查。1955 年，与华东农科所合作，在诸暨、浦江 2 个县进行农民调制紫云英作猪饲料的调查。1956 年，该所在杭县吴家墩西北湾做紫云英喂猪试验。1957 年，省农科所在嘉兴、海宁县农业局和温州农业试验站的配合下，做水生饲料喜旱莲子草（俗称革命草、水花生）、水浮莲调查。1961 年，省农科院在嵊县等 12 个县调查，发现有常用野生植物饲料 252 种。1980—1981 年，省农业厅查明全省可利用草场面积 207 万公顷，分 5

大类 10 个组 105 个型,5 等 8 级;全省有野生饲用植物 800 个品种,其中优良牧草 213 种;1986 年编写了《浙江省常见野生饲料植物名录》。1988—1990 年,浙江省科技情报研究所杨月琴和省饲料公司等 10 个单位协作,调查配合饲料资源,有 17 类 174 种,总量 7776 万吨,其中能量饲料占 22.28%,青绿饲料占 52.92%,粗饲料占 21.8%,蛋白质饲料占 2.33%。此外,有松针、矿石、工业废液、非蛋白氮等资源 262043 万吨,利用率仅为 27%。该调查获 1990 年省科技进步奖二等奖。

三、饲料资源的开发利用

(一)营养成分测定

1957—1958 年,省农科所分析测定 79 种饲料,第一次编印《浙江省饲料化学成分分析表》。1979—1983 年,省农科院与省饲料公司合作完成猪的 22 种饲料配方饲养效果研究,测定 257 种饲料营养成分、93 种饲料矿物质及 69 种饲料的氨基酸含量,并计算出各种饲料的猪消化能、鸡代谢能和奶牛可消化蛋白质含量。1983 年编印《生长肥育猪试验饲料配方及饲养效果表》和《浙江省饲料成分及营养价值表》。

(二)粗饲料营养价值研究

1973 年,由省农科院牵头,全国 26 个省(区、市)62 个单位参加了"利用微生物提高粗饲料营养价值研究",历经 10 年研究证明,真菌绿色木霉所生成的纤维素酶可分解纤维素,可使之转化为葡萄糖及其他低聚糖等营养物质。1989—1990 年,浙农大、省农业厅用碳酸氢铵替代尿素或液氨氨化稻草,含氮量提高一倍,纤维质含量下降 8%～10%,有机物消化率提高 34%,可代替干草喂牛羊。

(三)青绿饲料开发

1956 年省农科所测定明确紫云英盛花期用作饲料,产量和总的营养成分最高。1958 年进行喜旱莲子草(俗称革命草、水花生)的栽培饲养试验,证明其是猪、羊爱吃的优良青饲料。1962—1964 年,省农科院汤期新等试验适期适量青割甘薯藤三次为饲料,藤增产 103%,单位面积藤蔓和薯块中的粗蛋白质总量提高 55%。1982—1985 年,该院在晚稻田中混播黑麦草与紫云英,增产效果为 63%～58%,开拓了南方饲、肥料资源新途径。1989—1990 年,又试用大窖(100 吨)青贮紫云英,可减少养分损失,饲喂奶牛日产奶量提高 12%。

(四)人工种植牧草

20 世纪 50—60 年代,台州、杭州、金华等地引种大米草、黑麦草、象草、聚合草等均获成功。80 年代后期,人工种植牧草有较快发展,尤其是美国俄勒冈黑麦草,到 1989 年全省累计推广种植面积 2 万多公顷,成为主栽草种。1986—1989 年,金华农业学校对 194 个牧草品种试种观察,筛选出适宜于红黄壤种植的牧草 22 个。1987—1990 年,省农科院在常山县利用幼龄橘园,间、套作牧草,筛选出俄勒冈黑麦草、印尼大绿豆、徐苜 3 号、苏丹草等草种和 4 个牧草优化生产组合模式。

（五）蛋白质饲料利用

1954 年,省农科所研究在饲粮中掺加适量菜籽饼,饲喂小猪、架子猪,表现正常。1973—1975 年,省粮科所试验表明,Na_2CO_3、NH_3 等化学制剂对菜籽饼脱毒效果达 90%。1983—1985 年又研究在菜籽榨油中用钝化药剂脱毒,其脱毒率达 90% 以上,硫代葡萄糖苷毒素含量稳定在 0.2% 以下,最低为 0.084%。1987—1990 年,省农科院与中国农科院畜牧研究所合作,研制成菜籽饼（RM）系列专用添加剂,不需脱毒,菜籽饼在配合饲料中最高用量:猪为 22%,家禽为 14%。

1983—1984 年,杭州商学院利用酶解法,使猪血的粗蛋白分解为小分子胨肽蛋白及部分氨基酸,可作为动物蛋白,代替鱼粉。1991—1995 年,浙农大许梓荣等人进行"利用地方饲料资源,降低饲料成本关键技术研究",研制出菜籽饼解毒添加剂"6107"、高活性 β-葡聚糖酶和木聚糖酶制剂,使得早稻谷、大麦、糠麸这类原料能够高效应用于全价饲料。该成果获 2000 年省科技进步奖二等奖和 2002 年国家科技进步奖二等奖。

四、配合饲料研究

20 世纪 70 年代后期,浙江的饲料工业开始起步。1976 年,杭州市种猪场建成年产 600 吨、采用 SPK-A 型数字控制计量的精青饲料配制车间。1977 年省饲料公司成立后,建立舟山鱼粉复合饲料厂和杭州市第一配合饲料厂（年产万吨）。1979 年,省饲料公司与省粮科所协作研制成浙 HJJ70 型饲料混合机。1982 年在饲料加工中首次应用微机控制配料。1985 年,省饲料公司引进美国 CPM 制粒机公司的"世纪型"制粒机 2 套（时产 5～10 吨）、"主人型"制粒机 4 套。1986 年舟山鱼粉饲料厂引进美国 Wenger 公司的膨化机生产对虾饲料。1991 年省饲料公司与浙大合作在海宁饲料厂研制成微机控制与管理系统。1983—1985 年,省饲料公司通过对 23 种畜、禽、鱼浓缩饲料配方的饲养研究,饲料效果提高 10%～30%,节能节粮 5%～15%。1987—1990 年,省饲料公司与富阳预混饲料厂共同研制肉用仔鸡和产蛋鸭"AMV"系列饲料添加剂。1988—1990 年,该公司与嵊县兔科所等又研究成适合不同生产条件与饲料资源的长毛兔专用饲料及配套的复合添加剂。1986—1987 年,德清县兽药厂韩佐华等研制成"太湖 3 号"猪用复合饲料添加剂,1990 年推广到全省 85 个县和江苏等 11 个省、市,获 1989 年省科技进步奖二等奖。1987—1990 年,省农科院张国海等与德清县新市配合饲料厂合作,研制成 87 系列全价颗粒配合饲料,在省内外推广。该技术获 1990 年省科技进步奖二等奖。1989—1990 年,浙大许梓荣等研制成"浙农一号"猪用全价配合饲料,分乳猪、仔猪、中猪和大猪 4 个系列产品,饲养成本降低 15%～23%。在 13 个省、市推广 14万吨以上。该技术获 1991 年省科技进步奖一等奖。

五、饲料添加剂及预混饲料研究

1985 年后,饲料添加剂和预混料的生产规模得到迅速发展。1986 年,杭州民生药厂首先开发出"快大旺 1 号"和"快大旺 2 号"预混料。随后,海盐饲料添加剂厂等 6 家预混料生产企业获得浙江省农业厅颁发的《兽药生产许可证》,生产矿物质微量元素预混料等,新昌制药厂被批准生产饲料级维生素 E 原料、维生素 D3 微囊等。1990 年后,浙江德清兽药厂生产的"太湖 3 号"复合饲料添加剂、富阳预混饲料厂生产的"AMV"复合预混料、浙农大研制的"浙农 1 号"复合预混料、"浙农 201"以及省农科院研制的"87 系列"等复合预混料先后投入生产,并很快占领省内外市场。1993 年,全省饲料添加剂和预混料生产企业达 59 家,产销量达 2 万吨。其中销量最大的是浙江德清兽药厂生产的产品,有供猪、肉鸡、蛋鸡、肉鸭、蛋鸭用的 5 大系列 20 多个品种。同时,还开发出具有保健、抗氧化、防霉、调味、着色剂等各种用途的添加剂。1979 年,省饲料公司率先组建饲料研究室,主要从事各种畜禽饲料营养配方的设计及新饲料加工工艺和机械设备的研究,并对饲料工业技术人员进行培训。省级科研部门和高等院校在动物营养需要和全价配合饲料研究等方面投入大量的财力和人力。1986 年,浙农大开设动物营养与饲料加工专业,为全省饲料行业培养高级专业人才,还设立动物营养研究室,开展专题研究。同时开发"浙农 201"系列、舜大肉鸡系列等添加剂预混料系列产品。1989 年,浙农大成立饲料科学研究所,于 1992 年研制成"6107"菜籽饼解毒剂和"浙农 1 号"猪系列全价饲料,并与海盐富亭饲料有限公司等饲料企业紧密合作,将上述科研成果很快地转化为生产力,进行推广应用。省农科院成立动物营养研究室,配备技术力量,开展动物营养和饲料研究,在 20 世纪 80 年代后期,研制成"87 系列"猪用全价饲料应用于饲料生产,受到生产厂家和畜禽饲养户的好评。20 世纪 90 年代后,浙农大研究的"畜禽全价饲料及其添加剂",获 1991 年省星火奖一等奖。产品推广到全国 10 多个省(市)100 多家饲料企业,在当时大型饲料企业相对较少的年代,与大学研究所合作的企业中有 10 家企业产值超过 1 个亿,5 家企业产值超过 5 个亿。吴天星等研制的"肉鸡 90 系列华家复合预混合饲料"获 1993 年省科技进步奖二等奖。其间,"新型畜禽营养再分配剂(盐酸甜菜碱)研制及产业化技术研究",获 1998 年省科技进步奖二等奖。同时还研制了有机铁制剂,硒代蛋氨酸,以及有机硒、有机镁和维生素 E 等肉质改良复合添加剂。许梓荣等成功研制了"高效转化、肉质改良、资源开发型全价饲料",该产品在全国 26 个省(区、市)推广应用,产值超过 280 亿元。该成果获 2000 年国家科技进步奖二等奖。

1991—1995 年,省农科院、浙农大、省畜牧局等 13 个单位联合进行"饲料资源开发利用和全价配合饲料的研究"。"饲用酶制剂的研制与应用",通过诱变育种和分离培养获产 β-葡聚糖酶、纤维素酶、果胶酶和酸性蛋白酶等多酶系的高产菌株 QX-066,高产酸性蛋白酶的黑曲霉变异菌株 6042,经国内同行专家鉴定,达国内先进水平。研究制定的饲用复合酶和酸性蛋白酶生产工艺,分别通过了 30T 级和 100T 级的工厂中试。"微生物添加饲料的研制",诱变育种获得 633 菌种的摇瓶效价达 220～300 微克/毫升,获 1994 年浙江省科技进步奖二等奖。同期,该校詹勇等人开展的"糖萜素饲料添加剂研制",获 2000 年省科技进步奖二等奖。

1996—2000 年,省农科院、浙江大学、省畜牧局等 13 个单位继续联合进行"饲料资源开发利用和全价配合饲料研究"(省政府设立"9602"科技计划专项)。(1)饲用大麦开发利用研究。省农科院徐子伟等和浙江大学许梓荣等在国内率先研制出具有自主知识产权的高酶活 β 菌聚糖酶和木糖醇酶,推广应用酶制剂 1500 余吨,生产大麦及糠麸型饲料 150 万吨,迅速实现产业化;创新性地建立了麦类糠麸饲料抗营养因子酶料调控技术体系,酶制剂复配及酶制剂应用取得突破性成功。(2)青绿饲料开发利用研究。4 年累计新增黑麦草 2.1 万亩,生产鲜草 10.98 万吨,筛选出 8 个适合于浙江省种植的牧草品种。(3)秸秆类饲料资源开发利用研究。氨化秸秆 10.54 万吨,开发利用笋壳 1160 吨。上述三项合计新增种养业效益 3.71 亿元,节粮 4.34 万吨。同期,浙江富鑫生化股份有限公司进行"新型饲料添加剂(D-泛酸钙)研制及应用研究",建成年 3000 吨生产线一条,重点解决了 DL-泛解内酯这一"瓶颈"技术,在国内属首创,取得国家专利 1 项,获 2003 年国家发明奖二等奖。

进入 21 世纪后,浙江大学、省农科院、省畜牧局继续实施省政府"9602"科技专项。其中,高产奶牛专用饲料研究,解决了秸秆饲料商品化开发技术、生产质量控制方法和质量评定标准以及高产奶牛营养优化秸秆专用饲料调制技术等。苜蓿的选育成果突破了本省无雌花苜蓿生产的历史,建立饲草加工工艺,实现了全省饲草零加工的突破,解决了饲草产业化的关键技术。2005 年,浙江大学许梓荣等人进行的"高效消除饲料中重金属、黄曲霉素的纳米级添加剂研发及产业化"获省科技进步奖二等奖。2007 年,浙农大汪以真等人进行的"猪抗菌肽及其表达调控研究"获省科技进步奖二等奖。截至 2010 年,全省共有各类饲料添加剂生产企业 106 家,微生态制剂生产企业 70 多家,产值达 150 亿元左右,产品包括维生素类、微量元素类、微生物类、酶制剂类、微生态制剂类及抗菌促生长剂等。其中,维生素类添加剂研制和应用在全国处于领先地位,维生素的产销量占全球总量的 60%。2006—2010 年,"9602"饲料专项荣获省级以上科技成果奖 15 项,与全省 110 家饲料企业建立了产学研合作的产业技术创新联盟,科技成果转化为产业化的科技产品促进企业年增效益 30 多亿元,以项目带动和技术领先促进饲料产业总产值突破 80 亿元。

第四节　蜜蜂

一、蜜蜂引种和良种选育

1963—1965 年,桐庐县从北京引入美国意大利蜜蜂(简称美意蜂)、高加索蜜蜂(简称高蜂)、安纳托利亚蜜蜂(简称安纳蜂)、喀尼阿兰蜜蜂(简称喀蜂)等 8 个纯种进行杂交,肯定了"喀×美意"和"美意×喀"2 个组合蜜、浆产量和抗病力为最好。80年代,该县在县内蜂场以"移虫育王"、外地蜂场以"虫卵引种"等方式推广杂交蜂。1986—1989年,平湖县瓦山乡农民周良观和王进积凭借20年养蜂经验,选育出"王浆高产蜂"新品种,日平均王浆达到3.21千克,大大超过全国1千克左右的水平,1989年面向全国推广。1986—1990年,省农业厅等对平湖、萧山县养蜂专业户饲养的意蜂,采用高强度选择技术,王浆产量分别提高83.69%和43.71%。接着采用"两步卵虫输送换种法"为主的技术,全国推广,王浆产量持续上升。3个专业户的蜂场均已批准为优良种蜂场,向全国提供蜂种。浙农大以这两县蜂种为基础,应用蜜蜂集团闭锁繁育育种理论和方法,培育成王浆产量提高1倍、蜂蜜产量提高2成的"浙农大1号意蜂",推广到全国,获1994年省科技进步奖一等奖。

二、饲养和采集技术

1933年,吴小峰成功研制防止蟾蜍夜袭器、熊蜂拍、活框式与叠式分蜜机、滤蜜器、制蜡器和蜂王箱等40多种养蜂用具,发展了养蜂技术。1959年,桐庐县窄溪公社江小毛采用"选用良种,抓紧季节,保证安全,改进蜂具,蜂不离花"等措施,创造了蜂、蜜、蜡三高产的全国纪录。1971年,他又首创开巢门长途运蜂技术获得成功,并被列入全国蜜蜂运输技术操作规程。该技术获1991年国务院嘉奖。1977年,省农业厅参加由中国养蜂研究所主持的茶花蜜粉源利用研究,否定了茶花为蜜蜂禁区的观念。查明茶蜜含有14.2%的多糖体,不易为蜜蜂幼虫消化吸收,从而引起其营养性生理障碍的死亡,但消化能力强的成年蜜蜂可以利用茶花蜜,采用柠檬酸酒精、大黄苏打片、多酶片等进行酸解、酶解处理,有27%～40%的效果;采取繁殖区与采蜜区隔开的分区管理方法,使幼虫吃不到或尽量少吃到茶花蜜,同时结合药物处理,有效利用率达90%以上。该成果在全国推广,获1985年国家科技进步奖三等奖。1983年,缙云县药物场成功研究JDQ-1型蜂毒采集器,每箱蜂全年可采毒0.3克,比盒式电击采集器效率高、品质好。1984年,省农业厅研制成功塑料蜂花粉脱粉片,使花粉产量提高20%。1985—1988年,浙农大陈盛禄等和临海蜂业公司研制成有盖杯形全塑料台基条,简化产浆工序,提高王浆产量30%以上,获1990年国家科技进步奖三等奖,已推广应用于28个省(区、市)的716个县(市)。

第五节　畜产品保鲜与加工

一、肉禽蛋加工

(一)屠宰加工

1958年,杭州肉联厂开始机械化屠宰,使用电麻、提升机、刮毛机等设备,并配有一条供电麻、烫毛、开剖、修整用的人工行车轨道流水线。60年代各地加工厂改用自动行车轨道流水线,并用电锯开劈猪片和割蹄爪。1963年,商业部在杭州肉联厂进行冻猪白条肉结冻工艺由 2 次改为 1 次的改革,使每次结冻时间由 48 小时缩减到 24 小时,节电 18%,减少产品干耗 30%,该工艺在全国推广应用。1982 年,该厂又安装与兽医肉检结合的同步行车轨道流水线。70 年代末,各肉类加工厂开发生产小包装分割肉,品种有肉片、肉丝、肉末,80 年代增加全精肉、肉丁、大排、子排等。1986 年,杭州肉联厂引进德国、瑞士、荷兰等国的单机设备,由国内配套,组成西式火腿和西式灌肠 2 条生产线。

（二）金华火腿加工

1954 年,全省火腿加工企业推广东阳县的蜈蚣架挂腿发酵法,取代单杠一高一低自由式悬挂发酵法。翌年又推广发酵架接油,回收腿油。1957 年,省食品公司推广火腿原油涂腿法、分量腌制法和流水用盐法。1965 年又推广东阳县的腿胚修割"两毛两净",即股前肥膘与脊椎部位多留膘肉、臀部与腰椎部修净腿肉。1978 年,东阳火腿厂开展金华火腿加工新技术研究,经过 5 年多的试验,将传统工艺和"中温失水、高温催熟、堆叠后熟"的新工艺相结合,使金华火腿生产周期从传统的 7～10 个月缩短到 3 个月左右,实现了常年加工。1985 年,该厂用此技术,选用猪股骨部位的腿心肉、全瘦肉为原料,制成火腿肉。同期,浦江县食品公司选用猪后腿的精华部位,仿金华火腿传统加工方法,制成火腿心,其精肉率比金华火腿高 35%,可食部分占 93%。1988—1991 年,省食品公司、杭州商学院、东阳市火腿厂杨耀寰等 8 人研究并探明"金华火腿色香味形成的过程及原因",为改革火腿传统加工工艺、提高产品质量、降低成本、缩短生产周期提供了理论依据。该成果分别获 1991 年浙江省和商业部科技进步奖二等奖。

（三）禽、蛋加工

1963 年,宁波建成省内第一家家禽加工厂,有加工流水线 1 条,采用麻醉宰杀、放血,打毛机去毛,并配有 500 吨冷库 2 座,随后,家禽宰杀开始实现机械化。70 年代初,温岭县食品公司用京彩蛋配方、湖彩蛋包法,生产生包京彩蛋。各地还相继在京彩蛋加工辅料中加五香料、清凉解毒中药,生产五香彩蛋、清凉解毒彩蛋。1979 年,杭州市食品公司用涂膜法代替泥包彩蛋研制成功。80 年代起,开化、温岭、杭州、余姚等地相继研制、生产无铅皮蛋,以锌、铜的盐类取代有害物质氧化铅。平湖县特产糟蛋,将鲜鸭蛋裂壳后用优质糯米酒糟酿渍而成,每年清明开始加工,至中秋成熟,一年加工一次。1984 年,该县食品公司在调整加工配方的同时,进行加工用房的配套改革,实现了平湖糟蛋的常年生产。

（四）精深加工

90 年代后期,浙江省加强了"畜禽产品的保鲜及其制品的保质技术研究""中国传统畜禽产品加工现代化生产的研究""西式畜禽产品加工技术的引进及其中式化研究""畜禽制品新产品的开发研究""新技术在畜禽产品加工中的应用研究""畜禽产品加工过程的质量控制技术研究""畜禽副产品综合利用技术的研究""畜禽产品加工专用仪器添加剂的研究""畜禽产品加工机械设备的研究""畜禽产品加工标准化的研究"。特别是肉类和禽类产品加工的标准化及其产品标准化等精深加工技术攻关研究。重点进行了"金华火腿加工的现代化生产技术及其原料质量保障体系研究""畜禽产品加工过程中的卫生质量控制技术研究""禽蛋加工新技术及其新产品的开发研究"等三个方面重大科技攻关项目。同时实施了"延长冷却肉(禽)和分割肉(禽)保鲜期的研究""延长低温杀菌畜禽制品保质期的研究""速冻方便畜禽菜肴的开发""水禽肉制品加工技术及其新产品的开发""畜禽肉类软罐头产品品质改良的研究""牛羊肉加工新技术及新产品的开发""功能性畜禽制品的开发研究""山羊乳、水牛乳加工技术及产品开发""畜禽副产品综合利用技术"等10个方面的科学技术研究。其中省农科院进行的"鹅肉与肥肝深加工技术研究",在国内首次采用低温滚揉腌制、β-环糊精去腥与肉的嫩化为关键技术的新工艺,开发出色香味俱佳的火腿风味鹅肉高、低温系列化产品。浙江大学进行的"鹅肉精深加工技术研究",解决了高温杀菌鹅肉制品的肉质过烂和风味变差的技术难题,改良了低温鹅肉制品加工的关键工艺——能使低温鹅肉制品保质期达117天(7℃下贮存)的无公害保鲜技术;研制开发了12个鹅肉制品,技术达到国际先进水平,已形成了工业化生产的成熟配套技术。浙江大学进行的"鸭蛋精深加工关键技术研究",系统地研究了鸭蛋中卵磷脂、卵黄高磷蛋白、胆固醇、溶菌酶和卵白蛋白5种生物活性物质的高效提取技术。同时将提取生物活性物质剩余的蛋液开发成蛋白粉、蛋白质粉和彩蛋肠;提取的卵磷脂开发成卵磷脂软胶囊;蛋壳经壳膜分离后,蛋壳膜开发成蛋膜素,蛋壳开发成丙酸钙、乳酸钙、葡萄糖酸钙等8种鸭蛋新制品。该技术填补了国内在鸭蛋中提取溶菌酶、卵白蛋白和卵黄高磷蛋白方向的研究空白,建成了首条鸭蛋精深加工示范生产线。浙江大学研究的"中国传统及特色仪器和畜产品生产技术与产品开发",申请国家专利3～5项,技术成果企业采用率达80%。金华市火腿有限公司研究的"金华火腿工业化生产关键技术"攻克了只有冬季才可生产的弊端,达到一年四季稳定生产;缩短生产周期50%以上,产量翻一番;研究火腿风味的形成与调控技术,提高产品质量2%,折成率6%;研究火腿中微生物的生长与消亡规律,以及生产与消亡对风味的影响,保证卫生达标。浙江金大地生物工程股份有限公司进行"猪深加工生物产品的综合开发研究",完成猪血中生物活性免疫球蛋白的分离及产业化,IgG≥40%,铁传递蛋白≥5%,总免疫球蛋白≥45%;完成猪血中超氧化物歧化酶(SOD酶)的分离提取及产业化生产;完成卟啉铁的分离提取及产业化生产;高品质血浆蛋白粉、血红蛋白粉产业化生产,建立3年加工血液2500吨生产血浆蛋白粉和血球蛋白粉的产业化生产线。浙江省德清县升大皮革厂研究的"獭兔皮革、兔肉制品技术开发",用高科技制革原理,改进皮化辅料成分和制革工艺过程,将兔毛皮连成一体制成裘皮,用作裘皮大衣面料;肉通过精制增加营养成分,可比传统养兔提高经济价值3倍以上。浙江利率熟食有限公司进行"畜禽肉类菜肴工业化生产技术研究",制定了畜禽肉类卤菜和肉类微波菜肴两大肉类菜肴的工业化生产工艺;开发了 42 个畜禽肉类卤菜标准化配方和7 个肉类微波菜肴标准化配方;研究了畜禽肉类菜肴加工和保存过程中的细菌总数变化及菌相消长规律,研制成以 Nisin、溶菌酶、乳酸钠和双乙酸钠组成的天然绿色复合保鲜剂;制定了畜禽肉类菜肴生产、配送、销售的冷链技术规范;确定了畜禽肉类菜肴的低温杀菌技术工艺;建立了畜禽肉类菜肴生产质量控制体系;使畜禽肉类菜肴的传统手工作坊式生产实现了机械化、标准化、洁净化、科学化的工厂化方式生产。金字火腿股份有限公司参加了"中国传统肉制品现代加工技术、设备与产业化示范"研究,建立了金华生猪标准化养殖示范基地 3 个;确立了生猪标准化生产关键控制点和技术措施;完成低盐火腿关键技术开发与产业化技术研究,建立年产 50 万条低盐火腿生产线 1 条;完成火腿高汤热分解技术研究和火腿高汤酶解技术等火腿高汤关键技术研究,建成年产 100 吨火腿高汤生产线 1 条;完成火腿罐头关键技术开发,建成年产 500 吨的火腿软包装罐头生产线 1 条。浙江天联机械有限公司进行"畜禽骨头深加工(骨素)成套生产设备研制",项目设备关键核心技术取得 6 项实用新型专利,"高温蒸煮提取罐"取得 1 项发明专利。

二、乳品加工

(一)炼乳

1.鲜乳杀菌。民国二十一年(1932),瑞安百好乳品厂从美国引进蒸发量为每小时 300 立升的磷铜真空蒸发器,取代土法蒸发。1958—1964 年,省内鲜乳杀菌大多采用巴氏杀菌的蛇管式两用缸。1965 年改用 SPA-1401 型转锅挤压滚筒灭菌器。翌年,瑞安百好乳品厂在国内率先引进荷兰超高温管式热交换器,既提高杀菌效率又延长炼乳贮存期。1982 年,温州乳品厂采用象山食品机械厂生产的 1.5~2t/h CGW-1型套管式超高温灭菌器,1987 年又引进英国 APV 4t/h 全自动超高温瞬间灭菌器。

2.真空浓缩。1965 年,杭州食品厂引进阿法拉发降膜式双效真空浓缩锅。

3.乳糖结晶。1957 年,省内炼乳厂制成仿中药加工的船舶式研糟研磨品种,后经改进使乳糖结晶度达到 4~8 微米。1966 年,温州乳品厂采用球磨机研磨乳糖粉,使该厂生产的甜炼乳乳糖结晶指标值超过国际名牌(寿星公)炼乳的质量标准。

4.装罐。1965 年,瑞安百好乳品厂引进英国 6 座通用装罐机 l 台,生产能力为每分钟 40~120 罐,取代了沿用 40 多年的手工装罐。翌年,该厂又将老式小口罐改为大口卷边罐,后推广至国内各乳品厂。

(二)奶粉

民国二十年(1931),杭州西湖炼乳股份有限公司自制滚筒式乳粉机用于奶粉干燥。1954 年,瑞安百好乳品厂采用箱式压力喷雾干燥。1958 年,嘉兴乳品厂采用离心喷雾干燥。1973 年,金华食品二厂(后改名金华乳品厂)在国内率先采用日处理鲜奶 3.5 吨的小型立式压力喷雾设备。1979 年,临海乳品厂采用立式三喷头压力喷粉。1990 年,杭州牛奶公司乳品一厂采用立式单喷头大孔径压力喷雾,使奶粉的颗粒度和冲调性大为提高。1979 年,瑞安百好乳品厂开发生产以新鲜牛奶与豆乳为主要原料的婴儿乳粉配方。1982 年,杭州食品厂和温州乳品厂研制开发出以新鲜牛奶和脱盐乳清粉为主要原料的母乳化奶粉。由于进口脱盐乳清粉价格昂贵,杭州食品厂与国家海洋局第二研究所合作,于 1987 年采用电渗析脱盐方法制取脱盐乳清粉,其成本比进口的低 1/3。

（三）其他乳品

1. 酸牛奶。1984 年,杭州牛奶公司乳品二厂在省内率先生产酸牛奶。

2. 超高温灭菌奶。1990 年,金华市乳品厂从荷兰阿姆斯特丹施托克公司引进日处理鲜奶 50 吨的全封闭超高温灭菌奶生产线。

3. 奶油。民国二十一年(1932),瑞安百好炼乳厂引进国外木质搅拌机和奶油分离器,利用役用水牛奶制炼乳后的多余脂肪,制得奶油,于民国二十四年(1935)在国内率先生产白塔牌奶油。

4. 麦乳精。1970 年,杭州食品厂以麦芽糖和牛奶为主要原料,添加砂糖、可可粉、鸡蛋及各种维生素,用打蛋机作搅和缸、用大铁炉作壳体制成卧式真空烘箱,生产麦乳精。1979 年,瑞安百好乳品厂在麦乳精料浆干燥前,采用胶体磨乳化新工艺,该工艺后在国内同行推广。

5. 羊奶干酪。1980 年,东北农学院在临海乳品厂试制出 9 批不同类型的羊奶干酪及其他发酵产品。1984 年,该厂又与无锡轻工业学院合作,制备优良发酵菌种,选择用皱胃酶制取羊奶干酪的最佳工艺流程,为国内首创,并解决了省内山羊奶的出路。

（四）精深加工

20 世纪 90 年代开始,杭州娃哈哈集团有限公司进行"娃哈哈乳娃娃多种维生素营养酸奶饮品的开发及其蛋白质稳定体系的研究"。浙江长兴艾格生物制品有限公司进行"年产 5 吨蛋黄免疫球蛋白及其终端产品研制",应用于生物医药及第三代婴儿配方奶粉及婴幼儿断奶食品。浙江工业大学进行"牛初乳中生物活性物质的综合提取技术研究"。杭州食品厂进行"燕牌婴儿奶粉(含免疫活性物质)——第二代母乳化型研究"。金华市佳乐乳业有限公司研究"中式干酪加工关键技术及产品开发",研制出以皱胃酶、木瓜酶和米黑毛霉酸组成的复合凝乳酶,使凝乳成本比传统用皱胃酶降低 25.9%;研制出以乳酸乳球菌乳酸亚种和乳酸乳球菌乳脂亚种为主发酵剂,德式乳杆菌保加利亚种、干酪乳杆菌和嗜热链球菌为辅发酵剂的复合发酵剂,使干酪质地细腻、蛋白质降解适中、风味适合中国人口味,形成了 5 类中式风味干酪的加工技术,开发了 10 个中式风味干酪产品。

三、蜂蜜产品

（一）蜂王浆

20 世纪 60 年代初,杭州胡庆余堂药厂在全国率先生产蜂王浆制品的大众药品之一;杭州中药厂生产的"双宝素"属国优产品,曾风靡国内外。80 年代以来,随着蜂产品的开发和市场的发展,蜂王浆的生产日益受到各方的重视。为进一步巩固和提高蜂王浆高产性状,由省农业厅畜牧管理局组织进行"蜂王浆高产蜂种的开发和利用研究",采用建立母系实行隔离交尾,提高选择强度以缩短世代间隔等综合育种技术,使平湖、萧山等地的蜂王浆高产蜂种的性状进一步提高,质量持续上升,从 1986 年的 2.0 公斤和 2.2 公斤,提高到 1989 年的 3.01 公斤和 3.06 公斤,据 1986 年在慈溪、桐庐、江山等 10 个县(市)41 个试验点 262 户验定,平湖蜂种每群每次蜂王浆产量平均比对照组多 20.16 公斤,提高 83.69%;比萧山蜂种多 10.51 公斤,提高 43.71%;并向全国 25 个省(市)的 206 个县(市)提供种蜂王 1655 只。

(二)花粉

新鲜花粉的蛋白质含量很高,约 21%,并有氨基酸。1982 年杭州市牛奶公司蜂场和浙江省体育运动委员会二大队的运动员合作进行两年的试验,搜集 1.5 万多个数据,证明蜂花粉对促进健康、增加耐力、提高运动员成绩有明显的作用。1983 年,研制成中国第一代蜂花粉保健食品"保灵蜜",尔后又推出"中国花粉口服液",并成为全国最早的花粉制品专业生产企业,兰溪云山制药厂研制和生产出我国第一个蜂花粉药品"前列康"。20 世纪 80 年代以来,医药卫生部门、制药厂、养蜂场共同配合进行试验研究,陆续生产出 30 多种蜂花粉营养食品和滋补品,远销海内外。

(三)蜂王幼虫

从 20 世纪 70 年代开始,杭州市牛奶公司蜂场首先对蜂王幼虫进行研究。浙江省肿瘤医院等 12 家医院临床验证,证明蜂王幼虫对治疗各种肝炎、风湿性关节炎、十二指肠溃疡、神经衰弱、白细胞减少等有显著的疗效,总有效率达到 80%～90.5%。1973 年成功地生产出"蜂王胎片"新药。它不仅在国内享有盛誉,占有一定市场,1991 年还进入国际市场。2001—2005 年,浙江大学进行了"蜂业资源产品深加工及产业化研究",提取工蜂胎活性肽,率先在国内外研制出能显著抑制肿瘤生长、调节机体免疫功能的工蜂胎深加工制品(WBI)。同期,浙江大学还进行了蜂胶功能成分提取新技术研究及系列产品开发,所提取出的蜂胶水提液,具有显著抗炎和免疫调节、抗糖尿病、调节血脂以及抑制肿瘤作用。杭州碧于天保健品有限公司进行了"蜂胶超临界 CO_2 萃取技术研究及复合型软胶丸的产业化开发",取得 2 个国家发明专利。

(四)养蜂设施

C 型蜂箱和取浆机研制。临海市蜂业公司运用真空原理,研制多嘴吸浆机,试制生产 25 嘴吸浆机;利用挤压原理,研制机型较小、携带方便的挤浆机;利用离心原理,研制摇浆、摇蜜两用机。该研究已于 1993 年经农业部组织验收鉴定,成果为国内首创,获 1996 年浙江省科技进步奖三等奖。

截至 2010 年,浙江省蜂产品加工企业 40 多家,年产值超亿元以上的有:浙江康恩贝制药集团公司、杭州澳知保灵有限公司、杭州蜂之语蜂业股份有限公司、江山恒亮蜂产品有限公司、杭州天厨蜜源保健品有限公司。

第六章　海洋与淡水渔业

在距今四五千年前的余杭良渚文化出土文物中,有捕鱼的网坠。据《荀子·王制篇》和《吴越春秋》史料记载,公元前505年开发了沿海黄花鱼渔场。宋代以后出现较大的船网工具,逐步发展近海捕捞。公元前5世纪,越国大夫范蠡在总结群众生产经验的基础上,写出了世界上最早的水产科技专著《养鱼经》。唐代青、草、鲢、鳙养殖逐渐发展。明代养鱼已有相当规模,技术逐步完善。民国三年(1914)浙江渔业公司在佘山开发了小黄鱼渔场。民国五年(1916)建立浙江水产职业学校。翌年,浙江省立模范工厂开始生产鱼制品罐头。20世纪30年代,科技工作者采集了钱塘江鱼类标本。民国二十四年(1935)成立水产试验场后,进行鱼类分类研究和海况观察,翌年测绘制成省内最早的《浙江渔船图表》。

中华人民共和国成立以后,1951年在吴兴县菱湖镇成立种鱼养殖试验场,后扩建为浙江省淡水水产研究所(简称省淡水水产所),1986年搬迁到湖州市郊。1953年在舟山沈家门建立水产技术指导站,1975年8月更名为浙江省海洋水产研究所(简称省海洋水产所)。是年还在温州市建立温州专区水产指导站,后扩建为浙江省海洋水产研究所温州分所,1986年改为浙江省海洋水产养殖研究所(简称省海洋水产养殖所)。舟山、宁波、杭州、台州等地区及部分县也先后建立水产研究机构。1958年成立舟山水产学院,1975年8月更名为浙江水产学院,1998年3月改名为浙江海洋学院。杭州大学生物系、国家海洋局第二海洋研究所(简称国家海洋二所)等也从事水产研究工作,研究领域发展到水产资源调查与区划、渔业捕捞与机械、海洋与淡水水产养殖、饲料与鱼病防治、水产品保鲜与加工等,并不断取得突破性进展。

第一节　水产资源调查与区划

一、海洋渔业资源调查与区划

(一)重点渔区水产资源调查

1951年7月,浙江省农林厅水产局组建了水产资源调查队,对浙江重点渔区进行调查,并分别撰写了调查报告。1956年3—5月,省水产局会同温州专署水产局、水产部水产实验所(黄海水产研究所)、上海水产学院,进行了浙江南部沿海水产资源调查。

（二）浙江近海水产资源调查

1960年3月成立了浙江省水产资源调查委员会。由省水产厅、省海洋水产研究所、中国科学院海洋研究所、浙江动物研究室等13个单位的70余人组成专业调查队,在北纬27°～31°机轮禁渔区线以西的群众渔业渔场开展调查,内容包括海洋水文、海洋气象、海洋生物以及主要捕捞对象等。通过两年的外业调查,分别写成《主要捕捞对象和渔业资源概况》《浙江近海鱼类分布的初步研究》《经济鱼类食性研究》《浙江近海重要经济鱼类生物学基础的初步研究》《浙江近海重要经济无脊椎类生物学基础的初步研究》《浙江近海渔业资源概况》《浙江近海水文特征的初步研究》《浙江近海海底沉积物的初步研究》《浙江近海浮游生物的生态调查研究》《浙江近海底栖生物的研究》等报告。此外,还共同编绘了3册浙江近海捕捞海图,共414幅。

（三）浙江海洋鱼类资源调查

1970年,省海洋水产研究所20余名科技人员组成6个小组,开展浙江近海上层鱼类资源的普查。1971年6月,由省水产局牵头,抽调科技人员40余名和宁渔公司围网船一组,开展了对主要经济鱼类资源的大规模群众访问调查和上层鱼类资源的探捕调查,完成了《浙江近海鱼类资源调查报告》。

（四）东海区大陆架渔业资源调查和区划

1980年7月组建由东海区渔业指挥部,苏、沪、浙、闽水产局组成领导小组和东海水产研究所及江苏、浙江、福建水产研究所组成的科技协作组,通过6年的调查研究,为中日渔业谈判及农牧渔业部决策提供了资料,撰写了《东海区渔业环境调查报告》《东海区渔业资源调查报告》和《东海区渔业区划报告》,共计96万字。该课题获1986年全国农业区划委员会科研成果奖二等奖。

（五）浙江省大陆架渔业资源调查和区划

1980年,省海洋水产所承担了"浙江省大陆架渔业自然资源调查和区划研究"课题;参加调查研究工作的有37人、调查船4艘,5年共进行140航次调查;撰写了《海洋鱼类资源调查报告》《海洋无脊椎动物资源调查报告》《海洋定置张网渔业调查报告》《浙江省大陆架渔业自然资源调查综合报告》《浙江省海洋渔业区划》。

二、专属经济区划界影响的调查

（一）国家海洋勘测专项生物资源调查

由东海区渔政渔港监督管理局承担,以省海洋水产研究所为组长单位,以江苏所、福建所和东海所为协作单位,自1997年开始开展了东海区虾蟹类的专业调查、监测调查和历史资料的整理研究。完成20多万字的《东海区虾蟹资源调查与研究》报告,绘制主要经济虾蟹类数量分布图 95 幅,向国家海洋局信息中心汇交海上专业调查原始数据总记录个数 6689 个,有效数据量 175318 个,向农业部渔业局 HYl26-02 项目提交 10 多万字的东海区虾蟹资源调查报告和 95 幅虾蟹数量分布图,提供中国专属经济区生物资源及环境调查研究报告,并出版了图集。课题已通过国家海洋勘测专项技术专家组验收,为我国专属经济区海域的划界研究、虾蟹资源的合理开发和科学管理,提供了可靠的图件和资料。

（二）东海渔业资源状况及合理利用调查

2001 年,省科技厅下达的"东海渔业资源状况及合理利用调查"研究课题,由省海洋与渔业局、省海洋水产研究所、浙江海洋学院、省渔业指挥部办公室及舟山、台州、宁波、温州市海洋与渔业局共同承担,建立了相应的数据库,绘制了 590 余张产量、产值分布图。在此基础上,分析浙江省渔船在东、黄海划界敏感水域的渔业资源利用现状,以及中日、中韩渔业协定对浙江省渔区经济、社会的影响,为我国与周边国家的海域划界谈判工作提供素材,并撰写了《东海渔业资源合理利用和养护对策研究》《东海海域渔业生物资源利用状况报告》等调查报告,为渔业主管部门制定政策提供依据。

（三）东海区定点渔业资源科研调查

2000 年起,省海洋水产研究所与东海所、江苏所、福建所一起共同承担了东海区渔政渔港监督管理局组织的东海区大面定点渔业资源科研调查。

三、浅海滩涂渔业资源调查和区划

（一）浙江省浅海滩涂水产资源调查

1959—1962 年,省水产厅组织调查队对全省浅海滩涂水产资源进行了调查,摸清了全省海涂具有 4 种类型,掌握了总面积、可利用分类养殖面积和已利用面积,了解了肋种资源的产量、产地及其潜力,其中主要有海藻 12 种,贝类 18 种,青蟹、沙蚕等 30 多个品种。

（二）全国海岸带和海涂资源综合调查试点

1979 年,首先在浙江海岸地区进行试点工作,共提出 28 篇调查报告和 26 幅图件,系统地反映了温州地区海岸带海涂的各项自然要素的特点、海滨地带土地和生物资源利用的基本情况,制定了开发的设想方案。调查结果确定了乐清湾沿岸海涂以贝类养殖为主,湾内的中高潮区为蛏苗基地,适宜于围垦的中高潮区可以发展鱼、虾养殖,瓯江口以南至琵琶门海涂以围涂为主,中高潮线附近可发展贝类养殖,平阳角以南一系列港湾,近海水域盐度较高,应以制盐和养殖为主。该成果获 1987 年中国科学院科技进步奖二等奖。

（三）浙江省海岸带海洋生物资源调查

1981 年,由省水产局、国家海洋局第二研究所、杭州大学主持,省海洋水产所温州分所、国家海洋二所生物室、宁波市水产研究所等单位参加,开展浙江省海岸带海洋生物资源调查。共取得浅海浮游植物标本 261 种,浮游动物标本 228 种,底栖生物 342 种,游泳生物 203 种,潮间带生物 586 种,写出了《浙江省浅海滩涂渔业资源调查报告》《浙江省浅海滩涂渔业区划报告》《浙江省浅海滩涂资源分布图》和《浙江省浅海滩涂渔业区划图》,以及各项统计数据的《资料汇编》,研究提出了浙江省浅海增养殖发展目标、途径与战略措施。

(四)象山港水产资源综合调查

1979 年 3 月至 1981 年 3 月,宁波水产所,宁波地区环境保护办公室,象山、奉化、宁海、鄞县水产局和水产研究所(技术推广站),省海洋水产所等单位组成象山港水产资源调查小组,对象山港进行综合调查,写出了《象山港水产资源综合调查报告》。

四、内陆水域渔业资源调查与区划

(一)钱塘江鱼类资源调查

1985 年,省内陆水域渔业资源调查队采集标本 131 种。1984—1986 年,杭州市水产养殖公司开展了钱塘江下游主要经济鱼类和饵料生物资源的调查研究。

(二)瓯江、灵江水产资源调查利用

据 1971—1972 年的调查结果,瓯江水系鱼类有 111 种,其中纯淡水 71 种。提出了增殖放流和保护渔业资源的意见。灵江水系有纯淡水鱼 56 种。

(三)浙江省内陆水域渔业资源调查和渔业区划

1980 年,由省淡水水产所和绍兴县水产局等单位 20 多人组成调查队,自 1981年起至 1984 年 5 月完成了该项工作。撰写了《曹娥江渔业资源调查报告》《苕溪渔业资源调查报告》《钱塘江渔业资源调查报告》《浙江省外荡渔业资源调查和渔业利用意见》《浙江省水库渔业资源和渔业利用调查报告》《杭嘉湖地区池塘商品鱼基地潜力分析》《杭州湾围涂地区渔业资源和现状调查及开发利用的建议》等 10 篇专题报告及《浙江内陆水域渔业资源调查报告和渔业区划报告》,绘制了图表,搜集了实物标本。

五、浙江省渔业区划

(一)浙江省简明渔业区划

1979 年,组建了以张立修为首的领导小组和办公室,从省水产局、省海洋水产所、省淡水水产所和省海洋水产所温州分所抽调 14 名科技及行政干部开展编制工作。1980 年 12 月完成《浙江省简明渔业区划》,提出了渔业生产的合理布局和开发利用的方向、途径、措施。

（二）浙江省综合渔业区划

1980—1986 年，由省水产局牵头，完成了《浙江省综合渔业区划》。该区划在全国率先提出了近海渔场与外海渔场的界定。该区划工作获 1986 年农牧渔业部农牧渔业专业区划优秀成果奖二等奖。

（三）市（地）、县渔业资源调查和区划

20 世纪 80 年代初，宁波水产所经过 5 年内外业调查和总结分析渔业发展情况，将该市水域划分为 6 个渔业区。1983 年 5 月，台州地区水产局开展了渔业区划工作。1985 年 8 月，在各县工作的基础上完成了地区渔业区划，全地区水域分为 4 个渔业区。1984—1987 年，舟山水产局、舟山水产所开展渔业资源调查和渔业区划，该成果获 1988 年浙江省农业区划委员会区划优秀成果奖二等奖。1984 年 9 月，定海县水产局开展渔业调查和区划，提出了海洋捕捞和浅海滩涂渔业报告，论述了渔业分区。该成果获 1986 年省农业区划委员会科技成果奖一等奖。

第二节　渔业捕捞与机械

一、淡水与海洋捕捞

（一）淡水捕捞

1. 水库捕捞。1961—1965 年，省淡水水产所在新安江等 10 多座大、中水库，采取机轮拖带白板赶鱼、拦网拦鱼、刺网与张网捕鱼的"赶拦刺张"联合渔法，捕捞中、上层鱼成功，被国内广泛采用，获 1978 年全国科学大会奖。70 年代初，新安江建设兵团用刺网捕捞鲤鱼和鳊鱼成功，解决了捕捞水库底层鱼和敌害鱼的难题。

2. 外荡捕捞。1970 年，省淡水水产所与嘉兴县农业局协作，采用异发交流、异整直流和脉冲电流等方法，捕捞外荡底层鱼和敌害鱼获得成功，获 1979 年省科学大会奖二等奖。20 世纪 80 年代，该所在嘉善县采取电场与网具互补的防逃技术，可起捕外荡圈养区内 85％～96％的鲤鱼，底层鱼渔获量比常规网次产量提高 10 倍。

3. 池塘渔具渔法。1983—1986 年，省淡水水产所研制成 S-1 型双向脉冲发生器，并利用带电拉网配套技术，捕捞池塘尼罗罗非鱼，"三网"起捕率在 80％以上，并推广到 17 个省（市）。

（二）海洋捕捞

1. 渔具调查。1958 年，省海洋水产所与上海市水产研究所协作，优选出有代表性的渔具 6 大类 63 种。1982 年该所再次实地测量 90 余种 270 余件海洋渔具，其中 84 种分 12 类 25 型 30 式，编成《浙江省海洋渔具图集》，在此基础上提出《浙江省海洋渔具区划报告》。

2.主要作业渔具渔法。(1)对网。80年代省海洋水产所在对网作业上配以灯光,捕捞近海鲐、鲹鱼,全省发展65组。(2)拖网。1981年,省海洋水产所参与"底拖网网囊网目选择性研究",提出现阶段网目内径以54~60毫米为宜,提出严禁使用双线网囊,获1984年农牧渔业部技术改进奖二等奖。(3)围网。1963—1967年,省海洋水产所用围网捕捞海豚及沙丁、兰园鲹,初获成功。1979年舟山水产所等研制成6.5千瓦渔用发电机组和铊铟灯开关箱。1984年灯围船发展至310组,成为浙江的新兴渔业。1984年以后,宁渔公司建造当时国内最先进的8203型围网渔轮,引进声呐、潮流仪等设备,开发外海渔场。1988—1990年,省海洋水产所完成机帆船深水围网及相应渔法试验,捕捞水层从25米增至40米以上,网产大幅度提高。1981年,省海洋水产所陈连源等研制成"小型循环式渔用动水槽",其倾斜式结构能有效消除气泡,填补了国内空白,获1983度省优秀科技成果奖二等奖。

二、渔业机械

(一)渔船

民国二十五年(1936),省水产试验场通过调查和测绘,完成省内首部《浙江渔船图志》。1958年,省海洋水产所等选择48种不同作业的渔船汇编成《浙江省海洋船图集》。

1.机帆渔船。1979年,省海洋水产所在国内首次试验完成小型艉滑道渔船。1982—1987年,舟山、台州等地相继完成95~97总吨、147~184千瓦的对钓对拖和钓机帆渔船试验,均符合Ⅱ类航区要求。1980年,浙江水产学院林载亮设计的"柴油帆余热低压锅炉",获1983年农牧渔业部技术改进奖二等奖。

2.渔轮。1979—1982年,中国水产科学院等设计建造的"441千瓦8154型双拖艉滑道渔轮",在舟渔公司试用成功,这是国内生产的第一艘加装平板冻结设备的渔轮,成为远洋渔业中的主要船型,获1983年农牧渔业部技术改进奖一等奖。1981年,中国水产科学院等按宁渔公司要求,设计"8203型围网渔轮",满足Ⅰ类航区要求,处国内领先水平,获1989年国家科技进步奖三等奖。

(二)捕捞机械

1956年,省海洋水产所利用主机动力,通过皮带及涡轮副传动研制了立式多功能绞机,在全省范围内大面积推广,获1978年全国科学大会奖。1973—1974年,该所又与有关单位协作研制成大模数MC尼龙涡轮,在江、浙、闽、沪的机帆船上全面推广。1980年,省海洋水产所研制成电磁离合器,实现绞机多点遥控操作。1983年,温州渔机厂等单位分别为拖网和围网渔轮研制了中高压系统的液压捕捞设备,其具有体积小、启动负荷大、速度均匀等优点,为当时国内先进水平。1983年,岱山县水产局与东海水产研究所合作,研制了一种适宜单翼起网作业的围网起网机,同年获农牧渔业部技术改进奖二等奖。此外,在70年代末,新安江渔林研究所研制成液压起网、起鱼两用机,解决了水库拦网和起收网问题。1984年,省海洋水产养殖所、省海洋水产所分别为母子钓和小流网作业设计了液压传动延绳钓起钓机和机械传动的摩擦式流网起网机。

（三）养殖机械

1973年,杭州市江干区四季青公社常青大队在国内首次使用7.5千瓦增氧机,70年代中期和80年代,省淡水水产所、金华农业试验站等单位先后研制过多种形式的增氧机,有各具特色的增氧效果。1987年,温州市机电修造厂厂益云等采用水平清淤、航行闷吸、管道运输等技术,研制成QXG2010多功能鱼虾塘水下清淤机船,居国内同类产品的领先水平。其中,中转式排泥装置保证了连续、稳定的作业,属国内首创,获1990年农牧渔业部科技进步奖二等奖。

（四）运输加工机械

1.运输机械。1976年,省水产供销公司与省内外有关单位协作,设计了一台由电机、鼓风机、回转分离卸料器、二级分离箱等组成的船用气力吸鱼机,为国内第一台收鲜船气力吸鱼机,获1978年全国科学大会奖。1986年,淳安县水产研究所采用平衡首、尾舱浮力原理和鱼在水中的浮力,设计了沉浮式起、运鱼多用船,用于淡水大水面捕捞,工效提高6倍。1990年,杭州市水产养殖公司研制成组合式活鱼运输箱,活运12小时,成活率98％。

2.加工机械。1978年,宁渔公司等研制成由鱼头内脏剖切、剥皮等机构组成的马面鲀加工机,工效比手工提高10倍,出肉率45.7％～50.9％,剥皮率达90％～98％。1985年,舟渔公司首次从丹麦引进日处理原料150吨湿法全鱼粉生产线,经过10余次改进,较好地解决了对马面鲀下脚料的适应性。1987年,舟山渔机所和舟渔公司先后设计、试制了日产能力30吨和50吨的湿法全鱼粉生产线,性能接近和达到进口设备水平,成本降低三分之二,系列产品已在省内外推广应用。1989年,舟渔公司和舟山水产食品厂分别利用干燥机的废蒸气作热源、浓缩鱼蛋白,制成真空浓缩装置。

（五）编网机

1962年,温州渔机厂研制成两种电动单钩双轴型织网机,具有预轴、送线、锁紧等一系列使经线张力均匀的机构和调节网目大小的功能,生产能力8小时2500～3000行,获1978年全国科学大会奖。该厂又研制成双钩型织网机,生产能力3小时达3200～3800行。1982年,奉化县水产研究所制成KNW-8140型无结网机,填补了国内编织无结网片的空白。

（六）渔用仪器

1968年,宁波航海仪器厂首次试制成电子管和晶体管混合组成的小型超声波探鱼仪。1988年,宁波航海仪器厂采用元复另式数控电路,研制成LRA-881劳兰A接收机,与同类产品比,减少分频电路,更适应海上恶劣环境使用。

第三节　海洋水产养殖

一、育苗与养殖技术

(一)贝类

1. 缢蛏。1958—1959 年,省动物研究室采取药物注射或浸泡结合低温刺激亲贝排放精卵,首次获得缢蛏浮游幼虫。1971—1973 年,省海洋水产所温州分所经过 100 多次试验,用高比重海水催产法使亲贝排卵反应率提高到 40%～50%,取得缢蛏人工育苗的成功。1978 年在产苗区推广,增产蛏苗 5～6 倍,获 1979 年省优秀科技成果奖二等奖。

2. 泥蚶。1963—1966 年,省海洋水产所温州分所完成泥蚶繁殖习性和稚贝生态观察。1968 年开始采用氨海水注射结合降温刺激等方法,诱导泥蚶排放精卵,取得浮游幼虫。1972 年首次在实验室培养出蚶苗 3 万颗,而后转入较大水体的应用性研究,1979 年完成了泥蚶人工育苗小试。

3. 牡蛎。1979—1980 年,省水产厅先后两次从日本引进日本真牡蛎(太平洋牡蛎),省海洋水产所温州分所等单位在乐清湾和象山港进行筏式、延绳式及棚架式试养,同时研究全人工育苗技术和渔区增殖技术,获 1984 年优秀科技成果奖二等奖。1997—1999 年,省海洋水产养殖研究所等单位联合进行"太平洋牡蛎三倍体育苗技术研究",育出三倍体苗种 50 亩(800 万颗)、二倍体苗种 200 亩(3200万颗)。

4. 贻贝。1973 年,省海洋水产所从旅大引进紫贻贝苗并在嵊泗县试养成功。1977 年,该所又取得厚壳贻贝人工育苗成功。1976—1978 年,杭州大学用人工方法育出紫贻贝苗。1978—1979 年,省海洋水产所解决了浙江海区秋冬季海水混浊、水温低、易脱苗的难题,取得紫贻贝工厂化育苗成功。

5. 皱纹盘鲍。1973 年,省海洋水产所从北方引进皱纹盘鲍,在普陀县青浜半混水海区试养,1978 年初次育出幼鲍 2.5 万只。1980—1983 年,该所潘智韬等取得了工厂化育苗成功,育苗量达 4711 个/平方米。超过当时全国攻关指标的 89.6%,先后获 1983 年省优秀科技成果奖二等奖、1984 年农牧渔业部技术改进奖二等奖。

6. 海湾扇贝。1984—1985 年,苍南县水产研究所和省海洋水产所分别从中国科学院青岛海洋研究所引进原产美国的海湾扇贝,试养证明其能在全省沿海正常生长发育和繁衍后代,获 1994 年省科技进步奖优秀奖。1988—1990 年,浙江水产学院在摸清彩虹明樱蛤生活史和繁殖习性基础上,首次取得人工育苗的成功。

7. 文蛤。1972 年,省海洋水产研究所引进江苏如东文蛤苗种 1.2 万公斤,进行试养成功。1998年,该所又进行如东文蛤人工育苗及大规模苗种培育技术研究,1180平方米养殖面积内文蛤苗种重量为1583公斤,总数量为320.74万颗,成活率为38.86％。2002年,该所进行"水贝类大规格苗种无基质集约化培育技术研究"。2005年,岱山县宝发水产有限公司进行"贝类净化开发与应用研究",建成年净化能力25吨的工厂化贝类净化生产线,创年产值4500万元。

(二)藻类

1.海带。1956年,省海洋水产所在嵊泗县枸杞岛进行海带南移试验,取得海带南移成功,获1978年全国科学大会奖。1957年,省海洋水产所通过幼苗人工培育,首次获得雌雄配子体,1958年采用自然光育苗室育苗小试成功。1959年利用省内的种海带培育出夏苗,随后又突破了种海带在自然海区度夏、夏苗病烂防治、下海后大量脱苗等技术关键。至1965年,浙江海带夏苗培育技术进入了实用阶段。

2.紫菜。1964年,省海洋水产所等在舟山虾峙进行条斑紫菜等自然附苗的人工养殖试验,获得成功。1965年开始坛紫菜育苗和潮间带筏式养殖研究。1968年,省海洋水产所与洞头县海带养殖场合作研究壳孢子采苗法,在洞头筹建了一座大型坛紫菜育苗室。1969年,该所又与温州分所、黄海水产研究所等单位协作进行坛紫菜人工育苗和养殖技术研究,取得筏式养殖的成功,成果获1978年全国科学大会奖。

3.羊栖菜。1990—1995年,省海洋水产研究所进行"羊栖菜人工育苗可行性研究",成功地培育出有性繁殖的幼苗1400余颗。

4.真江蓠。1960年,省海洋水产所从广东北海镇引进,在所内进行采果孢子试验。结果表明,阴干刺激以3~4小时为好,放散量较多,刺激气温以20℃左右为好,孢子会着后,培育水温以18~25℃为好,生长发育快。

5.裙带菜。1970年,省海洋水产研究所进行室内育苗试验,并育出了相当数量的苗种,在本省自然海区养殖成1米以上成体,收割晒干后获干品84公斤。

6.其他藻类。1984—1985年,苍南县水产研究所在该县下关鼠尾海区进行"石花菜筏式养殖试验"成功。1985—1990年,浙江水产学院进行"火石花菜切断再生组织育苗技术研究",获得成功。20世纪60—70年代,浙江引进扁藻、小硅藻、角毛藻等多种单胞藻。80年代初,浙江水产学院又引进盐藻、螺旋藻、塔胞藻等10种单胞藻,同时在浙江海区发现并经分离培养出一种新的单胞藻,命名为"浙水Ⅰ藻"。

(三)鱼类

1.鲻鱼。20世纪80年代初,省海洋水产所完成鲻鱼苗的采捕、暂养研究。

2.石斑鱼。1979年冬,舟山水产所查清石斑鱼的生物学特性,并于1985年首次进行网箱养殖试验,成功地育出石斑鱼鱼苗,该成果获1986年省科技进步奖二等奖。1987—1990年进一步完善育苗技术,单位水体出苗量1513尾/立方米,达到了国际先进水平,获 1992 年农业部科技进步奖二等奖。1989—1991 年,省海洋水产研究所孙忠等人参加了省科委下达的"象山港内湾海区石斑鱼网箱养殖试验研究"。1991—1995 年,进行"石斑鱼工厂化育苗和放流增殖研究"。5 年共育出幼鱼 26.25 万尾,最高年育苗量为 8.1 万尾,苗种生产已初步进入生产性水平。

3. 尼罗罗非鱼。1981 年,省海洋水产所通过对其海水驯化,使其能适应高于 18% 盐度的海水环境,且生长较快,肉味优于淡水养殖。1982—1984 年,进行罗非鱼和鲻鱼等混养试验和海水越冬及育苗试验,其成活率为 92%。1984 年,将 154 尾鱼苗冬季放在 41 平方米水泥池饲养,5 个月出池总产量为 36.7 公斤,折合亩产达 552 公斤,出池尾数 151 尾,成活率 98.1%。

4. 三斑海马。1973—1978 年,省海洋水产养殖所在洞头、瓯海县繁育试养三斑海马成功,成活率 70%,海马苗 3 个月养成商品规格,每平方米水体出产品 200 克。

5. 河豚(东方鲀)及其他河豚。1991 年,省海洋水产研究所进行"红鳍东方鲀养殖研究",获 1996 年省科技进步奖优秀奖。2001 年,该所又进行"菊黄东方鲀人工育苗研究",当年培育出幼鱼 1.2 万尾。2002 年,该所又进行"桑斑东方鲀人工育苗研究",当年培育出幼鱼 6.3 万尾。

6. 日本黄姑鱼。2001 年,省海洋水产研究所进行了"日本黄姑鱼人工育苗及养殖技术研究""鱼类筛选、繁育及育种试验"和"优良海水养殖鱼种引进及人工养殖技术研究"。2002 年,在池塘和网箱进行养殖试验成功,可备作人工育苗之用。

7. 美国红鱼。1996—2001 年,省海洋水产研究所从美国购进美国红鱼苗种 2000 尾,在乐清湾漩门港海区的传统网箱内进行试养,获得成功。

8. 鮸鱼。1999—2001 年,省海洋水产研究所进行"鮸鱼人工养殖及育苗技术研究",共培育出体长 3.65 厘米的鱼苗 32.2 万尾。

9. 大黄鱼。1998—2000 年,舟山市水产研究所等 6 个单位联合进行"舟山大黄鱼全人工养育技术研究"。3 年共培育出 3~7 厘米规格的大黄鱼鱼苗 205 万尾,育成率达到 58.1%,单位水体出苗量 2500 尾。2001 年,浙江海洋学院进行"大黄鱼规模养殖新技术研究"。申请发明专利 20 项,已经授权 8 项;构建了大黄鱼深水网箱养殖的 HACCP 体系,制定 9 项标准与技术规范;建立 4 个苗种繁育基地、5 个深水网箱养殖基地、2 个饲料加工基地和 2 个大黄鱼加工基地,效益明显;该技术获 2007 年国家海洋局科技创新成果奖一等奖。2003 年,舟山市水产研究所进行"大黄鱼人工育苗技术研究"。培育出平均体长为 1.3cm 雏鱼 2560 尾,单位小体出苗量为 1828 尾/立方米。2002—2005 年,宁波大学进行"养殖大黄鱼品质改良育种技术研究"。在国内首次制定了"岱优 1 号"大黄鱼种质标准和制种技术操作要点。该品系已申报新品种审定,取得 3 项发明专利。2005—2006 年,宁波大学进行"深水网箱大黄鱼健康养殖无公害鱼类养殖技术规范研究"(AB/T568—2005),

制定省级地方标准,取得 2 项发明专利。

10. 乌贼。1981—1982 年,浙江水产学院进行乌贼卵子孵化、幼乌贼生长等研究,于 1988 年取得国家自然科学基金支持。2003—2007 年,浙江海洋学院进行"无针乌贼亲体捕捞苗种培育与快速养成技术研究"。突破了曼氏无针乌贼生殖调控和苗种繁育工艺,形成了一套成熟的规模化苗种生产技术规范和标准;研制了新型附卵设施,提高了苗种孵化率及成活率,实现优质苗种全年全人工生产;获国家海洋局创新成果奖二等奖。2006—2008 年,宁波大学进行了"曼氏无针乌贼生产性全工人育、放流与养殖技术推广研究",取得国家发明专利 3 项,制定地方标准 1 项,培育育苗企业 2 家,培育大规格苗种 300 余万只。2007—2009 年,浙江海洋学院再次进行"曼氏无针乌贼资源养护技术研究与示范",在岱山秀山建立原良种繁育基地,年育苗能力达 250 万尾,累计放流增殖受精卵 2000 多万颗。申请发明专利 18 项,制定企业标准和规范 3 项。

11. 花尾胡椒鲷。1999 年 5 月,省海洋水产研究所从福建厦门购受精卵 0.8 公斤,2000 年购受精卵 1 公斤,2001 年购受精卵 1.5 公斤。经 80 天培育,育出平均体长 5 厘米、平均体重 4.38 克的鱼苗 212640 尾。

12. 香鱼。2003—2004 年,宁波大学进行"香鱼人工养殖技术研究与示范"。制定了"全人工规模育苗操作规程"以及"全人工工厂化养殖操作规程",取得发明专利 3 项。

13. 双齿围沙蚕。2005—2006 年,宁波大学进行"双齿围沙蚕工厂化育苗与养殖技术研究"和"双齿围沙蚕人工高效育苗及养殖技术中试研究"。在国内率先掌握了室内异沙蚕出现规律,诱导批量同步产卵及培苗技术,率先进行土池批量自繁生态培苗技术,提出配套健康养殖沙蚕技术。该技术取得 1 项发明专利。

14. 带鱼。2007 年,省海洋水产研究所徐汉祥等人进行的"带鱼群体结构变动和完善资源管理技术研究",获 2008 年省科技进步奖二等奖。

(四)甲壳类

1. 中国对虾。1970 年,省海洋水产所首次从黄渤海移进中国对虾试养成功。1972 年冬,该所选择池养亲虾,分别在温岭紫菜育苗室和大陈自然海区挂笼越冬成功,1973 年采用越冬亲虾首次在网箱中育出浙江第一代仔虾。1974 年,室内水泥池育苗也取得成功。1979—1982 年,省海洋水产所朱振杏等同省内 9 个单位共同承担"中国对虾工厂化全人工育苗技术研究"中试。1982 年,全省工厂化育苗突破 1 亿尾虾苗,获 1983 年省优秀科技成果奖一等奖,1985 年又与黄海水产研究所等单位共获国家科技进步奖一等奖。1986—1987 年,省海洋水产养殖所林志强等开展对亲虾越冬、幼体培育、育苗工艺及设施的研究,达到了国内外先进水平,获 1988 年省科技进步奖二等奖。1983—1990 年,"浙江近海中国对虾放流增殖的研究",被连续列为省和国家"六五"(1981—1985)和"七五"(1986—1990)重点研究课题,由省海洋水产研究所徐君卓等人负责研究。该项目获农业部 1991 年技术进步奖二等奖,省科技进步奖二等奖。在国家"七五"科技攻关表彰大会上,徐君卓荣获"国家'七五'攻关有突出贡献的科技人员"称号。

2. 日本对虾。1987—1988年,省海洋水产养殖所利用对虾育苗池和简易水泥池,进行日本对虾精养高产技术研究。1990年,该所与玉环县小麦屿第三对虾养殖场一起,首次取得塘养越冬亲虾育苗的成功,海捕越冬亲虾育苗的性腺促熟率达86.6%,育苗160.5万尾。

3. 南美白对虾。2001年,省海洋水产研究所进行"南美白对虾人工育苗研究",当年培育出苗种。同时进行"池塘循环海水南美白对虾同产养殖技术"的试验研究,首次在全省采用池塘封闭式、海水内循环、贝藻净化水质的模式,使养殖平均产量达到761.1公斤/亩,创浙江省对虾养殖历史上单产的最高纪录。

4. 长毛对虾。1997年,省海洋水产研究所进行"长毛对虾生产性育苗试验研究",平均亩产达160公斤。

5. 三疣梭子蟹。1993年,省海洋水产研究所在省内率先进行三疣梭子蟹人工育苗小试并获成功,在20立方水体中,培育出稚蟹2.57万尾。2004—2007年,宁波大学王春琳等人进行"三疣梭子蟹人工育苗养殖与加工技术研究",选育"三疣梭子蟹优良品系"1种,制定5项浙江省地方标准,取得2项发明专利,获2008年省科技进步奖一等奖。

6. 刀额新对虾。1992年,省海洋水产研究所进行"刀额新对虾人工育苗试验",在普陀育苗厂育出新对虾5000余尾,仿对虾3000余尾。1999年,省海洋水产研究所进行"刀额新对虾生产性苗种培育技术研究"。

7. 杂交对虾。2006—2009年,浙江海洋学院进行"主养对虾品种杂交优势利用与设施养殖关键技术研究",培育出日本对虾杂交虾苗3亿尾,养殖面积达400亩,产值和利润提高34.22%,取得发明专利1项。2008—2010年,浙江大学进行"养殖虾类性别控制技术研究",取得发明专利1项。

二、浅海滩涂综合利用技术

1991—1995年,省水产局主持开展"象山港水产综合开发技术研究"。中国对虾移植放流,5年共放流66019.2万尾,总回捕率9.41%,产量1070.8吨,产值2644万元,投入产出比为1:5.24,经济和社会效益显著,总体上达到了国际先进水平。青石斑鱼工厂化育苗,进一步改进和完善了育苗技术,人工强化饲养雌、雄鱼自然产卵排精成功率较高,5年共育苗26.25万尾,平均出苗量709尾/平方米,最高年育苗量8.1万尾,共放流3.22万尾幼鱼,有一定回捕率,表明其放流增殖的可行性,总体居国内领先水平。贝、藻间养和套养,通过试验得出了皱纹盘鲍与海带套养适合象山港水域的结论。同期进行"海涂围塘技术研究"。在立体利用虾塘的实用技术上做了探索,以对虾养殖为主,混养缢蛏、刺参、海湾扇贝、菲律宾蛤子、梭鱼,轮养长毛对虾取得成功。1991—1995年,省水产局主持开展"高潮区泥蚶蓄水精养技术研究",总结出一套操作性强、群众易掌握的蓄水养蚶技术,蚶苗快速培育技术和虾塘套养泥蚶技术,推广面积达 5000亩以上,经济效益和社会效益显著。1990 年,省农科院等人进行的"新围海涂综合治理与农业开发利用技术途径研究"获省科技进步奖一等奖。1996—2000 年,省水产局主持开展"虾塘多品种立体混养轮养技术研究"。同期,省海洋水产研究所进行"东海港湾型浅海滩涂规模化技术研究"。2009 年,省海洋水产养殖研究所林志华等人进行的"滩涂底栖贝类高效人工繁育及健康养殖技术体系建立与应用研究"获省科技进步奖二等奖;成功地从国外引进日本黄姑鱼的受精卵,进行了人工育苗并获成功,创造北方冷水性鱼类的"反季"养殖;研制成功了适合于东海区的实用、经济的船型组合式抗风浪网箱;掌握牡蛎三倍体育苗技术。

第四节　淡水水产养殖

一、育苗技术

(一)鲢、鳙鱼

1958 年,省水产厅、中国科学院实验生物研究所、省淡水水产研究所联合进行"池养鲢、鳙鱼秋季人工繁殖和用人绒毛膜促性腺激素催产繁殖技术研究"成功,均为国内首创,并很快推广到全国 20 多个省(市)。

(二)草鱼

1961 年 5 月 15 日,省淡水水产研究所在湖州菱湖用鲤脑垂体加激素一次性注射,催产雌草鱼 3 尾,其中 1 尾在 5 月 16 日获卵 6 万颗左右,人工授精后孵苗 7500尾,5 月 21 日得下塘苗 266 尾,揭开了草鱼在浙江人工繁殖的序幕。1964 年,省淡水水产研究所叶盛钟等人在湖州菱湖采用单一纯度较高的激素作催产剂,两次催产草鱼 7 尾,其中 5 尾挤卵 427 万多颗,获苗 198.4 万多尾,这是国内首次采用激素催产草鱼成功的事例。

(三)青鱼

1960 年 9 月,省淡水水产研究所试验雄青鱼与雌鲢鱼杂交,孵出鱼苗 2100 尾。1963 年 5 月 22 日至 6 月 24 日,省淡水水产研究所吴文等在湖州菱湖进行 6 次青鱼人工繁殖试验,获苗 2.5 万尾,首创国内青鱼人工繁殖成功。由于"四大家鱼"人工繁殖的成功,到 1964 年,浙江已基本解决了全省淡水养鱼对鱼苗的需求。

(四)鳜鱼、革胡子鲶鱼、加州鲈鱼

1. 鳜鱼。1971 年 6 月 6 日,吴兴县鱼种场滕国清开展鳜鱼人工繁殖试验,13尾雌亲鱼产卵 80 万颗,获下塘鱼苗 10 万尾左右。1977 年,杭州市水产试验场唐宝

华等试验,获下塘鱼苗 2.7 万尾左右。1987 年,萧山县农业局金玉英等在湘湖农场育出夏花鱼种 4.67 万尾,获鱼种 850 尾;1991 年育出夏花鱼苗 10710 尾,获鱼种 3585 尾。

2. 革胡子鲶鱼。1983 年,义乌县合作乡联合村金序龙从广东引入革胡子鲶鱼种 800 尾,1984 年人工繁殖鱼苗 280 万尾。

3. 加州鲈鱼。1985 年 5 月,金华地区水产技术推广站与义乌县合作乡联合村金序龙从广东引入加州鲈 200 尾,规格 6.6 厘米,1986 年养成后进行人工繁殖成功,此后各地相继引养。

(五)黑鲷

1987—1988 年,宁波市水产研究所柏怀萍等在奉化湖头渡增殖站和莲花增殖场进行"黑鲷人工育苗技术研究"。1987 年育出后期仔鱼(0.7～1 厘米)300 尾,1988 年育出体长 5～6 厘米的幼鱼 1200 尾,黑鲷人工育苗在浙江首次获得成功。

(六)中华绒蟹(河蟹)

1971 年,省淡水水产研究所许步劭等人开展"河蟹人工繁殖技术研究",5 月 5 日在奉化海带育苗厂的室内水泥池突破人工育苗关,获大眼幼体(蟹苗)20 多只,属国内首创。1971—1977 年,共培育蟹苗 1560 万只,取得小试成功。该技术获 1971 年国家发明奖二等奖、1978 年全国科学大会奖和 1979 年浙江省科学大会奖先进奖奖状。1979—1980 年,省淡水水产研究所许步劭等人在平湖点承担"河蟹人工繁殖技术"中间试验,获 1980 年省优秀科技成果奖二等奖。1981—1986 年,省淡水水产研究所许步劭等人进行"河蟹人工繁殖技术的推广与提高"和"河蟹人工育苗综合试验研究",并成立全国"河蟹人工育苗科技协作组",由浙江淡水水产研究所任组长,全国 14 个单位参加,促进了全国河蟹育苗工作的开展,1986 年全国已有 30 多个单位开展了河蟹育苗生产,产量达 2000 多公斤,超过了同年长江口天然蟹苗捕捞总量。1996—1998 年,省淡水水产研究所叶金云等人进行"河蟹苗种规模化生产配套技术研究",成功突破了温室水泥池全人工海水规模化育苗(出苗量 0.25 千克/米^3,折合 3.48 万元/米^3)技术和池塘蟹种培育技术。同期该所何林岗等人再次进行"河蟹人工育苗产业化及早繁早育技术研究",掌握了温室人工半盐水河蟹早繁技术,出苗量达 1.77 万只/米^3,同时完成了大棚土池网箱培育幼蟹及当年养成商品蟹技术试验。2005—2008 年,省淡水水产研究所进行"虾蟹种质选优及生态养殖技术研究",取得授权发明专利 2 项。

(七)河鳗

1973 年,省淡水水产研究所徐寿山、黄茂生、黄立峰等在菱湖进行"鳗鱼池塘养殖小型试验",达到平均年亩净产鳗鱼 1245 公斤,其中成鳗 1108 公斤,首创全国内陆养鳗高产纪录。1978—1980 年,项目组再次进行"热电厂温排水养鳗技术研究",在三个共计面积 150 平方米的水泥池中进行了流水养鳗试验,折亩净产商品鳗 19.28 吨。

（八）团头鲂

1965 年 12 月,省淡水水产研究所吴信梅、林景雄从中科院水生所引入团头鲂 1000 尾,成活下塘鱼种 700 尾,在萧山水产试验场开展了团头鲂引种试养的初步研究。1966—1967 年进行了食性、习性、生长、繁殖、养殖等方面与三角鲂、草鱼等的比较试验,并于 1967 年开始推广到杭州、湖州、宁波、绍兴等地养殖。

（九）圆吻鲴

1971—1974 年,省淡水水产研究所周家兴等人进行“圆吻鲴生物学研究”。1973 年冬,该所许谷星、刘元楷等人再次进行“圆吻鲴人工繁殖和池塘养殖技术研究”。1975 年对江河、水库、池塘培育的圆吻鲴亲鱼进行了人工催产,都获得成功,得夏花鱼种 10 万余尾,进行了池塘养殖试验。

（十）尼罗罗非鱼

1979 年,省淡水水产研究所、杭州市水产研究所和湖州市水产试验场分别从广东珠江水产研究所、长江水产研究所引进尼罗罗非鱼鱼种和亲鱼 1200 余尾,越冬后于 1980 年春将 500 尾尾重 150 克以上的亲鱼进行了试养,结果表明多数试养单位取得了较好的成效,逐步替代了莫桑比克罗非鱼的养殖,成为池塘搭养、主养和网箱养殖的优良品种之一。

（十一）淡水白鲳

1986 年,省淡水水产研究所叶盛钟等人进行“淡水白鲳试养与育苗技术研究”。1988 年在国内首次将引进的白鲳鱼种直接育成亲鱼,并采用通用催产剂进行一次注射的催产方法,获得 138 万尾的下塘鱼苗。1989—1990 年,该所杨国梁等人再次进行“淡水白鲳苗种培育技术研究”,试验采用夏花培育池保温、增氧、强化培育获得成功,白鲳早繁苗培育成活率 57.88%,形成了一套早繁早育、当年养成商品鱼的配套技术,在国内属于首创。

（十二）美国大口胭脂鱼

1994 年,省淡水水产研究所从美国引进平均体长为 4.77 厘米、体重 2.55 克的大口胭脂鱼夏花鱼种 1000 尾,经精心培养,1996 年 4 月在国内首获人工繁殖成功,获苗 15 万尾。

（十三）胭脂鱼

1971 年,省淡水水产研究所叶盛钟等人进行“胭脂鱼的移养驯化研究”。至 1975 年,个体大的已达 5 公斤。

（十四）白鲫

1977 年,省淡水水产研究所从广东珠江水产研究所引进白鲫,1978 年生产了一批夏花鱼种,在吴兴县水产试验场、嘉兴养鱼场、杭州水产试验场、宁波市水产养殖场等10多个单位进行了试养,结果表明,白鲫具有个体大、生长快、易捕捞、不起钓、主食浮游植物、疾病少等特点,成为池塘等水域的主要搭养品种之一。

(十五)巴鲷和细鳞鲳

省淡水水产研究所于1996年3月从巴西引进巴鲷鱼种50尾,经两年培育,性腺成熟,1998年6月突破人工繁殖,获苗235万尾。成鱼养殖亩净产可达470公斤。

细鳞鲳又名细鳞肥脂鲤。省淡水水产研究所于1996年3月从巴西引进鱼种50尾,经三年培育,于1999年7月26日突破人工繁殖,获苗10万尾。2000年共生产鱼苗500多万尾,并进行人工养殖,亩净产成鱼682.77公斤,并向全国推广。

(十六)虾类

1.罗氏沼虾。1978年,杭州市水产研究所进行"罗氏沼虾繁殖和养殖试验研究"。1981年繁殖虾苗27万尾。

2003—2009年,省淡水水产研究所进行"罗氏沼虾多性状复合育种技术研究"。经连续4代选出罗氏沼虾"南太湖2号"。经全国水产原种和良种审定委员会审定为国家水产新品种,品种登记号GS-01-001-2009。项目获国家水产新品种1个,取得授权发明专利1项、实用新型专利2项。制定了企业标准"罗氏沼虾良种繁育技术操作规范"。

2.红螯螯虾。1993年,省淡水水产研究所进行"淡水养殖新种类引进与开发研究"。1995年,全省引进试养点扩大,先后有宁波、嘉兴、桐乡、萧山等地(市)试验场进行试养繁殖。1996年,课题组又开展浙北地区自然繁殖试验,平均每平方米产虾苗3300余只。

3.淡水青虾。1989—1990年,省淡水水产研究所进行"淡水青虾人工育苗和养成技术研究"。至1993年已在湖州推广1407亩,一般亩产可达95公斤,亩获利2000~3000元。1994—1996年,该所再次进行"淡水青虾生产性育苗及商品虾养殖技术研究",创建了池塘青虾生产性育苗及成虾养殖技术。

4.澳洲淡水龙虾。2003—2008年,省淡水水产研究所在国内首次整合提出澳洲淡水龙虾室内工厂化育苗及早繁早育当年养殖技术。2003—2004年,室内育苗200万尾,30天内怀孵率71.5%,个体抱孵量748粒/次,培育成活率64%。

(十七)龟鳖

1985年开始,杭州水产所等进行人工养鳖试验,首创温湿空气孵化法,孵化率达93%。1990—1995年,杭州水产研究所等再次进行"工厂化养鳖技术研究与示范",成功研究出整套工厂化养殖技术工艺流程,在国内率先建立了养鳖工厂。2003—2004年,绍兴市科技局组织相关企业进行"中华草龟繁育技术研究"。同时,进行"江南花鳖种质研究与开发"。项目制定了《江南花鳖种质标准》和《中华鳖人工繁殖技术规程》,开展了中华鳖不同群体间的经济杂交,采集并建立江南花鳖原种种群。2004—2005 年,绍兴市科技局再次组织企业进行"中华鳖种质分析、保护及提纯复壮研究"。2006—2009 年,浙江万里学院钱国瑛等人进行了"中华鳖品种选育及杂种优势利用技术研究"。其中"中华鳖仿生养殖技术研究与绿色饲料研究"成果获 2006 年省科技进步奖二等奖。省水产技术推广总站何中央等人进行的"中华鳖良种选育及优质高效养殖模式的研究与示范",获 2010 年省科技进步奖二等奖。

(十八)河蚌育珠

从 1970 年开始,省淡水水产所与德清县雷甸水产大队协作进行"人工繁殖褶纹冠蚌、三角帆蚌研究",分别于 1971 年、1973 年获得成功,获 1982 年农牧渔业部技术改进奖二等奖。2005—2008 年,绍兴市科技局组织相关企业进行"宝石级硕核淡水珍珠培育技术研究"。2007 年 3 月,小批量产品在中国香港国际珠宝展上首次亮相,引起业内轰动,其中一条由宝石级硕核淡水珍珠穿制而成的项链被德国客商以 20 万美元买走。2005 年,诸暨市王家井珍珠养殖场进行的"三角帆蚌和池蝶蚌杂交优势利用技术研究"获省科技进步奖二等奖。2006—2008 年,浙江万里学院钱国瑛进行"优质珍珠培育调控技术研究"。同期,诸暨山下湖珍珠集团公司李小龙等人进行的"淡水珍珠防腐蚀抗老化技术的研究与应用"获省科技进步奖二等奖。

(十九)牛蛙、美国青蛙

1959 年,宁波市水产研究所引进种牛蛙 8 只,于 1964 年繁殖了第一代。1964—1965 年,省淡水水产研究所曹龙虎再次进行"牛蛙养殖技术的研究"。1992—1995 年,省淡水水产研究所陈德富进行"美国青蛙人工养殖技术研究"。2001—2005 年,浙江师范大学郑荣泉等人进行"棘胸蛙优良品种选育及配套技术研究",取得国家授权发明专利 5 项。

二、养殖技术

(一)池塘、山塘和小水库养鱼

1.池塘养鱼。1955—1957 年,省淡水水产研究所进行"饲养以青鱼为主的高产试验研究"。在 2.53 亩新掘塘中,青鱼成活率由第一年的 55% 提高到 97%,净亩产 618.5 公斤,创全省最高纪录。1973 年,省淡水水产研究所许谷星等人进行"圆吻鲴生物学及池塘养殖技术研究"。1977—1979 年,省淡水水产研究所史洪芳等开展"池塘主养草、鲢,搭养青、鲤、鳙、团头鲂、鲫、非洲鲫鱼和圆吻鲴等的混养高产技术研究"。该成果获 1981 年国家农业科技推广奖。1982—1984 年,省水产局组织嘉兴地区农业局吴兆祥、菱湖渔业技术推广站王泉芳、海宁县农林局马庆远、省淡水水产研究所史洪芳等,实施国家水产总局"池塘养鱼连片万亩千斤高产技术推广研究",连片万亩实现亩均净产 576.9 公斤,获 1986 年省科技进步奖一等奖。

1991—1995 年,嘉兴市水产局组织有关企业进行"池塘鱼、鳖、鳗混养高产技术研究"。杭州市水产研究所进行"淡水虾池塘高产养殖技术研究",集中连片池塘养殖罗氏沼虾的单产和经济效益处于全国领先水平,其中"罗氏沼虾池塘生态养殖技术研究"获 1992 年省科技进步奖二等奖。2007 年,省淡水水产研究所的叶金云等人进行的"淡水名优鱼类规模化繁育及健康养殖技术开发与示范"获省科技进步奖一等奖。

2.山塘、小水库养鱼。1981 年,省科委把"山塘、小水库养鱼高产技术研究"列为省"六五"(1981—1985)攻关课题,由省淡水水产研究所陈德富等在新昌县西郊乡和武义县要巨乡试点实施。在试点 1006 亩中,山塘亩产 250.25 公斤,小水库亩产 94 公斤。1988 年,省淡水水产研究所陈德富等与有关市(地)县水产工作者合作,实施"浙江省 10 万亩山塘、小水库养鱼高产技术推广"的星火计划,在 7 个市(地)34 个县 494 个乡的 10.7 万亩山塘、小水库中推广,获 1990 年省科技星火奖二等奖。1989 年扩大推广,山塘亩产 147.12 公斤,小水库亩产 79.06 公斤,获 1990 年农业部农业丰收奖二等奖。2007—2009 年,金华市科技局组织有关企业进行"山塘小水库高效生态养殖模式研究"。2007—2009 年,杭州市科技局组织相关企业进行"鲟鱼产业提升关键技术研究",取得国家实用新型专利 7 项、外观设计专利 1 项、发明专利 8 项。

(二)外荡养鱼

1978 年,杭州市水产科学研究所在具有流水、肥水和深水条件的贴沙河中进行"网箱养成鱼实验",获 1980 年省科技成果推广奖二等奖。1984 年,杭州市水产研究所钱阳等人进行"江河型网箱养鱼高产技术研究",获 1986 年省科技进步奖二等奖。1985—1987 年,省淡水水产研究所徐寿山等在嘉善蒋家漾的 2380 亩水面进行"蒋家漾综合养鱼高产技术的研究"。4 块精养区亩产分别为 3145 公斤、1811 公斤、628 公斤和 538 公斤,大荡产量较试验前增加 2.34 倍,处国内同类先进水平。1998 年,嘉兴市水产局、省淡水水产研究所等 4 个单位联合进行"万亩外荡水域高产高效综合养殖技术研究"。

(三)特种水产养殖

1990—1995 年,省水产局组织相关企业进行"低投高产高效淡水水产综合养殖技术研究"。1991—1995 年,省淡水水产研究所进行"淡水虾养殖新品种的引进开发利用研究""淡水青虾实用养殖技术研究"。1996—2000 年,省淡水水产研究所进行"海水虾淡水驯养及高产养殖技术研究"。2006—2008 年,省淡水水产研究所进行"名优水产品种(淡水)环境友好养殖模式研究"。2002—2006 年,浙江大学进行"淡水鲨鱼、淡水石斑鱼引进及人工养殖技术研究",淡水石斑鱼、淡水鲨鱼、澳洲宝石鲈等 3 种鱼苗种繁育都取得成功。2008 年,浙江万里学院钱国英等人进行的"浙江省主要水产养殖品种绿色生产关键技术研究及产业化"获省科技进步奖二等奖。

第五节　饲料与鱼病防治

一、养鱼饲料

(一)青鱼饲料

1971—1979年,省淡水水产研究所进行"青鱼颗粒饲料研制与应用技术研究"。1980—1983年,该所再次进行"青、草鱼营养生理和各种合成饲料营养成分的研究"和"青、草鱼饲料的研究"。1983—1985年,该所第三次进行"青鱼饲料配方与养殖技术研究"。研制出利用以菜饼为主的蛋白质饲料源的1、2、3龄青鱼系列配方饲料,在国内属先进水平。

(二)甲鱼饲料

1996—1997年,省淡水水产研究所与杭州皇冠饲料有限公司合作进行"甲鱼系列配合饲料的开发研究"。1996年,浙江大学与杭州中得水产养殖饲料公司进行"野生风味甲鱼全价饲料的研制"。结果表明"野生风味"甲鱼全价配合饲料具有诱食性强、消化吸收良好等特点,应用该饲料后,鳖在外形、体脂沉积量和色泽及肉的色、香、味上接近或达到野生中华鳖的水平,并在降血脂等特殊保健功能上超过了野生中华鳖。

(三)中国对虾配合饵料

1985—1990年,省海洋水产研究所进行"中国对虾配合饵料的研究"。2005年,宁波大学严小军等进行的"海水饵料生物高效培养与特种营养研究及其应用"获省科技进步奖一等奖。2006年,宁波天帮股份有限公司张帮辉等进行的"南美白对虾绿色环保型全熟化饲料关键技术研究"获省科技进步奖二等奖。

(四)大黄鱼饲料

2000—2002年,省海洋水产研究所与杭州皇冠特种水产饲料公司联合进行"大黄鱼配合饲料开发研究"。该产品可以全部或部分替代小杂鱼。

(五)饲料添加剂

1989—1991年,省海洋水产研究所进行"沸石粉用于鱼用饲料添加剂的研究"。同期,该所还进行"一龄草鱼促长防病饲料添加剂的研究"。1991—1995年,该所第三次进行"草鱼配合饲料促长(保健)添加剂的研究"。研制成功的草鱼促长(保健)添加剂科研产品进行批量试产,先后与全省8家主要从事鱼用饲料生产的厂家合作,生产草鱼添加剂饲料18800吨。2005年,省淡水水产研究所陈建明等进行的"翘嘴红鱼白配合饲料开发研究"获省科技进步奖二等奖。

二、鱼病防治

(一)鱼病和病原区系调查

1957 年,省淡水水产研究所首次开展国营鱼种场鱼种检疫工作。1961 年 7 月,省科委、省水产厅组织进行浙江省主要淡水养殖鱼类病害的初步调查,查明细菌性病害 8 种,真菌性病害 2 种,寄生虫性病害 12 种,非生物病害引起的 5 种,收集土方土药 136 种,能治疗 17 种病。1964—1965 年,省水产厅组织 22 人进行鱼病调查,共检出鱼病 47 种,鱼类病原体 429 种,收集防治鱼病土方 72 种,较完整地记录了全省鱼病情况,以及病原体感染率和感染强度、数量变化及形态与生态的特征等。1964 年 4 月撰写完成《浙江省鱼病和病原区系图志》。

(二)寄生虫性鱼病

1959—1960 年,省淡水水产研究所进行"青鱼球虫病防治研究",获得了两种治疗有效的药物:碘液和硫黄粉。1962—1963 年继续研究,在冬季清塘时采取暴晒干燥等措施杀灭卵胞,消除隐患。1960 年,省淡水水产研究所在兰溪进行"枫树枝(叶)治疗锚头鳋病试验",效果显著。1973—1979 年,杭州大学吴宝华等人与省淡水水产研究所黄立峰协作,开展"杭州地区白鲢疯狂病的研究",查明病原体及发病规律,选用敌百虫治疗和石灰清塘,效果显著。该成果获 1979 年省科学大会科技成果奖二等奖。

(三)细菌性鱼病

1960 年起,省淡水水产研究所开展"中西草药治疗草鱼肠炎病的研究"。1974—1977 年,该所进行"草鱼细菌性烂鳃病防治技术的研究"。1986—1990 年,该所再次进行"鱼病实验鱼类的开发研究""实验鱼类培育技术"和"实验鱼类鱼病检测技术研究"。1991—1995 年,该所继续进行"淡水养殖暴发性疾病综合防治技术研究"和"主要淡水养殖鱼暴发性流行病防治技术研究"。通过 5 年的研究,首次证实该病是由嗜水气单胞菌所引起的败血症,查明了该菌的两个主要 O 抗原的血清型,以及发病机理;在防治技术方面,首次研制出预防该病的嗜水气单胞菌的灭活疫苗,确定了简便、有效的浸泡免疫法,提出了实验室制备鱼用疫苗的工艺流程和质量检测规程,建立了发酵罐大批量疫苗制备技术,为全国鱼用暴发病鱼病菌苗的工厂化生产和有效易行预防填补了空白。1996—1998 年,该所沈智华等人进行"嗜水气单胞菌致病理及其亚单位疫苗的研究"。

(四)病毒性鱼病

1977—1979 年,省淡水水产研究所进行"草鱼出血病流行病学调查和病鱼组织感染试验",证实草鱼出血病为病毒性鱼病。1978 年,省淡水水产研究所张念慈等人开展的"草鱼出血病防治研究",获 1984 年农牧渔业部技术改进奖一等奖。1986—1990 年,"草鱼出血病防治技术研究"列入国家"七五"攻关项目,省淡水水产研究所张念慈等人和中国科学院、中国水产科学研究院、有关高等院校等 10 个单位协作,经 5 年攻关,成功试验出 3 种细胞和病毒培养技术及疫苗制备方法,成功研究出莨菪加疫苗浸泡的免疫接种方法,筛选出 8 种有效药物,早期防治有效率达 80％。该成果获 1991 年农业部科技进步奖一等奖、1993 年国家科技进步奖一等奖。同期省淡水水产研究所杨广智等与华东化工学院协作,承担国家"七五"(1986—1990)攻关项目子专题"草鱼出血病疫苗工厂化生产工艺和免疫技术研究",研究出疫苗工厂化生产工艺和工艺流程、检验规程,制备细胞疫苗 13.8 万毫升,平均免疫保护率为 82.5％～95％,免疫后平均成活率为 78％～95％。1990 年10 月,农业部水产司组织鉴定,认为用细胞生物反应器微载体培养法增殖细胞和病毒的先进工艺,在国内外尚属首次,填补了我国鱼类疫苗防治技术空白,获 1991年省科技进步奖二等奖。1986—1990 年,省淡水水产研究所陈月英等人承担国家"七五"(1986—1990)攻关项目子专题"草鱼出血病药物筛选、给药方法和防治技术",研究出口服药"鱼腹药 2 号"和消毒剂"鱼腹药 3 号"以及辅助药"鱼腹药 1号",提出了合理的给药方案,其中 2 号药治愈率 70％以上,预防成活率 90％以上;3 号药预防成活率 80％以上。1990 年 11 月,农业部水产司组织鉴定,认为其属国内同类研究的领先地位。该项目获 1991 年省科技进步奖二等奖。

1991—1995 年,省水产局主持开展"养殖对虾暴发性流行病综合防治技术研究"。1993—1995 年,省淡水水产研究所叶雪平等人进行"食用蛙主要疾病防治技术研究",研制出"蛙病宁""蛙用碘""蛙消安""蛙病宁 2 号""蛙肝宁""蛙维素"等 6 个品种的蛙病防治专用药物,药物的有效率达 90％以上,已累计生产药物 52 吨,药物推广使用面积达 1 万余亩。1993—1995 年,该所钱冬等人进行"鲫鱼对细菌免疫应答的研究"。1994—1995 年,省淡水水产研究所沈锦玉等与浙农大动物免疫所等单位合作进行"对虾暴发性流行病防治技术研究"。1996—1998 年,省淡水水产研究所沈锦玉等人进行"养殖鳖主要病害防治技术研究"。实验室内疫苗免疫保护率达 100％,研制了鳖口服药物"9370",筛选了高效水质消毒剂。1999—2001 年,沈锦玉对养殖河蟹主要病原防治技术进行了研究,研制了口服药物"蟹病灵",提出了河蟹主要疾病综合防治技术规范。叶雪平等对养虾主要病害诊断及综合防治技术进行研究,研制开发出防治红体病的专用药物"虾病宁",有效率在 95％以上。钱冬等对罗氏沼虾白体病原及防治技术进行研究,率先制备了该病毒的单克隆抗体,创建了特异性强、精准的罗氏沼虾诺达病毒 TAS-ELISA 诊断技术。2004 年,钱冬等进行的"罗氏沼虾病毒性肌肉白浊病原的分离鉴定及诊断技术研究"获省科技进步奖二等奖。

第六节　水产品保鲜与加工

一、保鲜

公元前 1000 多年,浙江人民已开始利用天然冰保藏鱼虾。民国二十年

(1931),浙江省水产加工模范工厂首先生产机制冰,保藏鱼货。20 世纪 50 年代,宁波、温州、舟山、台州等地陆续兴建冷藏制冰厂,机水保鲜比重不断上升。1976年,宁波水产公司试制的 PBL-2×75 型立式片冰机获 1983 年农牧渔业部技术改进奖二等奖。1978 年,舟山二渔公司从日本引进装有平板冻结机的渔轮,开创船上冻结保鲜。1979 年,舟渔公司在 8154 型双拖艉滑道渔轮上,应用国内生产的平板冻结设备,保鲜鱼货获得成功。1980 年,舟山渔机所在机帆船上用冷却盘管冷藏保鲜,秋天带鱼保鲜 10 天无次鱼,春夏汛保藏流网鱼货出口率达 98％以上。1985年冬,嵊泗县嵊山渔工商联合公司采用池底铺沙、海水循环增氧、合理控制密度、防互相残杀等方法试验活梭子蟹暂养成功,存活率保持在 80％以上,获 1988 年科技星火奖二等奖。1986 年,浙江水产学院吴汉民等人进行"连头冻藏对虾防黑变技术研究",应用优选出的 PA 组合配方冻结,经－18℃冷藏,6 个月不黑变。1988年,全国食品添加剂委员会审查通过对 PA 的毒理分析和评价,由卫生部下文批准使用。

1991—1994 年,省海洋水产研究所进行"机帆渔船海上保鲜技术研究"。2002—2005 年,浙江工商大学戴志远等人进行的"贻贝保鲜保活产业化技术研究",获 2010 年中国商业联合会商业技术进步奖二等奖。2006—2010 年,浙江省海洋学院邓尚贵等人开展了"鲜活水产品致病微生物控制技术与安全预警体系合作研究";王斌等人进行"海水产品流化冰船上保鲜关键技术合用研究";吴斌等人开展了"拖虾渔船上作业储藏保鲜关键技术研究与设备研制";王阳光等人进行"鲜活水产品流通质量安全控制技术研究";关丽萍等人进行"TPY 化合物在水产品加工中保鲜应用技术研究";浙江省海洋开发研究院进行了"活海产品现代物流关键技术集成研究与示范";普陀丰达防腐科技有限公司开展了"拖虾渔船船上作业贮藏保鲜关键技术研究与设备研制";浙江大海洋科技有限公司进行了"水产品新型智能活体运输关键设备与技术研究";舟山德昇海洋生物工程研究所开展了"超导超低温速冻保鲜技术研究";岱山县宝发水产品有限公司开展了"血蚶保活保鲜技术研究与应用"。这一批水产品保鲜技术研究,获得一批科技成果与国家发明专利,有力地促进了海洋渔业可持续发展。

二、加工

浙江水产品的传统加工技术在国内享有盛誉。清代道光年间(1821—1850)盐制的三鲍鳓鱼已出口东南亚。矾制海蜇皮在明、清时已有作贡品记载。黄鱼鲞、螟脯鲞的加工工艺具有科学性,故一直延续至今。此外,嵊泗县黄龙的"银钩"和宁波的"醉泥螺"在国内均被列为佐餐佳品。民国六年(1917),省水产加工模范工厂首先生产鱼制品罐头。1955 年以后,舟山水产食品厂等单位开发了多种水产品罐头,其中 1961 年生产的鲭鱼罐头,畅销国内外市场。1979 年,宁渔公司按日本工艺试制马面鲀片。1980 年,舟渔公司突破轧松机技术难关,于次年制成美味鱼片干。1983年,舟山二渔公司从日本引进鱼香肠等四条生产线,经2年20余次10多种方法试制,提出一套符合国情的鱼香肠生产工艺。1986年,舟山水产食品厂在克服远东拟沙丁鱼水分多、酶活力强、肉质柔软易变质和腹膜略带苦味等难题后,制成茄汁沙丁鱼罐头,远销东南亚及我国港澳地区。1988年,省海洋水产所等应用蒸煮袋包装马面鲀、鱼排、快餐鱼、宫保鱼丁等,并应用反压杀菌技术,解决了杀菌时的爆袋问题,使水产罐头行业向软包装发展。1990年3月,舟山海洋渔业公司开始试制鱿鱼柳,同年7月试制成功。1993年,玉环县水产公司购进我国台湾省制造的全套鱼糜生产线,生产鱼糜及制品122吨。1993年,舟山市海神保健品有限公司进行"海神茶袋泡饮料和海带精粉研制",获得成功,是年生产"海神茶"25000盒和海带精粉5吨。

2001—2005年,浙江工商大学、浙江海洋学院、宁波大学等高校科研院所进行"贻贝深加工技术研究""贻贝深加工技术中试与示范研究""超市海洋食品精深加工技术研究及产业化示范""淡水鱼深加工及综合利用关键技术研究及产业化示范""低值鱼发酵制品功能性研究与应用""养殖大黄鱼、美国红鱼深加工技术中试及示范""出口优势水产品(头足类)精深加工关键技术研究及系列产品研制""水产品低温加工关键技术与设备研发""贻贝加工废弃液利用技术研究与高值化产品开发""羊栖菜系列产品深加工技术中试及示范研究"和"鲅鳡鱼精深加工技术研究及产品开发""网箱养殖鱼类半干调味方便食品研制开发"等科技攻关项目研究,以上项目研究获得一批科研成果和发明专利。其中浙江工商大学戴志远等研究的"鲐鱼及低值鱼类深加工产业化"获2001年省科技进步奖二等奖,"贻贝保鲜、保活、深加工技术研究及产业化"获2004年省科技进步奖二等奖,"出口超市海洋食品精深加工关键技术研究及产业化示范"获2008年省科技进步奖一等奖,"大宗淡水养殖水产品精深加工技术研究与产业化"获2010年中国商业联合会商业科技进步奖特等奖。

进入21世纪后,浙江工商大学、浙江海洋学院、宁波大学等高校科研院所进行"低值鱼类鱼肉重组技术研究与高附加值产品开发""海洋中上层鱼类罐藏加工技术研究与产品开发""三角帆蚌肉多糖活性成分提取及功能性食品研究""安康鱼鱼骨糖氨聚糖提取及其结构和属性的质谱研究""海水养殖鱼类加工新技术研究与产业化示范""海洋动物蛋白精深加工关键技术研究与产业化示范""水产品营养成分传统分析与仪器分析方法比较研究""新颖铁螯合剂的设计、合成及抗细菌活性研究""纳米珍珠活性成分的高效逆流色谱分析技术及功能特性研究"和"新颖亲和逆流色谱及其在海洋天然活性肽分离中的应用研究"等一批省和国家级科技攻关项目研究,以上项目研究获得一批科研成果和发明专利。其中浙江工商大学进行的"养殖鱼类精深加工技术研究与产业化"获2010年省科技进步奖二等奖,"小型鱼虾加工技术研究及产品开发"和"鲅鳡鱼精深加工技术研究及产品开发"分别获中国商业联合会商业科技进步奖二等奖。浙江海洋学院进行的"低质金枪鱼高值化加工关键技术研究"获 2010 年国家海洋科技创新成果奖二等奖,宁波大学严小军等人进行的"生物活性海洋红藻糖胶的创新研制和功能性产品开发研究"获 2010 年省科技进步奖二等奖。其间,浙江兴业集团有限公司、浙江海力生生物科技有限公司等 119 个从事海产品加工的龙头企业,开展了"海洋低值鱼类陆基加工新技术及设备研制""鳀鱼高值化利用的技术集成中试研究""酶法重组无骨鱼加工技术中试研究"等 119 项省级和国家级海产品加工、精深加工科技攻关项目研究,以上项目研究获得一批科技成果和国家发明专利,有力地促进了海洋渔业发展。2006—2009 年,杭州千岛湖鲟龙科技开发有限公司张显良等人进行的"鲟鱼鱼籽酱产业链关键技术研究与应用",获 2009 年省科技进步奖二等奖。

三、综合利用

(一)水产医药保健品类

1. 鱼肝油类。1960 年,海门水产综合厂以鲨鱼肝为原料生产了第一批清鱼肝油 7.5 吨、麦精鱼肝油 135.72 吨。1970 年后又生产了乳白鱼肝油、鱼肝油滴剂、维生素 AD 丸、鲜橘汁鱼肝油、畜用鱼肝油等。1993 年生产鱼肝油制品 575 吨。宁波冷冻厂 1959 年生产麦精鱼肝油 10630 公斤,1961 年生产 1000 公斤。鱼肝油原料以鲨鱼肝为主,以其他如大黄鱼肝、马面鲀肝等为次。

2. 多烯康胶丸。1986 年,舟山水产食品厂利用该厂生产所得的富有 EPA(二十碳五烯酸)和 DHA(二十二碳六烯酸)的鱼油,研制成含天然 EPA 的浓缩鱼油制剂,又用此制剂试制了能调整血脂、抑制血小板聚集和血栓形成的多烯康胶丸,填补了国内空白,是优良的老年功能食品。

3. 角鲨烯、角鲨烷。1978 年,舟山水产食品厂用减压蒸馏法从鲨鱼等鱼类肝脏中提取角鲨烯,角鲨烯加氢即成角鲨烷,两项产品质量均达到国外药典标准。

4. 碘、甘露醇。1960 年,浙江省海洋水产研究所、舟山水产学院开展了一系列藻类加工综合利用试验。60 年代中期,对温州华侨化工厂和嵊泗县水产综合利用厂从事褐藻胶和碘的生产进行了技术指导。70 年代初,对温岭制碘厂采用离子交换树脂吸附碘的生产进行了技术指导。70 年代,温岭、嵊泗、岱山、镇海、象山、洞头等地相继建立了制碘(海藻化工)厂。1967 年,温岭水产食品厂试制褐藻酸钠和甘露醇获得成功,至 1980 年,共计生产碘 14.85 吨,1981 年因原料缺供而停产。嵊泗县水产综合利用加工厂自 1970 年开始生产碘,年产碘 5 吨,1988 年 12 月参加全国同行碘质量评比,位居第二,获农业部优质产品奖。海带制碘能同时联产出褐藻胶和甘露醇,每生产 1 吨碘,可联产褐藻胶 60 吨、甘露醇 14 吨。

5. 功能肽。2006—2009 年,浙江海洋学院王斌等人开展了"金枪鱼下脚料功能肽的制备及产品研制关键技术研究"。闫海强等人进行了"青蛤酶解多肽制备及抗癌机制研究"。孙瑜等人开展了"菲律宾蛤仔多肽制备及诱导前列腺癌细胞凋亡机制研究"。马剑茵等人开展了"虾蛄活性肽的制备技术及其产品研制"。丁国芳等人进行了"贻贝酶解多肽制备关键技术及抗肿瘤机制研究"。邓尚贵等人开展了"亚铁修饰鲅蛋白肽功能食品产业化研究"。徐绍峰等人开展"贻贝活性肽的深度酶鲜工艺及风味改善关键技术研究"。袁华等人进行"鱿鱼肝脏中鱼油和活性多肽制备技术及产业化研究"。范美华等人开展了"贻贝抗菌功能多肽的提取与应用研究"。浙江海力生生物科技有限公司开展了"鱼胶原蛋白肽在特殊医学用途配方食品中的应用研究"。浙江海洋开发研究院进行了"以水产胶原蛋白的肽为基料的医用食品研制及产业化研究"。浙江国际海运职业技术学院开展了"水产品酶解肽的功能特性与制备工艺研究"。普陀海欣生物技术有限公司开展了"低值鱼寡聚肽风味食品开发关键技术研究"。舟山市合兴生物资源开发利用研究所进行了"纵条肌海葵多肽毒素的研究与应用"等一批水产品功能肽制备及产品开发研究,以上项目研究获得一批创新性科研成果和国家发明专利。

6.珍珠粉。德清雷甸公社水产大队在发展珍珠养殖的基础上,1972年以沈志荣为组长的育珠科研小组进行了珍珠层粉和珍珠粉的研究开发工作,1986年和浙江医科大学合作,对珍珠层粉和珍珠粉的药理机制和临床效果进行了研究,结果表明两者具有相似的功效,对治疗口腔溃烂、伤口收敛、宫颈糜烂效果特好,对镇静、失眠亦有一定疗效。1981年,雷甸大队投资145万元创办浙江珠丽化妆品厂,专业生产珠丽牌珍珠系列化妆品,先后开发了8大类40多个品种。1992年与台湾商人李镇洲合资537万元,创办了浙江欧诗漫实业总公司,生产珍珠系列化妆品、医药保健品。

(二)助剂和添加剂类

1.鱼油。1958年,舟山水产食品厂首次在鱼粉生产过程中获得粗质工业用鱼油。1963年,舟山水产供销公司从海豚上颚顶端脂肪突起中成功地提炼出"海豚脑油"。此后,随着湿法生产鱼粉设备的普遍应用,鱼油产量增加。2006年,浙江兴业集团开展了"高纯度深海鱼油(甘油酯型)产品产业化研究"。岱山县百川海洋科学研究所进行了"鱿鱼肝脏中鱼精油制备关键技术及产业化研究"。浙江神舟海洋生物工程有限公司进行了"高纯度乙酯型鱼油产品制备关键技术研究"。

2.褐藻胶。省海洋水产养殖研究所用褐藻胶为原料制成配饵黏合剂,用这种黏合剂制成的对虾颗粒饵料,入水72小时不松散,受到农业部的重视。1987年,定海食品加工厂以褐藻胶为原料研制成模拟食品人造海蜇皮。

3.琼胶。民国二十六年(1937),浙江省水产试验场陈琼璋利用山东、河北所产牛毛菜和浙江普陀出产的石花菜,进行了"凝菜制造试验",并获得成功。1986年,洞头县双朴乡大坑村海藻化工厂引用某科研单位的技术,利用当地养殖的后期紫菜为原料加工制取琼胶,形成小批量生产。

4.甲壳质。1958年,海门水产综合厂和岱山县水产供销公司甲壳质厂等以蟹壳为原料,试制甲壳素成功。1968年,普陀水产供销公司鲁家峙加工厂生产甲壳素30多吨,瑞安鲍田化工厂也大量生产。1971年,玉环县水产化工厂生产甲壳素

12吨,1978年生产232.93吨,产品销往10多个省市,并出口日本、德国、意大利等国家。是年,该厂又以甲壳素为主要原料,制成707黏合剂、750BF胶着剂。该厂是全省唯一能坚持生产甲壳素的企业。2006年,中国水产舟山海洋渔业公司开展了"利用鱼骨开发实用钙片产业化研究"。

5.蛋白胨。1971年7月,玉环县水产食品厂利用小带鱼试制蛋白胨成功。80年代,玉环县精细化工厂、温岭东红水产冷冻厂相继生产蛋白胨,年产量7~8吨。1990年,上大陈冷库与上海长阳制药厂合资联营,以小带鱼为原料,年产蛋白胨1吨。

6.鱼鳞胶。1958年,岱山县东沙水产经营组以大黄鱼鱼鳞为原料,首次提取鱼鳞胶成功。60—70年代年产量1~2吨,主销北京、上海等地。鱼鳞胶富含胶原蛋白,可供食品、医药、印染工业用。

(三)饲料及调味品类

1.鱼粉。1955年4月,舟山鱼粉厂(舟山水产食品厂)建成,开始了浙江工业化鱼粉的生产。1955年生产鱼粉2693吨,出口苏联、东欧各国。60年代后期,该厂从大连引进具有蒸煮、压榨、干燥功能的干湿法相结合的鱼粉设备,技术有了进步。舟山海洋渔业公司1984年前一直采用干法生产鱼粉,1984年从丹麦引进1套日处理原料150吨全鱼粉湿法生产设备,总投资约660万元,1986年4月建成投产。1987年生产鱼粉、鱼油合计6500吨。1986年,宁波海洋渔业公司用130万美元从挪威引进1套日处理100吨原料的湿法鱼粉生产设备。温州海洋渔业公司于1979年建立了干法鱼粉生产车间,1986年自行设计制造了日处理30吨原料的干湿法相结合的鱼粉生产设备2套。舟山第二海洋渔业公司也于1991年4月购置了舟山机械厂仿制的1套日处理30吨原料的湿法鱼粉生产设备。至1993年,全省有各类鱼粉湿法生产线90余条。

2.鱼露。鱼露是以七星鱼、鳃鱼、小杂鱼和咸鱼卤为原料,经过发酵、过滤、配料、煎煮,加工而成。传统鱼露以隔年三鲍鳓鱼卤汁经澄清而成,称鳓鱼卤,味虽美而数量少。后来以黄色卤作原料,配以调料而成"鱼酱油"。沿海各地都生产鱼露,其中玉环生产的鱼奇油较为突出,50年代开始销往福建、广东和杭州、萧山、绍兴等地,用于春节调制鸡、鸭、鹅等调味料。1985年改进工艺,去除腥味,提高质量。经上海水产学院测定,鱼奇油理化指标超过部颁标准。1986年6月,玉环鱼奇油参加了马来西亚国际水产品展销会和捷克斯洛伐克国际博览会,1987年产量410吨,其中8吨寿桃牌鱼奇油出口马来西亚,12.5吨塔牌鱼奇油销往我国香港地区。普陀水产品加工厂利用小杂鱼生产的"普陀山"鱼露也荣获国家、部级优秀产品奖。

3.蚝油。1982年,嵊泗县水产调味食品厂以贻贝、牡蛎为原料研制蚝油,获得成功,产品质量稳定,符合国家食品卫生要求。该成品获1985年农牧渔业部优质奖。1987年开始出口日本、意大利。

（四）日用装饰品类

1.珍珠首饰。德清县雷甸水产养殖公司在珍珠养殖发展以后,于1984年办起了珍珠首饰厂,加工各种珍珠项链、手镯、耳环、别针、头夹、挂坠、摆件、戒指等饰物。各地也建立了一批珍珠加工厂。1985年,诸暨县开始建立珍珠市场,1992年10月在下山湖建立了全国最大的珍珠市场,1993年成交量472吨,成交金额2.2亿元,在888个摊位中,珍珠项链等首饰摊位占320个,珍珠首饰畅销国内外。

2.贝雕。20年代,浙江省立水产品制造厂已制作了少量贝雕工艺品。1973年,丹山上艺美术厂建立,利用当地丰富的贝壳制作贝雕画《黛玉葬花》《九歌》《唐人诗意》等,作品分别于1973年、1982年广州商品交易会参展,并获优秀创作设计奖二等奖。原玉环县水产局局长郑高金用7000多只贝壳做成贝雕工艺品《黄龙》,昂首翘尾,几欲腾空,堪称一绝。

第七章　林业与生态

　　浙江省山地面积占土地总面积的 70.4%，林业对发展经济、保持水土、调节气候和改善环境都起着十分重要的作用。林业科学研究始于清宣统二年(1910)，在浙江农事试验场内设森林科，开始树木种植的试验研究。民国十三年(1924)，建德县曾建立模范造林场。民国十六年(1927)，浙江省颁布造林场暂行规程，嗣后建立西湖、建德、丽水、天台等林场。翌年又制定县立苗圃暂行规定。民国二十四年(1935)，浙江省建设厅农业管理委员会设森林管理处，负责管理林政、林业生产和试验研究工作。翌年，成立浙江省农业改良场林场，倡导林业技术改良。民国二十七年(1938)，在松阳县成立浙江省农业改进所，内设森林股，后增设木本油料植物系和林产制造示范场。全面抗战期间，林业科研工作基本处于停顿状态。

　　中华人民共和国成立后，浙江省的林业与生态科技得到较快发展。20世纪50年代，先后办起了丽水林校、天目林学院(今浙江农林大学)、宁波林校、衢州林校和浙江省林业干部学校等。在1958年"大跃进"、大办钢铁和60年代的所有制变革中，全省林业资源曾遭到很大破坏。1958年成立浙江省林业科学研究所，1998年3月更名为浙江省林业科学研究院(简称省林科院)，1962年成立浙江省科学院亚热带作物研究所(简称省亚作所)、常山油茶研究所。1964年，中国林业科学研究院在富阳县建立亚热带林业研究所(简称中林院亚林所)。70年代建立了43个市(地)、县林业研究所，80年代做了调整。1985年成立了浙江省林业技术推广中心，52个市(地)、县建立林业推广机构。80年代后期开始，先后建立千岛湖、溪口、天童等18个森林公园(其中千岛湖为国家级森林公园)，以及天目山、龙塘山、龙王山、古田山、凤阳山、百山祖、九龙山、乌岩岭扬子鳄、俞坑等10多个自然保护区(总面积1.4万公顷，其中天目山为国家级自然保护区)，对全省发展林业生产、保护生态环境、发展森林旅游事业、开展动植物科学研究等方面都发挥了重要作用。到2010年有林业科技推广人员734名，其中具有高级职称者126人。研究领域发展到资源调查与规划、林木良种选育与森林培育、森林保护与生态安全、林业机械与装备、林产工业等五大类，并不断取得突破性进展，研究水平居全国领先地位，部分达到国际先进水平。

第一节 资源调查与规划

一、资源调查

(一)踏查

民国九年(1920)和民国十六年(1927),北京大学钟观光等人先后到天目山林区采集植物标本 7000 多号,并创建了中国第一个小型植物园——浙江大学植物园和植物标本馆。民国二十四年至二十七年(1935—1938),浙江省农业改进所对钱塘江等江河流域的水源林与处州府(今丽水地区)下辖 10 个县林业概况进行过踏查。1950 年,华东农林部、浙江省农林厅在浙江西部建德等 11 个县采用事先确定的调查路线和访问点,利用摄影、采集标本等方法,调查林业经营管理与利用情况,采集植物、土壤、病虫害等标本 700 多号,解析木 15 株。这是全省首次多学科、多专业的综合性林业调查。

(二)二类调查

1953—1957 年,浙江省林业厅林野调查大队(简称省林野调查大队)运用测树学理论与技术,首次进行全省森林资源二类调查。1973—1976 年,浙江省农林局林业勘察设计队(简称省林勘队)采取专业队伍与群众工作相结合的方法,完成了全省森林资源二类调查。1983 年,浙江省林业勘察设计院(简称省林勘院)在临安县采用航空相片与地形图相结合的方法,进行森林资源和土地资源的调查。

(三)抽样调查

1979 年,省林勘队毛志忠等 40 多人应用数理统计理论,采用抽样技术,调查了全省森林资源。先把全省大面积平原从总体中剔除后,布设 3575 个面积为 0.08公顷的固定样地,采用罗盘仪实测定位,样地全部固定,样木部分固定,调查记载样地地类、权属、林种、树种、起源、年龄、胸径、树高、郁闭度、株数等 50 多个项目。1986 年、1989 年进行复查,并应用电子计算机分析处理间隔期内的森林资源数据及其动态信息,建成了浙江省第一个自然资源动态监测体系。该成果获 1989 年省科技进步奖二等奖。1979—1980 年,省林业厅组织编制《浙江林业区划》,把全省划分为浙西北中山丘陵、浙东低山丘陵防护用材林、浙西南中山用材林、浙东南低山丘陵用材和经济林、浙北平原绿化农田防护林、金衢盆地经济防护林、浙东滨海岛屿防护和薪炭林等 7 个林区与 4 个亚区。

二、造林规划设计

(一)荒山造林规划

1953—1962 年,省林野调查大队把全省 179 万公顷的荒山按自然条件和林业生产特点,划分为 6 个造林类型区和 3 个亚区,分别进行造林规划。1961 年在黄岩县进行省内首次飞机播种造林成功后,省林勘院利用 1∶50000 地形图,与各县(市)林业局共同完成了飞机播种造林的规划,并绘制出省、县飞机播种造林区分布图。

（二）基地造林规划设计

1980 年,省林勘队与临安等 20 个县(市)林业局合作,利用 1∶25000 地形图,通过调查,规划了 288 个公社(乡)杉木用材林基地 17.9 万公顷,到 1990 年建成 12.8 万公顷用材林基地。

（三）速生丰产林规划设计

1985—1986 年,省林勘院与遂昌等县林业局、林场共同承担浙江省西南部速生丰产用材林基地规划设计,在国内率先编制和应用山地立地条件类型表、速丰林造林类型表及幼林丰产培育措施类型表(简称"三表"),利用 1∶25000 地形图实地规划小班 11164 个,面积 6.2 万公顷,其中新造林 3.7 万公顷,幼林培育 2.5 万公顷。该项目获林业部 1988 年优秀调查设计成果奖。1989—1990 年,省林勘院承担利用世界银行贷款建设 5 万公顷速生丰产林基地的总体设计,进行项目可行性研究,编制立地类型表与造林类型表,完成营林林地相对集中的规划,速生、丰产、优质、抗病虫害树种的选择,示范、试验林安排,并按工程项目进行管理,建立省、县微机信息网络等一系列的技术性设计,是省内造林规划设计上的一个突破。

（四）防护林规划设计

1959—1960 年,省林野调查大队对浙江 1900 多公里海岸线、浙赣等 4 条铁路线及新安江等 4 个大型水库,进行海防林、护路林、护岸(库)林的规划设计。1982—1983 年,省林业厅在桐乡等 3 个县进行平原农区绿化规划,编制出省内平原地区第一个"三杉"一元立木材积表。1987—1988 年,省林勘院参加"全国沿海防护林体系建设可行性研究",对浙江沿海防护林体系建设进行总体规划,范围包括宁波、舟山等 7 个市(地)的 31 个县(市),总面积 287.3 万公顷,为全国沿海防护林体系建设可行性研究提供了基础资料,该成果获 1989 年林业部科技进步奖二等奖。

三、城镇环境规划设计

20 世纪 90 年代后期开始,浙江大学、浙江工业大学、浙江林学院(后更名为浙江农林大学)、省林科院等高校院所分别开展城镇环境规划、园林规划设计、绿化造林规划设计研究。在城镇生态规划设计的理论与实践、风景区绿化规划、现代园林植物配套以及旅游规划设计等方面形成了特色优势。先后进行了一批省和国家级重点项目的研究,完成了不同类型、不同规模的各类规划设计项目 2000 多项,按照功能、艺术、文化和科学高度统一的设计原则,完成了一大批园林植物造景与配置,受到社会与专家的好评。其中有 30 多项获省部级优秀设计奖,对促进城镇生物多样性、绿化、美化、彩化发挥了重要作用,尤其在新农村规划与建设中,形成了一整套实用新型的设计理念与导则,在各市地建立了一批新农村科技示范点,得到了省委省政府领导的高度重视,深受农民欢迎。

四、森林经理

(一)国有林

1953—1960 年,省林野调查大队对全省 128 个国有林场 53.3 公顷森林(1987年撤并为 101 个,22.6 万公顷),首次用罗盘仪配合小平板仪实测的大比例尺平面图作为林场基本图面资料,进行营林区、林班和小班的划分,开展资源调查,编制林相图,并提出造林设计及年度作业安排。这项调查设计在建场、安排生产和经营管理中发挥了作用。

(二)集体林

1957 年,省林野调查大队对龙泉县 8 个高级农业生产合作社(村)的 0.7 万公顷森林,以合作社(村)为单位,划分林班和小班,调查资源,编制森林经营方案,确定 10 年内森林经营方针,进行森林主伐利用、更新、抚育管理、护林防火及固定采种园规划。1989 年,省林勘院与桐庐县林业局编制省内第一个县级集体林经营方案。

第二节　林木良种与森林培育

一、林木遗传改良

(一)引种驯化

民国三十三年至三十四年(1944—1945),林学家陈嵘在安吉县晓墅首次引种湿地松、火炬松成功。1964 年,中林院亚林所在富阳、余杭县和杭州市对这 2 个树种进一步试种,其表现出较强的速生性和适应性。1973—1986 年扩大中试,树种在浙北丘陵、浙东南沿海丘陵和浙中盆地生长良好。

水杉于 1950 年引入浙江,池杉、落羽杉于 1955 年开始引种,零星栽植于庭院和公园中,然后在平原水网地区推广,表现出速生、适应性强等优点,现已成为浙江"四旁"绿化和平原水网地区农田防护林的主要树种。为解决种苗不足的问题,省林科所史忠礼和桐乡县林科站邹雪生等用嫩枝水养沙培快速育苗的方法,加速池杉、落羽杉等繁殖,获 1979 年省优秀科技成果奖二等奖。

桉树于 20 世纪 30 年代中期引入浙江,50—60 年代在温州沿海地区大量栽种成功。1964 年在乐清县建立国内第一个桉树良种场,该场于 1989 年筛选出赤桉等 11 个良种,适宜于宁波或椒江以南沿海地区造林。

木麻黄是省亚作所于 1963 年开始引种的树种,20 世纪 70 年代扩大种植到台州、宁波、舟山等沿海地区 20 余个县(市),表现出速生、较耐寒和耐盐碱等优点,已成为浙江东南沿海营造防护林的主要树种之一。

黑荆树为栲胶原料树种,20 世纪 60 年代初从澳洲引入浙江。省亚作所对其进行了 20 余年生长特性、采种育苗造林和病虫害防治技术研究,1980—1985 年选出 4 个增益 10% 以上的优良家系,提出选择适地、良种壮苗等 10 项营林技术,已在浙东南沿海造林 2000 余公顷。

1950—1979 年,杭州植物园从省内外引种成功近百种竹种,并对其生态学习性进行详细记述。1963—1981 年,省亚作所引种成功吊丝单竹、粉单竹,在浙南推广。1973—1979 年,舟山地区林业科学研究所从福建、广东、广西、四川等省引入丛生竹 27 种,其中首次引种成功的有花竹、石竹、扁竹、牛角竹、六月麻等。

1970 年,省林科所在云和县景宁林业总场草鱼塘分场(海拔 1000 米以上)从国内外引种 50 多个高山树种中,于 1979 年筛选出日本扁柏、日本冷杉、日本花柏、细叶花柏和大叶香柏等 5 个耐寒、抗风、抗雪压、生长快、病虫害少、易繁殖,且适于在浙江高海拔地区造林的树种。

1972 年起,杭州植物园利用美国前总统尼克松访华赠送的一株北美红杉,通过模拟原产地的最优生态环境,掌握了北美红杉的生长发育规律和繁殖技术,找到其最适生长区域是舟山等沿海地区与新安江两岸。1974 年,浙江从广东省英德县引种薪炭林速生树种——鬑蕎栲,种植面积 2 亩。1988 年春,巨县开始引种日本甜柿和国内南方柿良种,当年栽种 62.5 亩,包括有次郎、禅寺丸、西村早生、广西水柿、方柿以及湖南腰带柿等多个品种。

1991 年开始,天目山引种珙桐(鸽子树)成功。中林院亚林所、浙江林学院、森禾种业、省种苗站等单位先后开展了"耐水湿耐盐碱优良树种资源引进"和"优新花木品种引进"等项目的研究工作,先后从国外引进一些耐盐碱耐水湿和平原绿化树种,开展区域试验,并取得了初步成效。1995 年,浙江林学院童再康等人从北美和欧洲引入红叶石楠、金叶小檗、花叶六道木等彩叶园林树种。其中红叶石楠种遍全省,苗木产值超百亿元,该项目获 2004 年省科技进步奖二等奖。中科院亚林所陈益泰研究员在 2003 年从美国引进弗吉尼亚栎、洋白蜡、舒玛栎、柳叶栎、无刺皂荚、蜡杨梅、海滨木槿、水紫树、北美枫香、滨枹等树种,并在绍兴上虞、宁波等地开展繁育与试种,经富阳、上虞、海宁、余杭等地区的育苗试种,引进的水紫树、弗栎、柳叶栎、洋白蜡、美国皂荚、北美枫香、红叶石楠等树种在全省平原、沿海地区具有较大的发展潜力,丰富了全省的树种资源。其中弗吉尼亚栎、水紫树、北美枫香种源 LA 等 3 个林木驯化品种 2008 年通过了浙江省林木品种认定。亚林所周志春 2002—2004 年分批从美国东部引种红花七叶树、光叶七叶树、黄花七叶树和欧洲七叶树。长柱小檗、伞房决明、金山绣线菊、布什绣线菊等观赏植物在园林应用中得到推广。

（二）良种选育

浙江省林业生产在 20 世纪 40 年代之前以插条造林和飞籽成林为主,仅有部分经济树种采用育苗造林。50 年代,用材树种开始规模育苗造林。60 年代,杉木由插条育苗发展到播种育苗,对经济树种开展农家品种调查与选择利用研究。70 年代以来,开展全方位的林木良种选育研究。1973—1985 年,中林院亚林所陈益泰与龙泉县林科所、省林科所协作,进行杉木种子园亲本选择测定研究,成果获 1985 年省科技进步奖二等奖。1976—1985 年,省林科所参加由中林院亚林所主持的全国杉木种源试验,提出杉木随纬度变异模式,划分了 9 个种源区和全国优良种源区,成果获 1989 年国家科技进步奖一等奖。1978—1987 年,开化县林场周天相等发明杉木"三优"(即优良种源、优良家系、优良杂交组合)及矮秆采穗圃技术,成果获 1987 年省科技进步奖一等奖。1986—1990 年,省林科所洪昌端与有关单位协作研究,增选出杉木优良单亲、双亲家系 90 个,对遗传稳定性及材性做了初步测定、分析,提出相应的推广应用意见,获 1990 年省科技进步奖二等奖。

1980—1986 年,中林院亚林所陈建仁对马尾松种源变异和种源区划展开研究。同时为浙江省选出广西贵县、龙胜,湖南常宁和浙江庆元、仙居等 5 个优良种源,在全省推广,成果获 1990 年国家科技进步奖二等奖。1980—1991 年,浙江林学院等单位通过种源试验研究,选出龙川、赣州等 4 个檫树优良种源,材积遗传增益 68% 以上;选出丽水、建阳等 6 个香椿优良种源,材积遗传增益 54% 以上。1990—1995 年,由中林院亚林所主持的"马尾松造林区优良种源选择研究",筛选出材性优良、抗性好、树脂含量高的优良种源 4 个,成果获 1994 年林业部科技进步奖二等奖。1993 年,省林业厅进行的"林木良种选育技术推广与繁育体系"研究,获省科技进步奖二等奖。

20 世纪 40 年代,浙江林学院林刚等将油桐划分为紫桐、米桐、球桐、柿饼桐、对岁桐等品种,并开始选优工作。1962—1977 年,通过对三年桐林的调查,选出 5 个单株,子代测定较一般品种增产 1 倍;杂交育出"五爪桐×少花吊桐"优良组合,成果获 1979 年省科学大会奖二等奖。此后,继续从省内农家品种中选择优株,于 1984 年育成"浙桐选 7 号"等 6 个三年桐优良品种和"浙桐选 5 号"优良家系,比当地主栽品种增产 40.7%～100.8%,推广造林 9 万亩,获 1984 年省优秀科技成果奖二等奖。1980—1987 年,中林院亚林所选育出"浙皱-7 号"等 3 个千年桐优良无性系,4～7 年生平均亩产油 30.36 公斤。其中,"浙皱-7 号"6 年生亩产油 52.96 公斤,创全国最高纪录。成果获 1989 年林业部科技进步奖二等奖。

1964 年,兰溪县建立全国第一个乌桕良种场。1962—1965 年,浙江林学院在对省内乌桕良种资源调查基础上,选出 25 株优株。省林科所张克迪等人选育出"分水葡萄柏 1 号""选柏 1 号""选柏 2 号"和"桐锤柏 11 号"4 个高产无性系,推广到湖南、湖北等 12 个省市,获 1978 年全国科学大会优秀科技成果奖。

1979—1987 年,省林科所等单位经过选优和测定,选育出 17 个高产优质油茶无性系,平均亩产油 31.35~57.0 公斤,比对照组增产 236%~480%。同期,中林院亚林所也选育出"亚林 1 号""亚林 2 号"和"亚林 6 号"等 3 个优良无性系,按单株平均亩产折合亩产油 50 公斤以上。

1975—1991 年,由省林科所温太辉主持的"竹种资源研究及其开发利用"课题,历经 17 年调查研究,首次查清了浙江省竹种资源有 25 属 279 种(含变种、变型),并查清了全国 16 个省(区)161 个县(市)的竹种资源,编写出版了《中国竹类彩色图鉴》。发现新属 3 个、新种 101 个、变种变型 31 个,建立了种类、数量及模式标本均居全国首位的竹类标本馆和露地栽培 223 个竹种的浙江竹类植物园;首次提出世界竹子起源中心在中国云南的论断;发现并开发了角竹、黄甜竹等 25 个优良竹种,提出并解决了名优竹种的驯化栽培难题。成果获 1994 年省科技进步奖二等奖。1974—1985 年,中林院亚林所与安吉县合作,从全国 17 个省(区)引入竹种 26 属 200 余种,建立了国内竹种最多、规模最大的安吉竹种园。

20 世纪 80 年代,中林院亚林所从引种的 20 个甜柿品种中,选出 6 个优良适生品种。该成果获 1996 年林业部科技进步奖二等奖。1986—1991 年,由常山县科委主持开展胡柚优株选择试验,选出优株 4 个。6~7 年生平均亩产果达 3344 公斤。

1991—2000 年,省科技厅组织省林科院、浙江林学院、中林院亚林所等涉林高校和科研院所重点开展了"杉木、杨树、榉树、油茶、乌桕、油桃、银杏、杨梅、板栗等林木的遗传改良和品种选育""浙江樟、毛红椿,深山含笑,巨紫荆等乡土树种的发掘利用""银杉、天目铁木、普陀鹅耳枥、百山祖冷杉等珍稀濒危树种的保存与繁殖技术研究""无土花卉技术和容器育苗技术研究与推广"。特别是在杉木优良无性系选育、地理变异和种源区划分上取得重大突破。56 个林木良种通过省林木良种(审)认定,在林木种质资源与开发方面共获省部级以上科研成果奖励 30 余项。其中参与研究的"杉木地理变异和种源区划分"获国家科技进步奖一等奖,"杉木育种程序系列研究"获 1991 年省科技进步奖二等奖,"杉木造林优良种源选择及推广研究"获 1996 年林业部科技进步奖二等奖,"浙江省林木良种选育技术推广与繁育体系研究"获 1993 年省科技进步奖二等奖。中林院亚林所开展"锥栗优良新品种选育研究",选育出优良无性系新品种 5 个、优良类型 7 个,获 2005 年省科技进步奖二等奖。其间,全省围绕"种苗品种化、育苗工厂化、质量标准化和栽培规范化"的要求,进行林木良种选育科研工作,取得 71 项良种选育方面的科研成果。

进入 21 世纪后,省科技厅继续组织涉林高校和科研院所重点开展美洲黑杨、杂交马褂木、光皮桦、毛红椿、南酸枣等速生树种,木荷、浙江楠、紫楠、红豆树、红心杉、香樟、枫香、乳源木莲、桤木等阔叶和珍贵树种的选育,选育推出了 100 多个优良种源、家系和无性系,解决了这些优良树种规模无性扩繁的技术难关。阔叶树育种和容器苗育苗水平居全国领先地位,为浙江省林业生态环境建设和林业产业发展提供了重大科技支撑。其间,继续重视松杉等针叶用林树种的良种选育,杉木和马尾松已进入二代育种,湿地松和加勒比亚松杂交制种与杂种优势利用获得重大突破。其间,浙江山核桃、香榧等特色经济树种选育和高效培育技术研究一直处于国内领先水平。山核桃嫁接技术获重大突破,为山核桃良种化、产业化奠定了良好的基础。香榧周年嫁接技术的突破,解决了生产性香榧优良品种的快繁难题。其间,共选育并审定或认定主要林木品种 113 个,先后获 80 项技术良种选育科研成果。中林院亚林所进行的"马尾松适应低磷机制和磷高效基因型选育研究"获 2004 年省科技进步奖二等奖。中林院亚林所参与完成的"杉木遗传改良及定向培育技术研究"获 2006 年国家科技进步奖二等奖。浙江林学院参与的"4 个南方重要经济林树种良种选育和定向培育关键技术研究"获 2007 年国家科技进步奖二等奖。中林院亚林所姚小华等人进行的"油茶新品种选育研究"获 2008 年国家科技进步奖二等奖。该所参与完成的"马尾松良种选育研究"获 2009 年国家进步奖二等奖。浙江林学院童再康等人进行的"特色经济树种新品种选育研究"获 2006 年省科技进步奖一等奖。该校参与完成的"喜树种源试验及叶用圃营建关键技术研究"获 2007 年省科技进步奖二等奖,主持完成的"浙江省主要阔叶树种优树选择及种实丰产配套技术研究"获 2007 年省科技进步奖二等奖,"杨桐优良品种选育研究"获 2010 年省科技进步奖二等奖。

2006 年开始,开展并完成了全省林木种质资源清查,建立了我国第一个"林木种质资源保育与利用公共基础条件平台",全省共收集保存各类人工林木种质资源 10813 份,建立种质资源库(收集区)2000 多亩。淳安马尾松育种园、安吉竹种园、金华山茶物种园成为首批 13 个国家级林木种质资源库之一。浙江省自 1991 年开展林木良种审定工作,2002 年依据《中华人民共和国种子法》成立了浙江省林木品种审定委员会,开展了林木品种审定工作,截至 2010 年,全省审(认)定林木良种 376 个,其中国家级审(认)定的 30 个,获得授权林木植物新品种 36 个。

(三)良种繁育

1973—1991 年,省林业厅林木种苗站(简称省种苗站)、中林院亚林所和浙江林学院、省林科所协作,采用科研、生产、管理三结合的组织形式,建立以良种为先导、基地建设为中心、实现造林良种化为目标的浙江省林木良种繁育体系,促进林木良种建设。自 1973 年以来,浙江省林木良种基地先后选择并收集国内外良种种质资源 5000 多个,建立资源收集区 15 个,面积 50.8 公顷,为林木遗传改良奠定了物质基础。18 年中,共推广良种造林面积 31.1 万公顷。该成果获 1992 年省科技进步奖二等奖。

1979—1988 年,中林院亚林所陈孝英等与淳安县姥山林场协作,在全国 10 个省(区)选择并收集了马尾松优质资源 1077 个,在开化县建立起一个国内资源最多、面积 8 公顷的马尾松育种园。1988 年,中林院亚林所与龙游县林业局合作,在该县溪口林场建立省内第一个杉木二代种子园,使浙江成为国内最早生产杉木二代良种的省份。

1984—1986 年,中林院亚林所陈孝英等用成年松树枝条上的针叶束为接穗,幼苗为砧木,嫁接成活率达 90.5%,成株率为 98.3%,获 1988 年林业部科技进步奖二等奖。1988—1992 年,开化县林场周天相等开展的"矮秆采穗圃营建技术、采穗母株促萌保幼技术、插穗催根技术等配套繁殖技术研究",获 1993 年省科技进步奖二等奖。1998 年以后,浙江启动实施新一轮的国债林木种苗工程建设,组织实施了国债中心苗圃建设项目、省级林木种苗繁育示范基地项目、林木良种基地建设项目、林木采种基地建设项目等一批良种苗木繁育工程。至 2010 年,47 个林木种苗工程项目累计总投资 15486.3 万元,其中国家投资 9150 万元,地方配套投资6336.3 万元。截至 2010 年,全省已建国家重点林木良种基地 6 个、省级重点林木良种基地 9 个,共带动建设全省林木良种基地面积达 0.2 万公顷,累计生产良种种子 84 万余公斤,良种造林 122.6 万公顷。

(四)林木育苗

1.组织培养育苗技术研究。1977 年,为了繁殖和推广美国前总统尼克松访华时赠送给中国的红杉、巨杉,杭州市植物园在全省率先进行了木本植物的组织培养。1979 年,中林院亚林所开始进行植物组织培养的研究,首先进行组织培养的树种是油桐和油茶,后对杉木的组织培养也做了研究,解决了从杉木幼苗茎尖、成年优树茎部萌芽和茎段诱导芽的发生、根的诱导以及小苗移栽技术水平低等问题。1988 年,省林业厅种苗站与中林院亚林所协作,进行杉木组织培养工厂化育苗试验研究,完成了包括试验性工厂的基本建设以及生产过程中的基础与应用研究,建立起一座年产 10 万余株试管苗(以生产用材林杉木组织培养苗计)、以提供杉木优质采穗母本为目的的中试工厂。同时,通过组织培养与常规微扦插繁殖技术相结合的方法,建立了一套新的无性系繁殖体系。1991 年培养出杉木组培苗 2 万多株(以广西融水和浙江杉木优树为原始外殖体),1992 年春应用于杉木无性系采穗圃建设。1992 年,省林业厅种苗站组织培养室承担了林业部林业科技推广项目"杉木组培育苗造林技术试验示范",培育了 24 个杉木优良无性系组培苗 30 万株,在建德市营造杉木组培苗示范林 1150 亩。

2.用材林和经济林育苗技术研究。1954 年,丽水林场在省内率先进行杉木播种育苗,面积 2.01 亩,产苗 19.2 万株。1972—1977 年,开化县林场进行杉木秋播育苗。1980—1984 年,丽水地区试验冬播或早春播育苗,均取得成功。1981—1987 年,中林院亚林所完成了杉木、西洋杜鹃等 10 多种木本植物组织培养小试,1981 年在富阳县营造了国内首块杉木组培苗试验林。

1973—1980 年,舟山地区林科所进行毛竹种子育苗造林获得成功,育苗 60 余万株,海岛栽竹 2000 余亩。1979 年,鄞县林科所开展火炬松、湿地松等 11 个树种容器育苗试验,共育苗 4095 株,其中 9 个树种容器苗于当年 6 月上山造林,成活率达 100%。1986—1988 年,浙江林学院黎章矩等研究出山茱萸在生长季节进行贴枝接、改良长块削芽接和花苞接 3 种嫁接方法,成活率由原来的 20% 提高到 90%以上,并选出 8 个优良无性系在生产中应用。1986—1990 年,省林科所、浙江林学院、舟山市林科所等对珍稀濒危的天目铁木和普陀鹅耳枥进行育苗繁殖研究,培育出天目铁木709株、普陀鹅耳枥303株。1996—2000年,省林科院、中林院亚林所、浙江林学院等先后研究开发了"板栗芽苗砧嫁"等多项育苗新技术。

2001—2005年,先后完成了浙江省林木种苗地方标准《林木种子质量等级》《主要造林树种苗木质量等级》《林木种子检验规程》(DB33/178—2005)和《林业育苗技术规程》的修订工作。2006—2010年,积极开发应用新技术,培育了大量珍贵树种和良种壮苗,修订完成了《林业育苗技术规程》,制定了《林业容器育苗》省级标准和红叶石楠等12种花灌木育苗技术规程,全省容器育苗数量大幅增长,与2000年相比,至2010年全省总产苗量从4亿株到43亿株,容器育苗从158万株到14.3亿株。

二、花卉苗木引种驯化与选育

浙江花卉栽培始于7000年前的河姆渡文化时期,以往花卉科学研究分散在林特业科研项目中进行。直到1978年,浙江省内涉农高校、科研院所及龙头企业开始重视和加强花卉品种资源的征集利用研究,到2010年,共征集花卉品种资源348种之多,收集保存各类观赏植物种质资源1837份,建立金华山茶特种园、杭州绿地桂花园等种质资源库,香樟、桂花、茶花、玉兰等重要树种资源收集、验定开发水平居全国领先水平。

20世纪80年代,浙江林学院张若蕙等人开始进行"蜡梅科系统分类和资源保育研究",发表新种1个、新变种1个,建立了蜡梅科的分类系统,成为相关植物志编撰的重要依据;同时建立了蜡梅科植物的繁育技术,对蜡梅科植物资源保育起到积极作用。

1996年开始,浙江花卉苗木引种驯化与品种选育研究有计划有组织地展开。2001—2005年,省科技厅组织省内相关高校和科研院所先后开展"小佛肚竹秆形调控的分子机理研究""孝顺竹成花基因克隆研究""杜鹃花属映山红亚属轮生叶组的分类学研究""石蒜属(Lycodril)植物 rDNA 基因结构及系统发育的研究""茶花新品种选育及其标准化栽培研究"等一批国家级科技攻关项目研究,"耐热优质切花百合新品种选育及产业化关键技术研究""抗盐耐水湿树木新品种选育及高效培育技术研究与示范""毛竹、林源药用和观赏植物新品种选育及快繁关键技术研究""新优花卉引选及产业化关键技术研究与应用""珍稀观赏竹产业化开发关键技术研究""彩叶花卉新品种高效培育与产业化示范推广""中高档盆花产业化关键技术研究与示范""城市绿化观赏花木新优品种引繁与开发研究""新优花卉引选及产业化关键技术研究与应用""兰科新品种的选育及工厂化快繁技术的研究""彩叶花木新品种引进选育与开发""中国兰花组织培养快速繁殖体系的研究""基于生态园林城市建设的花境植物引选及其应用技术研究""园林植物容器育苗轻型基质的开发研究""水生花卉优良品种引选""绿化新树种苗木产业化示范基地建设与推广"等

70多项省级科技攻关项目的研究。以上项目均通过项目主管部门组织的验收或鉴定,并获得一批科研成果或发明专利。

2006—2010年,省科技厅再次组织省内相关高校和科研院所及龙头企业先后开展了"彩化木本花卉新品种引育繁及栽培技术研究与示范""梅兰菊竹传统名花种苗快繁配套技术研究及基地建设""百合种遗传育种及种球快繁关键技术研究及产业化""牡丹花冬季开花人工脱休眠技术研究与种质资源圃建设""蝴蝶兰品种创制及产业化关键技术研究""杜鹃花属植物优良种质筛选及创新利用研究""兰花杂交后代选育与品种改良及产业化研究""浙江主产盆花抗逆高效转基因育种研究及新品种创制"等一批花卉产业培育关键技术研发项目;通过项目实施,形成了以中林院亚林所、浙江林学院、浙江大学、浙江理工大学、省农科院和省林科院等一批花卉育种创新团队为主的,以森禾种业、虹越花卉等一批农业科技企业为代表的花卉育种技术创新主体。花卉苗木引种驯化和选育了200多个名优花卉和绿化新品种,大花蕙兰、蝴蝶兰、石斛兰、仙客来、红掌等名优花卉以及以红叶石楠为代表的彩色灌木,通过技术引进、消化吸收和创新,突破并获得了拥有自主知识产权的繁育技术。2004年,浙江林学院童再康等人进行的"彩叶花木新品种引进选育与开发"获省科技进步奖二等奖。2001—2010年,累计选育并审(认)定花卉苗木新品种141个,取得国家新品种保护权25个,玉兰、茶花、红叶石楠、百合、中国兰、朱蕉等品种的选育、种苗工厂化、容器苗培育技术等属国内领先,茶花杂交育种、桂花新品种"全球植"和"状元红"选育,杜鹃引种和驯化等取得重大突破。嵊州农民王飞罡选育出"飞黄玉兰"等8个玉兰品种,取得国家新品种保护权,种苗远销荷兰、日本、加拿大等10多个国家和全国20多个省市区。金华市人民医院施长春等人进行的"金华佛手生物活性及综合利用研究",获2009年省科技进步奖二等奖。

三、森林培育

(一)用材林

1. 杉木。1954年丽水林场开始杉木采种育苗,到20世纪60年代逐步取代插条造林。1979—1983年,浙江林学院许绍远、史荣金共同研究制定《杉木抚育间伐标准》,已由浙江省标准计量局发布实施。1990—1994年,省林科所与有关单位协作进行"杉木人工采伐迹地更新技术研究"。

2. 马尾松。1961年5月,在黄岩县方山进行省内首次飞播造林,有效面积281公顷,到1990年全省已飞播23个县(市)28.3万公顷。中林院亚林所于20世纪80年代初从众多菌根真菌中筛选出优良菌种——彩色豆马勃,提纯接种于马尾松造林,不仅提高其成活率,而且对幼林有显著的促进生长作用。80年代,省林科所与林业部华东林业调查规划设计院合作研究马尾松用材林速生丰产技术。

3. 檫树。20世纪70年代,浙江林学院经过14年试验,提出檫树与杉木以1∶(3~9)的比例,采取星状方式混交,获得成功。1981—1991年,省林科所与有关单位协作,开展以杉木为主的混交林营造技术研究,从 18 个树种混交试验中,选出杉木与木荷、柳杉、檫树、香樟等 8 个优良混变类型,与同种纯林相比较,单位面积蓄积量提高 6%~138%,推广应用面积达 19.44 万亩。

4. 苦楝。1978 年开始,省林科所周家骏主持"浙江省乡土树种发掘利用及其造林技术研究",选出 118 个树种,进行多点重复试验,首批摸清浙江樟、毛红椿等 14 个乡土树种的生物学特性和采种育苗技术。第二批又筛选出生长快、材质好的深山含笑、马褂木等 11 个树种,初步掌握其生物学特性及采种育苗技术。该技术获 1982 年省科技进步奖二等奖。1985—1990 年,中林院亚林所与建德林场合作,在该场江南分场营建木兰园,收集木兰科树种 78 种,保存 69 种,是国内木兰科物种较多的单位之一。1991—1995 年,由省林科所主持开展的"短轮伐期工业用材林定向培育与加工利用研究",获 1991 年省科技进步奖二等奖。

(二)经济林

1. 油茶。1973 年起,省林科所、常山油茶研究所和龙游林场先后进行油茶"三保"(保水、保土、保肥)地和营建"三油"(油茶、花生、油菜或芝麻)地的试验。1983—1986 年,中林院亚林所编制出中国第一个《油茶丰产林国家标准》。

2. 油桐。20 世纪 60 年代,浙江林学院在临安丘陵岗地营造 33 公顷油桐林,达到 3~5 年亩产油 10 公斤,6~12 年亩产油 20 公斤,其中 2.2 公顷速生丰产林连续 4 年亩产油 25 公斤。

3. 乌桕。1980—1982 年,兰溪乌桕研究所进行"乌桕采摘修剪技术和套种技术的试验",使产量增加 20% 左右,林地经济效益提高 3~7.6 倍。

4. 香榧。1956 年,浙江省开始香榧育苗技术研究。1958—1962 年,诸暨县林科所汤仲埙采用人工辅助授粉,使其产量增加一倍。该所任钦良发表了《香榧生物特性的研究》一文,系统地阐述了香榧根、茎、叶、花、果的生长发育规律,及其对地形、气候、土壤等环境条件的要求。他还编著了《香榧胚枝嫁接技术》《香榧根砧嫁接育苗试验》两书,为香榧高产稳产栽培提供依据。2006—2008 年,浙江林学院戴文圣等人进行"香榧优质高效促进栽培技术研究",该研究内容连同"香榧良种选育技术"一起获 2013 年省科技进步奖一等奖。

5. 银杏。20 世纪 30 年代著名园艺家曾勉之撰写了《浙江诸暨之银杏》一文,首次依种实性状变异划分佛手、梅核、马铃 3 个类型,并命以学名。1956 年,浙江省开始银杏育苗技术研究。80 年代中叶,浙江林学院率先在全省进行银杏优株选择,突破了小苗嫁接的技术瓶颈,成活率高达 95%。浙江林学院刘洪愕等撰写了《浙江银杏的生产和改良》,介绍了浙江银杏的优良单株和重要经济性状,并提出了改良意见。1989 年 10 月,省林科所林协与美国哈佛大学阿诺德树木园的 Peter Del Tredici 合作考察了天目山银杏,在银杏起源上获得共识,论文在美国 *Conservation Biology* 杂志发表。

6. 板栗。1988—1990 年,中林院亚林所试验,在板栗雄花序出现后,用 0.5%

的 TDS 调节素喷施树冠,抑制雄花生长,使潜伏的雌花芽得以正常发育,板栗增产20%以上。

7.山核桃。1986—1990 年,临安县林科所、浙江省林业科技推广中心开展"山核桃＋小竹、山核桃＋棕榈等山核桃立体经营技术研究"。1992—1995 年,临安县科委、临安县林业技术服务总站,在全县范围内推广山核桃人工辅助授粉和保花保果、科学施肥、老林更新、立体经营、病虫防治、乙烯利催落六项丰产技术,建立组织、技术、资金"三位一体"的推广保障体系和配套服务网络,4 年全县示范推广 2.8万亩,增加产量 277.12 万公斤。该技术获 1996 年省科技进步星火奖二等奖。2003—2004 年,浙江林学院进行"山核桃安全栽培技术研究""山核桃良种繁育及其标准化栽培技术研究"。2004—2005 年,浙江林学院进行"山核桃良种快繁技术体系及其产业化研究"。2007—2009 年,浙江林学院黄坚钦等人进行"山核桃生态经营关键技术研究的示范""山核桃成花机理及其调控技术研究",这两个研究项目合并获 2012 年省科技进步奖二等奖。

（三）竹类

20 世纪 80 年代,省林科所调查浙江竹类资源有 24 属近 200 种,占全国竹子种数的 1/2,以散生竹为主,浙南、浙东有丛生竹。主要经济竹种有 5 属 20余种,尤以毛竹资源最为丰富。安吉县毛竹总立竹量及年产商品竹均居全国首位。1985 年,浙江林学院建立国内唯一的竹类栽培与加工利用专业（后改为竹业工程）。

1.材用竹。中林院亚林所石全太、裘福庚、马乃训等与安吉县双一村协作,总结提出促进毛竹林丰产的八项技术措施,在低产毛竹林区应用,短期内即可使毛竹产量提高一倍以上。该成果分别获 1979 年浙江省科学大会奖二等奖,国家农委、国家科委 1982 年科技推广奖。20 世纪 50—70 年代,省林科所在奉化、安吉、衢县等地布点研究毛竹林大小年成因和矿质营养激素动态,实行连年培育,低产林、一般用材林、丰产林分别获得每年平均亩产竹竿鲜重 531 公斤、1184 公斤、1600 公斤。1965—1980 年,省林科院进行"竹子产量因子与理论产量分析研究"。1981—1990 年,省林科院进行"毛竹周年采伐及经营管理配套技术研究"。1996—2000 年,省林科院进行"早竹胚胎败育成因及更新繁育方法研究"。1996年,中林院亚林所傅懋毅等人进行的"毛竹林养分循环规律及其应用研究"获国家科技进步奖二等奖。2001—2005 年,省林科院进行"珍稀观赏竹种快繁及矮化盆栽技术研究"。

2.笋用竹。浙江笋用竹林有 1100 多年历史。20 世纪 80 年代,省亚作所筛选出丰产优质、鲜食和加工性能均佳的夏秋季笋用竹吊丝单,全省推广 130 多公顷。1983 年,省林科所温太辉发表《论竹类起源》,从竹类进化、原始类型、分布中心等方面,论述了世界竹子起源中心在中国云南中部和南部,中心分布 28 个属,其中 14个是古老的原始属。该文引起国内外同行的关注。他多年从事竹子分类研究,发表过 3 个新属和 101 个新种,其中悬竹属(Ampelocalamus)、肿节竹属(Clavinno-dum)为国内外植物学家公认,已被编入《中国植物志》竹亚科。1991—1996 年,省林科院进行"早竹笋用林结构研究"。1996—2000 年,该院进行的"毛竹笋用林丰产结构调控技术研究"获浙江省科技进步奖二等奖。2001—2005 年,该院进行"竹笋绿色栽培及其配套技术研究"。浙江林学院进行"雷竹可持续经营原理和技术研究"。项目成果在上海、福建、湖南、安徽等南方 11 个省市区推广,仅浙江省临安市累计推广面积 13322 公顷,新增产值 118466 万元。该技术获 2003 年省科技进步奖二等奖。2006—2010 年,浙江林学院、省林科院、中林院亚林所等高校院所研发了毛竹"一竹三笋"丰产技术、优质笋用竹早出覆盖技术、毛竹笋用林高效益经营技术等一批先进适用技术,研究提出了以竹林结构动态管理、平衡施肥、水分定量管理、竹笋采收和无公害竹笋技术规范为核心的一整套笋用竹林丰产高效可持续经营技术。其中,2005 年浙江林学院方伟等人进行的"毛竹笋竹林高效经营关键技术集成与产业化研究"获省科技进步奖一等奖。在浙江省遂昌县 1040 公顷的 3 个毛竹冬笋定向培育试验示范点,冬笋产量每公顷达到 5359.5 公斤,单产处于国际最高水平,为浙江省竹资源培育产业的发展提供了重要支撑,技术上取得新的突破。

(四)薪炭林

省林科所于 1963 年调查了薪炭树种资源及群众经营薪炭林的技术经验。20 世纪 80 年代按多树种、多目标的选择要求,采用优化分析的方法,提出 9 个纯林与 6 个混交林的栽培类型,以及合理采伐的数理化指标。该所在调查全省薪炭消耗量结构及供销平衡状况后,将全省分成 7 个薪柴能源区和 4 个亚区,为合理开发薪柴资源、因地制宜发展薪炭林和制定农村能源发展规划提供依据。

(五)防护林

20 世纪 60 年代,省林科所在象山县门前涂开展"耐盐树种的筛选及红树类植物的引种",结果表明刺槐、怪柳、乌桕、白榆、白蜡等在土地含盐量 0.03% 以下能适应生长,红树大多难以越冬。70 年代,省亚作所等 11 个单位在新围黏涂地上引种木麻黄,提出了一套育苗造林技术,并建立了防护林 158 条,共长 233 公里,还在四旁植树 556 万株。70 年代后期,浙江省林业厅与桐乡、余杭等县联合在水网地区选用水杉、池杉、落羽杉营造农田防护林,成效显著。1984—1990 年,长兴县林业局进行"太湖防风林带树种选样试验",以池杉为主栽树种并采取一系列营林技术措施,在沿湖 61.6 公顷滩涂地上种植池杉 50.15 万株,保存率达 91.6%,每亩平均生长有 0.87 立方米,形成了一条长达 18.12 公里、宽 34 米的绿色屏障。1991—2000 年,省林科院进行的"富春江两岸多功能用材林效益一体化技术研究"获 2001 年省科技进步奖二等奖。2007 年,省林业种苗站骆文坚等人进行的"主要阔叶树种优树选择及种实丰产配套技术研究"获省科技进步奖二等奖。

第三节　森林保护与生态安全

一、森林保护

(一)森林害虫

1.马尾松毛虫。1954—1957年,浙江省农业厅和华东农科所在常山县历时4年的研究,明确了松毛虫的生物学特性,探索了利用松毛虫黑卵蜂防治和化学防治方法。1963年开始应用飞机喷药防治。20世纪60年代末,重新考虑利用寄生蜂和微生物进行防治。1967年,省林科所在长兴县泗安林场用赤眼蜂防治松毛虫之后,扩展到金华、余杭、乐清、余姚县的有关林场。70年代初,省林科所在安吉、江山、余杭、缙云等县研究利用白僵菌防治松毛虫,经过10年研究和应用,证明林业上利用白僵菌治虫不会影响家蚕生产,防治面积近1万公顷,该方法成为防治松毛虫的重要方法。1981—1985年,林业部在衢县实施综合防治试验研究,成果获1987年省科技进步奖二等奖。省林科所余邦模等研制的机动背负喷粉喷雾机、手提喷烟机,适合地面防治松毛虫,获1978年全国科学大会奖。1984—1986年,省林业厅森防站、浙农大植保系、浙江林学院等单位联合进行"马尾松毛虫综合防治协调技术研究",成果获1987年省科技进步奖二等奖。

2.日本松干蚧。1980年,省林科所研究明确松干蚧的生物学特性和发生规律,提出人工饲养瓢虫和草蛉防治,推广氧化乐果、甲胺磷涂干等防治方法,有效控制其蔓延和危害。该项目获1983年省优秀科技成果奖二等奖。20号人工配合饲料繁殖瓢虫、草蛉幼虫防治日本松干蚧新技术,获1982年国家发明奖四等奖。中林院亚林所对11种松树进行抗日本松干蚧鉴别试验,证明火炬松等8个引进松树对日本松干蚧具有抗性。

3.松梢球果害虫。20世纪80年代在发展松树种子园的过程中,嫩梢球果虫害严重发生,中林院亚林所、省林科所、浙江林学院报道了马尾松、黑松、火炬松、黄山松种实害虫13种,提出采用灯火诱杀、化学农药打孔注射和喷洒等防治方法。

4.油茶害虫。主要是刺绵蚧,其排泄物使油茶叶和枝干患染煤污病。青田油茶研究所陈祝安发现和利用刺绵蚧的天敌黑缘红瓢虫防治,进而从刺绵蚧身上分离提纯出刺绵蚧多毛菌,杀虫效果达90%左右。该技术获1979年省科学大会奖一等奖。

5.竹类害虫。中林院亚林所徐天森等从20世纪60年代开始对竹子主要害虫进行了系统研究,于90年代初编写成《中国竹子害虫修订名录》,收集683种害虫,属75科363属,并对浙江竹林危害较大的28种害虫进行生物学及防治技术研究。1988—1991年,省林业厅森防站等单位联合进行的"竹林害虫综合防治技术研究"，获 1992 年省科技进步奖二等奖。

（二）森林病害

毛竹枯梢病于 20 世纪 50 年代末期在奉化、安吉县发生。从 60 年代开始研究，到 70 年代中期中林院亚林所张能唐等人才确认这是一种子囊菌引起的侵染性病害，筛选出苯并咪唑 44 号防治药剂，结合林间清除枯梢、病株等措施，病害得以控制。该成果获 1978 年全国科学大会奖。

（三）有害生物控制

2000—2005 年，浙江省内涉农高校和科研院所重点实施了马尾松毛虫、竹子害虫、日本松干蚧、板栗病虫害、杨树病虫害、花卉病虫害等六大工程治理项目。开展了"板栗产前病虫害综合控制技术研究""引进林木繁殖材料及观赏植物检疫管理信息系统""香榧病虫害防治技术研究""花卉病虫害综合防治技术研究"等多项重点课题研究。省农科院形成了一整套治理松材线虫病的技术方案，制定并颁布了全国第一个松材线虫病综合防治技术省级地方标准。省林业厅通过对引进林木繁殖材料及观赏植物检疫管理信息系统的研发，在国内首次系统建立了林木繁殖材料和观赏植物引种审批的管理信息系统，不仅建立了较为详尽的境外林木繁殖材料和观赏植物有害生物疫情数据库，而且包含了 314 个国家和地区的 1363 种寄主植物、434 种危险性病虫的资料，首次采用 Delphi5.0 编程环境，成功开发出引进林木繁殖材料及观赏植物相关的有害生物检疫管理信息系统。

2006—2010 年，浙江省在"松材线虫病和竹子、板栗、山核桃、花木等重大病虫害发生机理研究""杉木、竹林、板栗病虫害综合治理技术""浙江省林业重大病虫害监测预警体系""南方林木重大病虫害防控和自然保护区昆虫及大型真菌多样性保护"等方面形成特色优势。2008 年，省农科院孟智启等人进行的"松材线虫病RNA 干扰研究及其关键防控技术研究与应用"获省科技进步奖二等奖。研制出"白僵菌杀虫剂"和"Bt 杀虫剂"，植物源农药新品种"喜树碱杀虫剂""山核桃外果皮杀菌剂""简易高效千谱树干注射剂"等生物农药产品，并提供配套使用技术，在全省推广应用，有效控制了重大病虫害的发生。该项目获省部级科技进步奖 7 项，取得授权发明专利 10 项，出版专著 9 部，发表论文 110 多篇。

（四）森林防火

森林防火研究开始于 1988 年。金华林业局利用可燃物含水率与燃点的关系，划分火险等级，预报精确度 95％。遂昌县林场在防火道上种植红花油茶，既可收获油茶籽，又起阻隔火灾蔓延的作用。宁波市林场采用草甘膦清除防火道上的杂草，维护了防火道的作用。

二、生态安全

（一）农业生态研究

浙江农业生态研究有着良好的传统，杭嘉湖地区的"桑基鱼塘"是群众在长期实践中创建的农业生态良性循环的模式。农牧结合、用地养地结合是保持农业生态平衡的有效措施。20世纪70年代以来,浙江在运用生态经济学原理建设生态农业方面有了新的发展。1982年,省科协汇编了《建立良好的大农业生态体系》论文集,农业生态研究和生态农业示范点的建设取得长足发展。1983年,省农科院进行"杭嘉湖平原生态农业综合开发研究",成果获1986年省科技进步奖二等奖。1988年,浙农大开展了"生态农业综合评价方法及应用研究",通过对国内外最新生态农业综合评价理论和国内生态农业试验区建设的实践,首次较完整地提出生态农业综合评价的方法及规范化的工作程序,对全国具有实践指导作用。1988—1990年,省科委、省农村政策研究室、省农业厅联合开展农业生态研究与示范,其中萧山市山一村生态农业试点被联合国环境署授予"全球500佳"荣誉称号。1990年,浙农大成立全国第一个农业生态研究所,并被批准为农业生态学博士点。

(二)林业生态研究

1981年,省科协组织有关学会的科技人员开展山区林业生态研究。1981—1988年,省林科所在兰溪红壤实验区开展"林业生产生态经济效益研究",成果获1986年省科技进步奖二等奖。1982—1984年,浙江林学院、省林科所进行"浙江省石灰性土壤类型及其适应性树种试验研究",提出浙江省石灰性土壤类型划分及20多个适生树种和相应的造林技术措施。1987—1989年,省林科所在新安江开发公司界首林场建立森林生态研究站,开展"湖区马尾松林气象生态效应定位研究"。1987—1997年,省林科所进行"杭州郊区生态系统定位观测研究",填补了我国中亚热带东部地区常绿阔叶林(青冈—木荷—苦槠林)的气候生态、营养元素及养分循环等方面的研究空白。其中,常绿阔叶林的日照、温热变化的特点、林内凝结水的计量、常绿阔叶林对酸雨的影响、常绿阔叶林的营养元素及养分循环的特征等,在国内均属首次研究。1990—1991年,浙江林学院进行"杭州市北高峰韬光寺附近亚热带常绿阔叶林定位观察研究",同一时期,浙江林学院进行"中国南方几种重要森林土壤对酸雨的缓冲能力及缓冲机理研究"。

1996—2005年,浙江林科院江波等重点开展"浙江林业生态体系构建研究"。在森林群落结构理论、新产品新技术应用、植物生态修复、沿海防护林、湿地生态系统、城镇林业、生态效益监测等七个方面取得了显著成绩和突破,为保护国土、减灾防灾、美化人居环境、快速构建浙江省林业生态体系起到了重要的科技支撑与示范作用。项目成果在浙江省、江苏省和青岛市等周边省份岩质海岸地区累计推广2.688万公顷,年增直接经济效益1.61亿元左右,综合计量生态景观效益、年效益增值达10亿以上。该成果达国际先进水平,获2002年省科技进步奖二等奖、2004年国家科技进步奖二等奖。2005年,浙江林学院余树全等人进行的"常绿阔叶林的群落特征、动态变化及生态恢复技术研究"获省科技进步奖二等奖。2006年,省森林资源监测中心刘安兴等人进行的"浙江省森林资源与生态状况监测研究"获省科技进步奖二等奖。浙江林学院周国模等人进行的"浙江省水土流失重点治理区林业生态体系配套技术研究"获省科技进步奖二等奖。2007年,浙江林学院吴鸿等人进行的"浙江省重要生态地区昆虫资源研究"获省科技进步奖二等奖。

2006—2010年,浙江林学院、浙江林科院等协同开展了"退耕森林生态系统的恢复、森林与环境相互作用等方面的理论和应用研究""森林碳汇与应对气候变化研究"。构建了小流域土地利用的林种结构优化模型,提出了低丘红壤区域森林植被培育和生态功能修复技术,揭示了浙江省常绿阔叶林物种多样性特点、时空变化规律、主要树种间相互作用关系,提出了生态恢复技术,揭示了森林生态功能不高的形成机制,制定了浙江省森林生态服务功能评价指标、评价方法。省林科院江波等人主持完成的"浙江省森林生态体系快速构建技术研究与集成示范"获2008年省科技进步奖一等奖。"东南部区域森林生态体系快速构建技术研究"获2010年国家科技进步奖二等奖。在森林生态与区域生态安全方面,研究提出了生物防火林带建设技术和浙江特色城镇人居生态林构建关键技术,为浙江省森林生态与区域生态安全维护做出了贡献。20世纪80年代开始,浙江林学院周国模等科研团队在国内最早开展"森林碳汇与应对气候变化研究""遥感估算不同森林碳储量、森林土壤碳库容量及形态和土地利用变化对森林生态系统碳影响"等,重点进行了毛竹碳汇研究。主办国际和全国性有关森林固碳机制、森林碳汇计量和竹林生态与气候变化学术会议3次。森林碳汇研究处于国内先进水平,多次应邀参加联合国全球气候变化大会,系列科技成果得到与会各国专家、学者和媒体的关注,推进了我国森林碳汇研究发展,在国内外形成了良好的声誉。

第四节　林业机械与装备

一、营林机械及装备

1960年,省林科所成功试制山地植树挖穴机。是年,国营瑞安县福泉林场研制成压缩式6喷头喷雾车、大粒种子联合播种机、细粒万能种子播种机、幼苗施肥机等10余种机具,实现了育苗作业半机械化和机械化。1977年,省林科所研制成TY-1000型油桐剥壳机。1981—1984年,省林科所成功研制幼林抚育作业机。此后,该所与浙江农业大学协作,于1987年研制成ILB-120型耕耙犁、3SFZ-30型深翻锄、3WC-5型挂结式挖穴机、GCD-1型电动割灌整枝机4种机具,均配用永康拖拉机厂的5马力手扶拖拉机底盘。同期,该所还研制出双人手扶凿切式毛竹挖根机,适用于坡度30°以下的毛竹林清除林地竹蒲头作业。1984—1985年,由省林科所设计,安吉县山河农机厂成功试制JS300型捆竹紧索器。杭州市园林机械厂成功研制Y130-Ⅰ型及YZ-A型液压高空作业机。1986—1988年,丽水地区林业局研制出两种型号三种规格的苗木分级检测尺,适用于苗木生长期高、径生长量测定、田间检查验收、造林苗木分级和苗木质量抽样调查。

二、森保机械及装备

1969—1970 年,宁海县农机实验厂和省林科所协作,研制出红旗-15 型背负式喷粉喷雾机。1973—1978 年,省林科所在上海东风-5 型烟雾机样机的基础上,进行八项改进,研制出 3Y-10 型背负式喷烟机,获 1978 年全国科学大会优秀科技成果奖。此后,在 3Y-10 型喷烟机的基础上,于 1986 年研制出第二代脉冲烟雾机 3Y-35 型烟雾机,适合树高 15 米以上森林及地形复杂和缺水的林区使用,也可用作环境消毒。1988 年研制成 3Y-8 型烟雾机,适用于家庭卫生消毒。该设备 1989 年取得国家专利。

三、森工机械及装备

1957 年,杭州木材厂在原带锯机的基础上进行改进,研制成国产首台双联带锯机。1961—1964 年,又设计制造了专门锯制毛边板的双面锯板机,能锯直径 60 厘米、长 150 厘米以下的原木。1977 年,衢州木材厂研制出卧式浸胶机,性能达到国内先进水平。1974—1975 年,杭州木材厂研制成流控多头自动榫孔机,填补了射流技术在国内木工机械上的空白。1976—1977 年,衢州木材厂自行设计建造了一台吊钩式 QG5-60 型装卸机。1980 年,兰溪乌桕研究所成功试制乌桕脱粒机,比人工脱粒工效高 10 倍以上。1985 年,省林科所成功研制新型榨机,可分别榨取梓油、皮油,而且机榨产量大、得率高、质量符合要求。同年,杭州木材厂研究用合金铜 H62 焊接剂焊接带锯条,其工艺和技术性能与银焊接锯相似,操作设备相同,节省了白银消耗,降低焊接成本。1987 年,杭州木材厂对刨花板热压机进行改进,研制成人造板热压成型的送板装置和脱板装置。1989 年,该设备取得国家专利。1988 年,安吉县项林在省林科所的配合下,成功研制 MB-1 型木平压多用机(又称木工全能机)。

第五节　林产化工与木材加工

一、林产化工

(一)活性炭

1958 年以木屑、木炭为活性炭主要原料。20 世纪 80 年代开发以果壳、果核和煤为原料,生产工艺主要是以氯化锌为活化剂的化学法,设备有焖烧窑、多管炉、鞍式炉、耙式炉、窑式炉、斜板炉及改良斯勒普炉等。产品 30 多种,其中以糖用、药用和味精用为多,也有用于化工、冶金、饮料和环保的。有部优产品 2 个、省优产品 4

个,总设计年生产能力达 16000 吨。至 1990 年,全省有活性炭生产企业 40 家左右,研究成果 5 次获得部、省级奖励。1977 年,省林科所进行"废颗粒活性炭外热式移动床蒸汽再生工艺技术与设备试验"。1979 年,省林科所将废糖用粉状活性炭不加黏结剂临时造粒成型,用颗粒活性炭生产设备进行再生。1981 年省林科所与遂昌县林化厂合作进行"斜板炉活性炭活化技术的研究",设计出能自行翻拌物料的内外并热式斜板移动床活化炉,确立了"吸气内燃法的气体活化法新工艺"。1988 年该工艺取得国家发明专利。1982 年,该所项缙农等人与湖州塘南乡东风砖瓦厂合作进行"土窑砖瓦和活性炭混烧法试验",互用热能厂节省燃料 20%,劳力 80%,砖瓦和活性炭质量均优,基本上没有"三废"污染。该工艺获 1983 年省优秀科技成果奖二等奖。1985—1986 年,项缙农帮助宁夏回族自治区太西活性炭厂设计建造了国内第一座改良斯勒普活化炉(百叶窗式活化炉),提高生产率 140%,节约能源 2/3,可用木炭、煤、木屑、果核壳生产优质定型与不定型颗粒活性炭。至 1990 年已在 13 个省市 27 家企业推广应用。浙江开化县活性炭厂使用该技术,于 1990 年生产出煤质活性炭。该技术于 1989 年取得国家发明专利,获 1990 年林业部科技进步奖二等奖。2007 年,浙江林学院张齐生等人进行的"竹炭生产关键技术、应用机理及系列产品研制与应用"获省科技进步奖一等奖、2008 年国家科技进步奖二等奖。2010 年,省林科院陈顺伟等人进行的"利用林副产品废弃物制造清洁炭的关键技术研究"获省科技进步奖二等奖。

(二)松香

大规模采脂和提炼松香始于 1938 年,宁波人徐维通在龙泉县办起了"通记"松香厂。1944 年,温州工商业者在龙泉小梅镇办起松香厂。1952 年,华东工业部在杭州筹建松香厂,定名建新化工厂。1956 年,全省有龙泉、庆元、遂昌、杭州等松香生产点。至 1990 年,全省有松香生产企业 23 家,主要以直火滴水法生产松香。遂昌林化厂于 1983 年建成省内第一家蒸汽连续法生产线,改善了松香的色泽和软化点。1972 年,龙泉林化厂安装了间歇式蒸汽加工设备,对松脂进行综合开发加工,分别于 1985 年、1989 年、1990 年引进氢化萜松醇、双氧水生产技术和富马松香生产技术。

(三)糠醛

1968—1969 年,省林科所与宁波电化厂协作开展"糠醛副产品醋酸钠制取冰醋酸新工艺的扩大生产试验",建成年生产能力 300 吨的冰醋酸中试车间。1982—1985 年,省林科所用盐酸催化常压下连续制造糠醛生产试验获得成功,在衢县建立一个年产糠醛 150 吨和含氯化铵有机复合肥 2000 吨的常压连续化糠醛生产新工艺车间。

(四)竹醋液

2000—2005 年,浙江林学院、省林科所综合运用等离子发射光谱仪等仪器设备对竹炭晶体结构、微观构造等基础性能开展深入研究,开发了烟熏干燥和炭化连用的连续式竹材干馏炭化设备、竹林外热式干馏化设备,为工业化生产提供了技术保障。研究开发了屏蔽用竹炭、调湿用竹炭、吸附用竹炭等不同功效的竹炭产品和以竹材加工废弃料为原料生产高纯度竹醋液、生物质炭素(黏)成型生产工艺,以及竹醋液深度加工技术。2006—2010 年,浙江林学院、省林科院等单位进行了"浙江特色林化产业培育关键技术研究与示范""新型胶黏剂(包括无醛胶、阻燃树脂、无纺布皮革用水性丙烯酸乳液等方面)合成与应用研究""利用纤维等合成超级吸水剂""植物精油提取与健康功能竹制品开发""植物纤维纳米化分丝技术与复合材料制造""竹材液化、树脂化及其产品开发""竹材热解工艺与设备、竹炭与功能竹炭研究""高纯度竹醋液深度开发与加工技术"等一批重点科技攻关项目研究,获得一批科研成果和国家发明专利。

二、木材加工

(一)纤维板

1968 年,上海市木材研究所创造的国内首条新型纤维板生产线在湖州人造板厂投产。1978 年,衢州市木材厂的装饰纤维板投产。1983 年,杭州木材厂对上海人造板机械厂的 SY 型纤维板生产设备进行加层改造,从 15 层增加至 16 层,将长网刀割改为水割,并改造了热压机的排气管,节约蒸汽用量 22%。1984 年,衢州木材厂将 SY 型热压机改造成 BY 型 20 层热压机,进一步提高生产效率。1989 年,杭州木材厂又把热压机改成 22 层,年生产能力达 12391 立方米,为全国同类生产线之首。1985—1989 年,衢州木材厂和杭州木材厂还分别开发出高强度复合模板、强立体感的硬质纤维板和彩色硬质纤维板。

(二)刨花板

1958 年,杭州木材厂根据制作胶合板的工艺原理,土炉加温、人工拌料,并采用猪血作胶料,研制成血胶刨花板。1963 年用波兰热压机替代了人工螺旋压机。1966 年又安装了一台年产 2000 吨的热压机,并对拌料铺模等辅助设备进行改造,提高了血胶刨花板生产的机械化程度,1970 年试制成两面光血胶刨花板。1985 年,杭州木材厂以刨花板素板为基材,用三聚氰胺浸渍纸贴面,制成复合人造板,1988 年通过鉴定,产品质量合格率为 97%,在国内装饰板生产上处于领先地位。

(三)胶合板

1969 年,杭州木材厂开始生产胶合板。1971 年,该厂自行设计制造了一台挖洞机,能将单板的局部破损部位及节子快速挖去,以便修补。1980 年又自行设计制造了一台横向喷气式双层单板干燥机,单板干燥能力从 1500 立方米/年提高到 4500 立方米/年。1987 年开发了茶叶包装用胶合板。1989 年应用频谱理论,采用速生材作为原料,设计研制成人造薄木,在国内有开创性。1987 年,浙江开威有限公司从日本引进宝丽板生产线投产。2000—2005年,浙江林学院、省林科所进行"环保型薄木胶合板工艺技术产业化开发研究""低醛环保型脲醛树脂胶及其在胶合板中的应用研究""刨切微薄竹生产工艺技术研究""以杉木积成材为芯板的新型细木工板制造技术中试示范研究""柔性纸质层压板产业化开发""重组竹胶合板制造技术研究"等一批省和国家级重点科技攻关项目研究,获得一批省和国家级科研成果和发明专利。其中浙江林学院傅深渊等进行的"低醛环保型脲醛树脂胶及其在胶合板中的应用研究"获2003年省科技进步奖二等奖。

(四)竹质人造板

1973年,安吉人造板厂根据浙江大学科研成果,试制成竹编胶合板的活水处理转盘。随后,省内办起了数家竹编胶合板厂,生产包装箱的竹席胶合板,产品强度比木材胶合板高1～15倍。1987年,莫干山塑木制品厂与浙江省竹子研究中心合作,用废料竹黄制成竹胶合模板,可代替建筑用的木模和钢模。1989年,龙游压板厂、中国星火总公司合作批量生产竹篾胶合板及铁轨调高用的竹篾胶合板垫片。1993年,该厂根据汽车车厢底板的需要,研制高强度积成式竹胶板,采用工艺简单的秸层材加工方法,解决了端接和烘干时易开裂等问题。该项目获1997年省科技进步奖二等奖。2000年,省林科院汪奎宏等人进行"重组竹的开发研究"。2003年,浙江林学院在前期刨切微薄竹生产工艺研究的基础上,将竹材经一系列加工处理,制成竹片、竹板、竹方材,再经软化、刨切、烘干、拼宽接长等工序制成各种规格的大幅面刨切微薄竹新产品,实现了工业化生产,总产值约2.20亿元。该工艺取得1项国家发明专利和5项实用新型专利授权,获得教育部2007年科技进步奖二等奖。2004—2008年,省林科院汪奎宏等人进行的"竹材深加工关键技术集成与创新研究"获2010年省科技进步奖一等奖。2007—2010年,浙江林学院进行的"新型木竹材保护剂制备关键技术研究及应用"获2010年省科技进步奖一等奖。

第八章 涉农高科技新业态或新兴产业发展

20世纪50年代后期,浙江开始研究利用发酵技术生产抗生素、氨基酸、维生素等产品。浙农大开始对核技术在农业上的应用进行研究,成立农业物理系和同位素实验室。60年代后期,开展黄酒、酶技术研究和蛋白酶、脂肪酶等酶制剂产品的生产。70年代初期,开展细胞技术应用于农作物改良和花卉苗木快速繁殖技术研究。其中,花药培养单倍体育种技术在国内处于领先地位。80年代中期,开展基因工程研究。酵母、稻麦原生质体培养技术,鱼类细胞和病毒培养技术及其疫苗制备,湖羊胚胎切割与性别控制,叶绿体基因工程等理论和应用研究在国内处于领先地位。90年代后期,浙江开始重视涉农高科技新业态或战略性新兴产业培育发展的科学研究。重点加强农业生物技术及其制品、农业信息与核技术及装备、农业生物质能源与材料、农业生物药物及其制品、营养健康食品设计与制造、现代设施农业技术与装备、农产品质量安全与标准化技术、新型海洋农业、新型微生物农业、智能化农业机械与装备等涉农高科技新业态或战略性新兴产业培育发展的科学技术研究,并取得了长足发展,为浙江农业从单功能、低效益、高资源储存型向多功能、高效益、高科技依托型的现代农业转变提供技术支撑;着力解决浙江粮食安全、食品安全和生态安全的前沿性与战略性技术问题,提升农业高技术研究能力和水平。

第一节 农业生物技术及其制品

一、植物生物技术

20世纪70年代,省农科院赵成章、孙宗修等用水稻幼穗为外植体,进行离体培养,获得再生植株,在《植物生理学报》发表论文,这是国际上关于水稻组织培养取得成功的首次报道。接着,他们用24个品种的幼穗进行组织培养,从中选育出一个高产抗病的体细胞无性系新品系T42,成为国际上第一个在生产上有实际应用价值的禾本科植物体细胞无性系,获1982年省优秀科技成果奖二等奖。而后他们又应用水稻花药培养技术,与育种家合作,育成了晚粳新品种"浙粳66"。1983年在国际刊物《遗传理论应用》(*Theor. Appl. Genet.*)上发表论文"Somaclonal Genetics of Rice，Oryza sativa L"，系统报道水稻体细胞无性系变异与遗传的研究结果。一年内有 25 个国家 110 位科学家查阅过这篇论文。1981—1987 年，浙农大先后应用花椰菜花球组织切段及花序柄切段，大白菜叶球腋芽，青花菜叶片、中脉及花序柄，以及番茄茎、叶、子叶等，用 MS 培养基加入适当激素都形成了再生植株。1984 年，省农科院用芦笋茎尖进行组织培养成功。1987 年，该院用桑树花药，成功地育成了桑树单倍体植株。1990 年初，中国水稻所颜秋生等首次在国际上成功地将大麦原生质体培养成完整的绿色植株，组织培养技术日益成熟，并掌握了一套生理机理规律。1991—1995 年，中国水稻研究所、浙农大、省农科院和杭州大学联合进行"应用细胞工程技术培育水稻、大小麦种质资源和优异中间材料研究"。育成并通过省级审定的水稻、大小麦新品种各 1 个，新品系 3 个，中间材料 6 个。其共同特点是优质、高产、抗病虫、早熟。其中通过体细胞无性系变异（简称突体变）获得的小麦新品种"核组 8 号"和水稻新品种"黑珍米"都是国际上首例，分别获 1996 年浙江省科技进步奖一等奖和全国首届特种米金奖。期间，中国水稻所进行了"应用细胞工程技术培育水稻新种质和中间材料研究"。浙农大进行"原生质体培养技术研究"，省农科院进行"芦笋雄株快速繁殖技术研究"，中国水稻所进行"分离稻瘟病菌黑色素基因和水稻 DNA 限制性片断长度多态性的研究""水稻转抗菌肽基因的研究"，浙农大进行"高速微弹法花粉介异植物遗传转化研究"等植物生物技术科技攻关项目研究，均取得突破性进展。

进入 21 世纪后，中国水稻研究所与中科院遗传所合作克隆了水稻分蘖关键基因 Mocl 与脆秆基因 Bcl，在水稻分蘖分子调控机理方面取得突破性进展，在揭示水稻高产的分子奥秘上迈出重要一步。研究成果在 *Nature*、*Plant Cell* 等重要科学刊物上发表，水稻高产分子奥秘和水稻理想株型基因分别被评为 2003 年和 2010 年中国十大科技进展。中国水稻研究所与日本合作，首次在世界上克隆出一种能增加水稻穗粒数的水稻高产基因，并据此培育出了既高产又抗倒伏的新型超级稻组合。这一重大突破性成果发表于 2005 年 6 月 21 日出版的美国《科学》杂志上。"十五"期间（2001—2005）又通过分子标记辅助选择，培育出多个抗病虫的水稻品种，并在生产上应用。通过"十五"的研究，我省也建立了具有国际竞争力的研究队伍。2005 年，浙江大学吴平等人进行的"稻米品质性状遗传规律与相关基因克隆表达调控研究"获省科技进步奖一等奖。2009 年，中国水稻研究所钱前等人进行的"水稻重要遗传材料创制及其应用研究"获省科技进步奖一等奖。

植物分子育种及产业化。中国水稻研究所进行"分子标记辅助水稻高产抗病基因聚合育种技术研究"，建立了检测抗白叶枯病基因和抗稻瘟病基因的标记辅助选择体系，并通过合作开展分子标记辅助育种，育成"中恢 8006"等恢复系，进而育成"中优 6 号"等通过省级以上审定的杂交稻新组合；同时，育成一系列抗病优质恢复系，并配置了杂交稻组合，其中应用恢复系"中恢 811"配置的组合"中优 811"参加 2003 年省联品。浙江大学进行的"水稻磷高效基因克隆及功能研究""以蛋白模块分类后对水稻 cDNA 基因芯片研制与开发研究""十字花科作物重要功能基因的分离、克隆与利用研究""三系杂交棉株基因聚合育种及产业化开发研究"等一批重点科研项目均取得明显的进展。其中,"以蛋白模块分类后对水稻 cDNA 基因芯片研制与开发研究"获 2006 年省科技进步奖一等奖。其间,中国水稻研究所还进行了"水稻抗白背飞虱抗性新基因 wb-ph6(t)的精确定位及其应用研究""水稻代谢基因工程大幅度提高产量研究""多抗、优质基因的聚合及其在无公害水稻生产中的应用研究",均取得明显进展。2007 年,省农科院陈剑平等人进行的"全国 50 种植物病毒分子鉴定及其基因组研究"获省科技进步奖一等奖。

植物生物反应器研制。省农科院陈锦清等人在油菜中构建了疫苗蛋白与油菜主要贮藏蛋白 oleosin 的融合表达载体系统,该蛋白表达系统具有高表达水平、易于下游分离等特点。以此为基础,以全国和浙江省重要动物疫病为对象,又构建了多个口服疫苗油体表达载体,并已开展油菜转化。

2006—2010 年,浙江大学进行了"利用植物生物反应器生产防治 HP 的功能食品新技术研究""水稻发育过程基因表达网络结构组成和系统性调控研究""作物功能基因组生物信息应用技术平台的研制""水稻 T-DNA 插入突变体库的构建""杂交水稻结实障碍的生理学新能及调节技术产业化研究",省农科院进行了"植物组织培养关键技术研究及产业群构建""植物组培产业化共性技术研究"等,这些研究项目均取得明显突破。2006 年,浙江大学周继勇等人进行的"传染性支气管炎病毒纤突蛋白基因马铃薯生物反应器体系的建立"获省科技进步奖二等奖。截至 2010 年,浙江省植物生物技术研究进入全国领先水平,植物功能基因克隆与分子育种技术、植物生物反应器的研究(水稻、油菜、蚕桑)、植物组织培养产业化关键技术研究等领域都取得长足发展,形成了一批知识产权成果,转化了一批商业化应用生物技术成果,做大扶强了一批农业生物科技企业,并逐步成为研发主体,形成现代农业的先导产业和基础核心产业。

二、动物生物技术

20 世纪 70 年代后期,浙江省淡水水产研究所建立了我国第一个鱼类细胞株——草鱼吻端组织细胞株 ZC-7901,并在该细胞中成功地培养了草鱼出血病病毒 GCHU,获 1983 年农牧渔业部优秀科技成果奖一等奖。1986 年,浙农大张永平、李德葆等应用细胞杂交技术,筛选获得 5 株稳定分泌特异性单克隆克体的杂交瘤细胞株,均制备成腹水抗体,获 1988 年省科技进步奖二等奖。1983—1990年,省淡水水产研究所在草鱼出血病防治技术研究中,于国内首创了生物反应器微载体培养鱼类细胞和扩增鱼类病毒技术,并研制成草鱼出血病细胞培养病毒灭活疫苗,获 1991 年浙江省科技进步奖二等奖。

1991—1995 年,省农科院、浙农大进行"畜禽单抗诊断盒制备及动物胚胎工程的研究",杭州大学进行"鱼类细胞的抗病毒蛋白因子与鱼类抗病毒基因工程研究"，省农科院进行"牛胚胎工程技术的研究""天蚕丝基因克隆及其转移技术研究"等，这些研究项目均取得明显进展。研究建立的"应用国产激素诱发本地黄牛超数排卵技术操作程序"和"牛非手术法胚胎回收技术"达到国际上实用标准。鱼类抗病毒蛋白因子和干扰素的研究在国际上尚属首例。

在胚胎冷冻保存、显微切割、胚胎性别鉴定等方面取得一批国内领先的科研成果。以基因枪喷射为核心技术的家蚕受精卵外源基因转移技术体系，可将外源基因有效地转移入受精卵内，受精卵成活率高达 $85\%\sim90\%$。

1996—2000 年，省农科院进行"牛胚胎工程技术实用化研究"，基本形成同步发情、胚胎选择、胚胎移植及其受体饲养管理的技术体系；进行了"草鱼生长素基因在杆状病毒-家蚕丝源中的表达和应用"和"广食性家蚕生物反应器研究与开发"。浙江大学进行"用蚕表达 Hgh-csf 及其口服药物生白效果研究"，开辟了一条用家蚕制备基因工程药物的新路子，获 1998 年省科技进步奖二等奖。

进入 21 世纪后，浙江大学进行了"家禽高产蛋力生物工程疫苗的研制""草食家畜胚胎工程技术产业化研究""鸡肉质形成分子标记遗传效应分析及其应用研究""家蚕表达鸡传染性法氏囊病毒 Vp_2 蛋白制备疫苗研究"（获国家发明奖二等奖），以及"家蚕氧中毒解毒药剂的研制""鸡传染性法氏囊病病毒全基因组快速克隆及遗传拯救技术研究""猪粒细胞-巨噬细胞集落刺激因子-干扰素的研制及应用研究"等，省农科院进行"猪大肠杆菌肠毒素基因疫苗及免疫佐剂的研究"和"家蚕抗菌肽基因工程药物的研制及应用研究"，金华加华种猪有限公司进行了"金华猪种质特性分子遗传标记测定及其应用研究"等一大批动物生物技术攻关项目研究，并获得较好的研究成果。（1）家畜胚胎工程技术。在牛羊胚胎移植、胚胎冷冻保存、显微切割、性别鉴定等方面获得了具有国内领先水平的研究成果，并在波尔山羊与高产奶牛的胚胎移植、性别控制、分割等技术的产业化研究上取得显著的阶段性成果，在新昌、义乌建立了产业化示范基地。（2）乳腺生物反应器研制。分别从成人肝脏、胎儿骨髓中克隆出 MCP、DAF 基因，并以柔性肽段串接重组成国内首例具有起始、终止密码及正确阅读框架的 hMCP-DAF 串接基因；建立了判断融合基因表达载体构建合理性及表达性能的猪内皮细胞检测技术；明确了将猪体外授精技术与卵母细胞转染法相组合，形成猪原核期胚胎体外生产及外源基因显微注射技术，将线性 pcDNA-MD 导入体外生产的猪原核期受精卵，显微注射有效率为 76%，受精卵发育率（8 胞期）为 53.25%。这为我省乳腺生物反应器的研发提供了技术基础。（3）抗菌肽基因工程药物的研究。已经将家蚕 Cecropin B 基因克隆到表达载体 pGEX 中，进行融合表达，其产物具有抗菌活性。（4）性连锁平衡致死防治害虫技术的引进、消化及应用研究。已在国内棉区广泛采集棉铃虫幼虫，并初步建立低成本人工饲养技术体系。初步建立起一套以家蚕性连锁平衡致死系为主、包括限性品种在内的性别控制蚕品种的转育改良新方法，构建起一个较为完整的蚕性别控制种质资源库，育成综合性状较优良的雄蚕新组合"秋华×平 30"并通过省级鉴定,"秋风×平28"通过实验室鉴定,目前已经在浙江省湖州、嘉兴,山东省青州等主要蚕区建立雄蚕茧生产和制种基地,推广雄蚕杂交种达3000余盒。2007年,省农科院孟智启等人进行的"利用EST信息资源大规模克隆家蚕功能基因研究"获省科技进步奖二等奖。

2006—2009年,浙江大学、省农科院等单位进行了"基于兔单克隆抗体和微流体芯片技术的禁用兽药快速高通量检测方法研究";浙江大学于涟等人进行的"新型免疫佐剂鸡白细胞介素2的克隆表达及应用研究"获2007年省科技进步奖二等奖;周继勇等人进行的"家禽新免疫细胞因子的发现与生物学功能研究"获2008年省科技进步奖二等奖;于涟等人进行的"IBDV全基因组克隆、反向遗传系统的建立及基因缺失疫苗研究"获2009年省科技进步奖一等奖;省畜牧局徐辉等人进行的"猪多病原混合感染的基因诊断与高通量快速检测技术研究"获2009年省科技进步奖二等奖。"新型家蚕生物反应器高效培育'蚕虫草'研制"等动物生物技术攻关项目研究均取得明显的成效。

截至2010年,已在家畜家禽品种选育、繁殖新技术开发应用等研究领域取得了大批成果,建成了"浙江省畜牧产业科技创新服务平台""浙江省畜禽遗传育种重点试验基地"等公共实验研究设施。在胚胎工程技术领域,形成了牛、羊早期胚胎PCR性别鉴定的实用技术,牛、羊早期性别胚胎冷冻(-196℃)保存技术及牛、羊早期胚胎显微切割和人工同卵双生技术。在克隆技术方面,已明确并建立了牛、羊体细胞克隆的基础参数和技术路线,研究了拥有自主知识产权的可改善克隆胚胎体外发育的无血清、化学成分明确的培养液;已发掘与湖羊多胎性能相关的功能基因与分子遗传标记,建立了湖羊多胎相关性状候选基因群体检测方法。在猪繁殖与呼吸综合征、猪圆环病毒、猪细小病毒、鸡传染性支气管炎病毒、鸡新城疫病毒、口蹄疫病毒、兔出血症病毒等研究领域也取得了丰硕的成果。浙江省家蚕生物反应器研究处于国内外领先地位,取得授权专利10余项,多种外源活性蛋白在反应器中获得高效表达,家蚕生物反应器生产基因工程口服药物及产业化研究稳步推进,培养了一批研究家蚕生物反应器的中坚力量,并为进一步开展家蚕生物反应器产业化研究奠定了坚实的基础。

三、林业生物技术

20世纪70年代后期,中林院亚林所利用器官培养技术诱导杉木组培童期形状,对保持和繁殖杉木优良系起到重要作用,在此基础上,又相继开发了林木、花卉、药用植物等微繁殖技术,解决了组培苗商品化繁殖、包装、运输和保活一系列问题,该林木组培技术处于全国领先地位。细胞培养研究先后获得4项国家自然科学基金,取得显著进展。利用载体导入法使人参培养细胞富集和积累有机锗,提高人参培养物的药效,取得国家发明专利;研究林木单细胞低温驯化和低温选择抗寒单细胞,获得抗寒植株,为林木抗寒品系选育探索了新途径;在林木

病理生理研究基础上,建立抗病单细胞克隆的研究取得较大进展。在细菌 BT
杀虫剂研究方面,申报了新剂型专利,制定了产品行业标准,并进行了推广应用。
1989 年,该所成功研究杉木组培快繁技术,建立年产约 10 万株杉木试管苗的中
试场,造林 50 多亩。

浙江林学院重点开展了竹子、经济林、观赏植物、珍贵树种以及药用植物等现
代生物技术研究,先后承担了国家自然科学基金项目 14 项,国家科技部、国家林业
局以及省科技重大重点项目等 30 余项。在珍稀观赏竹、香榧、山核桃、光皮桦、杉
木等树种的功能基因克隆、转座子、遗传图谱构建、功能作图、分子标记辅助选择育
种以及细胞工程技术等方面取得了重要成果,研究水平处于国内同类研究的先进
水平,部分领域甚至处于国际领先水平。其中,“Functional mapping—how to map
and study the genetic architecture of dynamic complex traits”一文发表于 *Nature
Review*：*Genetics* 2006 年 3 月第 7 期(影响因子为 23.5),被评为首届(2007 年)中
国百篇最具影响力的国际论文。

浙江省林科院筛选出一批与早竹出笋和开花两个重要发育过程相关的基因,
克隆了部分调控基因,并已初步揭示了其功能和表达规律,为深入开展竹子发育调
控研究提供了重要的理论依据。项目研究成果已在 *Plant Physiology*,*Tree
Physiology* 和《林业科学》等国内外林业顶尖杂志上发表。中林院亚林所进行的
“东南沿海抗逆植物材料创育技术及耐盐转基因平台构建研究”选育了一批适合本
区域的高抗树种和品系,筛选出一批耐盐 0.3%～0.5%树种弗吉尼亚栎;创建了
抗逆木本植物选育技术体系,建立耐盐、耐涝、抗污染木本植物选育指标体系和安
全耐盐转基因平台;突破了一批优新植物材料扩繁关键技术,如北美枫香的密集播
种、芽苗移栽及组织培养技术,难繁树种弗吉尼亚栎扦插及容器育苗技术等;集成
了一批困难立地造林技术和模式,制定以“改土、选树”为核心的新围海涂防护林构
建六大技术措施和水源涵养林近自然化造林技术,筛选适宜平原水湿地的生态型、
生态经济型、景观生态型等 3 种模式,培育出优新耐湿耐盐树种苗木 300 多万株,
造林示范面积 6000 多亩,推动了浙江特色苗木产业发展。项目取得授权发明专利
1 项、省良种审定和认定新品种 3 个。

第二节　农业信息与核技术及其装备

一、农业信息技术

1978 年开始,浙农大王人潮等人与杭州市农业局合作,进行 MSS 卫片影像
目视土壤解译与制图技术研究。该技术已在全省应用,获 1986 年省科技进步奖
二等奖。20 世纪 80 年代中期,杭州大学进行遥感图像处理及其在浙江省土地

资源调查中的应用,研究中提出黑白图像按密度假彩色编码及多波段遥感图像组合密度假彩色编码方法,这在国内是一种新颖的处理方法,具有设备简单、容量大、速度快、成本低等特点。该校采用常规制图与遥感新技术相结合编绘成的1:1000000 浙江省土地利用图,是浙江省第一张较完整的全省土地利用图,能较好地表达全省土地类型及其分布规律,具有较强的地域性和综合性,反映了全省土地利用基本结构和特征。从 1983 年开始,浙农大运用现代遥感技术,以监测氮素营养为核心,开展水稻长势遥感监测和估产的预备试验,取得国内第一张水稻氮素营养遥感图像。1987 年,浙农大承担由中科院主持的"黄土高原安塞试验区遥感调查与信息系统研究中的建立数学地形模型及其应用研究"项目,获1989 年中国科学院科技进步奖一等奖。1985—1990 年,该校开展"土壤光谱特性及其在土壤分类中的应用研究"。1983 年,省地矿厅遥感站在萧山县利用遥感资料进行农业规划研究,又于 1984 年与江苏、上海地矿局合作,利用遥感资料对太湖流域进行围垦动态变化调查,查明了 30 多年来的围垦状况,为太湖综合治理提供依据。

1991—2000 年,浙农大进行"传感器技术在农业上的应用研究",实现了植物生长器官细节参数及植株总体参数的无损测量,为长期的植物生长建模提供了可靠的数据来源。在农业智能机器人研制方面,浙江林学院进行了"山核桃采摘机器人研究"。浙江大学进行"水果品质实时检测与分级机器人系统研究",突破了在快速运动的水果中提取有效图像信息并对其进行矫正和分析处理,从而研究和完成了水果的单列化、自动导向、快速翻转与输送的水果输送系统的设计,解决了同时完成水果的大小、形状、颜色、果面缺陷和着色面积等外观品质指标的同步检测等关键技术问题;解决了利用单摄像机实现双列水果多表面检测的难题;在高速运动水果图像采集与实时处理、水果品质特征实时提取、高速分级机构、水果高速输送等关键技术方面,取得了 18 件发明专利,获 2008 年国家技术发明奖二等奖。

进入 21 世纪后,浙江大学牵头联合省农科院、浙江林学院等单位先后承担了国家科技支撑"现代农业信息化关键技术与示范"、国家数字农业"863"等多项国家级项目。"数字农业信息采集关键技术研究与产品开发""支持电脑下乡新型信息服务的关键技术研究与应用""森林灾害远程视频预警监控系统关键技术研究与应用""植物病害信息早期快速检测关键技术研究与仪器开发""基于 GIS的省级土壤养分管理系统开发及其应用研究"等省级重大重点科技项目的进行,使浙江省数字农业及农业信息技术取得了一批重大科研创新成果,相关产业也有了发展。浙江大学主持的省重点科技项目"土壤养分定位快速测试分析仪器的开发",获 2008 年浙江省科技进步奖一等奖,取得国家发明专利 1 项、实用新型专利 2 项、计算机软件著作权 3 项。浙江大学黄敬峰等人进行的"农业资源信息系统研究与应用"获 2009 年省科技进步奖二等奖。基于多种无线传输技术的

"数字农田""数字果园"等智能环境监测和控制系统也得到了开发与应用。基层农村综合信息服务终端设备的研发与应用,解决了城乡"数字鸿沟"和农村信息化"最后一公里"问题,促进了信息进村入户和基层政府对信息的整合与综合分析利用。浙江大学联合省内相关企业研发了网络接口模块、边缘路由设备、视音频转码工具、多媒体智能信息终端、综合应用服务平台和农村远程信息呼叫中心;开发了具有区域特征的农业动植物智能决策 PDA 系统、远程视音频交互系统和农村远程信息呼叫中心;开发了基于农民手机信箱的农业远程诊断设备。浙江大学何勇等人进行的"植物生命信息快速无损获取技术与仪器开发研究"获2010 年省科技进步奖二等奖。

各类农业软件系统的开发与应用。(1)农村基层管理与农业技术服务培训软件开发。这类软件主要包括基层农村政务系统、农业专业系统、农业多媒体培训等。浙江省部分县市试点建立了农村(社区)政务协同网络办公系统、农村(社区)财务公开系统、村(居)政务公开系统和农村(社区)党群管理系统等,为新农村建设和服务"三农"提供了重要平台。农业专家系统软件主要集中开发网络版农业远程诊断平台。如浙江省农业科学院通过研究开发了一整套功能强大、推广应用方便、符合浙江农业与农村信息化发展实际、可不断升级完善、以农业专家系统为核心的农业远程诊断系统平台,不仅对浙江广大农民依靠科技发展效益农业、增加收入、全面提高科技文化素质和经营管理水平产生直接影响,也对加快浙江农村的农业信息化发展产生积极的推动作用。另外,浙江大学联合相关学科在"十一五"(2006—2010)期间研制了农业生产过程交互式三维可视化平台软件、低成本农业多媒体教学资源制作平台软件,开发系列化模拟学习软件和课件。将网络化娱教软件概念运用到农业技术推广领域,突破时空限制,以寓教于乐的方式,改进传统的农业科技推广模式,促进实用技术下乡、进村、入户。(2)数字农业基础数据库和平台研究开发。制定了浙江省农业资源完整的数据分类、编码体系,建立了一整套数据字典、表结构与库结构,为相关信息系统建设提供了可借鉴的标准化方案。另外,如浙江省农业科学院开发了"数字农业基础平台通用开发软件系统",包括基础平台系统和农业与农村社会经济信息系统、智能农业科技信息系统、基于 Web GIS 的资源信息系统及农业与农村网络化远程教育系统等 4 个子系统,平台结构实现模块化,方便二次开发,为今后整个数字农业平台或其他信息化平台的整合奠定了技术基础。(3)面向农业企业和农产品安全管理软件开发。浙江大学主持的国家科技支撑课题"农村以农业企业为主体的信息化技术研究",研发了蔬菜、茶叶、南美白对虾和生猪等 HACCP/GAP 管理系统软件,并与中国移动公司一起开展了基于无线两位码技术、RFID 射频技术等的农产品质量安全溯源技术。另外,浙江大学与浙江省农业厅建立的"农产品安全基础数据库建设和管理咨询系统研制"体系,为全省农产品种植基地的评价、选址和优势产业规划提供了重要技术支持。(4)基于 3S 技术的农业资源综合管理开发。利用遥感、GIS 和 GPS 技术进行农业资源大面积动态监测、科学评价和辅助管理是数字农业的重要内容。浙江省在农业遥感与信息技术领域一直处于全国的前列。特别是在利用卫星技术监测主要农作物面积和长势的研究方面先后取得了多项国家和省部级科技进步奖。另外,由浙江大学牵头完成的"农业资源信息系统研究与应用"获 2009 年浙江省科技进步奖二等奖。由浙江大学与浙江省农业科学院建立的农业高科技示范园区信息管理系统,实现园区资源环境、社会经济和农业科技信息的一体化管理,对推动南方小规模生产经营方式下精确农业的发展有重要的实用价值。该成果获 2005 年省科技进步奖二等奖。(5)数字林业基础数据建设与系统开发。进行了经营安全、生长安全以及利用与流通安全 3 个阶段和 15 个主要监管环节的信息共享与联动研究,开发了林权信息管理系统、林木采伐和流通信息管理系统、征占林地管理系统、森林资源和生态公益林管理系统、动植物检疫与监测系统、行政许可综合管理系统、营造林管理系统、森林防灾联动监管系统、种子种苗管理系统等多个软件产品。数字农业与农业信息技术开发了四个园区的资源环境信息管理系统,已获得国家软件著作权 2 个;成功研制了 GPS 定位土壤水分快速测量仪。浙江省农村科技信息网经过几年的建设有了很大发展,已初步建成权威性强、标准化程度高、覆盖面广、信息量大、服务功能较全的为"三农"服务的科技网络平台。至 2004 年 11 月底,已完成了省中心网站和衢州、温州、丽水、金华、舟山、绍兴 6 个市级示范中心网站,42 个县(市、区)级示范服务站的建设并投入使用;收集、发布信息 46 万条,制作发布农村科技远程培训媒体课件 17 大类 800 多个,接受咨询访问 200 多万人次、培训 10 万人次。截至 2010 年,浙江省的基层农村信息基础建设已经走在全国的前列,"三网"入村入户、电脑普及率逐年提高,信息化工作也已逐步从以基础建设为主向以内容建设为主转变。另外,浙江省的"农技 110""百万农民信箱""数字林业"和农村科技信息网等信息化服务体系建设在全国都起到了带头示范作用。2009 年,浙江大学牵头组织了全国有关高等院校、科研院所和龙头企业,在全国率先成立了"全国农业物联网技术与装备产业技术创新战略联盟",推进农产品物流产业发展。

二、农业机械装备

1958 年建立浙江省农科院农机系(后改名省农机科学研究所)。1958 年,毛泽东主席到农科所视察,1960 年,省农科院和浙农大联合建立农业机械系和农业机械研究所,开展农业机械装备科学研究与教学实验工作。1961—1980 年,浙江农业机械装备研制重点开展了"农业动力的适应性及改进技术研究""新型农机及农产品加工设备的研制""能源开发及利用技术研究""生物环境工程设施与设备的研究"等 85 项省部级科技攻关项目的研究。1965 年,省农业机械研究所与新昌南明机械厂成功研制利用水锤原理的 4 种小型水锤泵,属国内首创。1975 年,省农业机械研究所、温州市工科所研制轴向回流喷灌自吸泵 BPZ 系列,获 1979 年省科学大会奖二等奖,又获 1985 年机械部科技进步奖二等奖。1979 年,省农业机械研究所在国内首家采用计算机进行水泵性能试验实时数据采集、处理,实现了水泵性能试验自动化,获 1981 年农机部科技成果奖二等奖。1982 年,省农业机械研究所和江山水泵厂合作研制微型离心泵,1983 年并入全国联合设计,形成 WB 系列,获 1984 年机械部科技成果奖二等奖。

1981—2000 年,浙农大吴士澌等研制成彗星通孔减阻犁,犁耕时经彗星孔自动引入气液形成减摩层面,减少阻力 10%,取得国家专利。1985—1989 年,浙农大奚文斌、何勇等研究 195 柴油机检测优化调整节能技术,研制成 195 柴油机检测仪,取得国家专利。此项技术推广至全国 25 个省(市),获 1989 年浙江省科技进步奖二等奖。1986 年,金华市农机研究所研制成简易连续的工厂化育秧全套设备。省农机研究所施克雄、茅恩斌和临海县农机所朱启明等研制成浙江 120-12 型稻麦两用联合收割机,获浙江省优秀科技成果奖二等奖。浙农大研制成小型简易多功能烘干机,其技术经济性能指标达到或部分优于国内同类机型先进水平。浙农大进行"水流泵特性研究,新型水流泵试验和推广",研制成功的 BORDA-Ⅱ型水流泵既不用电也不耗油,适宜在山区和丘陵地区推广应用,属国内首创。省农业厅进行"柑橘机械化选果技术研究",研制生产的 NJG-100、NJG-200、NJG-300、NJG-400四种国产化小型自动选果机,填补了国内小型柑橘自动选果机空白。

进入 21 世纪后,浙江大学研制成多功能蔬菜清洗机等。"水稻插秧机"获 2004 年国家农业工程学会"约翰迪尔"工业奖(农业工程最高奖)和省科技进步奖一等奖。"水稻播种机"取得 42 项发明专利。2002—2006 年,浙江工业大学张立彬等团队进行"面向大批量定制的小型农业作业机可重构模块的设计新方法及其应用""面向小批量多品种小型农业作业机可重构设计方法研究",成功研制和产业化各类微小型作业机,已形成四大系列 20 余种产品投放市场,取得 10 项国家专利,获 2004 年省科技进步奖一等奖、2005 年国家科技进步奖二等奖。2006—2008 年,浙江大学进行"农产品品质检测和商品化技术装备研究",成功研发了水果品质在残检测与自动化分级装备 1 套、禽蛋品质检测和自动化分级装备 1 套、乳品品质快速检测仪器 3 套、谷物品质快速检测仪 4 套,取得国家发明专利 5 项、计算机软件著作权 15 项,制定企业标准 6 项。2005—2007 年,浙江大学进行"大宗果品在线检测分级与高品质鲜汁加工关键技术与设备研发",研制成具有自主知识产权的果品智能化在线实时检测与分级生产线 1 条,取得国家发明专利 7 项。2007—2009 年,绍兴市科技局组织相关企业开展"生猪智能化高效养殖设施引进与产业化示范研究",研发制定了生猪智能化环保高效养殖工厂化建设与管理技术标准 1 套,创建了年出栏 45000 头的生猪智能化环保高效养殖示范工厂 1 座。2006—2008 年,浙江大学进行"基于近红外光谱的智能化黄酒酒龄快速鉴别设备研究",取得国家发明专利 2 项。2010 年,浙江大学王俊等人进行的"水稻播种机研发与应用"获省科技进步奖二等奖。

三、核技术在农业上的应用

浙江省原子核科学技术的应用始于 1958 年,浙江农学院陈子元等 10 多位青年教师参加苏联专家组在上海举行的原子能和平利用学习班。1959—1960 年,浙农大成立农业物理系,并建成同位素实验室,1982 年发展为原子核农业科学研究所。1977 年,浙江省成立同位素应用研究所,1980 年更名为浙江省技术物理应用研究所(简称省技术物理所)。同年,省农科院成立原子能利用研究所。1979 年成立浙江省原子能农学会。1986 年成立浙江省核学会。与此同时,大件核技术实验装备和设施也得到引进与研制。浙农大于 1962 年建立省内第一个钴-60 辐照源,强度为 2000 居里,后扩建为 50 万居里。省农科院于 1978 年建成 5 万居里铯-137 辐射源,填补了国内强铯源及其应用的空白,其试验基地成为全国农用标准化示范场。20 世纪 80 年代,省技术物理所安装电子静电加速器一台。60—80 年代,核技术全面应用于农业。浙农大于 1984 年被批准成为全国农业院校中唯一的生物物理学科(核农学)博士学位授予点,该学科于 1989 年被评为国家级重点学科。1985—1988 年,该校陈子元被聘为国际原子能机构(IAEA)科学顾问委员会委员,是 16 名委员中唯一的中国科学家。

(一)核技术农业应用基础研究

1988 年,浙农大核农所华跃进等人在世界上首次鉴定了昆虫脑激素的一种——前胸腺抑制肽(PTSP),并进一步研究其负调控的信号传导机制。对辐射及其他极端环境下生物的基因、蛋白表达谱和功能基因进行研究,进行"抗辐射球菌(D. radiodurans)的 DNA 辐射损伤与修复机制研究""克隆与 DNA 辐射损伤修复相关的基因及其表达的调控机理研究",为辐射防护、放射性污染环境的生物修复以及这类基因在基因治疗方面的应用提供理论依据。此成果受到国际学术界的高度关注,在国内入选 2003 年中国高校十大科技进展。20 世纪 90 年代后期,浙农大进行辐射新技术及机理研究。

(二)核辐射的农业应用

浙江省应用辐射诱变技术已育成水稻新品种 40 多个,育成小麦、紫云英与菊花等新品种多种。1971 年,省农科院原子能应用研究所王汀华等采用钴-60γ 射线 3.5 万伦琴处理科字 6 号干种子,于 1973 年选育成早稻新品种"原丰早",该品种早熟、丰产、适应性广,一度成为长江流域的水稻主栽品种。该项目获 1983 年国家发明奖一等奖。1978 年,浙农大夏英武与余杭县农科所协作,用钴-60γ 射线 3.0 万伦琴照射"四梅 2 号"干种子,于 1980 年育成中熟早籼"浙辐 802",在全国南方稻区推广品种中名列第一,获 1986 年省科技进步奖一等奖。20 世纪 70 年代初,浙江省开始小麦辐射育种。1979 年,浙农大高明尉等育成适于棉、麻、甘蔗等套种的小麦"核农 1 号"。1983—1986 年,该校通过对水稻和小麦体细胞无性系变异的发生频率、发生方式、遗传特点进行系统研究,并将诱变处理与组织培养结合起来,创造出一种新的育种方法,首次建立起小麦离体诱变技术体系与育种程序,成功地选育出世界上第一个利用体细胞组织离体培养与诱变技术相结合而育成小麦无性系变异新品种"核组 8 号"。1990—2000 年,浙农大利用诱变育成的螺旋藻新品系在推广过程中,与一些生物工程公司合作,共同开发了"绿如蓝"螺旋藻新品牌及螺旋藻碑酒等一系列新产品。2001—2009 年,浙江大学、省农科院进行了"诱变育种新技术和种质创新研究"和"新型辐射加工工艺研究"。

（三）核素示踪技术的农业应用

1. 在农业环境污染防治上的应用。20 世纪 60 年代开始,浙农大陈子元、孙锦荷、徐寅良、张勤争等用核素示踪技术研究农药乐果、E1059 在茶叶、蔬菜等作物中的残留。1964 年开始进行放射性同位素标记农药合成的研究,先后研制成功的标记农药有"^{76}As-稻脚青""^{14}C-六六六""^{14}C-杀虫脒""^{35}S-螟蛉畏""^{35}S-杀螟松""^{35}S-乙酰甲胺磷""^{35}S-甲基 1605"等 14 种,获 1978 年全国科学大会优秀奖。1974 年,农林部组织全国 43 个单位,由陈子元主持,经 6 年协作研究,编制出 29 种农药和 18 种作物组合的 69 项《农药使用安全标准》,于 1981 年颁发全国执行。于 1984 年被城乡建设环境保护部批准为国家标准（GB4285-84）,为经济、有效、安全、合理使用农药,控制农药污染提供了依据,获 1981 年农业部技术改进奖一等奖。1977—1979 年,浙农大陈子元、孙锦荷等和省农科院王德先、赵妙珍等参加中国农科院原子能利用研究所、浙农大和湖北省农科院等主持的"氮肥增效剂残留和肥效研究"。该项目总成果获 1981 年农业部技术改进奖二等奖。1975—1979 年,由农业部环境研究所主持,浙农大陈传群、叶兆杰、徐寅良等参加的"农田灌溉水质标准研究"获 1980 年农业部技术改进奖一等奖。陈传群、叶兆杰等参加的"工业废水污染的防治和综合利用研究"获 1978 年全国科学大会奖优秀奖。1981—1985 年,浙农大陈子元、樊德方等首次研究明确"六六六"及其取代农药"速灭菊酯""杀虫双"在农业生态环境中迁移、转化、残留与消失的规律和对有关生物的影响及其残留动态,建立了半封闭式农业生态环境的试验基地,属国内先进水平,并首创"杀虫双"颗粒剂,有明显经济效益,获 1986 年省科技进步奖二等奖。

2. 在土壤肥料与作物营养生理上的应用。1972—1976 年,杭州大学、浙农大（组长单位）、杭州市农科所等协作研究的"小麦化学杀雄及其机理",获 1978 年全国科学大会奖。1990—2000 年,浙农大、省农科院进行"油菜硫素营养和施硫肥效果研究""应用示踪技术研究缓释长效型肥料的开发与利用研究"。1996—2000 年,浙农大开展了"水稻不同营养条件下光能利用规律研究"。

3. 放射免疫技术。1981 年开始,浙农大吴美文等用放射免疫技术对奶牛妊娠进行早期诊断技术研究,1984 年对全国 13 个省 1519 头奶牛进行诊断,准确率为81.2%～93.9%。1985—1990 年,省农科院、浙农大开展"放射免疫应用研究"。1991—2000 年,浙农大进行"动植物放射免疫检测技术的研究"。

第三节 农业生物质能源与材料

一、农业生物质能源利用技术

(一)沼气技术

1995年开始,省农业厅农村能源办公室组织相关高校、科研院所及龙头企业,开展了"沼气发酵工艺技术研究""大型沼气工程共性关键技术研究""秸秆沼气发酵关键技术与集中供气示范工程研究""不同原料混合发酵大型沼气工程关键技术研究""高效厌氧菌种与发酵工艺技术优化及装备研究""农村大型沼气集中供气工程标准化体系研究与示范""农业废弃物原料混合发酵一体化厌氧反应器的研发""有机生活垃圾厌氧发酵热电联产工程示范""规模化秸秆致密成型燃料加工技术与应用设备的研发及产业化""新型农村生活污水沼气净化处理系统及工程示范研究""秸秆干式沼气发酵技术研发及工程示范研究""高固体农业有机废物厌氧发酵及能源利用工程技术研究""生物沼气的车用及工业燃烧关键技术与装备研究""生物沼气发电工程成套设备研发及产业化研究"等一批沼气关键技术攻关项目研究。截至2010年,全省累计推广"猪—沼—作物"等模式农户13.8万户,年产沼气6100万立方米,相当于年可替代标煤4.35万吨;累计建设各型沼气工程7295处,总容积72万立方米,年处理粪便污水3235万吨,年产沼气6443万立方米,相当于折标煤4.6万吨,年可减排COD(化学需氧量)15.8万多吨。其他如生物质致密成型、秸秆生物气化、秸秆裂解气化等在浙江省农村能源办的推动下,开展了小规模的示范试点,如温州市开展了柴草固化成型技术示范项目,总投资70万元,年可生产木棒1000吨;绍兴县展望村秸秆气化站总投资140余万元,安装2套气化机组、2组500立方米储气柜,可供用气规模达600户;衢州开化县已经成功地开展了秸秆生物气化集中供气试点工作,总投资100万元,年利用秸秆80吨,集中供气50户。但这些技术的大规模推广应用还需要进一步完善。

(二)生物质能源利用技术

2000年开始,生物质能源林产业发展也逐渐得到高度重视。浙江省也将"能源植物种质资源与高能植物选育及生产""食用油料与能源植物定向培育及开发利用研究""生物柴油能源林定向培育及其制取工艺研究""生物质纤维乙醇转化技术研究""生物质能源林新品种选育""能源藻类高效培养技术及产业化开发研究"等一批科技项目相继立项。随着生物质能源产业的进一步升温,浙江省科技企业也开始进入该领域。2006年,宁波杰森绿色能源技术有限公司成立,在当地政府的支持下,在奉化松岙镇建成了400亩的乌桕生物能源林。兰溪市热电有限公司试点种植及推广能源草项目,发展目标为发电燃料一半是能源草一半是树枝。江山市红日新能源科技有限公司以杉木屑、竹屑为主要原料生产生物质固态成型燃料，具有体积小、密度大、热值高、无污染、成本低、使用方便等优点，被广泛应用于各种生物质锅炉、气化炉和家用壁炉等。2009 年，杭州市能源公司蔡昌达牵头，在国家科技部的指导帮助下，组织全国相关高校、科研院所及龙头企业创建了"全国农业生物质能源产业技术创新战略联盟"。

二、农业生物质材料

（一）林业生物质材料

1997 年开始，浙江省林业生物质材料重点开展了"生物质材料结构组成与性能研究""生物质材料性能的生物学形成与对加工利用的影响研究""生物质材料保护与理化改良技术研究""生物质材料的化学利用资源化关键技术研究""生物质材料生物技术研究""生物质重组材料设计与制备关键技术研究""生物质基复合材料设备与制备关键技术研究""生物质材料先进制造技术研究""生物质材料标准化技术"等 9 个方面研究。截至 2010 年，在农业生物质资源增值利用技术、农业生物质废弃物资源化利用技术、木基复合技术、小径材精深加工技术、木材加工剩余物综合利用技术、生物质热能技术研究与应用等方面取得重大突破，涌现了一批技术先进、产品档次高、优势突出的生物质材料加工龙头企业，取得了良好的经济和社会效益。基本形成了一支以生物炼制为技术核心的科技创新团队，运用生物技术与基因工程进行以竹子、芒草等速生高产量植物为代表的高效培育与筛选，利用定向培育技术解决生物质原料问题。该项目取得国家发明专利 12 项。2004—2005年，浙江农林大学进行的"制造柔性大幅面装饰微薄竹生产技术研究"，获 2007 年国家技术发明奖二等奖。省林科院进行了"环保型阻燃中密度竹木复合板的研制和开发研究"，开发出 E0 级环保型中/高密度纤维板产品，获 2007 年省科技进步奖二等奖。2006—2009 年，浙江农林大学鲍滨福等人进行的"人工林速生材改性与高效利用关键技术和设备研究"，获 2010 年省科技进步奖一等奖。傅深渊、俞友明等人进行的"MPF 树脂合成及木质复合材料制造关键技术与产业化研究"，获 2010年省科技进步奖二等奖。

（二）农业生物基材料

2006 年，浙江对农业生物基材料研究开始逐步予以立项支持。重点开展"生物基吸附剂的制备及吸附机制研究""水热转化碳水化合物系生物质基为低分子量化合物技术研究""木塑复合材料高性琶化及多样化与功能化研究""农业生物基聚合物的开发与应用研究""农林生物质分离及纯化集成技术""农林生物质改性基础理论及工程化创新技术""农林生物质材料和生物基产品开发关键技术及产业化应用""生物质改性材料环境降解及（生物）安全性研究与评价"等 8 个方面科学研究工作。截至 2010 年，在炭基功能材料、木材金属复合材料、生物质纤维原料化学利用技术和非纤维原料化学利用技术研究与应用等方面取得新进展。如：纤维素高值化利用技术,通过纤维素嵌段共聚和接枝共聚改善纤维素与其他高聚物组合方法,制备性能优异的新材料;木质素改性技术,对木质素进行脱甲基化、羟甲基化等改性处理,提高木质素反应活性,改善木质素的反应能力,用改性产物制备碳纤维、胶黏剂和表面活性剂;木质纤维在苯酚、多元醇等有机溶剂中的液化技术,实现木质纤维的整体应用;液化木质纤维材料与甲醛和异氰酸酯的聚合反应技术,制备具有生物降解性的树脂化新材料;采用生物催化剂或菌种,将天然纤维素和木质素合成性能优异的高分子新材料;非纤维原料化学利用技术,主要是农业生物质原料中的天然有机内含物和活性物,如萜类化合物、黄酮类化合物、生物碱、多酚、多糖及其他天然化合物,提取制备植物单宁、紫胶、芳香油、桐油、松香、松节油、生物药品、生物保健品和生物杀虫剂及其他深加工产品技术等。

第四节 农业生物药物及其制品

一、生物农药、兽药和鱼药

(一)生物农药

1.农用抗生素研究。1972 年,省农科院从天目山竹林土壤中分离到 1 株具有杀虫作用的菌株"农抗 26",经菌科鉴定为浅灰链霉菌杭州变种。其制剂在近 7000公顷的大面积示范应用结果显示,其对柑橘锈壁虱、瘤皮红蜘蛛、棉蚜、茶瘿螨等害虫平均防效达 80%以上。1983 年,该院从福建厦门土壤中分离到 1 株链霉菌,经菌种鉴定为淡灰链霉菌中间型变种。

1992 年,省农科院何福恒等人进行"多效菌剂研制与开发应用研究",成果获省科技进步奖二等奖。

1995—2000 年,省农科院进行了"多抗灵及其他抗生素研究"。多抗灵在杭州、绍兴、嘉兴、丽水等地的试验结果显示,其对稻枯病、白粉病、灰霉病的防治效率达 95%,使平均亩产增加 10%~20%,到 1999 年示范应用 61.8 万亩,增加经济效益 1.7 亿元。1995—1998 年,中国农科院茶叶所进行"茶毛虫病毒杀虫剂研制",研制出茶毛虫病毒杀虫剂水剂、病毒-BT 混剂各 1 个,室内试验效果达 100%,大面积应用效果达 96%。该成果取得国家发明专利 1 项。1996—2000 年,省农科院进行"植物源高效低毒杀虫剂的研制和开发",研制出"农安 2 号"生物农药新品种 1个,获 2 项国家发明专利。2005 年,温州市农业局方勇军等人进行的"新杀菌剂的开发及应用技术研究"获省科技进步奖二等奖。2007 年,浙江工业大学郑裕国等人进行的"高纯度井冈霉素及其生物催化生物井冈霉醇胺的强化技术开发研究"获省科技进步奖一等奖。

2.微生物代谢生物及其活体农药研究。1984—1987 年,省植保总站主持"无公害蔬菜病虫综合治理技术开发研究"。用苏云金杆菌(BT)与适量化学农药复配成 8％BT 乳剂,稀释后用于蔬菜害虫防治,其大面积防治效果在 80％以上,而天敌寄生率增加 20％～30％,蔬菜内的农药残留量均未超标,至 1987 年推广应用面积累计 2066 公顷。该项目获 1987 年省科技进步奖二等奖。1988—1992 年省农科院与省植保总站共同主持"BT 悬浮剂菌株选育及应用技术研究"。从稻螟蛉幼虫尸体中分离到 1 株编号为 BT4 的菌株,经菌种鉴定为库斯塔克亚种的新菌株,血清型属 H3a3b。该项目获 1992 年省科技进步优秀奖。1991—1996 年,中国林科院亚林所进行的"细菌(BT)杀虫剂工业生产技术及应用技术研究",获 1997 年林业部科技进步奖二等奖。1995—1999 年,省农科院进行"生物农药阿维菌素的研制",研究提出高效价低成本的阿维菌素生产工艺,开发出阿维菌素的复配剂 20％辛·阿乳油,并取得"三证",该产品为高效低毒类农药。2000—2002 年,中国农科院茶叶所进行"茶尺蠖病毒杀虫剂的研制",建立生产新工艺和中试生产线,研制出了 3 种茶尺蠖病毒实用剂型,取得国家发明专利 1 项,登记农药产品 1 个。2007—2009 年,杭州市科技局组织企业开展"新型木霉双高菌株开发关键技术研究",研制出木霉生防制剂,示范应用于草莓、黄瓜、南瓜、大白菜等蔬菜和瓜果,平均增产 20％以上,该成果取得国家发明专利 1 项。

2008 年,浙江升华拜克生物股份有限公司沈德堂等人进行的"延胡索酸泰妙菌素"获省科技进步奖二等奖。2009 年,该企业储洧和等人进行的"甲氨基阿维菌素苯甲酸盐研究"获省科技进步奖二等奖。2008—2009 年,浙江大学进行"稻虱僵真菌杀虫剂创制和关键工艺研究",研制出杀褐飞虱的金龟子绿僵菌"Ma456"和"Ma576"两个新菌剂产品,田间防效达 70％以上,菌剂与低剂量"抗虱灵"混用后防效达到 90％左右。该成果取得国家发明专利 2 项、农药临时登记证 1 项。2008—2010 年,浙江大学进行"蔬菜和茶树重大害虫生防菌剂的创制及产业化研究",筛选出斜纹夜蛾的高效杀虫生防真菌 3 株和茶毛虫高毒病毒 1 株。菌剂产品田间防效达 70％以上,菌剂与低剂量"抑太保"混用防效达 90％左右。该项目取得国家发明专利 2 项,病毒制剂已进入产品登记注册程序。

(二)生物兽药、鱼药

1986—1995 年,省农科院黄文彩等人进行"防治畜禽白痢病新抗生素——之江菌素的研究"。该项目于 1994 年由农业部主持鉴定,专家认为之江菌素是我国创制的防治畜禽白痢病的高效低毒的新抗生素。该项目获 1994 年省科技进步奖二等奖,1995 年 3 月取得国家发明专利。1990—1993 年同时开展国家自然基金项目"微生物菌种选育新方法——等离子体注入的研究"。1998 年,省农科院鲍国连等人进行"鸭传染性浆膜炎防治技术研究",首次探明该病流行性特点与病原特性,分离鉴定出 16 株鸭疫里氏杆菌菌株(RA),首次解决了苗种保存难题,研究出 RA培养新工艺,解决了制作疫苗的关键技术问题,成功研制出鸭传染性浆膜炎疫苗以及疗效好的第三类新兽药鸭菌消,效果明显优于常规抗生素。目前已在浙江、江苏、上海等地推广应用,已累计推广鸭传染性浆膜炎疫苗986万羽份,鸭菌消药物1372万毫升,防治效果达到90%以上,挽回经济损失1.16亿元,达到国内领先水平。该成果1999年浙江省科技进步奖二等奖。1998—2003年,横店集团得帮化学有限公司进行"氯芬欣(国家二类新兽药)的研制",提出产品合成新工艺,成功筛选出适合氯代反应工业化的催化剂,并有效地缩短了反应周期;产品研制成功并投产,填补国内空白。1999—2004年,浙江大学进行"新型高效生物杀菌剂研制",系统进行氨苷霉素的菌种选育,发酵水平从500毫克/升提高到2克/升,得到高产菌株,并优化了培养基和发酵工艺,开发了新的提取工艺。同期,温州市农业局开展"新杀菌剂克龙菌的开发及应用技术研究",取得国家发明专利1项,成为国家级新产品。2000—2005年,钱江生物技术有限公司进行"国家二类新兽药——黄磷脂的研制",筛选得到高表达黄霉素菌种"班堡链霉菌YJ151",比原有菌种效价提高56.9%,获农业部新兽药证书和产品生产文号,成为浙江首个准入国内市场的新型绿色抗生素,填补省内空白。同期,浙江海正药业股份有限公司开展"新型高效生物兽药磷酸替米考星的研制"。省农科院进行"生物杀菌剂乙环唑的开发研究"。浙江大学进行"口服二价DNA疫苗对鸡新城疫的免疫效果研究""生物饲料添加剂谷酰胺的研制""腹泻安全饲料添加剂IgY的研制和应用研究"。2004—2006年,浙江工业大学进行"安全、高效、广谱型新兽药大观霉素的研制",筛得高产突变株UV45,通过工艺条件优化研究,产品达到进口兽药质量要求,2006年通过欧盟GMP检查和进口许可。成果在金华康恩贝生物制药有限公司实施后,2006年7月—2008年3月,大观霉素销售额达6292万元,利税240万元。2007—2009年,杭州市科技局组织企业开展"高效安全生物源性免疫增强剂研制",建成年生产能力300吨饲料添加剂生产线1条、100万支/年黄氏多糖注射液生产线1条,获得壳寡糖预混合饲料产品文号和黄氏多糖注射液批准文号,取得国家发明专利2项。浙江汇能动物药品有限公司陈贵才等人进行的"新型兽药那西肽的研发及产业化研究",获2010年省科技进步奖一等奖。有的兽药可以作为鱼药使用,详细鱼药研制参见第六章"海洋与淡水渔业"。

二、酶制剂及制品

(一)食品酶

1985—1989年,钱玉英、陈兵等将国内外搜集到的和自选的纤维素分解菌株,经多次自然分离筛选和理化因子诱变处理,获得1株兼产纤维素酶和果胶酶的黑曲霉菌种(aspergillus niger CPU4)。该项技术已应用于澄清果汁、农副产品深加工,获1988年省科技进步奖二等奖。1987—1990年,该院陈传盈等首次在我国采用喷雾干燥技术制成花粉精,其氨基酸等主要营养物质含量均高于国内外同类优质产品。该项成果获1991年省科技进步奖三等奖,1994年取得国家发明专利。1989—1991年,分别利用酶法提取芦笋(边角料)、花粉、杭白菊(废渣)中的有效成分配制保健饮料,获得良好结果。2005—2007年,该院谢明等人进行"水果增糖降酸生物制剂的研制与产业化研究",研制出2种水果增糖降酸生物制剂,在生产上推广应用。2008—2009年,浙江大学开展"芽孢杆菌产生的细菌素及其应用研究",研制出一批能有效抑制多种食品腐败和致病菌及其植物病原真菌的新型抗菌肽。

(二)饲用酶

1991—1993年,省农科院钱玉英等人进行"饲用酸性蛋白酶制剂的研制和应用研究",该成果获1994年省科技进步奖三等奖。1994—1996年,该院进行"饲用酶深层发酵研究"。1995—1998年,该院徐子伟等人开展"用酶技术开发大麦型饲粮及产业化研究",研制出高酶活-B-菌聚糖酶和大麦型饲粮优化配方及加工技术。在国内率先突破性地解决了大麦优化饲用技术问题,率先实现了加酶大麦型饲粮产业化。该成果获2004年省科技进步奖二等奖。同期,省农科院和中国水稻研究所联合进行了"农业生物制剂的开发利用研究",研制出适合我国国情的畜禽类生物发酵"多槽式旋控翻装置",首先在国内分离获得稗草生防潜力菌HE。1995—1999年,浙农大许梓荣等人进行"应用酶工程提高大麦和糠麸饲用价值及产业化研究",在国内利用生物技术首次成功选育出葡萄糖酶和木聚糖酶的高产菌株CXC,并实现产业化,获2000年省科技进步奖二等奖。同期,该校詹勇等人开展了"糖萜素饲料添加剂研制",该成果获2000年省科技进步奖二等奖。1996—2000年,浙江鑫富生化股份有限公司进行"新型食品及饲料添加剂(D-泛酸钙)研制及应用研究",建成年3000吨生产线一条,重点解决了DL-泛解内酯这一"瓶颈"技术问题,在国内属首创,取得国家发明专利1项,获2003年国家发明奖二等奖。1993—1995年,省农科院进行了"酶制剂作饲料添加剂的开发利用研究",利用鸡粪发酵生产酸性蛋白酶及饲料添加剂,获1株耐高温的酸性蛋白酶产生菌ED42(黑曲霉),完成饲用微生物复配制、甘薯干茎叶粉酶解饲料、应用酶技术处理食用菌栽培渣(菌渣)作饲料等一批科研成果。2000—2009年,浙江大学进行"新型安全生物饲料添加剂——功能性氨基酸的研制及产业化研究",研制开发功能性氨基酸(GABA,NMDA)合成工艺,开始产业化生产饲用功能性氨基酸,建立年生产饲用功能性氨基酸500吨生产线1条,生产新产品2个,取得国家发明专利1项。同期,该校进行"新型饲用酶制剂创制关键技术研究""新型微生物与花粉多糖复合饲料添加剂系列产品研制"和"乳仔猪诱食和肠道调理组合添加剂研制",分别研制出一批新产品,取得一批国家发明专利。2005—2007年,省淡水水产研究所进行"翘嘴红鲌配合饲料研制",成功研制膨化配合饲料产品,饲料系数1.2左右,推广应用面积2万亩,新增养鱼产值1.2亿元,养殖净增收入4000万元。

(三)工业酶

1987—1989年,省农科院进行"酸性药用纤维素酶的研制";1991—1993年,省农科院开展"溶菌酶的研制";1991—1995年,该院开展"真菌细胞溶壁酶的研制";1991—1995年,该院开展"糖化酶高产菌株选育研究";同期该院再次进行"果胶酶高产菌株选育研究",均取得一批科技成果。1991—1996年,杭州大学进行了"乌灵参深层发酵工艺及药用研究";1992—1995年,该校进行了"植物应用工程技术研究",1993—1995年,该校进行了"优良酿酒酵母选育及活性干酵母生产应用研究";上述三个项目均取得一批较好的科研成果,并在生产上推广应用。1996—1999年,省农科院林开江等人进行"以酶和发酵为主的生化产品开发研究",研制成功细胞离析酶和细胞脱壁酶两类植物细胞工具酶,质量达国际先进水平,分别获1999年省科技进步奖三等奖。

截至2010年,浙江省研制出"抑霉菌素""农安一号""农安二号""绿浪""茶尺蠖""氨苷霉素""黄磷脂素""氯劳欣""D-泛酸钙""D-泛醇""糖萜素""谷氨酰胺""乙环唑"等29个生物农药、兽药、鱼药和食品与饲料添加剂、酶制剂新品种,完成或进入生产性中试,促进了全省36家生物农药企业、45家兽药企业直接受益。其中兽药形成了原料药的中试生产基地,抗生素、维生素、氨基酸生产在国内领先;11个新的生物农药品种进入产业化中试和大田试验;生物饲料添加剂研制及饲料产业培育,重点开展了蛋白质工程、微生物工程、纳米生物技术集成研究与应用,提升和拓展包括抗菌抗病毒肽、各类功能性微生物制剂、生物免疫增强剂等高科技生物饲料产业和产品,尤其是维生素、新型抗菌剂、有机微量元素等特色饲料添加剂研究在全国处于领先地位。

第五节　营养健康食品设计与制造

一、农产品精深加工技术

20世纪80年代开始,浙江正式启动实施粮油、果蔬、畜禽产品、水产品等四大领域农产品精深加工技术及其新产品研制重大科技专项。

（一）粮油方面

20世纪80年代,浙江省在啤酒、氨基酸、柠檬酸的科研工作均为全国领先。90年代,通过设备和技术引进,在膨化食品方面曾有过一段辉煌的历程,生产企业最多时达到百家以上;油脂深加工在预榨、浸出等方面的技术指标达到国际先进水平,特别是米糠的综合利用,研制开发出脂肪酸、米糠醋、肌醇和谷维素、牙周宁、三十醇等许多新产品。

（二）果蔬方面

20世纪90年代后期发展很快,一大批中小型加工企业异军突起,并且很重视果蔬产品加工技术研究,研发的品种种类繁多,速冻蔬菜品种已与国际接轨。加工设备、引进技术的水平不断提高,培育出一大批利税超 5000 万元以上的科技型农产品加工企业。水果类原来仅有一些制罐企业,如黄岩的橘子罐头、金华二罐厂的黄桃罐头、余杭超山的蜜饯厂等,90 年代后涌现出黄岩的"任顺"等 10 多家浓缩果汁生产企业,果汁饮料的发展包括浓缩、鲜果、混合果、调味、带肉果汁等;蔬菜加工也从原有的几十家腌制菜企业发展成几百家,从 90 年代萧山的速冻蔬菜企业,到现在慈溪、宁波、上虞等地的多家大中型速冻蔬菜生产企业,出口创汇效益显著。康师傅的"利乐"包装饮料从国外引进全自动的饮料生产线,实现了从投料到包装杀菌一次完成,真空小包装普遍应用,为低盐、方便食品开了绿灯,各类小包装如竹笋系列、榨菜、菜心、萝卜条、脆瓜、酸泡菜等即食菜应运而生,淡季不淡,旅游、军需十分便利。同时,培育出利税超 5000 万元以上的农产食品制造企业 17 家,如海宁的"斜桥"(榨菜),桐乡(杭白菊和辛辣汤),景宁的"大自然"(笋),文成的"山玲"(山蕨菜等),上虞、慈溪的"四海"(脱水蔬菜),泰顺的"晨星"(花菜),遂昌的"森林"(萝卜)等科技型农产食品加工企业。

(三)畜禽产品方面

20 世纪 80 年代从欧美及日本引进大量西式肉制品加工机械设备及技术,到 90 年代,培育出一批大型企业,如温州熊猫集团是全国炼乳生产的最大企业,杭州娃哈哈集团的娃哈哈果奶的产量是全国同类企业中的第二位,金华火腿、平湖糟蛋等传统风味畜禽产品仍保持全国第一,金华的纯牛奶、甜牛奶,温州的乡巴佬禽肉和蛋等方便旅游食品,嘉兴地区的畜禽肉软罐头食品等产品,在国内都有一定的优势和知名度。

(四)水产品方面

先后从国外引进了大型自动化鱿鱼加工生产线、鱼糜及制品生产线、湿法鱼粉生产线、烤鳗生产线、条斑紫菜加工生产线,单体冻结、平板冻结等生产技术和设备,通过不断消化吸收,技术也逐步走向成熟。同时还拥有为数不少的国产水产品加工生产线,如湿法鱼粉生产线及真空软包装等,从而大大提高了全省水产品加工业的机械化、自动化水平,提高了加工生产能力,增加了出口创汇品种。水产加工品向多样化发展,并涌现出一批名、特、优新产品。如舟山海洋渔业公司、舟山兴业公司通过创名牌开展精深加工和综合利用,开发生产了烤鱼片、鱿鱼丝、汉堡鱼排、鱼糜、模拟蟹肉、鱼香肠等,产品畅销国内外市场,产值翻了几番。舟山、宁波、台州、温州的虾类加工企业生产的蝴蝶虾和重叠虾等各类虾制品,年产超 10 万吨以上,年出口量 2 万吨,创汇 1 亿美元以上。同时,我省还形成以舟山海力生集团为主体的海洋药物开发生产基地,相继开发生产了多烯康、角鲨烯、鲨鱼软骨胶囊、氨糖美辛片、甲壳素、壳聚糖等海洋药物。1998 年,全省海洋生物药物的产值达 2.3 亿元,培育发展了一批水产品加工龙头企业。已被省政府列入省"五个一批"和"百龙工程"重点骨干企业的有舟山海洋渔业公司、浙江海鸿集团公司等 48 家。

二、营养食品设计与制造

20世纪90年代中期开始,农产品加工技术重大科技专项开始向营养食品设计与制造方向转变。重点开展了粮油、蔬果、水产、畜产、林产、大宗特产、功能性成分提取、精深加工配套技术及设备等8个领域的共性关键技术攻关和科技成果转化与应用及食品制造科技企业的培育三个层面研发,为食品工业提供人才、标准、专利、产品、科技示范企业5类科技成果。

（一）粮油方面

1998—2001年,中国水稻研究所、省粮科所联合进行"稻米精深加工及产业化开发研究"。浙江大学进行"早籼米生产辛烯基琥珀酸淀粉酯等关键技术及产品开发研究",取得国家发明专利。1999—2002年,浙江工业大学进行"粮食加工下脚蛋白代替高蛋白食品的技术及产业化研究",研发了提取大米蛋白的新工艺,提取率90%左右,作为婴儿营养米粉的蛋白添加剂。2000—2003年,义乌章舸生物科技有限公司、丹溪酒业有限公司进行"降脂红曲脂的开发与研制"和"功能性红曲米中试研究",运用独特的现代发酵工艺对大米进行深加工,先后研制开发了"红曲色素""功能性红曲米""红曲防腐剂""脂益康胶囊"等5项省和国家级新产品。通过深加工使每公斤早籼米产出36元的效益,而且产品全部销往欧美、日本、澳大利亚等发达国家和地区。2001—2003年,省农科院开展"大豆活性多肽的提取及大豆肽奶的研制",研制成活性多肽奶,再制成降血压药、营养补剂、运动食品和各种保健食品。2001—2004年,省粮科所进行"双低油菜籽制油新工艺关键技术研究",提出了"双低菜籽干法脱皮与皮仁分离技术和油脂精炼新工艺",成功开发出4种深加工产品,取得2项国家发明专利。

（二）果蔬方面

2001—2004年,浙江大学进行了"浙江特色高品质柑橘原汁成品与主要单体提取技术及产品开发研究"。省农科院进行了"果蔬软罐头生产关键技术研究"。衢州市柑橘研究所进行了"椪柑生物活性物质提取及产业化开发研究"。浙江中大新迪进出口有限公司进行了"农产品冻干加工新工艺研究和应用"。淳安千岛湖天鹰绿色食品有限公司进行了"南瓜保健食品综合开发研究"。舟山市定海新野农特产经营有限公司开展了"舟山皋洪香柚（佛香柚）功能疗效组成成分的研发"。浙江科技学院开展了"栅栏技术和HACCP在软罐头腌制蔬菜中的应用研究"。

（三）水产品方面

2001—2005年,浙江工商大学进行了"淡水鱼精深加工及综合利用关键技术研究"。浙江海洋学院进行了"优质鱼粉蛋白资源开发关键技术研究"。温州星贝海藻食品有限公司开展了"坛紫菜精深加工技术研究"。绍兴利康食品有限公司进行了"淡水鱼片深加工技术研究"。浙江工商大学开展的"贻贝保鲜保活、深加工技术及产业化研究",获 2004 年省科技进步奖二等奖。义乌调味品有限公司进行"利用酶工程从低值鱼中制备富含氨基酸调味品技术中试研究"。浙江工商大学和浙江兴业有限公司联合开展"秘鲁鱿鱼深加工和水产品安全质量控制技术研究",开发出秘鲁鱿鱼冷冻鱼糜及其制品,建立了适用于工业化生产的水产制品安全冷冻、冷藏和加工技术工艺,制品达到国家和国际有关标准,获 2009 年省科技进步奖二等奖。

(四)畜禽产品方面

浙江大学进行了"蜂胶功能成分提取新技术研究及系列产品开发",提取出蜂胶水提液,其具有显著的抗炎和免疫调节、抗糖尿病、调节血脂以及抑制肿瘤作用。杭州碧于天保健品有限公司进行了"蜂胶超临界 CO_2 萃取技术研究及复合型软胶丸的产业化开发",取得 2 项国家发明专利。浙江大学、江山红顶食品有限公司联合进行了"江山白鹅深加工技术及新产品开发研究",研制出 4 个高温杀菌鹅肉制品,3 年累计生产 2236 吨,产值 9580 万元,解决了 2042 个农民的就业问题。

(五)林特产品方面

2001—2005 年,中国农科院茶叶所、浙江大学联合进行了"茶叶资源产品深加工及产业化开发研究"。研制出氨基丁酸绿茶加工新工艺及关键设备;筛选出超微绿茶粉护绿剂 2 种,完成单宁酶生产菌的诱变和发酵工艺优化;研制出高香冷溶型速溶茶加工新工艺。2001—2005 年,浙江工业大学进行了"食用菌多糖分离纯化与质量控制关键技术研究"。金华市茗业茶叶籽综合利用研究所进行了"天然保健茶籽油精炼技术研究及其产品开发"。浙江大学进行了"食用菌有效成分全利用关键技术研究",研究提出了香菇中多糖、多肽、膳食纤维、嘌呤、香菇精等系列产品提取技术,并进行了功能食品的开发和研究。浙江工业大学进行了"高纯度栀子黄、栀子苷提取分离研究",获得含量高达 80% 的栀子苷产品。浙江林学院进行了"森林植物中天然食品防腐剂的筛选、提取及其应用研究"。中国农科院茶叶研究所进行了"葛根异黄酮单体成分提取分离技术研究""蛋白酶-逆流色谱法分离高纯度茶叶多糖的关键技术研究"。

三、功能性食品设计与制造

进入 21 世纪后,农产品加工技术重大科技专项开始向营养健康功能性食品设计与制造方向调整。2006—2010 年,重点开展营养健康功能性食品设计与制造技术产业培育和传统农产品加工技术提升两个层面的研究工作。

(一)畜产品

通过生物、过程工程和营养配伍等技术,开展母乳和婴幼儿配方奶粉常见微量元素、乳蛋白生物功能、乳脂肪球膜、脂肪酸结构和功能等母乳化技术研究，牛乳及初乳蛋白肽、β-酪蛋白、溶菌酶、乳过氧化物酶等生物功能及配方奶粉应用，奶酪、益生菌发酵、ESL（延长货架期）奶、功能性液体奶及饮料、乳品低温或膜分离浓缩低碳技术等加工共性关键技术与产业化研究。开展中式肉制品加工技术和创新产品的研究，进行调理肉制品、适应特殊环境和人体营养需求肉制品、特种动物精深加工产品、中式肉品生产链品质与货架期安全控制等技术应用，肉中左旋肉碱、血蛋白肽、骨胶原肽、硫酸软骨素、多肽钙、腌腊（发酵）肉制品功能肽等提取及动物脂肪酸改性与胆固醇脱除，肉制品色香味调节等共性关键技术与产业化研究。进行与安全相关的生物、化学、物理等因素评估，形成蛋与蛋制品全程质量控制体系；利用生物、过程工程等技术对浙江特色蛋和蛋制品的活性功能成分进行分离提取，开发功能性专用蛋粉、蛋白多肽、特异性免疫球蛋白等高附加值产品；进行液态蛋及中式蛋品现代化加工与装备关键技术及禽蛋快速检测与物联网等技术的研究。开展动物油脂高值利用关键技术与产业化研究，建立健全畜产品加工质量安全标准与评价体系，建设一批畜产品精深加工产业集群示范基地。

（二）水产品

低温快速冻结技术研究及设备研发，主要研究水产品质构破坏小、色泽好、口感佳的快速冷冻加工与生产工艺技术，研究速冻设备及水产品保质加工技术集成操作规范与示范应用。水产品加工新技术研究及高附加值产品开发，主要研究低值海产品（鱼、虾、贝、藻）和大宗淡水鱼加工新技术，开发既能保证产品质量安全，又能满足消费者对产品色、香、味的要求的加工工艺和配套设备及高附加值产品。水产品生物活性物质研究及功能食品开发，主要研究水产品生物活性物质的制备、分离、纯化技术，重点研制海洋生物肽、多糖及多不饱和脂肪酸制品，珍珠功能性材料及产品。鲜活水产品食品流通过程中质量安全控制技术体系研究，主要进行鲜活水产品中化学及生物危害因子的检测与监控、质量控制与溯源体系的建立和示范。水产调味品加工技术研究及产品开发，主要研究水产品内源性蛋白酶和外源性蛋白酶相结合的酶解技术，研究水产品蛋白质水解物的生物脱腥技术和风味改良技术，开发高营养高鲜度的以鱼酱油、鱼味精、海鲜酱为代表的系列水产调味品。

（三）粮油产品

重点研究包括以米胚为原料、采用现代提取分离技术和生物技术制备活性多肽，如抗氧化肽、抗菌肽等，开发食品添加剂；以米糠为原料，研究米糠系列产品的深度利用和加工，应用现代提取分离技术生产高纯度米糠蛋白和高质量米糠油，探索谷维素和阿魏酸等系列产品的加工工艺。开展菜籽和茶籽精深加工利用技术研究，开发高附加值产品，建立示范生产企业，开展相关产品应用推广。重点研究利用菜籽油水化油脚生产磷脂，开发磷脂系列产品，形成食品级磷脂、饲料级磷脂、药用级磷脂、磷脂皮革加脂剂等生产企业。探索新的木本油料作物原料并评估其安全性，研究新型茶籽制油工艺，提高茶籽油品质和保健价值，形成浙江省的产业优势。运用近红外光谱等现代检测技术,建立先进的粮油品质及掺假分析检测方法,完善粮油品质质量安全体系,保障浙江省粮油的消费安全。

（四）果蔬产品

进一步开发杨梅 NFC 果汁和浓缩果汁产品的品质改进及其二次加工产品。研究并推广无防腐剂的新型腌制蔬菜新产品,并进行产业化。研究果蔬糖果制品的新型加工技术和关键装备,解决中等水分产品的防腐剂超标难题。研究罐头的绿色加工工艺,降低环境污染。研发果蔬罐头加工节水减排和脱水加工节能降耗成套装置并进行产业化示范。开发节能型果蔬干燥技术与关键装备。开发高效的柑橘罐头成套生产线,改善长期以来仅有橘子马口铁罐头单一品种的局面,促进柑橘等果蔬软罐头的出口,提高产品附加值。重点开展柑橘类果实小果劣果的深加工研究,全面提高柑橘、杨梅综合利用水平。研究青梅、枇杷、蓝莓等特产果蔬的加工与综合利用技术,使浙江省在柑橘、杨梅、果品深加工技术水平上达国际领先水平。重点开展食药用菌多糖的规模化高效分离新技术研究、食药用真菌副产物精深增值加工技术研究、食药用真菌产品中功能性成分的结构与作用机制研究、珍稀食药用菌的快速深层发酵及有效成分分离提取研究、食药用真菌提取物在大宗农副产品及其他民用品中的应用等,明确作用机制,开发成套生产线,并成功实现产业化。浙江工商大学沈莲清等人进行的"三种植物源天然活性物质制备技术研究及产业化",获 2010 年省科技进步奖一等奖。浙江大学陈昆松进行的"特色果品采后贮运关键技术研创及其应用研究",获 2010 年省科技进步奖一等奖。

（五）森林食品

主要开展竹笋精深加工关键技术及其设备研制,油茶等传统木本粮油精深加工关键技术及其设备研制,珍稀干果香榧南扩、山核桃西进和地方柿加工专用原料基地建设以及精深加工关键技术与设备研制,野生动植物驯养繁殖及其精深加工关键技术和设备研制。浙江医科院王茵等人进行的"第三代保健食品的研发及技术平台构建研究",获 2010 年省科技进步奖二等奖。

截至 2010 年,畜禽、水产、果蔬、林木、毛竹、茶叶、食用菌、粮油等大宗特色优势农产品增值加工及传统产业提升,功能性成分的提取、分离、纯化与应用,农产品发酵工程技术,主要农产品加工技术集成及关键设备研制等四大领域科技创新取得长足发展。以畜产品加工为例,全省加工产值已突破 1220 亿元,是畜禽养殖业的 2.5 倍,形成了金华火腿、温州休闲肉蛋食品、嘉兴肉类软罐头、绍兴鸭蛋制品等著名品牌和产业集群,火腿、乳饮料、休闲肉蛋食品、蜂产品、兔毛、肠衣等的加工量保持全国领先水平,精深加工产量居全国第二,炼乳、鹅肥肝、肝素钠等产品加工全国领先。精深加工装备研制,开发出 58 种新产品,建立 50 条生产示范线,果蔬软罐头生产线 5 条,年产量可达 3 万吨以上,促使浙江省软罐头出口量达到全国第一。推动了农产品加工集群创新,形成了安吉的竹制品、临安的水煮笋、台州的水果罐头、仙居杨梅加工、玉环海洋生物制品、遂昌的竹炭、诸暨的珍珠、舟山和台州的水产品等一大批加工产业集群和加工龙头企业。同时还带动了浙江大学、浙江工业大学、浙江工商大学、浙江科技学院、浙江省农科院、浙江海洋学院、宁波大学、浙江万里学院和浙江医科院等一大批涉农高校和科研院所形成了一批各具特色的农产品加工及精深加工科技创新团队,建立起省和国家级重点实验室或工程技术研究中心。

第六节 现代设施农业技术与装备

一、农作物设施种植技术

南宋时期,浙江开始用炭火加温进行瓜菜育苗或花卉催花。民国十六年(1927),国立第三中山大学在杭州笕桥建立蒸汽加温玻璃温室,用以喜温植物越冬及农事试验。1964 年,浙江省开始试验早稻塑料薄膜(也称地膜)保温育秧成功,能提高早稻成秧率,使其提早成熟,20 世纪 60 年代后期在全省推广,但成本较高。1977—1980 年,浙农大进行地膜覆盖栽培番茄、甜椒、黄瓜等多项试验,有显著增产效果,其中黑色地膜还有灭草功能。80 年代初,蔬菜地膜覆盖栽培技术在全省推广,增产显著,获浙江省 1982 年科技成果推广奖二等奖。1981 年,开展早稻地膜育秧和棉花地膜覆盖栽培技术研究获得成功,逐步推广。80 年代后期,地膜覆盖技术扩大到西瓜、花生、玉米等作物。1986—1990 年,省农科院与日本国际协力事业团(JICA)合作,进行蔬菜无土栽培技术研究。1991—1995 年,省农科院建设东南沿海地区蔬菜无土栽培研究中心,占地面积 18 亩,其中玻璃温室 1250 平方米,塑料大棚 7200 平方米,配套 TAM、NFT 及滴灌 5000 平方米,建立无土栽培实验室及蔬菜保鲜库。1996—2000 年,省农科院、杭州农科所、温州市农科所联合开展了"工厂化高效农业科技产业工程"项目的实施。建立了面积为 33 公顷的科技实验区、180.1 公顷的 7 个工程示范区和 3400 公顷的延伸辐射区,设施面积达到 3373.4 公顷,其中连栋塑料温室 71.7 公顷。研制开发出了 7 种连栋塑料系列和 3 种提高型塑料大棚及其配套的保温、加温、通风降温与遮阴等设备,土地利用率提高 10 个百分点,累计推广 8150 公顷;自主研制了"演运"牌系列小型农具,并筛选出一批适用的小型农机具和滴灌设备,工作效率提高 8～10 倍,生产效率提高 5 倍以上,综合经济效率提高 3 倍以上;育成适合设施栽培的茄子、豇豆、葫芦及樱茄等 7 个新品种(系),推广面积 42 万公顷;建成蔬菜花卉脱毒组培苗生产车间和工厂化育苗生产线,年产秧苗 1610 万株;研究开发第三代 FCH 水培系统、循环式海绵基质栽培系统、有机基质无土栽培系统、有机基质栽培等 6 种无土栽培系统及其配套栽培管理技术;形成了较完善的蔬菜花卉栽培设施设备,包括专用肥料、种子种苗、技术服务等产业技术体系,推广应用 50 多公顷;建成 7 条具有国际水平的蔬菜加工生产线,日生产净菜 20 吨和速冻蔬菜 30 吨,开发出各类蔬菜保鲜加工品。

进入 21 世纪后,省农科院进行了"设施园艺农业新材料及配套产品的研制与开发研究"和"重要园艺植物规模化繁殖技术平台的建立和示范研究",建立了 46 个种属 272 个品种的组培技术体系,组培苗移栽成活率达 85％以上。还引建了"工厂化高效农业技术研究与示范""蔬菜长季节设施栽培配套技术研究及专用品种选育研究",选育出设施栽培的番茄专用品种"浙杂 203",推广面积达 100 公顷以上。"液体生态地膜研制及其在农业上的开发应用研究"取得发明专利 1 项。2005 年,浙江大学喻景权等人进行的"设施(可控)环境下蔬菜生育障碍的克服机制与配套产品研制"获省科技进步奖一等奖。浙江大学进行了"设施园艺育苗生产线的研制及其产业化研究",取得 3 项国家发明专利、4 项实用新型专利,获 2006 年省科技进步奖二等奖。"设施园艺实用智能化温室研究与开发"取得 3 项国家发明专利、4 项实用新型专利。"高抗优质番茄、辣椒苗的规模化生产技术研究"取得国家发明专利 1 项。中林院亚林所进行了"名优观赏植物引进及工厂化生产技术研究",获 2002 年省科技进步奖二等奖。省林科院开展了"园林大苗省力化设施栽培技术体系研究",研制出园林大苗种植专用基质和基质型育苗容器,建立绿化大苗基质型容器设施栽培基地 400 平方米连栋大棚,培育各类绿化苗木 45 万株。义乌铁皮石斛研究所开展了"天然药用植物品种组培工厂化生产技术研究",建立 3000 平方米集温、光、水、微抗控机的组培基地,500 亩仿野生环境按 GAP 标准栽培基地,成功研制森山铁皮枫斗冲剂(颗粒)、胶囊、抗衰老片系列产品,取得国家发明专利 1 项。

2006—2010 年,省农科院开展了"特色果树设施与移动式栽培及其在环境美化中的应用研究""浙江主要瓜类作物有机生态大棚栽培关键技术研究与示范",取得 3 项国家发明专利。杨悦俭等人进行的"设施蔬菜优异种质创新和专用新品种选育研究"获 2009 年省科技进步奖二等奖。2008—2009 年,浙江林学院开展了"基于传感器网络的设施农业环境精准控制关键技术研究",取得实用新型专利 3 项。2008—2009 年,丽水市农科所开展"鸟巢型球体生态温室研制与应用研究",研究成果推广到全国 20 多个省份,共建 100 多个鸟巢温室基地,使生物产额达到普通温室的 3～5 倍以上,提高了生产效率与农业产出。2009 年,浙江大学王俊等人进行的"设施园艺育苗生产线的研制及其产业化研究"获省科技进步奖二等奖。

二、畜禽设施养殖技术

2000—2010 年,浙江在畜禽设施养殖及其装备研制上,重点开展"标准化猪场建设和猪舍建设技术标准研究""基于空间电场技术的畜牧空气净化系统研制""规模养殖场排泄物高效处理系统的研制""标准化散栏式奶牛饲养设施研究""水禽规模化生态养殖模式研究与示范""家兔健康养殖环境控制设施研究""动物福利及其动物产品品质的关系研究"。同时重点转化推广"自动化液体饲喂系统研制及产业化""畜禽舍全自动新风系统研制及产业化""规模养殖场自动化供给和环境测控系统研制及产业化""饲草种植、收获与精深加工技术及机械设备研制与产业化""适度规模养殖场（小区）、标准化畜禽舍建设""配套供料、供水、供电、防疫设施以及控温、挤奶、孵化等自动化设施""排泄物处理以及农牧结合灌网等设施"。2000—2005年，省农科院开展了"绿色畜产品（猪肉）生产全程控制关键技术集成与示范研究""规模猪场母猪繁殖障碍病控制与净化技术研究"，首次调查确诊了猪蓝耳病在全省的发生与流行，成功建立了符合浙江省实际的猪瘟、猪伪狂犬病净化技术和诊断鉴别技术；研究建立了猪瘟、W病、蓝耳病三种疫苗联合同时免疫的方法，简化了生猪的免疫方法。进行"瘦肉猪优质洁净生产技术系统研究"，在国内率先成功创建了国际上最新的猪肉安全生产技术平台——早期断奶隔离分开式饲养系统，建成年出栏2万头商品猪的SEW猪场；建立了优质猪肉生产技术体系和生猪绿色、无公害饲养技术体系。同期，省农业厅畜牧局开展了"畜禽规模养殖场及专业养殖小区环境工程技术开发与示范研究"，完成了营养平衡、酶型、中草药型、有机微量元素型4种环保型材料开发和3种防臭剂的研制；筛选出耐高温的适用于畜禽粪便发酵的优良菌株3株；研究开发了专用有机肥和复合肥10个；建成年产2500吨规模的生物发酵有机肥及复合肥专用肥料厂1座；同时完成了畜禽舍环境实时监测系统的开发。金华市佳乐乳业有限公司开展了"荷斯坦奶牛胚胎工厂化生产与移植技术研究"，成功培育出金华市第一头胚胎奶牛，建立供体核心群300头、后备供体母牛350头，推广应用后促使金华市奶牛平均年产奶量从原有的5500公斤上升到8500公斤。

三、水产设施养殖技术

1991—1995年，省海洋水产研究所进行"网箱养鱼技术研究"。五年间网箱养殖数量增加40多倍，产量增加60多倍，产值达1.2亿元，投入产出比为1∶1.7，经济与社会效益显著。1993年，萧山市农业局进行的"网箱培育鳜鱼苗种并养成技术研究"获省科技进步奖二等奖。1996—2000年，省海洋水产研究所再次进行了"传统网箱的抗风浪结构改进和养殖鱼类筛选"，相继引入美国红鱼、大黄鱼、欧洲鳗、美洲鳗、花尾胡椒鲷、卵形鲳鲹、日本黄姑鱼、鮸鱼、黑鲷牙鲆、大泷六线鱼等十几种鱼类进行试养，优选出美国红鱼、欧鳗、大黄鱼、花尾胡椒鲷、日本黄姑鱼等适养鱼类，对北方冷水性高价值鱼类，采用"反季"养殖，提高经济效益。2001年10月—2002年12月，省海洋水产研究所第三次进行"东海区深水抗风浪网箱养殖技术研究"。经两年实施，在网箱的结构设计及选材、制造工艺、抗浪流性能、养殖管理、养殖种类选优等方面均有创新。确定了网箱主构架的工厂化、规范化生产技术和工艺，制定了相应的养殖技术操作规范，深水网箱已成为我省及相邻省份重点发展的海水养殖方式。2001—2002年，浙江海洋学院进行"大型抗风浪深水网箱高效设备研制"。研制成功的大型抗风浪网箱设备抗风力12级、抗浪高5米、抗流速1米/秒，成本比国外同类网箱降低40%～50%。制定了深水网箱高效养殖技术规范,鱼类养殖成活率达80％,该技术获2002年国家海洋科技创新成果奖二等奖。同期,浙江海洋学院进行"深水网箱养殖装备与配套技术研究",研制开发深水网箱1888只,数量占全国同类网箱的70％以上,累计产值51819万元、利税13342万元,逐步实现了深水网箱养殖的规模化、集约化和产业化,取得了显著的经济效益和社会效益,该成果获2006年省科技进步奖二等奖。

　　进入21世纪后,玉环县与浙江大学合作,率先进行浅海抗风浪网箱养殖技术开发研究。在抗风浪能力和结构上取得较大突破,填补了国内浅海板框浮动式抗风浪风箱研制的空白,总体水平处于国内领先地位。同期,舟山市半岛水产养殖公司进行"国产深水网箱集约化养殖示范基地建设研究",成功安装了大型深水网箱24只及附属设施,养殖了舟山大黄鱼、美国红鱼、黄条鰤、包公鱼、鲈鱼、虎头鱼、真鲷、黑鲷等十几个品种鱼种,并开展国产化深水网箱集约化养殖技术的应用研究。2001—2005年,浙江海洋学院进行了"深海网箱养殖装备与配套技术研究",从深水网箱设备制造、养殖技术到产业链三个层面循序渐进地进行了研究开发。2001—2007年,浙江海洋学院开展了"优质大黄鱼深水网箱健康养殖与产业技术体系研究",解决了岱衢族大黄鱼规模化繁育技术难题,成功研发大黄鱼精深加工产品,优化了大黄鱼养殖技术体系。2002—2005年,省淡水水产研究所、省水产技术推广站联合进行"深水网箱养殖鱼类营养与饲料产业化技术研究",对我省淡水网箱养殖的主要鱼类花鲈、黑鲷及大黄鱼的营养要求进行了系统的研究。2004—2006年,浙江海洋学院开展了"深水网箱养殖大黄鱼关键技术研究",取得国家发明专利8项,获2007年国家海洋科技创新成果奖一等奖。2005—2006年,宁波大学开展"深水网箱大黄鱼健康养殖的生物保安技术研究",取得国家发明专利2项。2006—2007年,浙江海洋学院进行了"柔性浮式防波堤在海洋设施渔业中的开发应用研究""新型离岸深水网箱成套装备及养殖技术研究"。项目累计研制开发新型深水网箱10种、改进型网箱5种、引进型网箱1种,推广新型、改进型和引进型网箱787只,研发各类深水网箱养殖配套产品13种,实际应用7种。累计通过成果鉴定8项,获省部级奖6项,注册软件1项。累计新建、改建或扩建技术应用和产品应用及产业化示范基地19个,参与课题研发和成果示范应用企业18家,2007—2010年,网箱设施产品和高效养殖新增产值38.95亿元,新增利税约8.11亿元。2009年,省淡水水产研究所叶金云等进行的"海水主要网箱养殖鱼类营养与饲料产业化开发研究"获省科技进步奖二等奖。

四、现代设施农业装备及材料研制

　　进入21世纪后,浙江在现代设施农业装备及其材料研制上,主要开展了"工厂化农业温室和大棚结构及新材料研究""可控环境农业智能化设施和调控系统技术与装备研究""设施农业温室果蔬生产机械化技术和智能化装备研究""设施农业采收和农产品产地商品化技术与装备研究""温室农业作物生理监测技术与装备研制"等关键技术和设备研究。在设施动物养殖机械设备、远程监控与管理关键技术装备研制上,主要是开发"新型动物禽舍除尘除臭技术与装备""畜禽无害化新型消毒防疫技术及相关设备""适合浙江地区气候特点的生物发酵床养猪关键技术与装备""基于计算机视觉和生物图像技术的动物生理行为智能化监测与控制系统装备""动物健康饲养自动化集成控制技术与设备""饲养过程中环境气体污染、饲料污染等信息的检测技术及相关的传感器""基于网络的重大疾病远程诊断系统和自动化监控设备""用于规模化养殖场的生产信息管理软件"等。在设施作业器具和新材料研制上,主要开发"适合于农业设施室内农业生产中的旋耕、犁耕、开沟、作畦、起垄、中耕、培土和植保等作业机具""设施水肥一体化供应技术与设备""嫁接育苗设施设备""二氧化碳施肥技术与设备""新型遮阳网和防虫网设施与栽培育苗基质消毒技术及设备""鲜茧质量快速测评技术及设备""蚕茧干燥技术和小型烘茧设备"。在设施农业基质材料研制上,重点开展"基质缓冲性材料技术研究""基质缓释肥料应用技术研究""利用农业有机废弃物部分替代泥炭的研究""开发具有'傻瓜化'使用特点的蔬菜穴盘育苗基质产品研究""农业有机废弃物在水稻育秧基质中的资源化利用研究""利用围垦海涂发展高效农产品设施基质研究""低山丘陵土质恶劣区(非耕地)发展优质水果设施基质及其栽培技术研究""农业有机废弃物微生物发酵处理的基质化利用关键技术""适合规模化处理的农业有机废弃物的发酵物料配比和基质化发酵所需的菌群研究""具有对植物生长重要作用的抗病、抗旱、抗涝、抗逆作用的放线菌和菌根真菌及乳酸菌等的开发利用技术研究"。2005年,省农科院吕晓男等进行的"农业高科技园区设施农业信息管理系统及其应用研究"获省科技进步奖一等奖。2009年,浙江大学王俊等进行的"设施园艺育苗生产线的研制及其产业化研究"获省科技进步奖二等奖。省农科院杨悦俭等进行的"设施蔬菜优异种质创新和专用新品种选育研究"获2009年省科技进步奖二等奖。

截至2010年,浙江现代设施农业技术及其装备水平提升取得长足发展,设施栽培面积从2001年的69.82万亩,发展到2008年的130.47万亩,增长了86.9%,设施大棚达227.27万个。畜牧设施养殖初具规模,规模养殖比例达73.57%,规模化畜禽养殖场内部饲养环节使用设施的比重达到85%以上,水产设施养殖面积达到了24万亩,养殖水体1108万立方米,产量19万吨,产值51亿元。在设施栽培方面,浙江省大力发展钢架大棚、智能温室,以及棚内耕作机械、种植机械、覆膜机械、大棚卷帘机械,加快发展遮阳网、防虫网、避雨栽培,积极发展喷滴灌节水栽培,提高保温保墒、防病控虫、肥水管理水平,初步形成了适应不同生态环境、满足周年生产的设施栽培技术装备体系。在畜禽规模养殖方面,着力发展"母猪限位栏养技术""家禽全自动孵化设备""奶牛机械化挤奶设备""畜禽粪便及污水处理设施",畜禽规模养殖水平显著提升。在水产养殖方面,加快发展微孔增氧养殖,推进养殖用水循环利用,推广池塘养殖新机械,设施渔业生产水平进一步提高。2010年,全省设施农业年总产值达150多亿元,平均亩产达8000元以上。

第七节　农产品质量安全与标准化技术

一、农业"三药"(农药、兽药和鱼药)残留研究

1964 年,省农科院赵志鸿等与浙农大植保系、农业物理系合作进行"S^{35}标记 1059 和对硫磷在白术和水稻上的残留情况研究",取得一批数据资料,当时采用同位素示踪法研究农药在不同作物上的残留、输导和分布,在国内处于领先地位。1970—1971 年,省农科院进行"含汞糠对肉猪的影响及猪体内汞的积累部位试验研究",结果表明猪外观无中毒症状,汞主要蓄积在肾脏,其次是肝脏,而毛发和蹄壳中也有较高的含汞量,但猪肉中未见有特殊的蓄积现象。用同位素法研究有机汞在水稻上的残留动态,证明谷粒中也有较高残留量,故不宜食用。1972 年,省农科院进行"猪体内砷的残留研究",试验证明摄入动物体内的砷可随粪便、尿液大量排出,但仍有蓄积,以肝、肾等部位蓄积量最多,砷对动物有明显的损伤影响;水稻上施用砷制剂后,稻谷中亦有较高残留,研究结果为停止生产与使用有机汞、有机磷农药提供了科学依据,该成果获 1978 年省农业科技成果奖。1972—1974 年,省农科院进行"六六六农药在水稻和周边环境(水、土壤)中残留动态和最终残留量研究",结果表明在水稻植株内,六六六主要残留在茎叶和根部,在稻谷内主要残留在砻糠和糠部分,为制定农药安全使用标准提供了科学依据。1975 年,浙农大主持由全国农药残留研究中心和农业部农药检定所领导的农药残留研究网。1985 年开始,省农科院与日本、美国、英国、德国、法国等 20 个国家使用,共测定了 360 种杀虫剂、杀螨剂、杀菌剂、保鲜剂等在 15 种作物上的残留动态和最终残留,为国家制定《农药合理使用准则》(一)(五)标准提供数据资料,该技术获 1981 年农业部技术改进奖一等奖、1985 年国家科技进步奖三等奖。《农药合理使用准则》(一)(二)国家标准 GB/T8321.1-2-87"获 1989 年国家技术监督局一等奖、1990 年国家科技进步奖二等奖。"呋喃丹等 19 种农药在 11 种作物上 32 项残留动态研究及安全使用指南的制定"获 1987 年农牧渔业部科技进步奖二等奖。1987—1988 年,省农科院开展"杀螨脒研制和应用研究"。"200 吨/年 25％杀螨水剂中试研究"获 1988 年省科技进步奖二等奖。1988—1990 年,省农科院开展的"杀螨脒毒性和残留研究""新杀螨杀虫剂双甲脒、杀螨脒及其中间体研制与应用研究"获 1991 年国家科技进步奖二等奖。1995—1996 年,省农科院开展的"毒死蜱乳油新配方、药效和残留研究"和"高效广谱杀虫杀螨剂毒死蜱中试研究"获 1995 年省科技进步奖二等奖。

进入 21 世纪后,浙江大学和省农业厅畜牧局联合进行"畜产品药物残留检测技术应用研究",完成了盐酸克仑特罗(瘦肉精)和氯霉素的酶联免疫试剂盒组装;建立了针对"瘦肉精"和氯霉素残留检测标准化仪器分析方法。2002—2005 年,浙

江大学开展了"蔬菜硝酸盐污染控制及快速检测技术研究"。2006—2009 年,省农科院开展"三药(农药、兽药和鱼药)残留等有毒有害物快速准确检测技术和设备研究",取得国家发明专利 2 项,制定国家和地方标准 5 项。

二、粮油果蔬产品质量安全与标准化技术研究

进入 21 世纪后,省农科院开展"我国水稻黑条矮缩病病原、成灾原因及持续控制技术研究",项目获 2004 年国家科技进步奖二等奖。同期,该院进行"水稻重大病虫害减灾控灾治理系统研究",取得 3 项国家发明专利,获 2 项省部级科技成果奖。进行"设施蔬菜生产质量安全控制和标准化栽培技术研究",制定了蔬菜标准化设施栽培技术规程,研发出设施蔬菜栽培的有机无机复合专用肥配方 6 个。2003—2005 年,省农业厅植保站进行了"蔬菜重大病害监测预报与控制关键技术研究",制定了 5 种蔬菜主要病虫害防治指标与预测预报方法,筛选出 BT、杜邦安达等一批高效安全经济的生物农药和化学农药,提出适宜的施药技术。2001—2005 年,省农业厅、省技术监督局联合开展了"浙江省优质农产品标准化技术体系研究",研究制定了我省优质农产品标准化技术体系,提出了一整套可操作性强的农产品质量安全管理运行模式,在全省 20 个县市建立标准化示范基地。2002—2005 年,中茶所开展了"茶叶安全生产全程质量控制和检测技术研究""假眼小绿叶蝉生物防治技术体系研究""茶叶安全生产过程控制及检测技术研究",研制出茶刺蛾和茶毛虫病毒制剂各 2 种及其生物防治技术;确立了一套溶剂量可减少 50%、时间缩短为 24 个小时的茶叶三类(有机磷、有机氯、菊酯类)共 23 种农药的多残留快速检测技术。2003—2005 年,开展了"有机茶生产关键技术研究与示范",项目制定了 2 项农业部项目标准——《有机茶产地环境条件》(NY5199-2002)和《有机茶生产技术规程》(NY/T5197-2002)。

2001—2005 年,省政府设立农产品质量安全与标准化技术研究重大科技专项,重点在蔬果茶、畜产品、水产品和加工制品等产品,对其生产技术标准、农产品品质、农产品质量安全、农药应用与环境生态评价、农兽药残留五个领域组织实施 40 多项科技研发项目,浙江大学制定的农药残留标准、饲用酶、植物性生物药物添加剂、生物防治技术研究等达到国际先进水平。省农科院等科研院所承担的国家"十五"(2001—2005)重大科技攻关项目"农产品安全关键技术研究",取得了一大批科研成果;研究建立了无公害级、绿色级、有机级的各类蔬果,如叶菜类、菜瓜类、茄类、椒类、豆类、根茎类等蔬菜,与柑橘、草莓、杨梅、枇杷、梨、桃、葡萄、西瓜、甜瓜等水果以及茶叶的标准化生产技术体系。2003—2008 年,浙江大学开展了"外来入侵生物烟粉虱发生危害规律和综合治理研究",项目研发了以非化学方法为核心的综合治理技术体系,2006—2008 年在浙江省推广应用 34.8 万公顷,增收节支 5.58 亿元,保障了多种蔬菜作物的高产和产品安全。同期,省农科院进行了"绿色蔬菜产品生产全程控制关键技术集成与示范研究",获得国家发明专利 3 项。

2006—2009 年,浙江大学进行了"稻米铁生物有效性快速检测与评价新技术研究",在国内首次建立了"稻米铁生物有效性的 Caco-2 细胞系检测技术平台",取得国家发明专利 1 项。同期,该校张国平等人进行了"重金属在土地-植物系统中迁移、转化和积累规律与农产品安全研究",获 2009 年省科技进步奖二等奖。2007—2009 年,浙江大学开展了"复合污染菜地土壤修复关键技术研究",在国际上首次建立了评判标准与筛选方法,申请国家专利 26 项,授权专利 3 项。2005—2010 年,省农科院开展了"草莓有害生物控制和安全生产关键技术研究""蔬菜产地环境和产品有害生物及其调控关键技术研究",制定了一批生产技术标准,取得国家专利。2007 年,浙江万里学院杨性民等人进行的"浙江特色腌渍食品安全生产关键技术研究"获省科技进步奖二等奖。2009 年,丽水市食用菌研究开发中心吴学谦等人进行的"食用菌质量安全及标准化生产关键技术集成与示范研究"获省科技进步奖二等奖。2010 年,省农科院黄国洋等人进行的"蔬菜质量安全监控与标准化技术研究及应用"获省科技进步奖二等奖。

三、畜产品质量安全与标准化技术研究

1998—2000 年,省农科院开展"牛羊四种主要寄生虫病联合诊断技术的研究",首次研配成与联合诊断技术相配套的多种组合抗虫剂。牛羊四种寄生虫病联合诊断技术获第十五届世界发明/新技术、新产品金奖,获 2001 年省科技进步奖二等奖。1998—2005 年,浙江省进行"畜产品安全及标准化生产技术研究",研发了无公害、无毒副作用的新型畜禽药物和疫苗,建立了符合 HACCP 认证的畜禽规模化、标准化安全养殖技术体系及产品质量检测监测技术体系,在国内外首次成功地建立"TOH 法实现活体测定鸡体成分技术"。2000—2002 年,省农科院开展"鸭两大细菌传染病防治联合技术研究",获 2003 年浙江省科技进步奖二等奖。2001—2003 年,省农科院进行"草食动物主要寄生虫病的联合控释剂研究",成功研制 11 种联合缓释剂,取得国家发明专利 3 项。2001—2005 年,省农科院进行了"瘦肉猪优质洁净生产技术体系及示范基地建设研究",获 2009 年省科技进步奖一等奖。2003—2006 年,浙江大学进行"免疫抑制性疫病防控关键技术研究与应用",首次利用基因工程和蛋白质工程技术制备出以可溶性猪圆环病毒衣壳蛋白为包被的抗原,成功研制了国内第一个检测猪圆环病毒 2-d Cap-ELISA 抗体检测试剂盒。该试剂盒已获得国家二类新兽药注册证书。2001—2004 年,省农科院徐子伟等人进行"环保型工厂化养猪业关键技术研究与示范""环保型家禽饲料开发关键技术集成转化中间试验研究",取得授权国家发明专利 3 项。形成的成果"环保型家禽饲料开发的关键技术研究"获 2004 年省科技进步奖一等奖,"规模化猪、禽环保养殖业关键技术研究与示范"获 2007 年国家科学技术进步奖二等奖。2002—2005 年,浙江大学开展"畜禽养殖废弃物资源化生态化综合处置技术研究及示范",已授权实用新型专利 13 项,编制了《畜禽养殖废弃物资源化生态化综合处置实用技术手

册》和配套图集,为全面推进浙江省乃至全国畜禽养殖业污染治理提供了科学与技术支撑。

2006—2010年,省农科院开展了"兽源性人畜共患重大疫病防控关键技术研究",完成了全省11个地市11250余份血清样本、736份病料样本的收集和血清学分析,建立了血清样本库;分离了1株H1N1亚型猪流感病毒;研制了抗H1、H3、H5和H9亚型猪流感病毒标准阳性血清,HAl重组蛋白抗原;研制了狂犬病病毒标准阳性血清、重组G蛋白、N蛋白抗原;研制了酶鼠抗猪、抗犬IgG单克隆抗体;建立了检测H5亚型猪流感病毒抗体的HAI-ELISA、狂犬病病毒抗体的NP-ELISA方法。进行"'猪高热综合征'防治与应急控制关键技术研究",完成了"猪高热综合征"流行病学、病原学、发病机理、防治技术、应急控制技术等研究工作;探明了"猪高热综合征"流行范围、危害程度、传播规律;分离获得了该病的主要病原,弄清了病原的生物学特性,探明该病是一种多病原性传染病,主要病原为猪呼吸与繁殖障碍综合征病毒(PRRSV)、猪圆环病毒Ⅱ型(PCV2)、葡萄球菌、副猪嗜血杆菌(HPS);用PRRSV和PCV2成功复制出该病的动物模型;研制出的PRRS-PCV2二联油乳剂灭活苗、猪圆环病毒Ⅱ型cap蛋白重组腺病毒疫苗等疫苗经浙江省农业厅批准区域试验,临床应用后发病率控制在10%以内,死亡率控制在5%以内,累计推广应用于1681余万头猪,减少经济损失3.16亿元。2005—2007年,省农科院进行"家畜血吸虫病和囊虫病的早期快速诊断及综合防治新技术研究",利用分离提取的血吸虫抗原及囊虫抗原,研制家畜血吸虫病和囊虫病斑点酶标诊断试剂盒2个,血吸虫及囊虫病畜抗体特异性好、敏感性高,与查病原法阴阳性检出符合率达99.7%～100%,达到早期诊断的要求;已研制成高、长效的注射型吸绦灵缓释剂和吸绦线虫缓释剂等2种新剂型产品,取得国家发明专利2项。2005—2007年,省农科院开展"新型高效中草药缓释剂防治兔球虫病研究",取得国家发明专利2项。2006—2010年,该院开展"家畜血吸虫病斑点金标检测试剂盒的研制与产业化",制备了血吸虫重组抗原,建立了家畜血吸虫病金标免疫渗滤快速诊断新技术,制定省地方标准,取得国家发明专利2项。

四、水产品质量安全与标准化技术研究

2001—2003年,省淡水水产研究所开展"罗氏沼虾白体病病原及防治技术研究",首次阐明该病病原为23～25纳米无囊膜二十面体颗粒病毒,并鉴定为罗氏沼虾诺达病毒(Macrobrachium rosenbergii Noda virus, MrNV),为首个从甲壳类中分离到的诺达病毒,还发现一种14纳米的单链RNA病毒,为MrNV卫星病毒;研究了MrNV的致病性;首次制备了MrNV单克隆抗体;建立了灵敏度高、操作简便的罗氏沼虾诺达病毒(MrNV)TAS-ELISA检测法,最低可检出1纳克病毒;建立了病毒检测RT-PCR技术,可同时检测MrNV和XSV,研制病毒诊断产品2个,取得国家发明专利。2002—2005年,该所进行"淡水名优鱼类规模化繁育及健康养

殖技术开发与示范研究",开展了红螯螯虾、翘嘴红鲌、鳜鱼、斑鳜、澳洲睡鳕等品种的人工繁殖,以及苗种规模化培育技术、环保型专用配合饲料的开发、微生物制剂的开发和应用研究,取得国家发明专利 3 项,制定技术操作规程 4 个。2003—2004年,宁波大学开展"梭子蟹主要病害防治及健康养殖技术研究"。2003—2005 年,浙江大学开展了"食品(茶叶、海产鱼虾)安全关键技术研究与综合示范"。2005—2007 年,省淡水水产研究所开展了"大黄鱼细菌性疾病病原、致病因子和基因工程疫苗的研究",研究出致病因子基因的克隆、基因导入大肠杆菌并进行高效表达的技术及疫苗的制备技术等。

2003—2009 年,浙江海洋学院开展了"水产品冷链流通质量安全控制与溯源信息技术研究""冷冻调理水产品安全生产与质量控制关键技术研究""冷冻水产品大肠杆菌生物控制关键技术研究""水产调味品中重金属脱除工艺及装备研究""基于绿色前处理技术的水产品残留药物检测研究""新型手性固定相的制备及在水产品手性药物残留选择性行为研究中的应用""水产品中药物等危害成分快速检测技术研究""贝类有毒有害物质残留控制技术研究""浙江沿岸贝类毒素和微生物监测及安全预警评估研究""特色风味水产品安全生产与质量控制关键技术研究与应用""超市熟制全蟹防色素变化的保质技术研究""渔药残留有毒有害物快速准确检测技术和设备研制"等系列水产品质量安全技术攻关项目研究,取得一批研究成果和国家发明专利。其中郑斌等 11 人共同研究的"水产品质量安全重要技术标准研究及产业化示范",获 2009 年省科技进步奖二等奖、国家海洋局科技创新成果奖二等奖。

浙江兴业集团开展了"食品冷链流通质量安全控制与溯源技术研究及产业化示范""海产品加工行业废水综合处理与循环利用关键技术研究与示范"。马永钧等进行的"鱿鱼和对虾制品全程质量安全控制关键技术研究及产业化"获 2009 年省科技进步奖一等奖。舟山检测检疫局开展了"海产品沙门氏菌污染的监控与溯源技术研究""出口海产品主要危害因子快速精准检测技术研究"。浙江海洋水产品质量检测中心开展了"水产品中致病性弧菌基因芯片检测技术的建立与应用研究"。舟山普陀兴洋生物科技有限公司开展了"水产品加工中组胺生成机制及控制降解技术研究"。舟山市疾病预防控制中心开展了"海产品添加剂的检测关键技术与安全评估研究"。舟山市定海区马目泥螺加工厂开展了"腌制水产品质量安全控制关键技术研究"。岱山县通衢水产食品公司进行了"超低温结合多价巴氏杀菌在蟹肉罐头加工中的应用研究"。舟山富丹旅游食品有限公司进行了"秘鲁鱿鱼异常酸味脱除技术应用研究"。舟山市绿源水产养殖有限公司进行了"南美白对虾全程安全控制与吨产纯海水养殖技术中试研究"。以上研究取得一批科研成果和国家发明专利。2007—2009 年,温州市科技局组织有关企业开展"铜藻繁殖生物学及增值技术及生态环境生物修复技术研究",取得国家发明专利 3 项。该项技术受到联合国开发计划署(UNDP)的肯定和资助,并在南麂列岛国家海洋自然保护区成功应用,成功营建了 2 个铜藻海藻场。2008—2010 年,杭州市科技局组织相关企业开展了"纳米技术应用于 7600 亩南美白对虾养殖技术研究"。浙江省医药水产技术研究在鱼类细胞培养、病毒病防治、细菌致病机理、免疫预防及制剂研制等方面的研究达到国内领先水平,其中在鱼类细胞培养、细菌致病机理研究、疫苗研制方面达到国际先进水平。

2000—2010 年,浙江省两个五年计划设立"农产品质量安全与标准化技术研究"重大科技专项,组织实施一批科技攻关项目,促进农产品质量安全水平不断提高:一是农产食品卫生监测合格率大大提高;二是食物中毒总体发生数量和中毒人数呈下降趋势;三是出口食品的质量也在提高。食品安全科技自主创新能力得到整体提升,主要表现在:第一是农药多残留检测技术从过去 50 种增加到 150 种;第二是标准制定改变历史,牵头或参与制定了部分生产规范的国内国际标准;第三是实验室能力验证得到社会认可;第四是快速检测技术实现跨越式发展,检测时间从 29 天缩短为 4 小时;第五是研制了一批食品安全监管需要的设备及产品;第六是食品安全科技设施和条件得到进一步完善;第七是培养了一支高水平的人才队伍。

第九章　科技促进农村经济社会发展

从古代到 20 世纪 40 年代,浙江经济主要是农业和手工业。科学技术方面取得的成就主要服务于农业和手工业的发展,并且对全省经济结构及其地域特色的形成产生了重要的作用。例如:水稻、蚕桑、丝绸、茶叶、酿酒、制盐、陶瓷、造船等,均具有悠久的历史。

中华人民共和国成立后,浙江经历了国民经济恢复与发展,以及改革开放等不同的历史阶段。70 多年来,国民经济实现了以农业为主向以工业为主转变,科技进步对经济社会发展的影响也日益表现出来。20 世纪 80 年代后,星火计划促进乡镇企业的发展;农业科技成果转化计划促进现代高效生态农业的发展;科技特派员制度创新推动欠发达县(市)经济跨越发展;科技创新载体(平台)建设推动现代农业高科技新业态、新产业的培育发展;科技富民强县和新农村建设科技示范推动农村进入全面小康社会发展的新的历史时期;对推动全省农业和农村经济发展起到强大的促进作用。

第一节　星火计划与乡镇企业的发展

乡镇企业萌芽于农村家庭手工业。农业合作化以后,这些手工业又以农村集体副业的形式继续存在和发展。1958 年,在"全民大办工业"的口号中,人民公社在农村集体副业的基础上,办起了社办企业。1978 年,十一届三中全会以后,乡镇企业迅速崛起,科技进步进程明显加快。大体经历四个阶段:第一阶段是 20 世纪 50 年代末至 70 年代末,即从传统手工业技术到近代工业技术的引入阶段。第二阶段是 20 世纪 70 年代末到 80 年代中后期,即借脑生财的起步阶段。第三阶段是 20 世纪 80 年代后期和 90 年代初期,即大量引进先进技术和设备阶段。在这一阶段,各级科委和乡镇企业行政管理部门加大对乡镇企业科技进步的引导。1985 年 12 月 2 日,国家科委向国务院提交了《关于实施"星火计划"的请示报告》,12 月 7 日国务院批准了"星火计划"。该批示指出:科技要为农村经济服务,农村经济要依靠科技才能进一步发展和提高。1986 年中共中央 1 号文件充分肯定了"星火计划",标志着"星火计划"正式诞生。这对后来乡镇企业的科技进步起到很大的促进作用。第四阶段是 20 世纪 90 年代中期以后,即开始进入技术开发和创新阶段。

到 2000 年,浙江全省乡镇企业总产值达到 12000 亿元,总产值、增加值、营业收入、利润总额、实交税金等 8 个主要经济指标名列全国第一位。乡镇企业已成为浙江农村经济的主要支柱、国民经济的重要增长点。

始于 1985 年的星火计划,其宗旨是把先进适用的科学技术引向农村,重点是促进乡镇企业科技进步。1985—2010 年,浙江实施省和国家级星火计划项目 4343 项,其中国家级 1982 项;培育了一批星火示范企业和区域性农村经济支柱产业;通过星火培训,提高了乡镇企业职工素质;通过项目的实施,提高了乡镇企业产品研发和技术创新能力;通过科技创新,提高了乡镇企业经济运行质量和效益。回顾浙江星火计划的发展,其从 1985 年在省淡水水产研究所水产试验场和杭州保灵公司开始试点,到 1986 年全面组织实施,从单项走向综合,从单个企业走向企业集团,从小市场走向大市场,从"短平快"走向"高群外",在浙江农村形成星火燎原之势。大致可以划分为四个阶段:一是 1985—1990 年,重点实施单个的"短平快"星火计划项目,支持乡镇工业的发展和农业土地资源开发利用。如乡镇工业技术开发、低丘红壤改造、海洋及山区农业综合开发等。到"十五"计划后期,重点转向培育乡镇企业中具有带动当地生产和产业发展能力的龙头企业,以推动农村区域性支柱产业的发展;结合农村小城镇建设发展星火技术密集区,以推进农村工业化和城镇化发展。二是 1991—1995 年,在总结"七五"的基础上,浙江省科委提出星火计划由"短平快"转向"高群外"(提高技术层次,发展群体规模和外向型经济),重点实施"五-100 星火示范工程"。即 100 个星火产业群体、100 个星火示范企业、100 个星火示范乡镇、100 个创节汇星火计划项目,100 万人次星火培训。三是 1996—2000 年,主要围绕促进农村经济增长方式转变和结构调整,以乡镇企业技术创新、农村小城镇科技发展为主要内容,重点实施以整体推进农村科技进步为主线的"星火燎原工程",突出做好杭州湾外向型农村经济发展、浙东南沿海科技兴海、浙中西星火扶贫这三篇文章。四是 2001—2010 年,按照江泽民同志提出的沿海发达地区率先基本实现农业和农村建设科技示范试点,加强欠发达县(市、区)跨越发展科技支持和农村小城镇区域科技发展。25 年来,浙江星火计划取得了显著的经济和社会效益,为加快农村经济发展,特别是加快农村工业化进程,提供了有效的科技示范和有力的技术支撑。浙江最具影响的乡镇企业、经济发展最快的县城和乡镇,几乎都是从星火计划起步,星火计划成为农村覆盖面最广、影响最大、效益最为显著、最具特色的科技开发计划。可以说,在推动我省农村工业化超常规、跳跃式发展以及农村经济全面发展上,星火计划起到了重要作用,功不可没。

一、星火计划工作

(一)星火计划项目

1986—2010 年,25 年来全省实施省级以上星火计划项目 4343 项,其中国家级 1982 项、省级 2361 项。这些项目中,推进乡镇企业科技进步与创新的有 3456 项,占 80％，为发展高效生态农业服务的有 887 项，占 20％（见表 9-1）。科技星火在浙江农村大地形成燎原之势。

表 9-1　1986—2010 年浙江省星火计划项目

年　份	国家级/项	省级/项	合　计/项
1986—1987	33	58	91
1987—1988	28	102	130
1988—1989	17	82	99
1989—1990	11	71	82
1990—1991	28	79	107
1991—1992	34	87	121
1992—1993	37	89	126
1993—1994	24	128	152
1994—1995	24	163	187
1995—1996	44	168	121
1996—1997	58	114	172
1997—1998	75	144	219
1998—1999	82	144	226
1999—2000	79	143	222
2000—2001	95	171	266
2001—2002	88	156	244
2002—2003	100	84	184
2003—2004	115	119	234
2004—2005	118	116	234
2005—2006	125	143	268
2006—2007	147	—	147
2007—2008	150	—	150
2008—2009	180	—	180
2009—2010	210	—	210
合计	1982	2361	4343

（二）星火示范企业与区域性星火产业群

1. 星火示范企业。浙江省通过十条考核标准来评定星火示范企业，1991—2000 年，全省累计共培育星火示范企业 241 家。从 2001 年开始，因机构和体制调整，星火示范企业培育调整为农业科技企业培育。

审定同意的企业，由省科委下达批准文件正式命名，并统一由省科委颁发"浙江省星火示范企业认定证书"和"浙江省星火示范企业牌匾"。

2.星火示范企业的奖励。①经认定批准的星火示范企业,当地政府在职权范围内给予必要的鼓励优惠政策。贯彻省委〔1996〕19号文件中实行税收扶持政策,星火计划项目中开发和研制的国家级新产品3年内、省级新产品2年内,新增所得税地方分得部分,根据当地财力的可能先征后返还。②星火示范企业的奖励,按国家和省星火奖励有关规定执行。③各级科技管理部门对星火示范企业要优先安排项目,优先提供资(基)金和技术服务。④星火示范企业厂长(经理)被评为省级以上星火明星企业家,按省科委和国家科委有关规定给予奖励。

3.区域性星火产业群。在星火示范企业培育的基础上,并与项目(产品零部件)的扩散和延伸、扶贫扭亏、培训等工作结合,在特定的经济区域内,以技术创新为核心,以龙头企业和主导产品为主体,带动企业和相关产业发展,形成一批区域性农村星火产品、产业集群,提高区域块状经济发展中的科技含量,促进产业结构和产品结构调整优化,进而推进当地农村经济发展。1991—2000年,全省累计培育241个区域性星火产业群体。2001年,因机构职能和体制调整,农村区域性星火产业群体培育工作停止。

(三)星火技术密集区与星火示范乡镇

1987年,根据国家科委星火计划工作的总体部署,浙江省着手开展星火技术密集区与星火示范乡镇创建工作。

1.星火技术密集区。(1)密集区是指在一定的经济区域内,按照星火计划宗旨,依靠科技进步提高经济增长的质量和效益,管理、技术、人才、资金综合集成,生产要素配置优化,产业和产品结构合理,经济、科技和社会全面进步的农村区域经济综合发展示范区。建设的核心是依靠科技进步促进农村经济体制向市场经济转变、经济增长方式由单一粗放型向集约效益型转变,搞活农村区域经济。星火计划扩大实施规模和效益,在单项开发、区域性支柱产业的基础上,进行农村区域经济综合开发的示范,不是单项的项目密集区。1987—2000年,国家科委批准浙江省建立南太湖南岸国家星火技术密集带、桐乡县国家星火技术工业示范区、上虞国家星火技术工业示范区、暨阳国家星火技术密集区、鳌江国家星火技术密集区、金华三江口国家星火技术密集区、横店国家星火技术密集区、缙丽青铁路沿线国家星火技术密集带、衢州百万亩红壤现代农业综合开发星火技术密集带、黄岩精细化工星火技术密集区、萧山50万亩滩涂现代农业综合开发星火技术密集区等12个国家级星火技术密集区(带)建设,均按要求完成目标任务。

2.星火示范乡镇。星火示范镇是指以农村小城镇为基本单元,按照星火计划宗旨,加强星火技术开发、星火项目实施、星火装备开发、星火示范企业和星火支柱产业培植、星火人才培训等的综合集成,优化生产要素配置,初步实现产业和产品结构合理、经济和社会全面进步的农村小城镇建设科技示范区。其核心是:依靠科技进步促进农村经济体制向市场经济转变,经济增长方式由单一粗放型向集约效益型转变。其目的在于依靠科技进步推动农村城镇化、工业化、农业现代化、农民知识化的进程。总体发展目标是:实施一批科技开发、星火计划项目,培植一批星火示范企业、星火支柱产业、创建星火工业示范小区;培养一批农村青年星火带头人、星火明星企业家,建立一支具有创业精神、敢于领办商品化大产业的星火企业家队伍,为发展农村市场经济提供科技支撑和示范引导。

(1)1991—2000 年第一批星火示范镇建设试点单位名录

温州市:平阳县鳌江镇、苍南县龙港镇、洞头县北岙镇、鹿城区双屿镇、龙湾区蒲州镇、永嘉县大若岩镇、乐清市汀田镇、文成县黄垣镇。

绍兴市:绍兴县东浦镇、上虞市东关镇、上虞市蒿坝镇、诸暨市次坞镇、新昌县儒岙镇。

嘉兴市:桐乡市屠甸镇、郊区余新镇。

金华市:兰溪市马涧镇、婺城区多湖镇。

丽水地区:青田县温溪镇、丽水市城关镇。

湖州市:湖州市练市镇。

舟山市:定海区白泉镇。

台州市:路桥区新桥镇、三门县珠岙镇。

衢州市:龙游县龙游镇、江山市上余镇。

(2)1991—2000 年第二批星火示范乡镇建设试点单位名录

杭州市:江干区笕桥镇、富阳市新登镇、临安县青山镇、富阳市大源镇、临安县东天目乡、桐庐县横村镇、西湖区浦沿镇、建德市三都镇、桐庐县桐庐镇、拱墅区石桥镇、萧山市党湾镇、建德市杨村桥镇、淳安县白马乡。

嘉兴市:桐乡市河山镇、桐乡市洲泉镇、桐乡市羔羊乡、平湖市新仓镇。

湖州市:德清县钟管镇、湖州市龙溪乡、安吉县天荒坪镇、湖州市旧馆镇。

绍兴市:绍兴县杨汛桥镇、绍兴县夏履镇、上虞市上浦镇、上虞市道墟镇、诸暨市五一镇、诸暨市山下湖镇、嵊州市甘霖镇、嵊州市博济镇、新昌县拔茅镇、越城区梅山乡。

台州市:椒江区洪家镇、黄岩区城关镇、临海市水洋镇、温岭市大溪镇、仙居县白塔镇、天台县洪畴镇。

丽水地区:景宁县鹤溪镇、云和县云和镇、遂昌县湖山乡、缙云县白竹乡、松阳县大东坝、庆元县黄田镇、龙泉市小梅镇、缙云县壶镇镇。

温州市:瑞安市梅头镇、平阳县萧江镇、瓯海区瞿溪镇、文成县双桂乡、瑞安市潘岱乡、泰顺县司前畲族镇。

衢州市:衢县上方镇、衢县湖南镇、衢县廿里镇、龙游县溪口镇、龙游县志棠镇、江山市清湖乡、江山市贺村镇、江山市坛石镇、江山市大桥镇、江山市须江镇、常山县辉埠镇、常山县河东乡、常山县芳村镇、开化县华埠镇、开化县马金镇、开化县池淮填。

金华市:兰溪市女埠镇、金华市秋滨镇、金华县洋埠镇、永康市古山镇、义乌市佛堂镇、义乌市吴店镇、浦江县郑家坞镇、磐安县新源镇、东阳市横店镇、金华市婺城区白马乡、武义县柳城畲族镇、浦江县花桥乡。

舟山市：岱山县泥峙镇、嵊泗县嵊山镇、普陀区朱家尖镇。

（3）第三批星火示范乡镇建设试点单位名录

绍兴市：诸暨市应店镇、越城区城东乡。

杭州市：萧山市宁围镇、余杭区余杭镇。

湖州市：长兴县煤山镇。

衢州市：常山县招贤镇。

台州市：玉环县陈屿镇、临海市杜桥镇、温岭市石塘镇。

温州市：泰顺县罗阳镇。

嘉兴市：平湖市全塘镇、海盐县百步乡、桐乡市青石乡。

宁波市：余姚市余姚镇、余姚市低塘镇、余姚市郎霞镇、余姚市泗门镇、慈溪市周港镇。

（4）第四批星火示范乡镇建设试点单位名录

嘉兴市：嘉善县魏塘镇、嘉善县姚庄镇、海宁市许村镇、海宁市郭店镇。

衢州市：柯城区花园乡。

金华市：磐安县仁川镇。

（四）星火培训与人才培养

1.星火培训。星火人才培训是星火计划工作的重要任务之一，也是实施好星火计划项目的有力保证。浙江省农村和乡镇企业的发展，不仅迫切要求技术人才的培养，而且也具备人才智力开发的资源。自1986年以来，星火人才培训坚持"实际、实用、实效"的原则，坚持为星火计划服务，围绕星火计划项目的实施，结合浙江省农村实际，开展了形式多样的培训，保证了星火项目的实施，提高了劳动者的素质，促进了农村经济的发展。截至2000年，全省共投入星火人才培训经费1600多万元，培训各类人才280多万人次。星火人才培训为广大农村培养了不同层次的技术人才，其中既有掌握星火科技的技术能手，又有一大批掌握一至两项实用技术的"土专家"。

2.星火明星企业家培养。乡镇企业经营管理人员多数来自农民，在商品经济的舞台上他们是新手，经验不足，小农观念根深蒂固。乡镇企业的设备简陋陈旧，生产规模小，信息不畅。这些都是目前很多乡镇企业的主要弱点，而"入关"后面临的第一个重要课题，就是按国际规范办理。乡镇企业要同外商做生意，必须有一批非常了解国际规则、了解关贸总协定的国际经济人才。因此，必须加强人才培养，努力造就一支星火明星企业家队伍，振兴农村经济。实现小康目标，关键在人才。星火人才培养工作的核心是造就一批发展社会主义商品经济的星火明星企业家。因此，星火计划组织实施的各项工作，要为培养星火明星企业家服务，努力为星火明星企业家的成长创造条件。星火培训要出人才，出效益，努力提高星火人才培训质量。国家级、省级星火人才培训基地培训工作的重点是积极培养一批善经营、懂管理、外向型、有开拓精神的星火明星企业家(见表9-2),以适应改革开放、市场经济和星火计划深入的需要。

实践证明,星火培训之所以成为乡镇企业家的摇篮,其主要因素突出表现在以下两个方面:

(1)星火培训提高了乡镇企业家的现代经营意识。乡镇企业的经营管理者是创办、领办企业的带头人,他们现代管理意识的强弱,直接影响企业的兴衰。在激烈的竞争中,企业领导者提高现代化管理意识,及时了解和掌握国内相关政策和最新经济信息,认识企业在区域经济中的地位和作用,为企业制定科学管理决策,是企业成功和健康发展的关键所在。星火人才培训工作的开展,正顺应乡镇企业的这种需求。有计划地组织乡镇企业家集中培训,学习国家有关政治和经济政策,讲授现代企业各项知识,结合星火计划和各类科技计划的实施,增强企业管理者的科技意识,开阔他们的视野,把他们推向市场竞争的前沿阵地。

(2)星火人才培训促进了支柱产业的形成和发展,锻炼培育了新一代乡镇企业家。发展区域支柱产业,就是充分利用区域内农业及其自然资源形成具有一定经营规模和较高效益、在区域经济中具有相当比重的产业,有效地带动一批相关产业的发展,吸纳大批农村剩余劳动力,带动广大农民共同致富。发展农村区域性支柱产业最有效的途径,就是大规模地开展区域性主导产业的技术培训。25年来浙江省星火培训工作的实践证明,只有加强对星火明星企业家的培训,才能保证更多的乡镇企业家在经济建设中不断脱颖而出,发挥更大作用。

表9-2　浙江省星火明星企业家名录

企业家	企业名称	企业家	企业名称
徐　怡	杭州侨兴织带机厂	虞炳泉	湖州保温材料厂
林关金	桐庐造纸机械设备厂	沈利明	德清兽药厂
高金元	杭州常青养鸡总场	蒋梦兰	上虞市联丰玻璃钢厂
张建人	萧山市蜂产品研究所	孙镇发	绍兴县宏大针织厂
夏为民	富阳食用菌公司	何智慧	诸暨水泵厂
潘灯德	平阳县塑料八厂	金良顺	绍兴经编机械总厂
吴松权	温州力西特企业集团公司	鲁国良	绍兴机床厂
朱炳光	永嘉县和三化工厂	陈森洁	浙江照明电器总公司
章　义	瑞安市自动化仪表厂	阮水龙	浙江助剂总厂
郁新芳	桐乡县风鸣化纤厂	邵樟标	衢县上方水泥厂
何建积	嘉兴风鸣植绒工艺厂	舒永强	常山轴承厂
朱胜良	海盐特种配合饲料厂	吴旭东	浙江开关厂
吴少华	永康市城关镇五金厂	符小青	龙游种猪场
周高球	永康自动化仪表厂	徐灿根	上虞风机厂
方正中	兰溪市电器厂	薛安志	浙江三星洗衣机配件厂

续表

企业家	企业名称	企业家	企业名称
胡秀强	浙江康恩贝股份有限公司	金祥佐	浙江真空包装厂
任国民	岱山县丝织厂	林瑞将	温州市电热机械厂
傅国定	定海纺织机械厂	李荣银	瑞安市自动化仪表阀门
王云友	椒江市东港企业公司	章志弘	平阳化工机械总厂
姜夏宝	浙江富仕丽日用化学公司	尤建华	平阳毛纺织总厂
陈立荣	青田电气控制设备厂	寿耀栋	杭州皮革机械总厂
卢积洪	缙云缝纫机厂	施永强	杭州凌鹰化工有限公司
褚如文	丽水市城关镇灯塔村	俞灿和	萧山第二化工塑料厂
包更富	湖州活性炭厂	陈寿英	杭州蒸发器厂
宋金森	安吉金属制品总厂	孙金水	笕桥养殖公司
郭明明	浙江东南网架集团有限公司	张有根	浙江省丽水市星火实业总公司
陈加进	杭州西湖畜禽养殖总场	王炳林	浙江三辰电器有限公司
兰兆祥	余杭市余杭上湖农场	何宝牛	上海建科院丰能制材有限公司
赵林中	浙江富润纺织集团有限责任公司	严连清	湖州金日集团公司
朱治安	浙江兴隆机械厂	黄水寿	浙江大东南塑胶集团公司
叶邦镐	浙江通用包装机械厂	张道才	浙江三花集团公司
翁少义	平阳县科龙农牧经贸有限公司	金宪树	文成帝师集团有限公司
韦建华	铁岭阀门厂平阳分厂	王海哨	浙江省东风机械厂
俞才澜	金华市婺东葡萄良种场	余燕坤	平阳县益坤电气有限公司
马传兴	杭州红兴电器有限公司	方 杰	浙江星河机器厂
蒋有水	杭州中德水产养殖有限公司	姜银台	舟山市贷美聚氨酯有限公司
龚政光	萧山佳力管道电泵制造公司	祝志斌	舟山市神模电气有限公司
张伟岳	舟山市毛纺织二厂	骆立波	义乌市易开盖实业公司
朱建国	桐乡市金凰化纤厂	袁关生	秦山橡胶厂
陈士良	浙江桐昆化纤集团有限公司	姚晓昌	浙江嘉河纺织集团
朱永其	嘉兴西猛人造毛皮集团有限责任公司	陆雪年	桐乡市绢麻纺织厂
徐福祥	嘉兴市梦迪集团有限责任公司	牟水法	浙江神州毛纺集团有限公司
詹叙礼	江山市化工涂料厂	杨良如	浙江枫树集团有限公司
郭水林	衢县日用化学品厂	杨云法	江山市造纸厂
徐增宏	浙江省开化县池淮水泥厂	周志江	浙江久立集团有限公司
占端平	浙江常山轴承集团有限公司	张德贤	瑞安市中德热器仪表有限公司
黄德全	衢州市重质碳酸钙总厂		

3. 农村青年星火带头人。1989 年以来，为配合国家"星火计划"的实施，团省委和省科委共同组织实施了培养农村青年星火带头人活动。截至 2000 年，团科两

家精诚合作、共同努力,使这一活动在规模上逐步扩大、内容上不断深化,取得显著的人才效益、社会效益和经济效益。如表 9-3 和表 9-4 所示。

表 9-3　1990—1998 年农村青年星火带头人标兵名单

年份	数量/个	年份	数量/个
1990	10	1995	20
1991	10	1996	20
1992	9	1997	21
1993	21	1998	20
1994	20	合计	151

表 9-4　1990—1998 年农村青年星火带头人名单

年份	数量/个	年份	数量/个
1990	90	1995	94
1991	86	1996	94
1992	82	1997	94
1993	39	1998	104
1994	99	合计	782

二、星火计划的方针与政策

(一)明确目标导向

1986—2010 年,紧紧围绕省委省政府农村工作不同阶段的工作难点、热点和经济增长点实施星火计划,为农村经济发展提供科技支撑。25 年的实践大致可分为三个阶段:第一阶段(1985—1990 年)是起步阶段,重点实施单个的"短平快"星火计划项目,为实现农业稳产高产和乡镇工业的发展提供科技支撑。第二阶段(1991—2000 年),由"短平快"转向"高群外"(提高技术层次、发展群体规模和外向型经济),重点实施"五-100 星火示范工程"。第三阶段(2001—2010 年),重点实施以整体推进农村科技进步为主线的"星火燎原工程"。

(二)始终坚持把引导和发展乡镇企业作为星火计划的工作重点

浙江是一个资源小省,国有工业的基础相对薄弱,从这样一个省情出发,历届省委省政府比较早地认识到发展乡镇企业绝不是权宜之计,而是一项重大战略,是一个长期的根本方针,因而始终把发展乡镇企业摆在国民经济的突出位置,坚持一手抓农业、一手抓乡镇企业,以加速农村工业化来带动农业和农村现代化,走出一条符合浙江实际、适应当地生产力水平发展的路子。因此,自从 1985 年开始试点、1986 年全面实施星火计划以来,始终坚持把引导和发展乡镇企业的科技进步作为星火计划工作的重中之重来抓,到 2000 年年底实施的 7185 项市级以上星火项目,其中有 5750 多项是为发展乡镇企业的工业项目。值得一提的是初步形成的产学研结合的星火计划实施体系。25年来,先后有全国各地500多家大专院校、科研单位和大中型企业,上万名科技人员参与浙江星火计划的实施,使70%以上的星火计划项目有了技术依托。这些科技人员与我省农村的科技骨干、星火企业家、星火带头人一起,成为我省星火计划强有力的实施、示范、推广队伍。由于他们的辛勤工作,星火计划的实施经历了"星火项目→星火示范企业→区域性星火支柱产业→星火示范镇→星火技术密集区→星火科技产业带",由点到面逐步增强,呈燎原之势,充分发挥了星火计划在农村产业结构调整与产业升级和乡镇企业上规模、产品上档次等方面的作用,从而推动了浙江省乡镇企业的快速发展,到2000年全省乡镇企业总产值突破了亿万元大关,达到12000亿元,总产值、增加值、营业收入、利润总额、实交税金等8项主要经济指标已经名列全国第一位。

（三）"星火"走向世界,国际关注"星火"

1. "星火"走向世界。25年来,星火计划实施过程逐步加强国际合作与交流,引起国际注意,特别是发展中国家的关注。到2010年,累计培育创汇100万美元以上星火企业500家;出版了《浙江星火国际合作合资项目(中英文)指南》;连续5年派出农村青年星火带头人赴日本北海道富良市农业协同组合会进行为期半年的农业技术研修。研修生回国后,在各自的工作岗位上对发展外向型农业经济做出了积极贡献。

浙江省先后参加国家科委在泰国、印度尼西亚、乌兹别克斯坦、澳大利亚、埃及、新加坡等国家举办的中国星火计划适用技术成果展览会等,展示浙江省星火计划技术和产品,受到欢迎和关注,为一批企业走向国际市场铺路搭桥。"杭州湾星火国际化工程"的启动,将为杭州湾地区发展外向型农村经济做出引导和示范。

2. 国际关注浙江"星火"。早在1987年,美国"环球"电视公司董事长张雯女士一行8人,受联合国科技促进发展中心委托,在浙江拍摄了一批星火计划项目,向世界各国宣传介绍浙江星火计划。1992年,浙江省成功地举办了"国家竹子技术培训班"。向亚洲、拉丁美洲和非洲等第三世界发展中国家招收学员25人。1994年,由联合国开发计划署南南合作局与国家科委、中国国际经济技术交流中心共同举办的中国星火计划国际研讨会在杭州召开,来自21个国家和国际组织的100多名代表参加了会议。与会代表就农村、农业和农民问题,科技与经济结合问题,资源合理配置和综合利用问题,解决贫困落后问题进行了交流与讨论。与会者认为这次会议为发展中国家探讨交流如何依靠科技推动农村经济、社会、生态协调发展,促进南南合作,进一步推动星火计划走向世界起到了重要作用,联合国开发计划署南南合作局局长安巴楚先生说:"星火计划这项工程很大,为其他发展中国家树立了很好的榜样,星火计划不仅是中国的,它应该是国际星火计划。"

（四）政府领头,组织社会大合唱

星火计划是一项宏大的推动经济社会发展的工程,其实施以来得到浙江省委省政府各部门、各民主党派、各群众团体和社会各界人士的关怀和支持。浙江省政府成立了由分管副省长和有关部门参加的星火计划协调组,将星火计划列入当地国民经济发展规划,充分发挥行业主管部门作用,依靠部门在技术、资金和管理方面的优势。在实施过程中,省政府浙编〔1991〕42 号文专门批复:同意在省科委设立星火计划管理处,对外称省科委星火计划办公室,作为职能处室具体抓星火计划管理工作。同时,还先后制定了 27 个关于推进星火计划工作的有关政策性文件,明确了不同阶段浙江省实施星火计划的指导思想、工作目标、重点开发领域和任务,以及列题原则、计划、资金、成果、验收、考核、奖评等管理办法。科技管理部门依靠各级政府,动员并组织各级领导亲自参与协调和组织实施星火计划;有不少县(市)人大、政协代表视察星火计划;共青团、妇联等群众团体和各民主党派都为实施星火计划发挥了各自优势;作为技术依托的科研院所、高等院校积极支持各级星火计划的实施,以星火项目作为"载体",把技术知识、信息和人才引向农村,促进农村经济的发展。

(五)坚持选项条件,实行分级管理

星火计划是各级政府科技发展计划的重要组成部分,由各级政府组织实施。省、市(地)科委设立星火计划办公室,县(市)乡(镇)科委与明确的分管领导和专职工作人员负责组织星火计划的实施和管理工作。

星火计划的项目选定是一项关键性工作,因此必须坚持 3 个选择条件,即兼顾经济效益、社会效益和生态效益。星火计划根据项目大小、技术水平,分国家、省、市(地)、县各级计划,分级组织实施。实施中可择优升级,即有发展前景的优秀项目可推荐申报升为上一级计划项目。

(六)政策引导和支持

星火计划要根据发展的不同阶段,适时地提出有关政策加以引导和支持。例如,实施星火计划项目,可优先得到银行贷款,防范采取多种融资方式,充分发挥星火技术投入产出较高、机制灵活的优势,扩大同银行、投资公司、城市信用社、农村信用社、租赁公司的资金融通业务。浙江每年银行行长会议都强调把星火计划科技贷款放在优先地位,与各级科委共同进行可行性论证、共同确定项目、共同验收。据统计,1986—2000 年,全省各金融部门发放星火计划贷款突破 30 多亿元,取得了很好的经济、社会效益。同时,全省普遍建立各级星火(科技)发展基金。省政府设立星火奖,对为实施星火计划做出贡献的人员给予奖励。

(七)抓好星火培训,强化人才交流与集成

星火计划的核心是技术开发,人才是关键。浙江省星火计划的实施,集成了 3 个方面的人才。一是大专院校、科研单位、大中型企业的科技人员;二是脱颖而出的农村能工巧匠,他们大都自学成才,锐意进取,成为实施星火计划的中坚力量,成为星火明星企业家;三是通过星火培训的农民,受到工业化知识的熏陶,在岗位上成才,使企业总体的技术水平、管理水平和职工素质有较大提高。25 年来,先后有多个大专院校、科研院所、国有大中型企业中的科技人员曾帮助浙江省实施星火计划,从而使80%的星火项目有技术依托,有力地推进了浙江省星火计划的实施。

三、星火计划的主要成效

在"七五""八五""九五""十五"等历次全国星火博览会上,党和国家领导人、中央有关部委和浙江省委省政府等有关领导参观考察了浙江省星火展团,并给予相当高的评价。"浙江省星火计划组织与管理"曾荣获国家级星火奖二等奖。有150多位星火计划工作者荣获原国家科委和科技部表彰奖励,评选出省级以上星火奖552项。

(一)取得明显经济效益,增加农民收入,促进农村经济发展

截至2010年,全省累计实施省和国家级星火计划项目4343项,其中国家级1982项,项目涉及农村经济、社会发展的各个领域,覆盖了全省所有县(市)和大部分乡镇,其中80%是为发展农村工业的项目。星火计划与扭亏结合,使一批企业扭亏增盈,起死回生。如海宁市除尘设备厂原是一家濒临倒闭的企业,自1989年起每年实施星火计划项目,到1998年星火项目实现产值5285万元,利税943.76万元,进入全国环保产业五十强行列,成为浙江区外高新技术企业,同时,还带动一批企业形成了星火产业群体,组建了浙江洁华集团。星火计划与扶贫结合,帮助农民摆脱了贫困。庆元县实施"香菇袋料栽培技术开发"星火项目,把先进的技术送进千家万户,70%农户享受到这项技术成果,使香菇生产从传统栽培技术走向先进栽培加工技术;经营上,从街头摆摊提篮叫卖发展到建立起中国庆元香菇城,国际香菇研讨会在这里召开;全县种菇产值突破7.5亿元,农民人均种菇收入达1700元,占总收入61%,成为全县农民脱贫致富的主导产业,而且还带动了加工业、运输、金融、服务、邮电、外贸等行业的发展。

(二)引导和发展乡镇企业,推动农村工业化进程,拉动区域经济快速增长

全省星火计划80%的开发项目面向农村工业,培育星火示范企业、发展星火支柱产业,促进了以乡镇企业为主的农村工业的技术进步,提高了乡镇企业的劳动生产率,增强了乡镇企业的综合经济实力。到2000年,通过星火项目的实施,累计培植产值超2000万元、利税200万元以上的星火示范企业达到242个;创节汇100万美元以上的外向型星火企业或项目突破500个。并以其主导产品为龙头,带动一批乡镇企业的发展,初步形成了236个具有相对优势和特色的区域性星火支柱产业示范项目。据16个省和国家级星火密集区1998年期中考评显示,仅密集区内就形成和发展单个星火支柱产业群产值超5亿元、利税8000万元以上的星火支柱产业示范项目就有78个。另据1998年浙江省委政策研究室"星火计划推动乡镇企业提高与发展对策研究"课题组对全省近六成星火示范企业的联合调查显示,认为星火计划对企业技术进步的作用很大或较大的企业占96.5%。这些企业星火项目的累计产值、累计实现利税、累计出口,分别占同期累计产值、累计实现利

税、累计出口的 58.7％、58％和 56.83％；平均每个企业累计星火计划立项 3 个，累计开发新产品约 20 个，累计开发新技术、新工艺 5 项；超过 50％的星火项目以各种形式扩散，带动了当地经济的发展。这些企业，在增长速度、增长质量、经济效益以及技术素质、技术装备、产品开发能力等各方面，均强于面上企业。如销售利税率、技术人员比例、劳动生产率等指标，星火示范企业要比面上企业高出 1 倍；产品档次、设备先进程度等方面，与面上企业相比也领先很多。这表明星火计划在推进农村工业化、拉动区域经济快速增长发展等各个方面，的确起到了相当大的作用。77％的被调查者（县市领导、乡镇领导、乡镇企业等）认为，对当地经济发展影响最大的科技计划是星火计划。

（三）重视农业综合开发，引导和发展农业产业化，推进农业产业结构的调整和优化

低丘红壤、海涂围垦、山区综合开发、中低产田改造、发展特种果蔬、发展特种养殖业、农业综合开发等，通过发展工业项目，发展经济作物、名特优农产品、畜产品、水产品以及中草药材的综合开发与农副产品深加工和综合利用，有力地促进了农业产业结构的调整、产品结构的调整和劳动力的转移。例如"浙江星火西进工程"的实施，紧紧抓住培育和壮大科技先导型区域性星火支柱产业、引导和发展农业产业化经营这一主线，强化协调服务，加强省、市、县科技工作集成，因地制宜、分类指导。重点抓好 10 万亩山核桃、14 万亩浅海滩涂、18 万亩优质名茶、65 万亩毛竹、10 万亩高山蔬菜、蜂业系列产品、出口三元猪、电化教育装备、精细化工、食用菌、制笔、非金属矿资源、木制玩具等 20 个资源产业化开发示范项目典型，进行重点扶持引导。迄今为止，通过大力开展以技术转让、技术咨询服务、委托开发、项目联合开发、共建技术研究开发机构、技术入股建成股份制企业、长期合作建立示范基地、引进外资外智开展国际合作等不同方式的科技与经济对接活动，加速了区域性农业综合开发。以"缙丽青星火密集带建设"为例，丽水地区 9 个县都是浙江经济欠发达县（市），丽水地委、行署紧紧抓住金温铁路开通的契机，以"缙丽青星火密集带建设"作为一个重大的科技扶贫项目，不仅找到科技与经济结合的有效抓手，找到了依靠科技进步促进经济发展的有效载体，而且为经济欠发达县（市）依靠科技脱贫致富找到了成功之路，不仅使密集带范围内的经济快速增长，而且拉动了整个区域经济的快速增长。据 2000 年密集区期中考评显示，近两年工农业总产值平均增长 28.9％，利税平均增长 16.45％，出口创汇年均增长率 5.9％，农民人均收入增长 16.5％，均高于丽水地区平均水平。

（四）创建星火计划示范镇，培育农村经济新增长点，推动农村小城镇综合改革与发展

1999 年，浙江省农村经济总产值达到 13000 亿元，其中 1006 个小城镇占全省农村经济总收入的 83％，农村经济纯收入占 77.5％，上交国家税收占 83％，乡镇财政全额预算收入占 83.2％，小城镇农民人均纯收入比乡镇农民人均纯收

入高出 40%。这一系列的经济指标显示,小城镇在我省的农村经济总量中占据绝大的份额,实力较强,小城镇已成为浙江农村经济新的经济增长点。培育和扶持这一经济新的增长点,科技进步增长因素功不可没,其中星火计划示范镇的建设示范和引导作用同样是功不可没。至今全省已经培育和发展了 132 个星火计划示范镇,全省 125 个经济强镇中,大部分均为星火计划示范镇,60% 以上的小城镇依靠星火计划启动、起步;农业产业化项目中,得益于星火计划的也占有相当比例;大部分骨干乡镇企业通过星火计划实现了技术进步和产品升级。据调查资料测算显示,杭州、宁波、绍兴、温州、台州 5 个市农村小城镇综合经济发展中的科技含量已达 40% 左右,少数城镇接近 45%。其技术含量指标已接近有些发达国家和地区。山区农村小城镇经济发展中的科技含量则相对较低,约占经济发展的 28% 左右。以绍兴市 105 个小城镇经济发展为例,一方面从 1987 年开始通过创建国家级星火技术密集区和星火计划示范镇,不断增加高科技、高附加值项目固定资产投资比重;另一方面,用高新技术装备改造传统产业。该市小城镇乡镇企业科技进步贡献率已由 1970 年的 30% 提高到 1998 年的 50% 以上,产品的科技含量明显提高,科技进步促进了绍兴市城镇社区经济综合发展,同时孕育和孵化了一批农村小城镇,小城镇的繁荣又带动了全市农村经济的发展,到 1999 年全市国内生产总值 205.06 亿元,财政总收入 34.12 亿元,农民人均收入 4681 元。特别是经过 15 年国家星火密集区和 17 个星火计划示范镇 10 多年的建设,开发了一大批星火技术装备、星火新产品,引培了一大批科技人才,培植了一大批星火示范企业。星火区域支柱产业,有力地推动了城镇企业规模增大,经济效益明显增强,其中星火计划的实施发挥了重要的示范和引导作用。正如一些由星火计划项目扶植起来的星火企业家所说:"我们感谢辅导员和博士生导师(指星火计划)对我们的启蒙教育,但现在是在'烈火中永生'。"

(五)唤醒农民的科技意识、市场意识,转移农村剩余劳力,提高农民文化技术素质

1. 星火计划实施不仅取得了综上所述的经济效益,而且还取得了良好的社会效益,唤醒了广大农民的科技意识和市场意识。星火计划是融生产力诸要素——技术、人才、装备的科技综合性开发计划,是给农村"造血"的计划,是广大农民参与科技开发的计划。为此,广大农民通过在参与实施星火计划的过程中学科技、用科技,冲破"养鸡为买盐、养猪为过年、养牛为耕田"的传统生产方式的生活方式,从田野走进市场,享受到科技恩惠,深切地感受脱贫致富的希望和社会主义市场经济的曙光,从而增强科技意识和市场意识。

2. 提高了农民文化技术素质。提高农村劳动者技术文化素质是星火计划的一项战略任务。采取示范推广和培训相结合、厂内厂外结合(请科技人员到企业培训和派工人、农民到学校培训结合)、分散与集中结合(即企业组织培训与各地星火培训基地培训结合)、单项与综合培训结合等不同形式不同层次的培训方式,以及制

作播放一批"星火技术"电视片等。1986—2000 年,全省累计投入星火培训经费
900 多万元,培训各类农村技术人才达 280 万人次,有效地提高了农村劳动者的文
化技术素质。

3.培养一支星火企业家和星火计划管理队伍。通过培训和实践,锻炼培养了
一大批优秀的农村青年星火带头人和星火明星企业家。他们成为实施星火计划的
中坚力量。在实施星火计划过程中涌现出一批优秀科技工作者和星火计划管理
者,他们为了实施星火计划,跋山涉水,夜以继日,废寝忘食,呕心沥血。他们用高
尚情操、对农民的无限热情、不畏艰苦而奋斗的精神赢得了广大农民的爱戴和
尊重。

总之,星火计划的意义和成效不仅在于星火计划项目的本身,还产生了广泛的
社会效益。

四、星火计划实施成功原因分析

星火计划实施 25 年取得了明显的成效,不仅有效地促进了浙江省农村的经
济发展和社会进步,也有力地促进了浙江省经济体制改革、促进了农村科技事业
的发展。星火计划的成就是各级科委、星火办和所有星火计划参与者积极探索
的结晶,星火计划的经验是一笔巨大的财富。研究星火计划在过去 25 年成功的
原因和要素,不仅是总结以往工作的问题,而且是事关今后星火计划进一步发展
的问题。

研究星火计划可以有多个视角,但最主要的是要有历史的观点,揭示其创新精
神和独特性实践启示,星火计划之所以取得如此明显的成就主要在于创新精神和
创新的做法。创新使得星火计划赢得了历史地位,也正是创新才会使星火计划继
续取得新的成就。

（一）独特的定位,坚实的基础

人们知道产品是需要市场定位的,只有准确的定位,产品才有可能针对性地满
足市场需求,才能畅销。星火计划就是政府提供的公共产品,其同样需要市场,只
有针对现实需要的计划才会有满意的效果。因此,星火计划的成功首先是其定位
的成功。改革开放以来,农业一直被政府认为是国民经济的基础,而乡镇企业又在
很长时间内是农村经济和整个国民经济事实上的重要生长点。但相当一段时间以
来,人们总是从政策和投入的角度来推动农村经济发展,而在一定的制度框架下,
政策的潜力有限,投入也需要有高的效率和回报,只有科技才会给经济带来持续的
发展。而农村历来落后,科技实际上是农村经济发展的"瓶颈",星火计划切中这一
要害,总体定位独特而准确,针对长期以来农村科技工作薄弱的状态,以促进科技
与农村经济结合为宗旨,紧紧抓住了广泛的需求,顺应了农业和乡镇企业发展的要
求,为计划的成功从根本上打下了厚实的基础。

（二）计划与市场的具体结合

星火计划出台之日，计划与市场的关系远不如现在明晰，很多人还在那里翻来覆去绕圈子，星火计划在这种背景下进行了伟大的实践。星火计划不谈抽象的计划与市场的关系，而是创立市场与计划结合的一种具体的、操作性强的运行模式。星火项目确立的自下而上、上下结合的过程就是这种模式的具体体现。企业自主决定是否申报星火项目，这使得星火项目从其出处就紧贴市场，以市场为导向，各级星火办依据政府规划进行审查筛选，银行则在此基础上进行优选，因此星火计划内部具有一种市场与政府意愿相结合的目标协调机制。

（三）正确的技术创新战略

星火计划不是单纯的科技开发，也不是纯粹的技术推广，而是推动科技开发与市场结合的技术创新计划。它以技术进步为前提，以市场为导向，鼓励企业将技术潜力与市场机会紧紧地结合起来，从根本上培植农村经济的竞争力。

科技与经济相结合无疑是正确的，但问题是用什么样的技术去与农村现实的经济相结合。星火计划之所以能够在农村开展起来并受到普遍欢迎，与计划制定者的务实态度密切相关。星火计划没有好大喜功和贪大求洋，而是将星火技术定位于先进实用上，实用是基础，先进是实用基础上的先进，是农村可以接受的先进。这既是可贵的务实态度，也是正确的技术定位和技术创新战略。对于市场需求层次总体上还比较低、农村资金缺乏、劳动力素质低的实际情况来说，只有这种合适的技术定位才可以迅速为广大农户和乡镇企业所采用，产生经济效益，从而为进一步的技术进步打下基础。

（四）统一宗旨下的因地制宜

星火计划是第一个全国性的指导性计划。在一个习惯于整体化的指令性管理的国度，星火计划所迈出的这一步是相当不容易的，事实说明这是十分重要的，对政府职能的转变起到了先锋作用。星火计划是第一个真正做到因地制宜的全国性计划，虽是全国性计划，但同时给予各地以充分的自主权，使之能够在星火计划的统一宗旨之下，紧密联系各地实际，因地制宜。过去 25 年星火计划的推行和发展并不是靠管理系统内行政力量的推行，而是更多地依靠星火办系统上上下下的共识和有关部门的协调与合作，这正是市场经济需要的基本精神。

（五）联合投资

星火计划在为农村开辟了大规模建设资金融资新渠道的同时，构造了新的项目投资机制，解决了过去单一依靠农村积累或完全依靠国家资金搞项目建设的问题。星火项目投资以少量的财政拨款为引导，以企业自有资金为基础和主要部分，以银行贷款为辅助。这种联合投资原则使政府、企业、银行在星火项目上风险共担，形成利益共同体，既为项目提供了动力，同时又建立了约束机制，改变了过去基建项目投资缺乏内在约束的问题。

（六）配套投入

以往的政府促进农村发展的计划往往是政府意愿孤军深入，到头来由于各种条件不配套而半途而废，或难以持久。在星火计划中，各级星火办并不是单独出击，而是跨出块块分割的藩篱，走出科委系统，主动协调资金、技术供应部门，并通过星火培训培养农村自己留得住的人才，使人才开发、技术开发与资金投入配套同步进行，从而使星火项目得以扎实可靠地运行。

（七）坚持示范性

以往的农村科技推广计划的做法是政府靠行政力量平行推开，所谓试点与推广往往是行政意图先行，追求主观上的迅速到位。与此不同，星火计划是一个裂变式的计划，其试点和推广机制完全不同以往。星火示范项目本身往往就来自基层，政府投入较少的资金予以帮助，而星火项目的推广则建立在农民切身体验基础上。星火燎原，实际上是"点火政府帮，燎原靠市场"。星火计划形成了用现实成功的项目强化观念、用市场自身的力量实现广泛的激发机制，从而实现高效率和高效益的技术扩散。

星火计划过去的成功有广大星火计划工作者的辛勤努力，当然也有历史机遇的因素，包括封闭性的短缺型计划经济在体制转轨较早阶段的特殊机会、农村经济的相对活力和较少的限制条件、丰富的自然与技术资源。但星火计划的基本思路和做法具有相当的前瞻性，领先改革、适应改革是星火计划成功的思想基础，创造性是星火计划的活的灵魂。

第二节　农业科技成果转化计划与高效生态农业发展

农业科技成果转化是指为提高农业生产力水平而对农业科学研究与农业技术开发所产生的具有实用价值的农业科技成果所进行的后续试验、开发、应用、推广，直到形成新产品、新工艺、新材料，发展新产业的一系列活动。2001年，根据省政府《关于加快农业科技进步的若干意见》（浙政〔2001〕21号）的要求，省科技厅和省财政厅联合在全国率先建立省级农业科技成果转化资金（以下简称"农转资金"），启动实施省级农业科技成果转化计划。2001—2009年，经专家严格评议，省科技厅与省财政厅联合审定，9年共立项852项，省财政补助经费12335万元。如表9-5所示。

表 9-5　2001—2009 年浙江省农业科技成果转化项目及经费预算

年份	项目/个	经费/万元	年份	项目/个	经费/万元
2001	79	800	2006	78	1085
2002	59	1000	2007	99	1260
2003	97	1300	2008	109	1790
2004	98	1400	2009	131	2300
2005	102	1400	合计	852	12335

一、基本做法

（一）省市县（市、区）三级财政联动设立农业科技成果转化资金，同时引领工商企业、民间资本和金融机构联动投资农业科技成果转化项目的实施

1.设立省级"农转资金"。从 2001 年开始，省财政厅和省科技厅联合设立省级"农转资金"，充分体现了政府财政支持农业的政策，符合依靠科技发展农业的客观要求，符合 WTO《农业协定》"绿箱政策"对农业扶持的约定，极大地调动了各地涉农系统、各有关厅局、高等院校、科研院所申报"农转资金"项目的积极性。2001—2004 年，全省共申报 460 项，批复立项 333 个项目（均不包括宁波市，下同），投入农转资金 8410 万元。其中申报国家科技部、财政部批准立项 65 项，获资助经费 3610 万元，省级安排农业科技成果转化资金项目 268 项，支持经费 4800 万元。重点支持种植业、畜牧业、渔业、农产品加工业、林特业及农业生态环境、农业生物技术及产业化、农产品安全与标准化生产技术、农村科技信息化、农业新材料新装备、农业工程技术等十大领域，有望达到批量生产和应用前景的农业新品种新技术和新产品的区域试验与示范、中间试验与生产性试验，为农业生产大面积应用和工业化生产提供成熟配套的技术与装备（见图 9-1）。

2.逐步设立市县（市、区）级"农转资金"。据 10 个地市 2004 年财政预算内农业科技投入统计，全省 17336.51 万元经费，用于实施市、县（市、区）级农业科技成果转化项目和省、国家级转化资金项目配套经费 6935 万元。金华市、丽水市、诸暨、武义、温岭等县（市、区）已经设立本级农转资金，并制定相应的农转资金管理办法［见后文：部分市、县（市、区）农业科技成果转化资金项目管理办法］。如金华市政府决定，从 2004 年开始，设立市级农转资金每年 300 万元，重点用于省和国家级农业科技成果转化资金项目配套，以及市本级和所辖县（市、区）农业科技成果转化资金项目的实施。

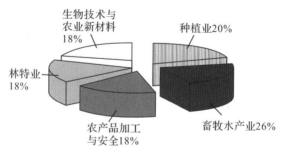

图 9-1 省级"农转资金分布"

3.引领工商企业、民间资本和金融机构联动投资农业科技成果转化项目的实施。据 2001—2002 年 138 项省和国家级农业科技成果转化资金项目绩效考评显示，138 个项目投资总额达到 90092.2 万元，其中国家资助 2059 万元，省财政资助 1455 万元，市县财政配套经费 1799.6 万元，四级公共财政投资总额 5313.6 万元，

带动工商企业投资 46273.61 万元,民间资本 20450.92 万元,金融机构贷款
18212.07 万元。

据 2004—2005 年 190 项省级农业科技成果转化资金项目绩效考评显示,绩效
评价的 190 个项目的合同总经费为 53676.3 万元,其中省科技厅的拨款到位数为
2800 万元,到位率为 100％,占总经费的 5.22％;市(地)科技部门的配套经费到位
额为 1973.8 万元,到位率为 81.81％,占总经费的 3.68％;企业自筹合同金额
42223.5 万元,到位率 106.06％,占总经费的 78.66％;贷款合同金额 5189.0 万元,
到位率 101.29％,占总经费的 9.67％;190 个项目总计到位经费总额为 56643.0 万
元,为合同经费总额的 105.53％。实践证明,农业科技成果转化资金,为农业科技成
果转化、激发农业科技人员的创造性和促进涉农企业的发展都提供了一个良好的发
展机遇。农业科技成果转化资金对转化项目的资助,带动了企业、民间资本、金融机
构等社会其他资金的注入,它的启动和落实,不仅给急需科技投入的企业和科研单位
提供了资金,更重要的是,其在获得国家和政府支持的同时,获得了一笔宝贵的无形
资产。项目完成后,将继续为解决农业、农村和农民等的“三农”问题提供科技支持与
科技示范,同时也为全省农村经济社会乃至整个国民经济持续发展注入新的增长点。

(二)产学研多学科结合实施转化项目,孵育农业科技研发中心和农业科技
企业

农业科技成果产业化是一个项目投资、研究开发、生产应用紧密结合的连续过
程。为了促进科技成果转化,企业大都与高等院校、科研院所建立了紧密关系,有
的还吸收科研院所、涉农高校和推广机构的科技人员参加转化项目的实施。其中
大部分是以科研成果持有者为主参加项目实施,加强了产学研多学科联合进行二
次科研成果研发。2001—2002 年实施的 138 项省和国家级转化项目绩效考评统
计表明,138 个项目共有 7417 人员参加项目实施。其中按职称分类:副研究员(副
教授)以上高级职称有 445 人,助理研究员(讲师)有 509 人,初级职称有 442 人。
按学历分类:博士研究生 108 人,硕士研究生 175 人,本科毕业生 653 人,大专学历
为 428 人。2004—2005 年实施的 190 项省级转化项目绩效考评统计表明,190 个
项目共计有 1675 名大专以上科技人员参加项目的实施,其中博士 141 名(占
8.4％),硕士 260 名(占 15.5％),本科 812 名(占 48.5％),大专 462 名(占 27.6％)。
如 2001 年立项由浙江鑫富生化股份有限公司与江南大学共同承担的“酶法拆分泛
解酸内酯生产 D-泛酸钙”转化项目,在转化过程中进一步熟化了技术,已取得“微
生物酶法生产 D-泛酸钙”和“D-泛醇”两项发明专利,2003 年该产品已出口欧洲五
国,年生产量达 1000 吨,累计新增产值 15800 万元,其中 2003 年度为 8436 万元;
累计上缴税金达 2733 万元,其中 2003 年度为 1381 万元;累计利润达 2639 万元。
浙江海宁凤鸣叶绿素有限公司承担的“万寿菊提取高纯度叶黄素中试”项目与上海
交通大学开展技术合作,采取“公司＋基地＋农户”模式,不仅在浙江建立种植基
地,还跨省开发、东西合作、资源共享,在内蒙古包头市建立万寿菊生产种植基地,

实行包种、包收购、包技术指导的订单农业模式,并以股份制方式组建了万寿菊花预处理厂,顺应了国家支持西部大开发的战略,为西部农民脱贫致富出了一份力。建立了规模化万寿菊种植基地,面积达到 5000 亩,平均亩产万寿菊鲜花 2000 千克,其中叶黄素平均含量为 1.69% 以上。项目执行期内生产高纯度的叶黄素 1015 千克,完成产值 913 万元,实现销售收入 769 万元,交纳税金 97 万元,利润总额 148 万元,出口创汇 76 万元,实现农民增收 350 万元。浙江仙居制药股份有限公司承担的"盾叶薯蓣人工栽培技术中试"项目与中科院上海有机所、浙江大学、中国药科大学等 20 多个国内外著名大学和科研院所建立合作关系,建立 100 亩盾叶薯蓣示范基地,盾叶薯蓣亩产量由 1000 公斤提高到了现在的 1500 公斤,平均皂素含量达到了 2.3%,带动了仙居及周边县市农户稳定收入来源达到 9090 万元。全省已批复立项的 333 个转化资金项目中,通过涉农高校、科研院所加盟,以企业作为申报单位立项的项目数为 240 项,占总数的 70% 以上。按企业注册登记类型划分,国有企业实施转化项目只占 11%,民营企业占 89%;按承担项目单位特性划分,70% 的项目由市级以上农业龙头企业承担。在结合项目实施的同时,106 家农业企业成立了农业科技研发中心。如浙江维丰饲料有限公司成立了氨基酸硒研发中心,杭州皇冠特种水产饲料有限公司成立了生物技术开发研究所,浙江大海洋科技有限公司建立了深水网箱养殖省级高新技术研发中心。2004 年 9 月,根据《浙江省农业科技研发中心建设实施意见》(浙科发农〔2004〕52 号文)的规定,对各地申报的省级农业科技研发中心建设项目,组织了有关专家进行现场考察和会议评审,根据专家评审委员会推荐意见,拟同意杭州、绍兴、湖州、舟山等四个市的 25 家农业龙头企业(其中 7 个市尚未考察评审)组建第一批省级农业科技企业研发中心。同时,在促进成果转化和提高企业研发能力的基础上,根据《浙江省农业科技企业认定工作的实施意见》(浙科发农〔2004〕33 号文)的规定,对各地申报的省级农业科技企业,组织了有关专家进行现场考察与会议评审,根据专家委员会推荐意见,认定"杭州万事利生物科技股份有限公司"等 44 家企业为第一批浙江省农业科技企业,并给予省级农业科技企业参照享受省级高新技术企业的有关优惠政策。

(三)体制与机制联动创新,采取全程六制运作模式实施转化资金项目

1. 建立部门协商、协调机制。省科技厅、省财政厅会同省农业厅、省林业厅、省水利厅和省海洋与渔业局联合成立了由省科技厅和省财政厅分管厅长为组长的省农业科技成果转化资金工作协调领导小组,负责对重大事项的协调和项目的宏观指导,省科技厅、省财政厅先后发布了《浙江省农业科技成果转化资金项目管理办法》(省科技厅、省财政厅〔2002〕234 号文)、《浙江省农业科技成果转化资金项目监理与验收办法》(省科技厅、省财政厅〔2002〕70 号文)等一系列管理文件。同时,根据农业发展的实际要求,每年发布一次年度农业科技成果转化资金项目指南。制定这些措施奠定了对项目进行规范化科学管理的基础,而完整准确地执行这些措施保证了转化资金项目的正常实施。

2.建立项目评审制。在运行机制上,先确定涉农有关厅局科技处、高等院校科研处、各市和 17 个授权县(市)为农业科技成果转化资金项目推荐单位,负责对申报材料进行初审,然后统一制定转化项目评分标准,组织有关技术专家、管理专家、财务专家组成评审委员会进行项目评审,由技术专家和管理专家对项目进行技术与市场等评审,由财务专家对项目及申请单位财务状况进行评审。按照转化项目评分标准再由专家无记名打分和专家集体评议相结合,最后由评审专家组对每个项目形成专家评审推荐意见,省科技厅和省财政厅根据评审推荐意见,按照管理办法有关规定予以批复立项。

3.建立合同制。为强化转化项目实施过程管理,便于项目检查和监督,对每个项目都签订合同,明确考核技术经济指标、经费预算、工作计划和进度,以利于项目跟踪管理,提高转化效率。

4.建立市县财政匹配制。转化项目多数是为了促进县域经济发展,省里明确要求各市、县(市、区)科技行政主管部门和当地政府对省和国家级批复立项的转化项目,给予不少于对资助项目三分之一的比例予以匹配,确保转化项目实施过程中的资金投入。

5.建立项目股份制。按照省政府关于技术要素与收益分配的若干规定,鼓励和支持科技人员在实施转化项目时,以多种形式参与收益分配,积极推行技术入股,对科技成果拥有者的技术进行评估作价,技术股东与其他股东享有同等的法律地位,按所持股份享有资产受益、重大决策和选择管理者等权利,并承担相应责任。

6.建立项目绩效考评制。根据国家和省级农业科技成果转化资金监理验收管理办法,对国家级农业科技成果转化项目,由省科技厅和省财政厅联合组织专家对国家级项目进行集中绩效考评,统一绩效考评办法和记分标准,对每个项目形成绩效考评专家组的集体意见,报省科技厅和省财政厅审核后上报科技部、财政部。如2001 年立项的 31 个国家级转化项目,在 2004 年的 3 月份,省科技厅和省财政厅联合组织专家集中进行绩效考评和验收。考评结果表明,31 个项目有 27 个通过验收,27 个项目共完成投资总额达 2.3 亿元,其中财政拨款 3228 万元,通过这些项目的实施,共开发动植物新品种 45 个,建立示范基地 629 个,面积达到 750 多万亩;开发了新产品 40 个,新技术、新工艺 27 种,建立中试线 24 条,生产线 37 条;2003年 27 个项目实现销售收入 12.6 亿元,上缴税收 5630 万元。4 个项目为农药和兽药,因国家有统一规定农药和兽药报批程序,项目执行期三年时间太短需延期验收,执行期内实施效果相当明显。

二、主要作用

2001—2005 年省和国家级农业科技成果转化资金项目绩效考评显示,97.7%的转化资金项目进展情况良好,均按合同计划进度实施。农业科技成果转化项目的实施,在推动农作物品种结构调整、改变农业生产方式、促进农业生态环境保护、延长农业产业链、提升农产品竞争力、实现农业增效和农民增收以及提高农业企业科技进步等方面都发挥了积极而重要的作用,基本实现了"实施一个项目、熟化一项技术、创立一个品牌、提升一个企业、致富一方农民"的目标。此外,这批农业科技成果转化资金项目今后还可以增加相当可观的经济效益,新增一批就业岗位,创新和做强一批农业产品品牌。

(一)以农作物新品种为核心的配套技术中试与示范,推动全省乃至南方有关省(市)新一轮农作物品种结构的更新换代

在2001—2004年立项项目中,新品种及其配套技术项目数占20.1%,三年来的中试与示范的结果,已充分显示出这些农作物新品种将成为今后几年浙江省乃至南方有关省(市)农业生产的主栽品种。"超级稻'协优9308'高产高效生产技术集成"项目实施以来,在核心区应用面积累计已超过20万亩,在全省已达到372万亩,按1.36元/公斤计算,集成技术示范区亩产量在750公斤左右,亩增收136元左右;辐射区亩产在650公斤以上,按亩产增50公斤计算,亩增收68元左右,合计增收2.36亿元。2002—2003年该品种在全国推广面积为574万亩,按上述方法计算,合计增收3.64亿元。"Ⅱ优7954"项目,自2002年实施以来,到2003年在全国累计面积已达150万亩,其中浙江省为50万亩。2004年9月平均亩产达1195.2公斤,单产达世界一流水平。2005年将在全国推广面积达到400万亩,即将成为浙江省乃至南方有关省市中籼杂交水稻主栽品种之一。"绍兴黄酒专用品种'春江糯2号'中试与示范"项目实施以来,形成了春江糯优质糯米品牌,建立了40万亩新品种推广示范基地,为黄酒生产企业提供了优质的糯米原料,"春江糯2号"已成为浙江省糯稻主栽品种,已实现产值5682.84万元,其中2003年度实现产品销售收入达19545万元,还成功开发了"越糯1号""越糯6号"两个早籼糯新品种。"双低油菜'浙双72'新品种中试与示范"项目,建立引、育种基地30亩,繁种基地5818亩,生产基地180万亩,油蔬两用基地6万亩,推广面积864万亩,订单收购双低油菜籽21.7万吨,创经济效益2.42亿元。企业通过技改,扩建1000吨/日油脂加工生产线,新建了500吨/日连续式色拉油生产线,已年产低芥酸油6万吨,低硫苷菜籽饼12万吨,油、饼质量符合国家标准。农作物新品种的中试与示范为解决浙江省可能出现的粮油供需矛盾提供了科技保障,最终实现少种、高产、优质、增收、环境友好的粮油生产新局面。

(二)以集约化高效益为特征的养殖良种扩繁、疫病防治等一系列重大科技成果的转化,加速浙江省优质安全畜牧、水产养殖业的发展

畜牧水产养殖业是浙江省农业与农村经济的重要组成部分,其发展水平的高低是现代农业发达程度的重要标志。2001—2004年的立项项目中,畜牧水产养殖业的项目数占26.2%,畜牧业发展以优质、高效、高产、安全和改善生态环境为目标,重点突出生猪、家禽、奶牛、兔羊四条畜牧产业链的延伸,集中支持了优良畜禽新品种的扩繁和优质饲料、饲草、安全型饲料添加剂产业化开发,畜牧业环境综合治理工程技术与示范,动物疫病的预测预报、快速诊断、疫苗研制等关键技术成果

的转化和中试及产业化基地建设。如"加系大约克种猪选育技术中试"项目,累计新增产值 794 万元,实现销售收入 2911 万元,其中 2003 年度销售收入 1257 万元。以现有基地生产规模发展,年可提供 7380 头纯种母猪,生产 F1 杂交母猪和商品猪 7.79 万头,F1 养猪农民人均增加收入 1495 元。"优质高效长毛兔繁育体系技术平台建设"项目,通过三年的努力,已建立起了 5 万只规模的"白中王"长毛兔良种繁育场和设施先进、技术一流的培训服务体系,使"白中王"长毛兔核心群只均年产毛量达到 2422 克,三年来已对外提供"白中王"长毛兔种兔 80 多万只,企业的直接经济效益累计达到 1160 万元,并在四川、重庆、陕西、新疆、山东等 17 个省 66 个县(市)建立了配套的"白中王"长毛兔良种繁育体系,联结农户 8.5 万户,改良兔种 250 万只,使良种兔的普及率提高了 21%,增产兔毛 1500 多吨,增加养兔综合经济效益 24%,增加农民收入 2.5 亿元。

水产方面集中支持了引进驯化培育养殖新品种、人工繁育和养殖技术、养殖鱼虾蟹病害防治技术、鱼用配合饲料及其添加剂技术、水产品保鲜加工与综合利用技术、渔业资源增值等科技成果的转化与应用。"大黄鱼配合饲料生产性中试"项目的完成,建立了年产 16000 吨的生产线,实现了产业化,面向浙江、福建等省每年推广 14183 吨,实现销售收入 9779.80 万元,利润为 910.15 万元,税金 186.27 万元。制定了《大黄鱼配合饲料》企业标准,并申请发明专利"一种用作饲料添加剂的菌酶制剂协同发酵工艺",获得初步审查合格,已进入公示阶段。通过该项目的实施,可以替代现有的小杂鱼打浆饲喂的落后模式,有利于保护沿海水体环境,保护沿海小杂鱼资源,促进我省沿海养殖业的发展。"淡水鱼类嗜水气单胞菌败血症菌苗"项目的实施,建成了年生产能力为 83 吨的嗜水气单胞菌生产车间。实施期间累计生产嗜水气单胞菌灭活菌苗 55.5 吨,累计实现销售收入 302 万元,净利润 105 万元。以每亩鱼塘使用 1 千克菌苗计,菌苗使用后增产 20 千克计,每公斤鱼 10 元计,项目实施期间累计社会经济效益达 1100 余万元。"珍珠开发"项目,从根本上解决了传统养殖模式中存在的不足,使繁殖珍珠大而光滑,圆滑率比传统养殖提高 18% 以上,提高珍珠养殖密集 25%,一级珍珠提高 100%,二级珍珠提高 12% 以上。2003 年已实现产量 3000 吨,销售收入 1050 万元,利税 270 万元。

(三)以优高型、生态型为特征的林特业转化项目的实施,为全省优势特色产业和区域块状特色农业集聚产业科技含量的提升提供支撑

在 2001—2004 年立项项目中,林特业科技成果转化项目占 17.5%,集中支持了毛竹、茶叶、蚕桑、观赏植物、食用菌、特色果业、中草药、林木种苗、木材加工及综合利用、林业生态工程十大林特业科技成果的转化与中试、示范基地与产业化基地建设,同时推动学科向产业集聚、技术向产品集聚、产品向区域集聚,促进优势产业、优势农产品向优势区域集聚,提升区域特色农业产业的发展水平,增强抗市场风险能力。如毛竹产业,重点支持了毛竹"一竹三笋"无公害栽培技术、生态公益类毛竹林可持续经营技术中试、欠发达地区毛竹高效经营技术及产业化中试与示范、

重组竹产品开发、数控技术在竹窗帘加工上应用、刨切薄竹生产技术、柔软竹质面料及应用产业化开发、竹炭工艺品的生产技术、彩色竹木工艺品的生产、连续式竹炭烧制专用设备开发、妙竹席及其设备开发、环保型竹杉复合地板开发、天然多功能竹叶抗氧化剂的生产性中试等 20 多项集成配套转化项目,极大地推动了丽水、衢州、安吉三地毛竹传统生产技术升级,2003 年仅在毛竹产业上,全省实现总产值就突破 130 多亿元,600 多万山区农民靠毛竹产业生存,科技进步发挥的作用功不可没。如"乡土笋用竹可持续经营配套技术中试与示范"项目,累计实现总产值 58750 万元,2003 年度达到 22500 万元,新增农民就业数 11000 人,增加农民收入人均 1250 元。"柔软竹质面料及应用产业化开发"项目,利用本地丰富的竹子资源,采用天然药物进行软化处理,克服了竹材折合后不能复原的缺陷,极大地提高了竹质的柔软度、强度和延展性,制作的面料可用于制作竹鞋、竹衣、竹丝床单等多种产品。累计实现销售收入 1599 万元,实现利润 172 万元,其中 2003 年度销售收入 1083 万元,实现净利润 98 万元,建设年产 3 万平方米柔软竹质面料的产业化生产线,形成产业化、规模化、基地化开发竹资源产业。"竹炭、竹活性制造工艺和设备的开发"项目,已完成由竹炭制取活性炭的工艺熟化,活性炭质量符合国标,取得 2 项国家授权专利,利用竹材加工废料 1350 吨,产出竹炭 310 吨,竹醋液 215 吨,创产值 105 万元,实现利润 45 万元。"新一代桑树品种——'农桑'系列的繁育与中试"项目,完善了桑树新品种选育技术,明确了农桑系列桑树新品种"农桑 8 号""农桑 10 号""农桑 12 号"的农艺性状,根据我国主要蚕区不同气候条件,提出了相应的高产栽培措施,使其成为浙江、江西、山东等 3 个全国重点蚕业省份的主要推广桑树新品种。新品种开发达到 14 个,推广面积为 1500750 亩,实现销售苗木、种条收入累计为 518 万元,所转化成果经过专家鉴定达国际先进水平,所推广的桑品种成为许多蚕区的主要品种,成为名副其实的新一代品种,大大加快了农桑系列品种在全国的推广应用。"新一代桑树配套品种农桑系列的育成与推广"获 2003 年国家科技进步奖二等奖。同时,围绕"生态省建设和林业生态体系构建实施的转化"项目,为解决江河两岸滩地多功能用材林建设工程及绿色通道建设、平原绿化、农田防护林和沿海防护林建设树种问题提供了强有力的科技支撑。

(四)农产品精深加工技术的转化应用,促进了农业产业化经营的发展

2001—2004 年立项项目中,农产品精深加工技术成果占立项总数的 17.6%,重点支持粮油、畜产、水产、果蔬、林产、大宗特产、功能性成分提取、精深加工配套技术及设备等 8 个领域,人才、标准、专利、产品、企业五类科技成果的转化与中试,示范基地和产业化基地建设。如"功能性红曲米中试"项目,运用独特的现代生物发酵工艺对大米进行深加工,先后研制开发了红曲红色素、功能性红曲米、红曲防腐剂、脂益康胶囊等 5 项国家级和省级新产品。通过深加工,使每公斤早籼米产出 36 元的效益,而且产品全部销往欧美、日本、澳大利亚等发达国家。该项目完成时实现工业产值 2900 万元,其中 2003 年度为 1400 万元;累计实现销售收入 2850 万

元,累计创汇 300 万美元,上缴税收 545 万元,累计实现利润 354 万元;同时建立 1.4 万亩生产基地,5300 户农户年平均增收 1000 多元。"利用酶工程从低值鱼中制备富含氨基酸调味品技术中试"项目,近两年产品在国内外市场都取得令人满意的成绩,特别是在日本市场,产品各项指标均达到和超过日方订货指标,深受日本消费者欢迎。利用在北京、天津、上海、杭州、宁波、福州、厦门等大中城市设立的 200 多家超市销售网络,拓展产品的国内销路,已实现销售收入 832 万元,利润 115 万元。鱼酱油的开发成功,提高了鱼的附加值,对资源较丰富的中上层鱼类开展大规模的工厂化精深加工,为促进加工与捕捞共同发展提供了一条有效的途径。公司继续"精制高蛋白低脂鱼粉"项目,2003 年创产值 2800 万元,利税 210 万元。"低值鱼虾类深加工产品中试"项目,符合食品卫生质量要求,其中鳀鱼加工产品组"胺≤30 毫克/100 克",鲐鱼加工组"胺≤100 毫克/100 克、VBN≤30 毫克/100克",虾制品"SO_2 残留量≤100ppm",冻品保质期达到 10 个月以上,实现抗氧去腥技术。2003 年创产值 1650 万元,销售收入 1577 万元,利润 132 万元,交税 79 万元,出口额达 187 万美元。"用桑枝条生产中密度纤维板技术中试"项目,以农业生产的剩余物和燃烧材料的桑枝条作为原材料,提高了蚕桑资源的综合开发利用,通过项目实施,累计实现生产总值 5500 万元,其中 2003 年度为 4800 万元;实现产品销售 4750 万元,其中 2003 年度 4500 万元;实现利润 400 万元。

（五）以生物技术、信息技术和农用新材料为重点,现代高技术成果的转化应用加快传统农业改造步伐

这方面的科技成果占立项总数的 18.6%,重点支持组培技术与生物农药、兽药和鱼药、食品添加剂、饲料添加剂和酶制剂、生物肥料、工厂化设施农业、数字农业等方面科技成果转化与应用。如"大花蕙兰新品种培育、组培工厂化生产及周年生产技术中试"项目,已完成组培苗 300 万株、成品花 5 万盆,2003 年创产值 1650万元,产品销售收入 816 万元,利润为 128 万元,41 个农民人均收入达 12000 元。"东方百合种球种苗脱毒繁育技术中试"项目,已累计生产东方百合脱毒初代试管苗 1.51 万支,脱毒种苗 302 万株,脱毒种球 117.7 万个。东方百合脱毒种球种苗产品填补了国内空白,实现产值 1023 万元,利润 176 万元,产品替代进口节汇 41.1万美元。"新兽药氟甲喹中试"项目,2003 年中试生产 120 吨,创产值 2100 万元,利税 110 万元,出口额 1330 万元,企业职工人均年收入达到 16300 元。"生物农药多抗灵中试"项目,2003 年已生产产品 200 吨,创产值 300 多万元,利税 80 多万元。"新型植物生长调节剂 6-苄氨基嘌呤及 2%6-BA 制剂"项目,2002—2004 年在湖南、江西、浙江、福建等省市的脐橙、香蕉等多种果树的小区对比试验和大面积推广应用达 80 万亩,累计实现产值为 1310 万元,产品销售收入 1260 万元,创汇 70 万美元,实现利润 140 万元。"'野生风味'甲鱼配合饲料中试"项目,形成了年产 3350吨的生产能力,2003 年累计实现销售收入 2053 万元,企业总资产达到 3245 万元,实现新增就业人数 18 人,并通过了 ISO9002 质量认证。

三、主要成效

(一)增加农民收入

增加农民收入是实施农业科技成果转化资金项目的最终目标。据 2001—2002 年立项的 138 项省和国家级转化资金项目绩效考评的报表统计,平均每个项目有农民参加就业的为 1013 个,增加农民收入 987 元;42 个国家级项目平均每个项目有农民参加就业的为 2085 个,增加农民收入 1515 元。48 个农作物新品种、畜禽、水产、特种动物良种中试与生产性示范项目,通过链式开发和技术示范,形成了一批农产品品牌及无公害绿色农业生产示范基地。"丽水市翡翠柚良种中试与示范",2003 年共培育翡翠柚高接换种和良种栽培试验基地 1200 亩,高接换种示范基地 600 亩,辐射面积 3 万亩,同时研制推广了一套《翡翠柚安全标准化操作规程》,生产果品达到国家绿色食品标准,2003 年翡翠柚生产占丽水市柑橘总面积的 17.09%,新增产值 2 亿元。"无公害茶叶生产关键技术中试与示范"项目,2003 年在松阳、安吉、磐安、武义、富阳等县(市)建立示范基地 9.9 万亩,示范推广生物农药、生物肥料新品种 7 个,制定推广《无公害、绿色、有机茶叶生产技术操作规程》,2003 年 9.9 万亩示范基地实现茶叶产值 134280 万元,利税 875 万元,出口创汇 350 万元,茶农年人均收入增长 3500 元。"优质高温蘑菇新品'夏菇 93'中试与示范"项目,在杭州、金华、嘉善及上海、江苏等省(市)建立示范基地 12 万平方米,辐射推广 180 万平方米,2003 年度实现产值 6570 万元,产品销售收入 6570 万元,利润 678 万元,利税 526 万元,增加农民就业 1500 人,增加农民收入 7200 万元。"金藤葡萄新品种繁育技术中试"项目,2003 年已建立苗木基地 500 亩,葡萄专用基地 50 亩,生产示范基地 5000 亩,创产值 1010 万元,利润 328 万元,增加农民就业 3000 人,增加农民收入 7500 万元以上。

(二)农业增效

农业科技成果转化项目的实施延伸了农业产业链,提高了农产品的附加值,促进了农业增效。根据 2001—2002 年立项的 138 个省和国家农业科技成果转化项目绩效考评结果显示,138 个项目在 2～3 年的执行期内,累计创农业或工业总产值 607345.4 万元,其中 2003 年度为 295897 万元;累计产品销售收入 377546.9 万元,其中 2003 年度为 220959.5 万元;累计创汇 12379 万美元,其中 2003 年度为 7016 万美元;累计交税总额 24980.08 万元,其中 2003 年度为 13165.75 万元;累计技术服务收入 49207.9 万元,其中 2003 年为 18188.7 万元。如杭州市"蒸青绿茶机械加工技术及成套设备"项目分别在浙江、安徽、江苏、四川、湖北、山东等茶区进行扩大生产中试与应用示范,已全部完成合同计划指标任务,并取得 8 项国家实用新型专利,建立了 12 条生产线、2 条中试线;为企业累计创产值 3700 万元,销售收入为 3300 万元,实现利润 495 万元,交税 429 万元。6 个省应用该成套设备加工的茶叶提高茶叶品质 2 个等级,按市场价上扬 20% 计算,该项目为茶叶加工企业直接增收 2 亿元,同时进一步提高了夏秋茶的利用率,按每亩产量增加 30% 计,可为 6 个省茶农增收 30 亿元,经济效益十分可观。据湖州市"南美白对虾淡化苗中试""特种水产微型饲料""包被型矿物元素技术饲料添加剂中试"3 个项目实施结果统计,2003 年新增销售收入 14300 万元,利润 2158.8 万元,上缴税收 2053 万元,投入产出比为 1:3.2,平均利税率 30%,人均创产值 63 万元,人均创税利 19 万元。绍兴市"早籼糯'越糯 2 号''3 号'新品种中试"项目,2003 年建立了 30 万亩生产基地,其中江西省 20 万亩;同时解决了早籼糯酿酒的关键技术问题,酿制的"香雪酒"色香味甜鲜齐全,创产值 96009 万元,利税 1600 万元,新增 9000 多个农民就业岗位,人均年增收入 1600 元。

(三)增强了农产品竞争力

农业科技成果转化计划着力构建"核心技术＋集成配套＋市场运作"的产业化模式,增强了农产品的市场竞争力。2001—2002 年,在 138 个省和国家级转化项目中,累计开发动植物新品种 114 个,推广面积 1283.7 万亩,扩繁数量 266.7 万头,开发新产品 244 个,新设备 365 台,新材料 12 件,新技术、新工艺 115 项,建立试验示范基地 1023 个,建立中试线 75 条,生产线 94 条。已取得专利授权数 56 项,其中发明专利 26 项,举办培训班 1521 期,受训农民 199303 人次,为提高农产品市场竞争力提供了科技示范和技术支持。绍兴市"绍兴鸭种群扩繁和商业化开发"项目,先后选育出红毛绿翼梢、带圈白翼梢、白羽绍鸭 3 大类型 7 个原种纯系和配套系。"鸭 Q"牌绍兴种鸭销售遍及浙江和全国 26 个省市,在全国建起 10 个推广中心,2003 年基本形成以绍鸭原种场为龙头、24 家规模苗鸭孵坊和 200 多万规模养殖户为骨干的绍鸭苗种繁育和饲养技术推广应用体系,绍鸭原种场服务养殖户已达 12800 户,服务企业 375 家,联结基地 501 家,提供苗种 767 万羽以上,其中父母代 200 万羽,原种场实现产值 1849.91 万元,销售收入 1789.38 万元,利润 203.12 万元。累计向全国绝大部分省份推广绍鸭及其配套系父母代苗鸭 130 万只,以每个父母代年提供商品苗鸭 50 只计算,累计推广 6500 万只,大大提高了我国蛋鸭良种化程度,向社会提供鲜蛋 130 万吨以上,以每公斤 5 元计算,总产值就达 60 亿元以上,按每个劳动力饲养 1000 只计算,则提供了 65 万个就业机会,具有极大的社会效益;推广到全国各地的绍鸭父母代苗鸭所产生的直接经济效益有 17.22 亿元,经济效益十分显著。

第三节　科技特派员制度创新促进了欠发达县 (市、区)科技跨越发展

科技特派员制度创新是浙江省委省政府为着力解决"三农"日益增长的科技需求与农村科技公共服务能力不足之间的矛盾、发展现代农业和建设新农村的要求

与农村科技支撑能力仍然不强的矛盾等问题进行的有益探索与实践。浙江从2003年开始试点,到2005年全面推开,到2009年已选派7135人次120个团队和19个法人科技特派员入驻到全省各乡镇,其中省派2760人次。截至2009年年底,科技特派员已累计实施各类科技计划项目8381项,帮助入驻乡镇的农业龙头企业建立科技研发中心186个,培育省级农业科技企业432个,创办利益共同体502个,创建科技示范基地106万亩,帮助农民扩大就业204.1万人。实践证明,这一制度创新对促进浙江高效生态农业发展和新农村建设,发挥了积极作用。

一、科技特派员制度的起因

改革开放以来,浙江工业化和城镇化的发展速度很快,推动了全省经济和社会的发展,改善了农民的生产条件和生活质量。但与此同时,也引发了一系列的问题:农用耕地逐年减少,替补的后备土地资源严重匮乏,环境污染问题日益突出。为解决这些问题和"三农"工作中的各种矛盾,2003年初,省科技厅、省农办、省财政厅等部门在考察福建南平经验的基础上,向省委省政府提出了派遣科技特派员的建议和工作方案。省委省政府对此高度重视,印发了《关于向欠发达乡镇派遣科技特派员的通知》。随后,在100个欠发达乡镇开始试点的基础上,省委印发了《关于全面推行科技特派员制度的通知》,2005年开始在全省全面推广这项制度。

二、科技特派员制度主要运行模式和工作机制

(一)运行模式

1."科技特派员＋企业＋农户"的运行模式。该模式以涉农高校、科研院所为技术依托,以农业企业、农业科技企业为龙头,带动周边农民参与。如浙江大学的骆耀平从2003年到2007年在温州苍南县五凤乡任科技特派员期间,成立了"苍南县南山农副产品开发有限公司",并创立了"五凤香茗"品牌。其间组织举办培训班20多期,培训茶农800多人次;茶叶的价格从原来每公斤50元左右增加到100~400元;茶叶总产值由2002年的700多万元,上升到2006年的1800多万元;五凤乡人均收入由2002年的1556元上升到2007年的3580元。

2."科技特派员＋协会＋农户"的运行模式。该模式是通过科技特派员牵头组织农民专业技术协会,农民以股份制形式参加。如省农科院的科技特派员何圣米在入驻的庆元县荷地镇组织成立了"庆元县绿丰农产品专业合作社",先后建立了高山蔬菜科技示范基地10个、食用菌反季节栽培科技示范基地2个,各示范基地主要开展新品种的引进和试种。2007年,全镇高山蔬菜复种面积2600亩,高山蔬菜总产值超过650万元,净收入400多万元,全镇农民仅高山蔬菜产业人均增收就达800多元。同时何圣米还参股(技术股)成立了"欣园果蔬有限公司",主要从事高山蔬菜生产和市场营销业务。

　　3."科技特派员＋示范基地＋农户"运行模式。该模式以科技特派员创建的示范基地为科技成果展示平台,辐射带动周边农民创业。如浙江大学的张士良教授在仙居县湫山乡建立了550亩示范基地,引进果树、蔬菜、牧草等新品种20多个,形成了"果树—牧草—畜禽—果树"和"猪粪养殖蚯蚓—蚯蚓喂石蛙—蚯蚓粪养果树"的农业生态模式。已推广油桃、杨梅等果树新种植面积2000多亩,发展三元猪养殖户10多户,饲养本鸡1万多羽、鸭3000多羽,发展石蛙养殖户5户,种植推广新品种甘薯300多亩,带动农户500多户,年增效益100多万元。

　　4."科技特派员＋种养大户＋农民"的运行模式。该模式是科技特派员通过培育一批种养科技示范大户,培养一批科技致富带头人,辐射带动周围农户致富的科技入户模式。如省亚热带作物研究所的李林副研究员,利用多年积累的科研成果,于2006年在金星乡建立了中药材规范化种植示范基地。他引进新品种、新技术,其中一个专业户试种了50亩太子参,就净赚10万元。

　　(二)工作机制

　　1.不断完善技术市场机制,充分发挥市场对科技资源的配置作用。一是加强科技特派员项目建设。鼓励科技特派员积极参与以引进和推广新品种、新技术、新产品等为主要内容的项目建设,以项目建设带动科技特派员示范基地、农副产品基地和利益共同体建设,着力培育村镇经济新的增长点,促进农民增收。二是组建利益共同体。鼓励科技特派员以资金入股、技术参股、技术承包、有偿服务等形式,与农民群众尤其是专业大户、龙头企业结成经济利益共同体,实行风险共担、利益共享,形成农业科技成果转化推广的多元化投入和回报机制,调动科技特派员的积极性和创造性。三是加快入驻乡镇行业科技服务组织建设。引入市场运作机制,围绕乡镇有优势和特色的支柱产业,组建行业或产业科技服务组织,不断提高高效生态农业的组织化程度,提高生产效率和市场竞争力。

　　2.不断完善联动机制,发挥农村科技工作者的整体优势。一是加强与科技副乡镇长、农村指导员、下派村支书等其他几支下派干部队伍的结合,互联互动、加强协作,共同推进入驻乡镇的新农村建设。二是加强与农村农民技术员的合作,加强对农技人员和有特长的乡土人才的指导、培训,壮大农村基层科技工作力量。三是加强行业科技服务组织和行业协会的建设,进一步发挥其在产业经济发展中的引导、服务和带动作用。四是加强与高校、科研院所的合作。从高校、科研院所聘请专家作为科技顾问,直接对农民进行科技指导,构建起一个以高校和科研院所为依托、以科技特派员和产业带头人为主体、以乡土人才和农民群众为基础的宝塔型农业科技传导网络。五是加强科技特派员工作的信息化建设。争取每个乡镇都有方便上网的宽带和电脑配置,发挥"农民信箱"和"科技信箱"、农村科技信息网和农村党员干部远程教育网的作用,健全科技特派员人才信息库,推进专家远程诊断与指导,增强科技特派员的整体服务功能。

　　3.不断完善投入机制,发挥政府在引建科技特派员长效机制中的推动作用。

一是按照一个乡镇一名科技特派员的机制,安排专项资金作为科技特派员项目或创业资金,专项用于科技特派员项目建设、农民培训、示范推广等。二是鼓励金融机构特别是农发银行、农村信用合作社支持科技特派员实施科技开发项目,加快农业科技成果的转化与应用。三是支持工商企业参与科技特派员制度的实施。一方面,高校和科研院所派出的科技特派员重点帮助入驻乡镇的龙头企业建立企业科技研发中心;另一方面,各级龙头企业也派出科技特派员,投资入驻乡镇建立原料生产基地和培养种养大户,既可以解决企业生产原料短缺问题,又可增加农民收入。

4.不断完善激励机制,充分调动科技特派员基层创业的积极性。一是对于科技特派员实施的项目,各派出单位在年终业绩考评、工作量计算、职称评定等方面视同各级重点科技项目对待。二是各市、县(市、区)在开展科技特派员表彰和奖励农业科技成果转化推广奖先进工作者时优先推荐各级科技特派员,其中对获得省农业科技成果推广奖先进工作者奖项的,作为专业技术资格评价和职务聘任的重要依据之一,在专业技术资格评价、绩效考评中视同省科技进步奖三等奖主要完成者。三是为确保科技特派员在开展科技扶贫工作中的人身安全,对各自派出的科技特派员实行科技特派员人身保险,并安排相应的人身保险资金。四是制定各级科技特派员领办科技企业、组建利益共同体、通过技术要素参与收益分配、通过技术入股或技术承包等形式参与产业发展、从中获得应得利益的相关政策,进一步调动科技特派员到基层创新创业的积极性。

5.不断完善选派机制,稳定科技特派员工作队伍。一是相对稳定派出单位与入驻乡镇的结对关系、服务期限和轮换时间。省、市、县(市、区)三级科技特派员派出单位与入驻乡镇的结对关系原则上5年不变,人员可以一年一轮,鼓励支持连选连派,科技特派员的入驻时间和交接时间为轮换年的3月底。二是精选派、保质量。对科技特派员实行科学分类,根据技术专长确定选派方向;根据产业结构调整需要和农民实际需求,选派对口人员。通过双向选择,选派具备真正能解决实际问题的精兵强将深入基层,提高科技资源配置的有效性。三是科学安排,灵活机动。科技特派员可以根据季节、项目需要和当地实际情况,灵活掌握在基层的服务时间,做到本职工作和服务基层两不误。人员安排以乡镇为主,同时根据需要跨乡镇、跨县(市、区)流动。科技特派员在做好乡镇科技服务的同时,根据自己的能力大小实行跨乡镇、跨县挂钩服务,成为一支既分散于各乡镇、又具有整体优势的科技特派员团队。四是建立经常性选派机制。省、市、县三级科技特派员主要从四类人员中选派:(1)省、市、县三级高校和科研院所中有工作经验,入驻乡镇迫切需要,能够为入驻乡镇解决实际问题的中、高级科技人员;(2)分配到高校、科研院所未经过基层锻炼的后备干部和需要到基层锻炼的年轻中层干部;(3)刚退休或将要退休、身体健康、本人自愿的高级科技人员;(4)拟提拔使用的科技干部要先到乡镇任一年科技特派员。

6.不断完善管理机制,建立长效发展的运行模式和管理制度。区别各县(市、区)农村经济社会发展的不同情况,制定分层次的指导意见,建立一套与工作相适应的管理措施,抓好科技特派员的驻地考核、项目实施、服务指导等方面的管理,建立量化考评体系。在职权利核定、干部交流、考核、提拔使用等方面,制定相应鼓励政策和保障措施。高校、科研院所还结合科技体制改革,鼓励科技人员下派到农村生产一线,或以各种方式与农民结成利益共同体,为农业科研推广体制改革探索新路。

三、科技特派员制度的主要作用与实施体会

（一）主要作用

1.提高了农民科技文化素质和市场经济意识。科技特派员走村串户,通过广播、墙报、简报、举办各类培训班等方式,宣传科技知识和市场经济观念,为农民带去了信息,带去了致富门路。科技特派员通过"欠发达乡镇奔小康工程""山海协作工程""百万农民科技培训工程""科技富民强县""农业科技成果及产业化""低收入农户增收"等各类科技行动专项项目的实施,帮助农民面向市场进行商品化生产,提高产品品质、增加收入。

2.促进了欠发达县市农村经济跨越发展。省派科技特派员始终将211个欠发达乡镇作为重点,已累计实施各类科技开发项目2512多项,景宁、龙泉、仙居等17个县被列为国家科技富民强县专项行动试点县,龙游、武义等16个县被列为省级科技富民强县试点县,支持帮助了23个县域优势特色农业主导产业的做强做大。

3.推动了高效生态农业的发展。科技特派员把服务于农民增收、发展高效生态农业作为首要任务,围绕当地特色优势产业,建立科技示范基地、科技示范大户、科技示范产业,组建产业服务组织,领办科技企业,将技术、信息、资金、管理等现代生产要素植入农村,有效地提升产业规模和层次,使科技特派员工作与主导产业实现高位嫁接,推动全省高效生态农业的发展。

4.创建了新型农村科技创新服务体系。科技特派员以所在单位为技术依托,通过项目帮助规模以上企业建立科技研发中心,将项目、技术、产品、设备、工艺、标准、专利等成果带到企业参与研发中心的创建,着力提升企业自主创新能力。同时,努力将规模以上企业建设成为省级以上的农业科技企业,并以农业科技企业为核心,吸纳示范基地、科技示范户、科技致富带头人,以股份制、理事制的形式组织区域性农业科技创新服务中心,为做大做强目标产业提供产前产后全程科技服务。

5.改善提高了农民生活水平。科技特派员把以提高农民生活品质为核心的科技成果的转化与应用作为重要的工作任务,积极参与当地"千村示范、万村示范""山海协作""结对帮扶"工程的实施。据省重点帮扶的211个乡镇统计,当地农民人均收入达到了3201元,比2002年增加1280元,人均纯收入低于1500元的人口

减少到 22.3 万人,比 2002 年减少 42.2 万人,其中人均纯收入低于 1000 元的人口减少 5 万人,比 2002 年减少 12.6 万人,1000 元以下贫困人口发生率降到 2.8%,比 2002 年下降 6.5 个百分点。

(二)实施体会

1. 领导重视是关键。国务委员陈至立十分关心浙江科技特派员工作,她在国务院办公厅信息专报《浙江省推行科技特派员制度的做法和经验》一文上批示:"这种做法很好。请科技部进一步总结有关省市的好做法,推动农村科技推广工作的深入开展。"国务委员刘延东在浙江省委办公厅《浙江科技特派员制度创新的探索与实践》的信息专报上批示:"请万钢、学勇同志并科技部阅,要认真总结当地农村开展科技推广的好做法,努力探索更有效的农村科技创新服务。"时任浙江省政府省委副书记夏宝龙在 2007 年召开的全省农村指导员科技特派员工作电视电话会议上,对继续抓好科技特派员工作做出了重要讲话,这是对科技特派员工作的极大鼓舞和有力鞭策。时任浙江省省长的吕祖善、副省长茅临生等其他省领导也都十分重视科技特派员工作,多次召开科技特派员座谈会,听取意见和建议。

2. 组织管理是保证。为保障特派员工作的顺利实施,省委省政府成立了科技特派员工作领导小组,加强了对特派员工作的领导。由省委分管农村工作的副书记任组长,以省委组织部长和分管农村工作的副省长为副组长,以省委组织部、省农办、省科技厅、省财政厅、省人事厅等单位领导为成员,领导小组下设办公室,挂靠在省科技厅,由分管副厅长任办公室主任,省科技厅 5 个处室参与此项工作。各派出单位也都建立了科技特派员工作办公室。各市、县(市、区)也相应建立了科技特派员工作领导机构和办事机构共 105 个,并安排专人从事科技特派员组织与管理工作。同时还将科技特派员工作列入省委省政府对各市、县(市、区)社会主义新农村建设目标责任制考核主要指标之一。

3. 政策扶持是保障。2003 年省政府下发《关于向欠发达乡镇派遣科技特派员的通知》,在试点工作取得成效后,2005 年省委再下发了《关于全面推行科技特派员的通知》,2006 年省科技厅下发了《浙江省欠发达地区科技特派员基层创业专项行动方案》,2007 年省委组织部、省财政厅、省农办、省人事厅、省科技厅 5 个成员单位联合印发了《关于建立健全科技特派员工作长效机制的指导意见》,2008 年下发了《关于试行法人和团队科技特派员制度、服务社会主义新农村建设的通知》等 14 个科技特派员工作政策文件,这些文件都明确了科技特派员的各项扶持政策。凡是科技特派员实施的科技开发项目所需的资金,金融机构都优先给予信贷支持,并予以贴息。2007 年浙江省和农发行合作,20 亿元用于农业科技贷款。2005 年全面推行科技特派员制度后,省政府每年安排 1500 万元专项资金,用于支持科技特派员在基层实施项目以及奖励优秀科技特派员和派出单位。2005 年、2006 年省财政厅印发了《浙江省欠发达乡镇科技特派员专项资金管理办法》,对资金使用、支持对象、监督检查等方面做出了规定。各派出单位也相应制定了对应的扶持政策,

2005 年下发了《关于要求把省级科技特派员扶贫项目视同省科技重点项目对待的通知》，明确了在职称评定、年终考核、任职待遇等方面对科技特派员予以重点倾斜，把省级科技特派员扶贫项目视同省科技重点项目对待。

4. 派出单位的支持是依托。虽然每个乡镇只有一个科技特派员，但其背后都有一个团队，只要特派员在乡镇碰到困难，派出单位就是他们坚强的后盾。许多高校、科研院所纷纷表示，特派员在乡镇遇到技术方面的问题，单位全力帮助解决。如省农科院分管领导经常前往特派员派驻单位看望特派员，并建立了对口支持科技特派员工作科技小分队，分别带领从事食用菌、高山蔬菜、食品加工与保鲜等的专家组，深入丽水、温州、衢州等地开展技术讲座，帮助建立科技示范基地。

5. 特派员的素质是根本。科技特派员受到农村干部群众的普遍欢迎，其根本的原因是科技特派员自身素质过硬。在选派科技特派员时，十分强调综合素质。一是政治素质好，热爱农业科技工作，对农业、农村、农民有深厚的感情，有较强的敬业精神。二是业务能力强，精通某一方面的农业专业技术，具有中高级专业技术职称的占 65%。三是熟悉农村工作，有丰富的实际工作经验和较强的解决实际问题的能力。

第四节 科技创新载体(平台)与农业高科技园区建设

一、农业科技创新载体(平台)建设

(一)农业科技企业

2003 年开始，浙江省在实施农业科技成果转化项目的基础上，支持农业企业与涉农高校、科研院所进一步开展产学研多种形式的合作，联合创建企业科技研发机构，提高企业科技创新能力，进而推进农业科技企业或农业类高新技术企业的培育和发展。2003—2009 年，累计培育农业科技企业 524 家。

1. 技术领域与产品范围。依据目前科学技术发展动态并结合我省现代农业发展的需要，划定农业科技企业认定技术领域或产品范围如下：

(1)农业生物技术及其产业；

(2)农产品加工技术及其产业；

(3)农产品安全及标准化生产技术；

(4)农村新能源与高效节能技术；

(5)农业环境保护技术；

(6)林特业关键技术及其产业；

(7)优质安全畜牧业技术；

(8)渔业关键技术；

(9)优质安全高效蔬果生产技术;

(10)农用新材料新装备;

(11)工厂化设施农业技术;

(12)种子种苗技术;

(13)水资源开发利用技术;

(14)其他在传统农业改造和应用中作为新工艺新技术的。

2.认定标准和条件。

(1)从事本办法规定范围内的一种或多种农业科技的研究开发,生产一种以上农业科技产品;

(2)具有企业法人资格;

(3)具有较强科技意识与技术创新能力,高中和中专以上学历的人员应占30%以上;

(4)企业具有100万元以上的流动资金,与其相适应的生产经营场所、设施,以及完善的科技管理体制与较强市场开发能力,年销售额达到500万元以上;

(5)企业每年用于农业科技研究开发的经费,应占本企业当年总销售额的3%以上;

(6)农业科技企业的技术性收入与利用科学技术生产的产品销售收入的总和应占本企业当年总收入的60%以上;

(7)企业的各项环保指标应符合国家规定的标准。

3.认定程序。

(1)申请认定省农业科技企业的单位须填写《浙江省农业科技企业认定申请表》,由市及厅局科技主管部门初审同意;并附企业主导产业发展报告(包括研究开发内容及技术经济指标、企业现状及发展前景、存在问题及改进措施),上年度及申报前一季度损益表、资产负债表(复印件),税务登记复印件(企业法人、营业执照复印件),企业章程,企业技术、财务管理制度等有关材料。

(2)经形式审查合格的企业由浙江省科技厅组织或委托授权单位聘请有关专家组成评审委员会进行评审。

(3)评审委员会应不少于7名专家组成,在考察并形成考察意见的基础上,进行会议评审。评审内容如下:

①评价申报认定企业是否具备认定条件;

②评价研究开发内容是否突出;

③评价申报认定企业是否具有发展前景;

④提出对申报认定企业的改进意见;

⑤提出认定推荐意见。

4.受委托认定单位依据专家考察与会议评审意见,提出是否认定的推荐意见。将评审全部材料一并报送省科技厅。

5.经审核,由浙江省科技厅对符合认定条件的企业颁发"浙江省农业科技企业"证书及牌匾。

(二)农业企业科技研发中心

2003—2009年,全省累计创建农业企业科技研发中心245家。

1.农业企业科技研发中心主要建在国家级、省级农业龙头企业及其他符合条件的农业科技企业中,是企业中专门从事研究开发的实体或机构。

2.组建农业企业科技研发中心,旨在强化农业科技成果向生产力转化的中间环节,逐步形成和完善以农业企业为主体,以涉农高校、科研院所为依托,自主创新与引进消化相结合的农业科技创新体系。提高农业企业的技术创新能力,为加速农业企业和行业的科技进步提供技术支撑,提升整体区域支柱产业的技术水平。

3.农业企业科技研发中心的主要任务是:(1)开展农业关键技术研究开发。(2)实施农业科技成果中试、孵化和实现产业化。(3)培养、聚集农业科技高级人才,开展面向农户的先进实用技术培训。(4)提供给农业中小企业和乡镇企业技术诊断、咨询等中介服务。(5)加强产学研的密切合作,推动科技与经济的紧密结合。

4.申请建立农业企业科技研发中心的企业应具备以下条件:(1)属国家级、省级农业龙头企业、农业科技企业或省级农业高科技园区和特色农业科技园内的农业龙头企业及其他科技含量较高的科技型农业企业。(2)具有较强的经济实力和科技研发基础:企业年销售额1000万元以上;农业科技研发中心专职技术人员10人以上,其中具有学士以上学位的人员占30%以上;每年技术开发经费不低于企业销售收入的3%;拥有能满足研究开发所必备的仪器设备和固定、专门的场所;具备应用农业技术信息的网络条件。(3)企业的主业明确,且属我省优先发展的产业,技术创新成果辐射面广,企业制度健全、运行机制良好。(4)与国内或省内的高等院校、科研单位已建立长期稳定的科研协作关系。

5.农业企业科技研发中心的申请、认定程序。

(1)申请与受理。企业填写《浙江省农业企业科技研发中心申报书》(一式七份),经设区市和扩权县(市)科技局或省级主管部门审核,报送省科技厅。农业企业科技研发中心可行性报告应包括以下内容:①目的意义(必要性、预期经济和社会效益等);②国内外本行业及领域发展趋势及国内需求;③目标和任务(发展方向、主要目标);④企业科研基础条件,一是经济状况(企业上年度的经济效益和社会效益),二是研发能力现状(农业科技研发中心人员结构、研发装备、企业已取得的主要研发成果、上年度研发经费投入等);⑤总体设计(农业企业科技研发中心的组建方式、内设机构及其职责任务、人员配备、运行机制等);⑥投资估算以及资金筹措;⑦计划进度(实施时段、建设内容、进度指标);⑧必要的资信证明,一是企业营业执照复印件,二是企业上年度财务损益表,三是产学研合作协议,四是其他有关的证明材料。

(2)审查、论证。省科技厅组织相关专家,对申报企业和农业企业科技研发中心建设内容进行审查和论证。论证采取实地考察和现场答辩相结合的方式。

(3)立项。根据专家论证意见,由省科技厅审定、立项,与企业签订《浙江省农业企业科技研发中心组建计划(任务)书》。

6.农业企业科技研发中心建设期限一般不超过3年。采取以政府适当引导、企业投入为主的原则。项目立项后,省科技厅通过农业科技成果转化项目给予支持,主管部门或地方应按不少于1:1的比例配套建设经费。

7.资助农业企业科技研发中心的科技经费必须专款专用,主要用于课题研究经费,不作为日常运行经费和基本建设经费。

8.项目承担企业必须落实项目负责人,负责项目的实施。所在设区市和扩权县(市)科技主管部门或省级行业主管部门要加强对农业企业科技研发中心建设的组织和协调。

9.根据行业特点、企业经济实力和技术条件,农业企业科技研发中心可以采取多种形式的组建方式。农业企业科技研发中心的依托单位可以是单一的农业企业,也可以是以农业企业为主、联合高校和科研机构共同组建。

10.省科技厅是省农业企业科技研发中心的管理部门。省科技厅聘请专家,组成省农业企业科技研发中心咨询专家组,参与和协助省农业企业科技研发中心的建设方案论证、技术指导、检查、考核等工作。

11.省农业企业科技研发中心实行动态管理。省科技厅会同有关行业主管部门每三年组织一次检查、评议。连续两次评议不合格的,由省科技厅发文撤销省农业科技研发中心称号。

12.省农业企业科技研发中心应在每年的12月下旬,向省科技厅提交本年度的工作总结和下年度的工作计划,按照要求完成有关的统计报表。

(三)区域性农业科技创新服务平台建设

2006年开始,为加快我省欠发达县(市、区)科技跨越发展,重点加强了区域性农业科技创新服务载体建设。截至2009年,31个欠发达县(市、区)累计创建了武义县茶叶、淳安县蚕桑业、丽水市食用菌和水果、浙西蜂业、磐安中药材、云和木制玩具、衢州椪柑、莲都豆类蔬菜、常山胡柚、仙居杨梅、文成肉兔、衢州特禽、金华婺城菜黄牛、松阳松香、龙游竹产业、开化茶叶等49个省级区域性农业科技创新服务中心,涉及49个乡镇区域特色产业。据39个农业区域创新服务中心统计,总资产达33411万元,其中固定资产18772万元;拥有技术装备1076台,价值4799万元;已获得政府投入1239万元,非政府投入43833万元,创新服务中心依托单位投入2704万元;创新服务中心人员总数为437人,大专以上学历人数364人,其中博士或硕士学位53人,中高级职称人员309人。创新服务中心还与121家科研机构的227名科技专家保持长期合作。从各农业区域创新服务中心服务活动情况来看,提供管理、技术及其他咨询服务共179次,收集并提供生产、销售及其他信息服务86991条,提供技术推广、技术开发、产品检测等技术服务203项,为企业培训职工或培训农民 50895 人次,帮助引入人才、技术和组织开展交易活动等人才和技术中介服务共 175 项,获得以上各项科技服务收入 8459 万元。农业区域创新服务中心服务的企业共计 286 家,正在扶持培育的企业 64 家,已毕业企业 10 家。创新服务中心的科技服务为企业增加产品销售额 125571 万元,增加利税 23697 万元,促进区域就业 82470 人。同时开展"山海协作"和"欠发达乡镇奔小康"结对帮扶科技促进行动,帮助低收入农户集中做"一村一品"项目,开展"科技项目＋企业＋村集体经济"试点,探索科技帮扶集体经济发展的新模式,基本实现"科技牵线、农民受惠、村企共赢"的发展目标。

二、农业高科技园区

(一)第一阶段园区建设项目试点

1996—2000 年,由省农科院主持联合开展了"海涂农业综合开发现代农业科技示范园区""诸暨市大侣湖现代农业科技示范园区"和"嘉兴市现代农业科技园区"建设等 3 个项目试点。

1.海涂农业综合开发现代农业科技示范园区建设。(1)提出了海涂农田基本建设标准化技术体系。筛选出涂区优秀防护林树种,提出了"三优化"防护林建设模式,探索出了一条"以林养林"的防护林建设途径。探明了园区土壤水、盐和养分的动态规律,研制出防盐固土的液态地膜,筛选出了适合在咸井水中生长的螺旋藻株系,探明了 16 种作物和 4 个树种的耐盐程度,为涂区种植适宜的作物和树种提供科学依据。涂区棉花生产机械研制,完善了涂区适度规模经营省工省本高产高效配套技术,提出了砂涂地"一膜三化"棉花高产模式栽培技术和黏涂地"稀、盖、调"棉花栽培技术,建立新品种示范园,创立了"113"优高种植模式,形成了海涂农业综合开发商品生产基地。利用地理信息系统建立了园区农业生产管理数据库,开发出了棉花计算机推荐施肥技术的软件。(2)极大地提高了园区农业生产水平。2000 年园区总产值达到了 3041.12 万元,净效益为 1327.03 万元。其中主园区总产值、净效益和户均净收入分别达到 954.50 万元、31 万元和 5.53 万元,与"八五"期间(1993—1995)平均值相比,总产值、净效益和户均纯收入分别提高 105.7%、113.9% 和 144.7%。(3)加快成果推广应用。每年把有关科研成果与适用技术辐射应用到萧山、慈溪、宁海、温岭、三门和黄岩等县(市)的 150 多万亩海涂,年增加社会经济效益 1.5 亿多元,1997—2000 年累计推广面积 588 万亩,增加经济效益 7.2 亿多元。生态效益显著,以仅防护林带建设技术在海涂地区推广的 5970 亩计算,每年有林地比无林地多蓄水 12.84 万立方米,制氧量多 5.14 万吨,减少泥沙流失量 1.13 万吨。(4)该项研究成果提出的海涂园区建设农业综合开发配套技术,实现了海涂培肥改土和综合开发的可持续发展,对全国的泛海涂区也有借鉴作用,总体技术和综合治理水平达到同类研究的国际先进水平。

2.嘉兴市现代农业科技园区建设。(1)农田水利基础设施建设。建成灌溉泵站 1 座、排涝（渍）泵站 1 座；建成一纵三横地下灌溉系统、一纵二横的排水系统，田间进排水全部采用 ABS 节能型阀门，对田块实行单控制；建成 50 亩地下降水系统，铺设田间降水塑料波纹管，深度在 0.8 米以下；建成三横五纵道路网络、与整个道路网络和与每一块田相连的绿化林带，实现了农田林网化和田间园艺化；建水旱通用型农田旱涝保丰收高标准农田。（2）农业机械装备配置。园区的农业机械装备按照 300～500 亩的水田经营规模，以一台 504 中型拖拉机作为主机，配套"桂林三号"稻麦联合收割机、旋耕机、圆盘式开沟机、三吨挂车各 1 台，实现了粮食生产全程机械化作业（耕作、播种植保、收获、开沟、运输作业的机械化程度达到 95% 以上）。（3）农业产业化经营。①基地示范。1998 年园区与秀城区华康工贸公司合作，建成 84 亩出口蔬菜种植基地，引种日本西兰花、包心菜、萝卜、大葱等蔬菜新品种，当年向日本、韩国等出口鲜蔬菜 25 万千克。②辐射农户。以基地为依托分别与 4 个乡镇的 200 多户农户签订了 5000 亩面积的种植购销合同，又承包了 2300 亩围垦海涂，建立出口蔬菜种植基地。③技术改造。改进了冷藏保鲜处理工艺和包装，提高了出口蔬菜的品质，增强了国际市场竞争能力，西兰花的价格由原来的 5200 元/吨，增加到 6700 元/吨，增值 28%。1999 年共出口各类鲜蔬菜 3615 吨，比 1998 年增加 33%，销售产值 3329.41 万元，创汇 402 万美元，比 1998 年增长 15%，取得良好的社会经济效益。经过两年实践，形成了外连市场、下连农户（公司—基地—农户—市场）的全新经营机制。④新技术和新品种的引进、应用推广。1999 年初建立了 110 亩的果蔬花卉科技示范园区。园内设有瓜果蔬菜试验区、花卉苗木试验区、特种水产养殖试验区各 1 个。建成连栋大棚温室 6700 平方米、钢管大棚 30000 平方米、高标准鱼塘 7000 平方米、防渗排灌渠道 1600 米、道路 1200 米。引进各类果蔬花卉品种 111 个，其中西瓜 13 个、甜瓜 28 个、南瓜 17 个、各种蔬菜 36 个、玉米 2 个、花卉 15 个。通过采用日本目前先进的嫁接育苗方式、组培脱毒技术，并自行研制了由 20 多种配方组合的复配营养液以及生物肥料，使用后使西瓜、甜瓜的产量春季由 1500～1750 千克/亩提高至 3000 千克/亩，秋季由 1000～1250 千克/亩提高至 2000 千克/亩，攻克了瓜类作物高温期病毒病的防治难题。探索了 4 种种植模式及其配套的栽培技术。对果蔬产品的外观、色泽、单体重量、成熟度以及保鲜和包装等方面进行了一些研究和规范。在各乡发展建立起由乡技站主办的 4 个百亩规模的农业科技引种示范基地，并培育了 100 户农业科技示范户，初步建立起集科研、推广、服务、生产、经营于一体的网络体系。

3. 诸暨市大侣湖现代农业科技示范园区建设试点。（1）以农田水利建设为根本，建设标准化农田。1996—2000 年共投入资金 480 万元，建成宽 6 米的水泥主路 3500 米、普通两面砌石机耕路 12000 米、宽 4 米的两面砌石（或五面光）排水渠 14400 米、U 形排水渠 1200 米、绿化带 14000 米、机埠 3 处、水泥田塍 1300 米，平整水田 350 亩，建成了排灌灵通、旱涝保收高产农田。（2）以规模经营为主体，开展现代农业园区建设。除 400 亩农田由诸暨市农业局科技实验基地直接经营外，其他

1000 亩水田分别由 12 户种粮大户承包经营,100 亩高科技蔬菜基地由两名菜农承包经营,100 亩水产由 1 户农户承包经营,100 亩草莓由 19 户草莓专业户种植。(3)以科技兴农为基础,建设现代农业园区。①请进来。稻麦良种繁育聘请浙江省农业科学院作物研究所专家蹲点指导,蔬菜基地聘请浙江农业大学教授为技术顾问,粮食生产以中国水稻研究所为技术依托单位,进行技术指导。②走出去。先后组织技术骨干和专业户到山东寿光,浙江嘉兴、嘉善、宁波,中国水稻研究所等地考察取经。③培训提高。5 年来举办各种培训班 13 次,参加人员 2350 人次,水稻"三高一稳"、配方施肥、病虫害综合防治应用率在 95% 以上,良种覆盖率达 100%,轻型栽培面积平均达 94%,草莓生产上大棚应用率达 100%,地膜、遮阳网、水产增氧、配合饲料全面应用。(4)以农业机械为突破口,推进农业现代化进程。1997 年初引进三久牌烘干机进行示范,1998 年后全市引进烘干机 18 台,仅 2000 年晚稻挽回粮食损失就达 100 余万公斤。先后引进国产插秧机、国产抛秧机与日本、韩国插秧机,这 3 种插秧机工效分别比手插提高 5~10 倍。引进了三麦条播机、大棚微型农机具,提高了种麦速度、质量与大棚农事作业的工效。通过上述农机配套,园区基本上实现了农业机械作业全程化。(5)以种子种苗工程为重点,促进现代农业园区建设。稻麦分别引进了"嘉育 94-8""嘉早 93-5""舟 903""甬粳 18""绍糯 119""丙 1067""粳杂宁 67A/K1722"以及超级稻"协优 9308""培矮 64S/E32"和"浙麦 6 号""浙麦 758"等一系列高产优质新品种。草莓引进日本当家品种"章姬"。通过引种试种示范,向全市提供稻麦良种 450 万公斤,累计推广面积 90 余万亩,增收稻谷 4500 万公斤,社会经济效益达 5000 余万元。召开百亩油菜示范现场会、百亩小麦示范现场会、国外草莓新品种示范现场会、大棚礼品西瓜现场会、百亩超级稻示范现场会等 20 余次,参观人数达 5000 余人次。

(二)第二阶段实施园区建设重大科技专项

2001—2005 年,省政府设立农业高科技园区建设科技专项,充分发挥园区及其企业的主体作用。鼓励支持园区和企业与高校及科研院所合作共建农业高科技创业中心(孵化器)或农业企业科技研发中心,将制度创新、管理创新和技术创新紧密结合,制定鼓励和促进农业科技企业从小到大、滚动发展的投融资环境,构建适应市场经济发展规律和学科发展需要的具有浙江特色的农业高科技园区和特色农业基地创新体系。经过 5 年的专项实施,园区已逐渐成为我省农业科技成果组装集成、转化示范、孵化带动的一种新型组织方式,取得了显著成效,并呈现出良好的发展前景。

1.基本概况。2001—2005 年,浙江省农业高科技园区经过多方共同努力,共建设核心区 76585 亩,示范区 422050 亩(见表 9-6)。农业高科技园区核心区的建设已基本完成,示范区整体水平基本达到设定指标,有的指标已超额完成。各园区核心区水利、电力、道路交通、通信技术等基础设施已基本配套,初步实现了农业生产设施现代化、道路交通水泥化、通信网络化、水利电力配套化以及生态环境的绿化美化。

表 9-6　浙江省农业高科技园区建设基本情况

园区名称	批准时间	园区面积/亩	
		核心区	示范区
浙江嘉兴国家农业科技园区	2001 年	1500	62000
浙江省南太湖农业高科技园区	2001 年	13700	63000
浙江绍兴市农业高科技园区	2002 年 4 月	6000	30600
浙江玉环海洋高科技园区	2002 年 4 月	5700	53650
浙江温州市农业高科技园区	2002 年 5 月	3200	22700
浙江萧山农业高科技园区	2002 年 6 月	400	4600
浙江金华婺南农业高科技园区	2002 年 4 月	10800	25000
浙江省舟山市普陀海洋农业高科技园区	2002 年 1 月	5000	53000
浙江衢州农业高科技园区	2003 年 8 月	12980	61500
浙江省丽水农业高科技园区	2003 年 5 月	7305	46000
总　　计	—	76585	422050

　　浙江省农业高科技园区在建设中,通过采取政府引导、企业运作、社会参与的方式,最大幅度吸引社会闲散资金,增加了园区的资金来源,初步形成了政府、企业、社会各界投资参与园区建设和技术引进示范的多元化投融资机制,大大加快了园区建设的发展。以 10 个省和国家级农业高科技园区为例,截至 2005 年 9 月底,10 个试点园区总投资已达 30.15 亿元,其中政府投入 5.63 亿元,占 18.7%,园区自筹 1.95 亿元,占 6.5%,企业投入 21.76 亿元,占 72.2%,企业和社会资金已成为园区投资的主体(见表 9-7)。这些社会资金的投入,加快了农业高新技术的转化与应用,大大提高了园区的科技能力和水平。

表 9-7　浙江省农业高科技园区投资情况　　　　　　　　　　单位:万元

园区名称	总投资	其　　中		
		政府投入	园区自筹投入	企业投入
浙江嘉兴国家农业科技园区	67915	16320	5075	38500
浙江省南太湖农业高科技园区	40000	8000	2000	30000
浙江绍兴市农业高科技园区	50450	20450	10000	20000
浙江玉环海洋高科技园区	13250	1100	150	12000
浙江温州市农业高科技园区	19800	1100	0	18700
浙江萧山农业高科技园区	43672	4800	0	38872
浙江金华婺南农业高科技园区	18100	1700	100	16300
浙江省舟山市普陀海洋农业高科技园区	15000	1500	1300	12200
浙江衢州农业高科技园区	1721	675	80	966
浙江省丽水农业高科技园区	31600	690	860	30050
总　　计	301508	56335	19565	217588

　　各园区农业信息中心、农业科技服务中心、农业科技培训中心所必需的设施装备已基本配备,农产品质量检测中心、动物防疫与疫病诊断实验室也已投资兴建。如衢州市农业高科技园区柑橘精深加工与绿色优质栽培科技园建设已投入

资金 4400 万元。其中衢州椪柑科技创新服务中心投资 1100 万元,建设柑橘加工分析实验室,与上海食品研究所合作成功研制柑橘纳米保鲜袋。衢州农业高科技园区特色农业实施基地共有面积 450 亩,其中塑料大棚面积 50 亩,蔬菜花卉 170 亩,绿化苗木面积 140 亩,草皮 60 亩,其他农作物 30 亩,已投入资金 4730万元。实施"西瓜新品种对照试验""优质甜瓜品种的高效栽培示范""冬季大棚食用菌立体模式栽培示范""名特优蔬菜花卉品种的引进和示范栽培""园林绿化材料的速生培育技术研究"等项目。绍兴市农高园区农产品质量监督检验测试中心也已投资 360 多万元,第一阶段的建设基本完成。中心实验室面积达 800多平方米,已建成农产品检测室、农药残留检测室、产地环境检测室、微生物检测和食品添加剂检测室。目前已有气相色谱仪、液相色谱仪、原子吸收分光光谱仪、原子荧光光谱仪、紫外/可见分光光度计和微波消解仪等具有国际先进水平的农产品质量安全检测仪器设备。通过浙江省质量技术监督局计量认证,具有农药残留、重金属、盐酸克仑特罗(瘦肉精)等 69 项参数的检测能力,目前在全省地市级的农业系统中硬件条件、实验室布局、内部管理和认证参数数量方面均处于领先水平。

2. 主要成效。(1)有效推动了农业科技成果的转化、示范和应用。农业高科技园区围绕核心区建设和发展,通过核心区、示范区、辐射区实现技术传播和扩散,并大力加强对农民的技术培训,极大地促进了农业新技术成果的转化、示范和应用,初步形成了以核心区为中心、"三区"相互联结的技术扩散与辐射模式。如湖州市南太湖农业高科技园区承担实施了省重大攻关项目"高纯度浓缩胡萝卜浊汁提取技术",该项目总投资为 200 万元,从意大利引进国际最先进的专利技术,研究形成一整套稳定成熟的浓缩胡萝卜浊汁提取工艺,实现产业化,建立基地 1 万亩,年生产浓缩胡萝卜浊汁 1 万吨,成为园区的亮点。园区内"湖州淡水渔业科技创新服务中心"被国家科学技术部认定为国家级示范中心,成为我国第一家国家级淡水渔业专业性示范中心。该中心引进培育罗氏沼虾苗、南美白对虾苗原种,2004 年选育生产子一代罗氏沼虾苗 6 亿尾、白对虾苗 2 亿尾,提供给南太湖高新技术园区种苗生产基地等全市 20 余家育苗场。共扩大繁殖、生产优化罗氏沼虾苗 73 亿尾,发病率降低了 38 个百分点。不仅保证了园区优质苗种的供应,还辐射到周边地区,承担了全国近半数的虾苗生产。并从国外先后引进了细鳞鲳、红尾鲈、巴西鲷、淡水黄鱼、澳洲睡鳕等,不同程度地突破亲本培育、苗种人工繁育和生产化育苗等环节。还引进并驯养淡水鲨鱼、日本锦鲤、淡水石斑鱼、花鳗等新品种,开发了秀丽白虾、黄颡鱼、太湖花鱼骨、翘嘴鲌鱼、华鲮、赤眼鳟等当地野生品种。通过技术的辐射,黄颡鱼年繁育鱼苗 500 多万尾,太湖花鱼骨和翘嘴鲌鱼苗分别达到 3000 万尾、3 亿尾,已使湖州市成为全国最大的淡水特种水产苗种生产基地。据初步统计。2002—2005 年 9 月,据 10 个省和国家农业高科技园区(试点)统计,引进各类科技开发项目 915 个,自主开发科技项目 238 个,引进农业新技术 560 项、新品种 1721

个、新设施 22976 套。通过建设,园区已逐渐成为我省农业新技术组装集成、转化及现代农业生产示范的重要基地。如表 9-8 所示。

表 9-8　浙江省农业高科技园区承担科技项目情况

园区名称	科技项目/项			引进技术及设施		
	省级以上	市级	县级	新品种/个	新技术/项	新设施/套
浙江嘉兴国家农业科技园区	11	30	47	150	60	225
浙江省南太湖农业高科技园区	80	50	50	500	150	15
浙江绍兴市农业高科技园区	12	52	0	150	45	17
浙江玉环海洋高科技园区	10	0	96	35	46	12
浙江温州市农业高科技园区	5	31	52	132	49	25
浙江萧山农业高科技园区	5	4	5	5	4	3
浙江金华婺南农业高科技园区	42	83	20	630	85	200
浙江省舟山市普陀海洋农业高科技园区	52	30	95	35	70	150
浙江衢州农业高科技园区	2	6	3	36	12	27
浙江省丽水农业高科技园区	19	23	0	48	39	27
总计	238	309	368	1721	560	701

　　同时,园区还利用现有资源力量,积极开展科普培训工作。如南太湖农业高科技园区各乡镇全部建立了乡镇信息工作站,园区内的农业龙头企业均已上网,各乡镇中的各行政村的种养大户、农业龙头企业、专业合作组织发展信息点,把网上的热度、难点和重点内容下载后,编印成册,通过黑板报、墙报等形式,在村间地头展示,解决了目前农业信息传递"最后一公里"的难题。据统计,截至 2005 年 9 月,10 个农业高科技园区利用电视台、网络、有线广播台、黑板报等举办科技讲座和科普宣传总计 3250 期,参加培训的科技骨干、科技示范户、专业大户等达到 226682 人(见表 9-9)。

表 9-9　浙江省农业高科技园区科普培训情况统计

园区名称	科普培训	
	期数	培训总人数/人
浙江嘉兴国家农业科技园区	350	42380
浙江省南太湖农业高科技园区	1500	150000
浙江绍兴市农业高科技园区	98	3600
浙江玉环海洋高科技园区	51	4600
浙江温州市农业高科技园区	4	230
浙江萧山农业高科技园区	20	5000
浙江金华婺南农业高科技园区	150	9800
浙江省舟山市普陀海洋农业高科技园区	35	7500
浙江衢州农业高科技园区	42	3562
浙江省丽水农业高科技园区	1000	10
总计	3250	226682

　　(2)成功建立了一批特色农业科技示范基地。主要有三种类型:①为种养户提供服务的种子种苗繁育基地。如生态型农业高科技园区皋埠中华鳖苗种繁育基地每年能为养鳖户提供 1000 万只幼鳖,皋埠三角蚌苗种繁育基地每年能为养蚌户提供 1000 万只幼蚌,皋埠绍鸭苗种繁育基地每年能为养鸭户提供 1000 万羽幼鸭,鉴湖红宝鸡苗种繁育基地每年能为养鸡户提供 2000 万羽幼鸡。②为农业企业提供生产原料的种养基地。如老百姓食品有限公司在皋埠建立了 5000 亩稻鸭共育的无公害大米基地,兴龙叠席有限公司在皋埠建立了 1000 亩席草种植基地,东江黄草编织有限公司在皋埠建立了 1000 亩黄草种植基地,越州家禽育种有限公司以鉴湖为主建立了 400 万羽肉鸡养殖基地,恒盛禽蛋加工厂以府山为主建立了 20 万羽蛋鸭养殖基地。③为生态大城市建设和城市居民提供精神服务的农业休闲基地和鲜花种植基地。全区建成方圆、龙山、鲁氏和玉金 4 个农业休闲园区,面积 1902亩。其中方圆观光园被省海洋与渔业局认定为省级休闲渔业园区,并被省旅游部门认定为 AA 级农业休闲园区。鲜花基地主要有坐落于鉴湖的台湾客商独资的蝴蝶兰培育基地,坐落于皋埠的全省规模最大的鹤望兰培育基地和坐落于东湖的玫瑰培育基地。据统计,2005 年仅丽水市农业高科技园区的 141 个特色农业示范基地,经济效益就十分明显。108 个种植业基地主要种植蔬菜、水果、茶叶,大部分基地亩纯利在千元以上,如松阳县西都牌高山茭白达 1850 元,青田的东魁杨梅达3000 元。10 个花卉基地总产值高达 878 万元,亩均产值 1.6 万元,其中香水百合基地亩产值 7 万元,每亩可获利 1～3 万元。山羊、本鸡、獭兔、淡水养殖等基地也都取得了较好效益(见表 9-10)。

表 9-10　浙江省农业高科技园区经济效益统计

园区名称	引进或孵化企业数量/家	实现总产值/万元	销售收入/万元	净利润/万元	出口创汇/万元
浙江嘉兴国家农业科技园区	47	190606	179026	3907	6750
浙江省南太湖农业高科技园区	82	170000	16000	7000	2000
浙江绍兴市农业高科技园区	12	70000	69000	8500	50000
浙江玉环海洋高科技园区	5	12000	10800	1080	5000
浙江温州市农业高科技园区	15	4062	1580	0	0
浙江萧山农业高科技园区	4	8880.57	7380.57	45.29	0
浙江金华婺南农业高科技园区	15	26000	15600	5100	1200
浙江省舟山市普陀海洋农业高科技园区	40	15000	13500	1500	500
浙江衢州农业高科技园区	6	18746.2	15321.7	4521	50
浙江省丽水农业高科技园区	20	326000	300000	45000	1680
总计	246	841294.77	628208.27	76562.71	67180

（3）引进和孵化了大批科技型龙头企业。农业高科技园区在建设中,坚持以市场为导向,采取"引外龙、育新龙、扶强龙"的措施,在扶优扶强现有农业龙头企业的同时,加大农业招商引资工作力度,着力培育农业龙头企业,充分发挥龙头企业在农业产业化中的重要作用。通过各种方式引进、培育和孵化了一大批科技型农业产业化龙头企业,这些企业的发展和壮大,大大加快了所在区域的经济发展,取得了十分显著的经济和社会效益。

据统计,2002—2005 年,10 个试点园区在建设中和已经孵化的企业总数达246 家,累计实现总产值86.13 亿元,销售收入62.82 亿元,净利润达7.66 亿元,出口创汇6.72 亿元。同时,通过园区内企业的有效组织和带动,使周边地区一大批农民人均年收入明显增加,并创造了相当可观的社会效益和经济效益,有力地推动了农业产业化和区域经济的快速发展。

（4）促进了农业劳动力转移和农民增收。园区通过对引进新技术的示范,带动和引导周边地区农民自觉地应用现代农业新技术成果,有效提高了农业生产中的科技含量和劳动生产率,并形成新的经济增长点,大幅度提高了农民收入(见表 9-11)。同时,园区采取技术密集、资金密集的方式组织生产,使单位面积土地生产投资提高 3～5 倍,容纳劳动力数量增加 1～2 倍,为农村创造了更多的劳动力就业机会。

表 9-11　2002—2005 年浙江省农业高科技园区农民就业增收情况统计

园区名称	核心区吸纳农民就业人数/人	增加农民总收入/万元
浙江嘉兴国家农业科技园区	580	52521
浙江省南太湖农业高科技园区	8000	30000
浙江绍兴市农业高科技园区	2025	1300
浙江玉环海洋高科技园区	1500	21286
浙江温州市农业高科技园区	320	200
浙江萧山农业高科技园区	356	60000
浙江金华婺南农业高科技园区	800	1600
浙江省舟山市普陀海洋农业高科技园区	5000	1500
浙江衢州农业高科技园区	2678	3519
浙江省丽水农业高科技园区	5600	10500
总计	26859	185426

据统计,2002—2005 年,10 个省和国家农业科技园区的核心区吸纳了农业劳动力 26859 人,增加农民总收入 185426 万元,对促进农民就业、增收发挥了很好的示范作用。

(5)带动了周边地区农业结构调整和产业升级。园区通过引进和培育农业产业化龙头企业,运用"公司＋农户""龙头企业＋基地＋农户"等模式,有效地组织了农民按照区域特色从事农业生产活动,促进了产业的集聚。特别是通过引进、组装集成现代农业新技术成果,大力发展集约化养殖业、农产品加工业、现代园艺产业等,不仅加速了周边地区农业结构调整、产业升级和企业孵化,也大大加快了整体农业结构调整的步伐。据统计,在已建设的 11 个省和国家级农业高科技园区(试点)中,种子种苗生产、农产品加工等产业所占比重比所在县域高20％以上,畜牧业、花卉、蔬菜等的比重亦比所在县域高 30％以上。通过园区建设和产业带动,特别是通过园区的有效组织和种子种苗的销售等,大大促进了周边地区新品种、新技术的普及和产业的发展,加快了农业结构调整和产业升级的步伐。

(三)第三阶段(2006—2010)园区建设提升与发展

1.基本情况。全省已建成了 13 个国家级和省级农业高科技园区,经过几年努力,全省农业高科技园区在管理机制和发展模式上创造了许多卓有成效的做法和经验,已有 3 个园区升格为国家农业科技园区。2011 年除浙江大学长兴园区和宁波市 2 个农业高科技园区以外,其他 10 个园区都进行了绩效考评。(1)10 个农业高科技园区核心区面积已达 10 万亩、示范区面积 47 万亩、辐射区面积 223 万亩,建立各类组培室、智能温室、检验检测实验室、新品种试制实验室 32 个,2010 年全省园区的生产总值为 240 亿元。省农业高科技园区已成为产学研结合的农业科技创新与成果转化的孵化基地、促进农民增收的科技创业服务基地、培育现代农业企业的产业发展基地、体制机制创新的科学发展实验基地和发展现代农业的综合创新示范基地。(2)全省园区累计投资额达 81 亿元,2006—2010 年,省科技厅通过孵化器建设、平台建设和基地建设等内容,共设立项目 25 个,投入经费 2800 万元。

2.主要成效。(1)通过农业高科技园区建设,使园区成为农业新技术集成创新和应用示范的重要基地,有效推动了农业科技成果转化、示范和应用。以园区为平台,通过技术熟化和成果转化,并与区域农业发展相适应,通过核心区、示范区、辐射区之间的技术传播和扩散,一大批先进适用的农业高新技术得到了推广与示范。据统计,2006—2010 年,农业高科技园区累计研发与引进农业新品种 2353 个、新技术 1104 项、新设备 13685 套,示范推广成果 425 项,示范推广面积达 1195 万余亩。(2)通过农业高科技园区建设,形成了农业科技企业孵化基地,孵化和培育了一大批科技型农业企业,有效促进了农业产业化进程,带动了周边地区农业结构调整和产业升级。园区从发挥所在地区的优势和特色出发,借助技术、人才的聚集,成功引进、孵化、培育了一批现代农业科技企业。通过"公司＋农户""龙头企业＋基地＋农户"等模式,带动了园区及周边县(市、区)优势产业的迅速发展。据统计,2006—2010 年,入驻园区的规模以上企业达 716 家,其中省级农业龙头企业 47 家、农业科技企业 83 家,园区共培育各类企业 250 家。(3)通过农业高科技园区建设,建成了适合园区发展的科技服务平台,使其成为现代农业要素集聚载体。据统计,2006—2010年,园区建立各类组培室、智能温室、检验检测实验室、新品种试制实验室32个,建立各类专业或行业信息网站15个,为企业提供服务,完善园区服务功能。与中科院、浙江大学等31家国内外大专院校和重点实验室等机构建立了长期合作关系,并已开展合作项目35项。引进各类人才6147人,引入各类中介机构100家,现代信息、现代科技、新型人才、现代管理制度和社会资本等现代农业生产要素在园区里高度集成。(4)通过农业高科技园区建设,形成了现代农业科技培训推广平台,培养了一大批新型农民,拓展了农民就业渠道,促进了农业劳动力转移和农民增收。园区围绕当地特色主导产业发展需求,通过多种方式开展农业培训,培育现代新型农民。据统计,2006—2010年,累计培训农民118251人次,吸引高校毕业生2294人。通过培训使大量的农民从第一产业转移到二、三产业的各环节,增加就业人数133343人,农民增收致富的空间大大拓展,到2010年年底10个园区农民的人均年收入达16188元,平均增长率达25.51%。(5)通过农业高科技园区建设,加速了园区现代农业科技要素的集聚,促进了科技与金融的紧密结合,有效吸纳了社会资金参与农业新技术的示范与应用。通过发挥园区的集聚作用,吸引了大量的民间资金及投资。据统计,园区建设期间,共投入资金81亿元,其中企业与社会投入58亿元。园区通过基础设施条件和科技服务平台建设,积聚了科技、资金、信息和人才等现代农业要素,各园区与31家科研院所、高等院校建立长期合作关系,2006—2010年实施省级以上科研项目512项,取得了一批创新成果,进一步促进了园区的发展。(6)园区管理体系与保障机制逐步完善,园区建设步入规范化、科学化发展阶段。园区建设始终坚持"政府引导、企业运作、社会参与、农民受益"的原则。成立园区建设综合领导小组,设立园区管委会,制定了一系列园区建设的规范性文件,出台了多项优惠政策,为园区内企业发展、农业产业化发展创造了良好的外部环境。如表9-12所示。

表 9-12 农业高科技园区成果转化、培育企业、培训农民和收入等情况

园区名称	新品种数/个	新技术/项	新设备/套	推广成果/项	推广面积/亩	入驻企业/家	龙头企业/家	农业科技企业/家	培育企业/家	培训农民/人	吸纳劳动力/人	农民人均年收入/元
浙江萧山农业高科技示范园区	125	9	5	2	4650	9	0	1	4	3200	10000	32000
浙江南太湖农业高科技园区	83	52	13	36	269000	21	5	15	13	15000	20000	13486
浙江温州农业高科技园区	673	289	381	19	35	31	4	9	12	4600	6400	18700
浙江嘉兴农业高科技园区	448	122	12808	160	335000	64	3	13	9	23727	2752	14605

续表

园区名称	新品种数（个）	新技术（项）	新设备（套）	推广成果（项）	推广面积（亩）	入驻企业（家）	龙头企业（家）	农业科技企业（家）	培育企业（家）	培训农民（人）	吸纳劳动力（人）	农民人均年收入（元）
浙江舟山普陀海洋农业高科技园区	487	392	365	52	73000	320	20	12	115	47420	18146	14002
浙江绍兴农业高科技园区	58	20	11	30	200000	85	5	16	60	8189	19162	14700
浙江金华农业高科技园区	364	45	2	45	10940000	16	3	3	11	25000	5500	11000
浙江玉环海洋高科技园区	13	70	4	36	1800	132	3	3	6	5700	935	14200
浙江衢州农业高科技园区	53	12	37	42	123000	32	4	6	20	4360	11444	13000
浙江丽水农业高科技园区	49	93	59	3	500	6	0	5	0	565	150	—
合　计	2353	1104	13685	425	11946485	716	47	83	250	118251	133343	16188

第五节　科技富民强县与新农村建设科技示范

一、科技富民强县专项行动

2005 年,国家科技部启动实施"科技富民强县专项行动",按照科技部、财政部制定的"科技富民强县专项行动计划实施方案"精神,2006 年我省正式启动了"浙江省科技富民强县专项行动"。经省科技厅、财政厅共同研究,制定了《浙江省科技富民强县专项行动计划实施方案(试行)》(浙科发农〔2006〕80 号),并同时设立科技富民强县专项资金。此专项行动以我省欠发达县(市、区)为对象,每年培育一批省级试点,发展一批国家级试点,依靠科技进步培育、壮大一批具有较强区域带动性的特色支柱产业。科技富民强县专项行动实施五年来,以做强县域特色优势产业为切入点,通过引进、推广、转化与应用先进适用技术成果,建立健全县域的科技服务体系,以重点科技项目为载体,调动科研院所、大专院校、专业经济合作组织、龙头企业、农户等各方的积极性,将科技植入县域的经济发展,使科技资源渗入县域特色支柱产业发展的各个环节,实现农民致富和财政增收,促进欠发达县(市、区)建立起富民强县的长效机制。

(一)基本情况

1.省科技厅作为牵头管理部门,做好宣传发动、沟通协调和管理监督工作。《浙江省科技富民强县专项行动实施方案》一经下发,省科技厅及时开展了宣传发动工作。一方面,向各级科技部门解读实施方案要点,结合全省农业主导产业发展规划与各欠发达县(市、区)农业特色产业发展实际,引导各欠发达县(市、区)制定适合本地区的科技富民强县实施方案。另一方面,向全省涉农高校、科研院所进行宣传,鼓励和发动涉农高校、科研院所积极投入科技富民强县专项行动,引导涉农高校、科研院所将先进适用的科技成果到试点县进行转化和推广应用,促使广大科技人员广泛地加入科技服务、农民培训、农村信息化建设等各项工作中去。省科技厅作为国家科技富民强县专项行动试点申报受理部门,5年共组织了31个欠发达县(市、区)申报国家科技富民强县专项行动试点。根据各申报县(市、区)的特点,省科技厅联合省财政厅组织不同领域的专家和有关厅局进行实地考察,对各地的实施方案进行可行性论证,在此基础上,向科技部推荐了浦江、江山、缙云、仙居、苍南、景宁、龙泉、磐安、常山、松阳、衢江、庆元、开化、云和、莲都、龙游、普陀、兰溪、武义、平阳、泰顺、柯城等22个县(市、区),均已获准被列为国家科技富民强县专项行动试点,还有淳安、三门、永嘉、文成、洞头、遂昌、婺城、嵊泗、青田等9个县(市、区)被列为省级科技富民强县专项行动试点,拟再继续向科技部申报,争取早日成为国家级试点县(市、区)。

2.制定省科技富民强县实施方案和资金管理办法,为专项行动提供政策保障。为切实有效地推进科技富民强县专项行动计划,根据科技部《关于印发〈科技富民强县专项行动计划实施方案(试行)〉的通知》(国科发计字〔2005〕264号)要求,浙江省于2005年开始进行科技富民强县的初建工作,在总结江山、浦江两个国家试点的建设经验和成效的基础上,2006年4月由省科技厅和省财政厅研究制定的《浙江省科技富民强县专项行动计划实施方案(试行)》(浙科发农〔2006〕80号)正式下发,并在全省各欠发达县(市、区)组织实施。同时省财政厅为此专项行动设立了专项资金,制定了《浙江省科技富民强县专项行动计划资金管理暂行办法》(浙财教字〔2006〕41号),规范和加强了科技富民强县专项行动计划的资金管理,保证资金使用效益。

3.将科技富民强县专项行动纳入浙江省农业农村科技发展规划及新农村建设考核,为专项行动实施提供组织保障。省委省政府十分重视科技富民强县专项行动的实施,2006年省委省政府出台《关于加快农业科技进步的若干意见》(浙委〔2006〕54号),将"认真组织实施科技富民强县专项行动计划"作为加强农技推广体系能力建设、提高农业科技成果转化率的一项措施提出。在浙江省的《"十一五"农业和农村科技发展规划》(浙科发农〔2006〕137号)重点实施的两大科技工程中,科技富民强县专项行动计划被列为"新农村建设科技推广工程"的五大专项行动之一。同时,科技富民强县专项行动计划还被列入省委省政府考核新农村建设工作的内容之一。2006—2008年经省委省政府考核,省科技厅新农村建设工作被确认为优秀。

4.经费安排及到位情况。按照国家财政部、科技部印发的《科技富民强行动计划资金管理暂行办法》的规定,浙江的省级和有关县(市、区)级财政均设立了科技富民强县专项行动计划资金,并制定相应专项资金管理办法,以不低于1∶1的比例配套落实各试点县的专项经费,以财政投入为引导,引导企业、产业协会、专业合作组织、种植养殖大户、科技中介机构等社会力量成为科技富民强县专项行动计划项目的实施主体,构建多元化的资金投入机制。截至2008年年底,浙江省30个科技富民强县专项行动计划项目已投入资金6.49亿元,其中国拨资金2914万元,省级财政拨款4062万元,各试点县财政拨款10652.72万元,项目实施单位自筹43960.7万元,吸引其他社会投入(参与项目的基地、其他单位投入及银行贷款)3310万元。国家及省级拨款已全部到位,县级政府投入及项目实施单位自筹资金与预算相比,资金到位率达95％。专项经费严格按照财政部、科技部印发的《科技富民强县专项行动计划资金管理暂行办法》要求进行管理和使用。

(二)主要做法

1.工作重心下移,切实以发展县域农业特色支柱产业为切入口,调动地方政府积极性。科技富民强县专项行动是科学发展观和“创新创业”战略落实到基层,依靠科技促进经济社会协调发展、区域协调发展、城乡协调发展的重要举措。浙江省从欠发达县(市、区)的社会经济和农业产业发展需要出发,围绕发展、壮大区域特色支柱产业的科技需求,将有效的科技资源引入县域特色支柱产业发展的各个环节。地方党委和政府高度重视,将科技富民强县专项行动作为提升地方产业、促进区域经济跨越式发展的重要抓手,列为党委政府工作计划的重点内容。如磐安县就将科技富民强县工作列入县政府十大实事之一,并作为县党政领导科技进步目标责任制考核和县综合考核的重要内容之一。

为保障专项行动切实有效地进行,各县(市、区)均成立了“科技富民强县专项行动协调领导小组”,以县委书记或县长任组长,由与特色支柱产业发展有关的各部门为小组成员,建立具体工作机构,落实专项经费,制定相关政策措施,形成由政府主导,科技、财政、农业、经贸等部门分任务实施,各部门齐抓共管、共同推进的良好局面,为专项行动实施提供了有利的组织保障。如常山县的专项行动协调领导小组由县长亲自挂帅,分管科技工作的副县长为副组长,小组成员由科技、财政、农业、宣传、旅游等13个部门的主要领导组成,县政府就专项行动的主要内容与各有关部门和乡镇、企业签订目标责任书,落实各项具体工作任务,定期听取各部门工作进展汇报,并进行不定期的监督检查。

2.加强对特色支柱产业发展各环节的科技支撑,延长产业链,推进欠发达县(市、区)产业结构优化调整。立足于延长区域特色支柱产业链,围绕优良品种引进选育、产业化种养技术集成、农产品贮运与加工、农产品营销和技术服务等领域,各试点县(市、区)设立了一系列的成果转化及产业化科技项目,给予充分的科技支撑,确保从农业生产资料供应和农产品生产、加工、储运到销售等各个产业环节能上下连通,提升整个产业的发展水平。如庆元县作为全国最大的香菇生产地和产品集散地,围绕提升香菇产业和延长产业链,设定了菇木林资源培育与替代资源开发、香菇良种繁育及推广示范、香菇生产示范基地建设、香菇深加工产业培育、香菇安全生产体系建设、市场体系建设、科技服务体系建设和技术培训等8个主要任务。磐安县围绕提升中药材良种繁育、种植、加工、有效成分、营销、服务等领域,组织开展了以浙贝母、元胡、杭白芍、玄参、白术等"磐五味"为主的"优质中药材良种生产技术集成推广""种植技术集成推广""初加工及饮片加工技术应用""中药提取物生产技术应用""中药材科技公共服务平台和'药文化'产业建设"等5项计划。

产业链全程的科技渗入,使各试点县的产业结构得到了优化调整,农业产量和产值显著提高,农产品的市场竞争力得以增强,农民收入明显增加。浦江县实施科技富民强县计划以来,改良种猪,提高生猪品质,通过统一供种、统一饲养管理、统一技术培训、统一疾病防疫、统一技术服务来提高科学养猪的技术,到2007年年底,生猪出栏数25.98万头,生猪产值达4.82亿元,实现年产火腿16.10万只,新增生猪出栏8.48万头,新增生猪及其相关产业产值3.43亿元,新增火腿加工产值13.3亿元,增加出口创汇1520万美元,新增财政收入235.87万元,新增就业岗位1046个,带动全县农民人均增收268.90元,达到了专项行动的预期目标。

3.加强与高校、科研院所和农业龙头企业的科技合作,积极引入有效的科技资源,提高县域科技创新能力。浙江省欠发达县(市、区)整体科研力量普遍比较薄弱,科技富民强县专项行动在选定发展的农业特色支柱产业的同时,还结合浙江省的农业科技力量,以涉农高校和科研院所为技术依托,加强试点县与高校、科研院所的技术对接和研发合作。利用高校、科研院所的人才资源,聘请有关专家作为试点县的技术顾问,为当地的产业发展献计献策。据统计,每个科技富民强县试点都以1个涉农高校或科研院所为技术依托单位,平均与5个以上的涉农高校、科研院所进行广泛的研发合作。以到2007年前的三批12个试点县为例,共引进高校、科研院所和国内外的先进适用技术成果124个,引入各类技术人才253人,通过专家大院聘请专家189人,合作建立科技示范区和示范基地120多个,新建技术平台75个,申请专利45项,取得授权专利29项,制定标准60多项。

以磐安县为例,全县的药材产业化发展以浙江省中药研究所为技术依托单位,并与浙江大学、浙江省农科院、浙江中医药大学等多家单位合作开展中药材的研究开发,引进了"浙贝母黄花枯萎病防治技术"等5项技术成果,聘请药材生产、农残分析和中药学方面的8名省级专家为技术顾问,并培养了一批技术人才,为磐安县输入了科技人才和先进科技成果。通过合作研究和技术开发优化了当地中药材生产技术,扩大了先进技术推广应用范围,有4个科技合作项目通过验收和中期检查,2项科技成果获金华市科技进步奖一等奖和省农业丰收奖三等奖,增强了全县科技支撑产业发展的意识,提高了全县中药材生产的技术水平,使该县的科技创新能力大大提高,促进了中药材产业的增产增效。

4.以发展农业龙头企业和农业科技企业来拉动产业发展、确立企业的主体地位、激发企业自主创新热情。企业是产业化发展的重要环节,我省紧紧抓住这一重要环节,以农产品加工业带动农业种养殖业发展,吸引农业龙头企业和农业科技企业主动承担科技成果转化项目和共性关键技术研发项目。企业上连市场开发新产品,下连农户建立生产基地,有效地增加特色支柱产业的产值和农民收入。据统计,参与各试点县(市、区)科技富民强县专项行动计划项目的农业企业有3819家,项目企业实现总销售额14.5亿元,建立企业研发中心148个。

企业根据市场需要,通过项目的实施,建立生产基地推广应用新品种、新技术和标准化操作规程,并规范农产品的生产和加工,以"企业+基地+农户"或"企业+合作社+基地+农户"的产业化模式,一方面壮大企业规模,提高企业市场竞争力,另一方面带动产业发展,增加当地农民收入。如江山市的恒亮、千红、健康等农业企业承担的科技富民强县项目,通过蜂产品精深加工和蜂胶、蜂王浆及蜂花粉系列产品的开发,企业产品市场竞争力大大增强,企业销售额占据市场的绝大份额,其中恒亮公司还通过GMP认证验收,获得了"中国蜂产品消费者满意十佳产品""中国蜂产品最具影响力十大品牌"两项荣誉,并被认定为国家级农业龙头企业。同时通过在62个养蜂合作社25万箱蜂中推广应用"江山一号"王浆优质高产蜂种和"江山二号"蜂胶高产杂交蜂种,恒亮、健康等加工企业与蜂农建立的产销联合体,对蜂农进行二次利益分配,帮助蜂农抵御市场风险,两年来向合作社蜂农返利1500多万元,带动农民增收5400万元。2009年1月5日,省科技厅、省财政厅组织专家对江山市蜜蜂产业提升工程项目进行了验收。该项目为全市蜂产业新增产值1.8亿元,新增利税3000万元,新增创汇800万美元,新增就业岗位3000个,带动农民增收5000万元。蜂产业对全市GDP、财政总收入、农民人均纯收入增长的贡献率分别达到3.53%、4.117%和9.8%。

5.强化科技服务和技术推广,组织多方力量开展形式多样的农民培训,促进农民致富增收。加大对各试点县科技创新服务中心、专业技术协会、产业合作组织、科技信息网络等区域公共科技服务平台的建设力度,加强其技术推广和科技培训功能。充分整合"星火科技培训""欠发达县(市、区)百万农民科技培训""科技特派员基层创业"等工程资源,利用依托单位的人才资源和技术力量,发挥浙江省农业科技创新服务平台、科技特派员、科技人员、农技推广人员的作用,围绕支柱产业发展的科技需求,对广大农户和农业企业开展技术培训,推广先进适用技术和科技成果。采取学校培训、基地培训、网络培训、企业技能培训、专家指导、分发技术读本、制作影视资料、组织科技服务周活动等形式,增强农民的科技素质和就业技能。据统计,各试点县共推广新品种329个,推广新技术63352项,推广面积共计498527.7万亩,培训农民472321人次,发放技术资料952114.7份。

(三)主要成效

专项行动实施5年来,试点县特色产业总产值累计实现244.64亿元,直接参与农民2261667人,辐射带动农民2124589人,直接参与实施的农民的人均项目收入 1265100 元,GDP 增长累计达 412970.51 亿元,年财政收入累计达 34.46 亿元。参加项目实施企业达 3819 个,其中年销售额 500 万元以上企业 357 个,建立企业研发中心 148 个,企业实现总销售额 14.5 亿元,上缴利税 69160.97 万元。引进新品种 329 个,推广新技术 63352 项,培训农业 472321 人次,建立农民专业技术协会 783 个。各试点县的特色支柱产业得到有效的提升,县域经济发展活力进一步增强,起到了良好的示范和带动作用。

二、新农村建设科技示范

2006 年,浙江省开始在全省 11 个地市开展新农村建设科技示范试点工作,围绕"农业精、工业强、农民富、社区优美、农民健康"五个主题,构成了遍布全省 11 个地市的示范县、示范镇和示范村三级科技示范工作体系,首批启动 11 个示范县、22 个示范乡镇、33 个示范村,有 3 镇 3 村列入国家级新农村科技示范,组织了 100 多项高效生态农业技术、农村社区规划设计与建设技术、环境保护技术。据不完全统计,实施示范工作的 33 个村,实施了科技示范项目 50 多项,接受技术培训的农民达到 27000 多人次。省科技厅连续五年荣获省委省政府颁发的"社会主义新农村建设目标责任制优秀奖"。

(一)主要做法

1.统一谋划部署新农村建设科技示范试点

结合浙江省新时期农村建设重大重点科技需求,确定了浙江省新农村科技示范的总体思路和目标,制定试点工作的基本原则,明确了重点任务和示范内容,提出试点工作基本要求及组织与管理规则。根据浙江省三大农业产业带和主要农村区域经济类型,由全省 10 个市各推荐一个示范县,其中丽水市作为不发达地区安排两个,每个示范县包含两个示范镇和三个示范村。在前期充分调研的基础上,省科技厅组织专家对各试点县、镇、村制定的试点工作实施方案进行集中论证,根据专家咨询建议进一步完善实施方案,力求方案设计紧扣新农村建设共性关键技术需求,示范内容因地制宜、重点突出、可操作强,区域示范带动作用大。

2.创新发展浙江新农村建设科技示范机制与模式

(1)"湖州模式"。该模式是一个综合性、研究型大学与一个地方合作,进行全方位系统性立体式的新农村建设科技示范的模式。2006 年浙江大学与湖州市签订了《共建社会主义新农村实验示范区合作协议书》。五年来,浙江大学围绕共建新农村建设三大创新与服务平台——建设理论、建设机制与模式、建设技术,实施了"1380 行动计划",推广了 100 多项农村建设成果。仅在长兴,浙江大学与当地政府、企业共建的现代农业试验示范基地,就有 40 多项技术在当地推广,为 30 多个村规划设计了各具特色的"江南人居"农村社区。湖州新农村科技示范成果被誉为中国农村建设的范式,有关经验在中央电视台《焦点访谈》栏目上做了专题介绍,取得的成效和做法得到中央领导和国家有关部门的高度评价。该模式被中央农村政策研究的著名专家小组在顶级刊物上以论文形式誉为"湖州模式"。

（2）德清"科技金融平台模式"。德清的"科技与金融结合"发展创新了我国新农村建设机制与模式，政府发起成立科技担保公司、农业担保公司、新农村建设投资公司、农村建房按揭贷款、中小企业互保的新农村建设科技转移机制与模式。2007—2009年，德清县科技担保公司为全县民营科技型中小企业提供担保1263笔，担保金额达到8.97亿元，2010年提供担保130多笔，担保金额1.52亿元。项目实施至今，已为270多家企业共提供担保资金10.49亿元。2009年成立的德清县新农村建设投资公司，注册资本1亿元，获得银行授信3.5亿元，专项用于全县新农村建设，以每村每人2000元、最高500万上限为标准，给予"中国和美家园"精品村奖补资金，用十年时间将全县166个行政村打造为"山水美、农家富、社会和、机制新"的"中国和美家园"。

（3）诸暨的"珠联璧合模式"。诸暨的"珠联璧合模式"在技术上用全套现代科技全副武装珍珠产业，用"创新服务平台＋特派员团队＋龙头企业＋养殖技术能人"一体化的技术创新服务模式实现全套珍珠产业技术的高效转移，并由龙头企业和养殖大户把先进养殖加工技术推广到包括浙江、江西、湖南、湖北的广大水网地区，建立了40万亩珍珠规模养殖基地。山下湖镇于2008年被评为"中国珍珠之都"，建成了华东国际珠宝城，年销售额达到30亿元以上。建有全省、全国唯一的浙江省珍珠区域科创服务中心，拥有市级以上企业研究开发机构7家、国家重点高新技术企业1家、国家农业龙头企业1家、省级高新技术企业和农业科技型企业5家。2009年山下湖镇仅珍珠产业产值就达到41.37亿元，珠业从业人数达到3.2万人，占工业总产值的68.69%，农民人均年纯收入达21317元。

（4）钟管农村社区"和谐"建设机制与模式。"梯度转移"建设机制与模式——钟管镇东舍墩村以"中心村"建设为抓手，以"一户一宅"的村规建立富裕户住宅向贫困户低价转让的机制，进入中心村的农户将其原有比较好的住宅，以象征性的低价自愿转让给本村相对比较困难的农户，对接受住宅转让的农户的陋宅进行土地整理与复耕，以富带贫，缓解贫富差距，减少低水平高成本重复建设，增加农村土地可利用面积，并由村集体统一开发经营，增加村级集体经济收入。近三年该村实现中心村建设和农户财富转移资产增值达2500万元，同时村级集体经济壮大后为全村养老保障和医疗等公共福利事业提供了有力支撑。

3. 精心组织实施新农村建设科技示范项目

（1）围绕精品农业发展集成示范农业产业共性和关键技术。省科技厅根据我省高效生态农业发展优势和特点，以"精品"要求定位各地产业科技示范，针对无公害生猪、无公害稻米、珍珠等浙江大宗农产品和优势农产品，以环境友好、营养健康、优质高效为目标，在各个示范县进行共性和关键技术集成示范。

（2）围绕品质农村建设集成示范扩大适用优美舒适建设成果。在社区建设成果示范上，我省根据各示范县地理地貌丰富、历史文化多彩、产业组织多样的特点，以"品质"要求定位各地农村社区建设规划设计,围绕土地集约化配置、可再生能源利用、垃圾集中化处置、生活污水无害化处置、河道生态化整治等进行系列化适用科技成果示范。诸暨市三年来通过示范带动城乡规划、公交、供水、垃圾集中处理"四个一体化",中心城市、卫星镇、中心镇、中心村、生态村等城乡一体化框架基本形成,城镇化率达 49%。

(3)以加快农村信息化步伐推进农村经济发展。诸暨市建成由市农业信息中心为龙头、以 27 个镇乡街道为信息服务站、以 200 多个农业龙头企业和所有行政村为信息点的市镇村三级农业信息网络,形成覆盖所有镇乡(街道)、行政村(社区)、涉农工商企业和 24 个涉农部门的"农民信箱"网络体系,"农民信箱"注册用户5 万户,党员远程教育网和行政村信息服务站覆盖率达 90%。在建成"刺绣机"和"袜业"网上技术市场和专业市场的基础上,三年来又成功创建珍珠专业市场,成为全省唯一拥有 3 家网上专业技术市场的县级市。

4.及时推广新农村建设优秀科技成果

(1)在全省大力推广农业产业化科技成果。在 11 个县、22 个镇、33 个村示范试点的农业产业成果,都是共性可示范推广成果。为了把试点县、镇、村的农业产业技术成果尽快推广到全省各地,省科技厅与承担项目的地方政府、科技部门联合,组织技术依托单位和试点村联合开展推广服务。据不完全统计,各试点单位和技术依托单位联合共接待全省政府、企业、农村合作组织村民等 34000 人次,赴各地现场传授技术的技术专家 2900 多人次。

(2)在全国大力推广新农村建设机制与模式成果。浙江的新农村建设工作一直走在全国前列,科技示范试点工作更吸引全国各地政府、企业到示范县取经,中央有关部委和全国各省专门组织各地以研讨班、进修班、考察团等形式,到试点示范县进行参观、考察、学习。如 2007 年 10 月,在中组部主办、科技部承办的"科技促进社会主义新农村建设培训班"上,省科技厅组织浙江大学、德清县、诸暨市等向来自全国的 68 个县长与书记,介绍了浙江社会主义新农村建设的理念、思路、机制、经验、模式、做法,得到科技部和各地好评。

(二)主要成效

1.有力地促进了精品农业发展,加快了农民增收步伐。试点共引进新品种500 多个,示范高效生态种植与养殖技术 60 多项。如临海市甲石头村全村种植西兰花基地 3000 多亩,实施"六个统一"标准化生产,种植农户达 102 户,农户户均种植收入 7.35 万元。定海区养殖产品无公害认证率达到 90%,传统土池养殖平均亩产增加 50%,大棚工厂化养殖平均亩产增加 25.5%,项目实施后两个乡(镇)和两个村实现每年新增产值 9367 万元,新增收入 2660 万元,养殖从业人员人均年收入达到 5.2 万元,平均增收 48%。科技示范在农产品品质提高和标准化生产方面成效明显,有力地促进了各地品牌农业的发展。如诸暨市山下湖的珍珠系列和香榧品牌、临海"全国第一贵"的临海蜜橘、德清的清溪花鳖和"山伢儿"早笋、临安的山核桃系列品牌、武义的"武阳春雨"有机茶和宣莲、莲都和嘉善的绿色蔬菜等都名闻遐迩。

2.有力地促进了试点镇村民生类科技的全面应用,大大提高了农民生活质量。在社区环境优化上,各试点村、镇、县,从编制完善村庄规划和建设新社区入手,示范推广了包括生产生活污水生态化处理、生活垃圾集中处置和焚烧、地热能利用、节能电器等30多项系列化先进适用技术,其中5项以上技术组合的覆盖面在试点村达到95％,试点镇和试点县达到80％以上。如诸暨市通过新农村科技示范试点活动,完成村庄规划176个,34个村成功创建诸暨市市级社会主义新农村,受益农户16313户,受益人口47976人,占总行政村数的1/3,48个村成功创建诸暨市市级环境整治村。试点村龙游钱家村,示范推广"猪—沼—作物"生态农业模式,生活垃圾全部进行集中收集无害化处理,66％的农户用上了沼气,50％的农户使用太阳能热水器,95％以上家庭用卫生厕所。

3.有力地促进了试点镇村农村新兴服务产业发展。目前,在33个试点村和22个试点镇中,有1/3以上的村和2/3以上的镇成为当地农业休闲观光业的集聚地、领头雁,一批各具特色的农业休闲观光景区(点)初具规模。如德清五四村充分利用5000多亩生态林、现代林业基地、设施高档花卉基地建设生态型农村社区,休闲观光服务产值超过了200多万元。武义柳城的"十里荷花"生态农业观光园区引进荷花新品种354个,建成了长三角地区荷花物种保存最多的物种园,成功开发鲜食莲蓬、荷叶茶,建设了观赏亭、荷花科普长廊等,2008年接待游客突破5万人次。

4.有力地促进了试点镇村科技文化和社会保障事业发展。2008年,所有试点镇村的有线电视入户率达到100％,村民中家庭拥有手机的普及率达到95％以上,有电脑的家庭达1/3以上,农村科技服务实现了网络化。如临安太湖源镇建立了现代林业科技服务中心、镇农科站、竹笋开发研究所等5个社会化科技服务推广机构,建成镇农业信息服务站、村级远程教育点,开通农民信箱、科技信箱,全镇形成了农村科技创新、推广和应用"三位一体"的网络化农村科技体系。依托现代化技术,农民培训实现高效化,在试点村接受专家培训和指导的人员占当地在家务农人员的75％以上,有2/3农民至少接受1次以上科技培训。

5.为在全省各地推广新农村科技示范工作树立典范。省科技厅组织实施的新农村科技示范工作已经取得了预期的效果,还将在全省范围全面加速推进。如杭州市设立了新农村科技示范专项,全面启动了全市品质新农村建设的科技示范工作,2008年和2009年在全市20个申报示范镇、示范村候选者中经过专家论证,两年分别选择了10个镇、村作为全市第一批新农村科技示范镇村。杭州市萧山区在市组织基础上,又在本区选择20个镇村进行新农村科技示范试点。

参考文献

[1]陈文华.中国古代农业科技史图谱[M].北京:农业出版社,1991.

[2]郭文韬,曹隆恭.中国近代农业科技史[M].北京:中国农业科学技术出版社,1989.

[3]国家科学技术委员会.中国农业科学技术政策[M].北京:中国农业出版社,1997.

[4]梁家勉.中国农业科学技术史稿[M].北京:农业出版社,1992.

[5]浙江省科学技术委员会.浙江省"八五"农业科技研究进展[M].北京:中国农业科学技术出版社,1999.

[6]浙江省科学技术志编纂委员会.浙江省科学技术志[M].北京:中华书局,1996.

[7]浙江省科学技术厅.浙江省"九五"农业科技研究进展[M].杭州:浙江人民出版社,2002.

[8]浙江省科学技术厅.浙江省"十五"农业科技研究进展[M].杭州:浙江大学出版社,2006.

[9]浙江省科学技术厅.浙江省"十一五"农业科技研究进展[M].杭州:浙江大学出版社,2011.

[10]浙江省科学技术厅.浙江基础研究二十年(1988—2008年)[M].杭州:浙江大学出版社,2009.

[11]浙江省科学技术厅.浙江省农业和农村科技发展研究报告[M].杭州:浙江大学出版社,2011.

[12]浙江省林业厅."十五"浙江林业科技发展报告[M].北京:中国农业出版社,2005.

[13]浙江省林业厅."十一五"浙江林业科技发展报告[M].北京:中国林业出版社,2011.

[14]浙江省林业志编纂委员会.浙江省林业志[M].北京:中华书局,2001.

[15]浙江省农业科学院.浙江省农业科学院院志[M].杭州:浙江科学技术出版社,2001.

[16]浙江省农业志编纂委员会.浙江省农业志[M].北京:中华书局,2004.

[17]浙江大学.浙江大学农业与生物技术学院院志(1910—2010)[M].杭州:浙江大学出版社,2010.

［18］浙江林学院.2003—2009 年科研发展报告(铅印本),2010.

［19］浙江省林业科学研究院.五十年发展历程(1958—2008)(铅印本),2008.

［20］中国农科院茶叶研究所.中国农科院茶叶研究所志(铅印本),1998.

［21］浙江省淡水水产研究所.浙江省淡水水产研究所志(1952—2007 年)(铅印本),2002.

［22］浙江省海洋水产研究所.浙江省海洋水产研究所志(1953—2003 年)(铅印本),2003.

［23］浙江省水产志编纂委员会.浙江省水产志[M].北京:中华书局,1999.

［24］浙江省科学技术厅.浙江省星火计划十五年(铅印本),2007.

［25］浙江省科学技术厅,《浙江通志·科学技术志》编纂委员会.浙江省获奖科技成果项目汇编(1952—1997 年).

国家奖励项目名录

　　国家奖励项目名录收集时间和范围为 1952—2010 年浙江省荣获国家级重点农业科学技术奖励项目 213 项,内容包括国家自然科学奖、国家技术发明奖、国家科学技术进步奖。1952—2010 年浙江省人民政府授予的省级农业科学技术奖励项目 2731 项,内容包括省政府授予的重大贡献奖、科技进步奖、技术发明奖、自然科学奖、优秀科技成果奖、星火奖等 2731 项,不包括未公开的科技成果奖项目。其中优秀科技成果奖、星火奖收集至 1999 年。重大贡献奖从 2005 年起每两年一次,科技成果转化奖从 2010 年起至 2012 年。1952—2010 年国务院各部委授予浙江省农业科技成果奖励项目 419 项。

　　上述 3363 项省和国家奖励项目详细介绍拟在下次再整理出版。

附录二

新石器时代到 2010 年浙江农业
和农村科学技术发展大事记

新石器时代

距今 11400—8600 年,浦江上山遗址出土的在夹碳陶器的胎土中,羼和了大量的稻谷、稻叶、稻米遗存。这是长江下游地区迄今最早的稻作遗存。

距今 8000—7000 年,萧山跨湖桥文化遗址出土的陶器、骨器、木器、石器和稻谷米等文物,以及出土的盛有煎煮过草药的小陶釜,说明史前时期人们已认识到自然物材的药用价值。出土的独木舟,堪称"中华第一舟"。

距今 7000—6000 年,余姚县河姆渡遗址中出土的石器、陶器、骨器、玉器、程轴、纺轮、分经木、骨针和骨耜、稻谷等遗物,说明先民已建有干栏式木构房舍,从采集、狩猎发展到原始农业。骨耜是耕地工具,说明那里已进入耜耕农业时代;并使用陶舟、木桨,这是国内迄今所见最早的水上航行工具,还有骨锥、骨针、打纬木刀和骨刀等纺织工具。

距今 5000—4000 年,余杭良渚文化遗址出土的磨制精致的石钺、石镰、石铲和一批轮制的陶器与磨琢精致的玉器,尤其是大型三角石犁,标志着农业生产已从耜耕进入人力犁耕。玉器、石器的制造拍打制已发展为磨琢技术,陶器的制作已使用"快轮技术"。这些表明原始手工业已形成,能使用多种工具制作陶器、竹木器、玉器等。

距今 3000—2000 年,湖州钱山漾遗址出土的文物中,有网坠 9 件,有捕鱼用的"倒梢"、木桨,说明新石器时代人类已在杭嘉湖地区从事淡水鱼捕捞。

商—秦

春秋时期(前 771—前 476),山阴(今绍兴)县外 20 里筑富中大塘,垦地为义田,是浙江最早的农田水利工程。在会稽龟山造怪游台,观察天象、气候,是省内最早的观象台。在葛山种葛、麻林山种苎麻,鸡山、豕山集中养鸡养猪,有鱼池养鱼。

汉代

东汉时期(25—220),天台山华顶有道士葛玄植茶之圃,这是浙江最早的种茶记录。

同期,上虞人王充(27—97)晚年写成《论衡》85 篇,对当时的科学技术记载甚详,并以驯证方式来解释自然想象和生命科学。这部巨著早于德国费尔巴哈 1700 多年。

永和五年(140),会稽(今绍兴)太守马臻兴建镜湖(今鉴湖),周围 358 里,灌田九千余倾。

熹平二年(173),余杭县令陈浑开筑溪南大塘和南湖(位于临安县),导苕溪水入湖,筑堤 30 余里,蓄水溉田。

三国

吴时(222—280)已有土法制浆造纸。

两晋

265—316 年,《十三州志》记载上虞县下令不得害雁,这是我国有意识保护益鸟的开始。

南北朝

南齐(479—502),三吴农田开始实施区田制,使用粪厩肥,改变火耕水耨的旧法。

南梁大通年间(527—529),永嘉郡(今温州)用低温催青法制取生种,创建了"八辈蚕"。

南梁天监四年(505),处州詹、南二司马在松荫溪上创修通济渠,坝成拱形,是世界上最早的拱坝(意大利邦达尔多坝建于 16—17 世纪)。

隋

大业六年(610)12 月,开通京口(今镇江)到余杭(今杭州)的江南运河。

唐

上元初期(674—676),陆羽(733—804)居浙江苕溪撰《茶经》十目,是世界上第一部茶叶专著。

天宝年间(742—756),秧田法从中原传入东南地区,杭州开始作秧田。

大和七年(833),鄞县县令王元暐创建鄞江它山堰,以蓄洪水、阻咸潮、泄洪、引水、溉田数千顷,并供给明州(今宁波)城市用水。

五代

梁开平四年(910),吴越王钱镠发动筑捍杭州海塘,创造"石囤木柜法",是中国水利工程上一大创举。

宋代

北宋(960—1127)初期,杭州人喻皓撰《木经》3 卷,是国内第一部木工手册。

咸平年间(998—1104),杭州龙兴寺僧赞宁,德清人,撰《笋谱》五目,记述笋的品种 98 种,列举别名、栽培及保存、调治等方法,是国内最早的竹笋专著。

大中祥符五年(1012),朝廷遣使从福建取占城稻三万斛,分给江淮、两浙三路转运使,并出示种法。

庆历年间(1041—1048),毕昇发明活字印刷术(沈括《梦溪笔谈》载),是世界印刷技术史上的重大创举,400 年后(1445)德国戈登堡创造金属活字印刷术。

同年间,安吉县已采用嫁接法培育桑树良种。

淳熙年间(1174—1190),杭州人韩直官居温州知府,撰《橘录》3 卷,记载柑、橘、橙品种 27 种,以及栽培、保藏、加工、入药方法,是现存最早的柑橘专著。

淳祐二年(1242),山阴(今绍兴)人史铸撰《百菊集谱》6 卷,资料丰富,居宋代各家菊谱之首,1250 年对撰《菊史补遗》1 卷。

淳祐五年(1245),仙居人陈仁玉撰《菌谱》,收藏入《四库全书》,内容分食用菌和有毒菌共 11 类,为世界上现存第一部菌类专著。

淳祐年间(1241—1253),浙江创"火焙"鸭卵出雏的卵化法,为养禽业的大量饲育创造条件。

宝佑四年(1256),天台人陈景沂撰《全芳备祖》58 卷,分果、卉、草、木、农桑、蔬、药等 8 部,资料十分丰富。

南宋时期(1127—1279),于潜县令楼王寿,宁波人,绘《耕织图》,其中耕图 21 幅、织图 24 幅,开创了用图画方式向民间传播农业技术之先声。

同期,嘉泰《吴兴志》记载胡桑品种有青桑、白桑、青藤桑、鸡桑等。当地把由唐代传入浙江的蒙古羊驯化育成湖羊品种。

南宋末期,临安(今杭州)马塍利用半密室半地窖,人工控制温室艺花法培育"堂花木",促使植物提前开花。

元代

大德四年(1300),浦江人柳贯撰《打枣谱》,记录枣子品种 73 个及其性状、质地,为国内唯一有关枣树的专家。

明代

嘉靖二十一年(1542),金事黄光升在海盐县创筑五纵五横鱼鳞石塘,共 18 层,是全国海塘建筑史上的重大突破。

同年间,玉米传入浙江,1573 年杭州人田艺蘅撰《留青日札》中记载玉米之性状,在全国属首次。

万历四十五年(1617),秀水(今嘉兴)人王路撰《花史左编》24 卷,记花木品种众多,典故与种植方法详备。

万历年间(1573—1620),嘉兴、湖州等地有烟草种植。

明末,湖州沈氏(名字和生平不详)撰《沈氏农书》,记湖州地区农业情况甚详,文字简明易懂。

清代

清(1644—1911)初,花生从广东、福建传入浙江。

康熙十二年(1673),甘薯由福建传入宁波、台州、温州等地。

康熙二十七年(1688),陈淏子(生平籍贯不详)在杭州撰著成园艺专著《花镜》共 6 卷,记录观察花卉为主,有精辟见解。

康熙五十六年(1717),海宁人陈元龙辑《格致镜原》100卷,分30类,共886目,记载各种器具(包括农具)、物名(包括动植物),资料丰富。

乾隆三十年(1765),钱塘人赵学敏著《本草纲目拾遗》10卷,其中《本草纲目》未收的有716种,为药学史上集大成的专著。

道光十一年(1831),高铨(生平籍贯不详)撰《蚕桑辑要》2卷,另撰《吴兴桑书》2卷,记江浙养蚕、植桑之法。

咸丰六年(1856),浙江农民创造桑苗"袋接法",大量繁育嫁接桑苗。

光绪八年(1882),海宁县陕石镇创办省内首个用机器加工大米的泰润北米厂。

光绪二十二年(1896),杭州德隆油厂开始用机器榨油。

光绪二十三年(1897),杭州知府林启在杭州创办浙江蚕学馆,是国内最早的蚕桑学校和纺织学校,率先引进日本优良蚕种,最早采用杂交育种法选育蚕品种。

光绪三十四年(1908),瑞安县务农会从日本引进无核柑橘品种,经核查系中熟的温州蜜柑类型。

宣统二年(1910)九月,建立浙江农业教员讲习所,后改为浙江中等农业学堂、浙江省立甲种农业学校、国立第三中山大学劳农学院,1929年改为浙江大学农学院,1960年更名为浙江农业大学。

宣统三年(1911),在杭州笕桥建立省内第一个科学技术试训研究机构——浙江省农业试验场,占地360亩。1919—1937年,先后办起棉种、造林、昆虫、稻麦、茶叶、家禽、土地等实验场(所)。

中华民国元年(1912)

民国四年(1915),景宁惠明茶、桐庐"雪水云绿"、东阳竹编"魁星点斗"、建德"五加皮"酒、金华火腿、寿生酒、兰溪章恒生酱油、富阳"昌山纸"和"享稻纸"等分别获巴拿马万国博览会金、银奖和一、二等奖。

是年,杭州笕桥和兰溪、临海、永嘉等地设立县林木苗圃,发展人工造林。

民国十三年(1924),筹设浙江省昆虫局,1930年改称浙江省立植物病虫害防治所,1932年恢复浙江省昆虫局名称,隶属浙江省建设厅。

是年,浙江成立水产试验站。1951年,在吴兴县凌湖镇成立种鱼养殖试验场(后扩建为省淡水水产研究所),1986年搬迁到湖州市郊。

民国十七年(1928),蚕业改良场在海盐、海宁、吴兴、萧山等县设蚕业指导所,购缴土种,分送改良种7000多张,开始有计划地推广良种。

民国十九年(1930),浙江省政府建设厅设立农林局农林总场,分园艺、蚕丝、森林、昆虫、畜牧和兽医五组,总揽农业技术改进。

是年,黄岩县城桥上街米厂首次用垃圾发酵制取沼气。

民国二十一年(1932),浙江省昆虫局编制出版棉、麻、水稻和桑等作物主要害虫生活和虫体形态及防治办法图册。

是年,建浙江省水产试验场,1937年停办。

民国二十二年(1933),政府开始设棉业改良实验区,沿海推广驯化美棉,沿江推广百万棉。到1936年,推广面积达6310公顷。

民国二十四年(1935),政府在宁波、绍兴、台州分设双季稻推广实验区10处,在杭嘉湖分设纯系种推广实验区7处,共推广面积6660公顷。

民国二十六年(1937),在黄岩县建立国内第一个以柑橘为主要研究对象的省级园艺改良场(今浙江省农科院黄岩柑橘研究所前身),1958年在国内率先进行杂交育种。

民国二十七年(1938),浙江省农业改进所在松阳成立,由莫定森主持,后有稻麦改良场并入,另设松阳大竹溪种子繁殖场、项衡稻作试验区。1950年更名为浙江省农业科学研究所,1960年扩建为浙江省农业科学研究院。

民国三十七年(1948),海宁、杭县和杭州市郊推广苎麻。

是年,浙大农学院吴耕民、沈德绪选育成浙大长萝卜,长80厘米左右,平均根重2~2.5公斤,最大根重11.2公斤。

是年,浙大农学院李曙轩在美国首次应用植物生长调节剂进行蔬菜保鲜成功,20世纪50—60年代用以防止茄果类落花和促进大白菜生长。70年代用乙烯利调控番茄性别。

民国三十八年(1949),植物病虫害专家朱凤英在杭州岳坟设立浙江植物医院,专治稻、麦、杂粮、茶叶、果树、蚕桑、蔬菜和花卉病虫害,以及白蚁、蚊蝇、臭虫和跳蚤等。

中华人民共和国(1949)

1950年,浙江省农业改进所改名浙江省农业科学研究所。

1953年,9个县建立农业技术推广站,到1955年60个县和325个区建立农业技术推广站。

是年,在舟山沈家门建立水产技术指导站(后扩建为浙江省海洋水产研究所),在温州市建立温州专区水产指导站。(后扩建为浙江省海洋水产研究所温州分院,1986年改为浙江省海洋水产养殖研究所)

1955年,金华县乾西乡建成省内第一个机耕试验站,配有拖拉机2台。

1955年,乔司农场引进苏联康拜因联合收割机1台,为杭州动力机械收获之始。

是年,中共浙江省委批转农业厅党组报告,提出坚持"积极慎重"的方针,进行耕作制度改革。

1956年,浙江农业机械厂试制成40厘米15千瓦金属结构的立轴式水轮机,开省内水轮机制造之始。

1956年11月,临安天目山被列为全国第一批自然保护区,是"活化石"银杏的唯一野生地,1986年7月被批准列为国家级自然保护区。

是年,在嵊泗县枸杞岛进行海带南移成功。

1957 年 12 月 17 日,周恩来总理视察浙江省农业科学研究所(今省农科院前身)。

1958 年 1 月 5 日,毛泽东主席视察浙江省农科所,实地观看双轮双铧犁耕作。

1958 年,浙江在舟山成立舟山水产学院(后扩建为浙江水产学院,今改为浙江海洋大学)。

1958 年,成立浙江省林业科学研究所,1998 年 3 月更名为浙江省林业科学研究院。

1958 年,成立天目山林学院,1966 年 9 月更名为浙江林学院,2010 年更名为浙江农林大学。

1958 年 2 月,朱德委员长视察余杭县九堡蚕桑示范场。

1958 年 9 月,省水产厅主持采用人绒毛膜促性腺激素催产鲢鱼亲鱼成功,为国内首例,迅速推广全国。次年采用脑垂体、激素作催产剂,在池塘进行鲢、鳙鱼自行产卵受精成功,结束了靠天然鱼苗的历史。

60 年代初又获得草鱼、青鱼人工繁殖成功,为淡水渔业的迅速发展创造条件。

1958 年,中国农业科学院茶叶研究所在杭州成立。

1959 年,引种试种矮秆品种矮脚南特,到 1965 年推广面积达到 44.2 万公顷,占当年早稻面积的 42.4%,更换了高秆品种。

是年,桐庐县窄溪公社江小毛创造蜂、蜜、蜡三高产的全国记录,省人民委员会授予他农技师称号,并聘其为中国养蜂研究所特约研究员。1971 年他又创开巢门长途运蜂技术。

1960 年 3 月 14 日,毛泽东主席视察金华双龙水电站,指出浙江水力资源丰富,搞水电大有前途。

1961 年 4 月,在黄岩县方山进行省内首次飞播造林 325 公顷,保全率 78.9%。

1962 年,成立浙江科学院亚热带作物研究所,现为省农科院亚热带作物研究所。

1963 年 12 月,中国林业科学院在富阳县建立亚热带林业研究所。

1966 年,全省粮田平均亩产 437 公斤,是全国第一个超过《全国农业发展纲要》规定目标的省。

是年,国家海洋局在杭州建立第二海洋研究所。

1968 年,余杭县中桥公社章玲大队创造无干密植每亩 2000 株速生高产桑园,亩产桑叶 2000~2500 公斤。

1969 年,嘉兴制革厂研究出用工业微生物蛋白酶取代灰碱法进行猪皮脱毛的方法,使制革废水不再含有污染环境的石灰和硫化碱。

1970 年,浙江农业大学用早期世代选择法选育成"浙农 1 号"夏秋蚕品种,1975—1990 年累计推广 1200 万张,为省内推广 1000 万张以上的唯一蚕品种。

1971 年,省淡水水产研究所在全国首次突破海水河蟹人工繁殖技术。

1971—1975 年浙江形成以选用抗病良种为中心、加强栽培管理为基础、适期喷药保护为辅的病虫综合防治技术,推广到全国。

1972年,余姚县发现河姆渡遗址,证明距今六七千年前已有原始文化,是迄今为止亚洲已知的最早稻作遗址之一。

是年,浙江全省粮田平均亩产541公斤,是全国第一个亩产超千斤的省。

是年,海洋渔船基本实现机帆化。

是年,缙云县马鞍山一带发现沸石矿。

1973年,浙江省农科院应用辐射诱变技术育成早稻品种"原丰早",在长江流域稻区大面积推广,获1983年国家发明奖一等奖。

是年,浙江农业大学在余杭县潘板乡建立矮化密植速成高产茶园,每亩植1.5万~2万株,次年亩产干茶44公斤。

1974年,组建全省农作物杂种优势利用协作攻关组。1977年,成立省杂交水稻生产办公室,当年全省杂交水稻种植面积为2146公顷,1980年以后面积超过46.67万公顷,占全省晚稻面积40%,"汕优6号"为主栽组合。

1974年,中国林科院亚热带林业研究所与安吉县合作,从全国引入竹种26属200多种,建立国内竹种最多、规模最大(20多公顷)的竹种园,于1985年完成。

是年,省农科院配成"汕优6号"杂交稻组合,1976年扩大试种,1977年开始推广。

是年,庆元县发现的百山祖冷杉被列为世界濒危物种之一。

1976年,省农科院主持全国抗稻瘟病抗源的研究,筛选出一批抗病品种。同期,该院主持在国内首次鉴定稻瘟病生理小种7群43个小种。

1977年,省农科院育成"之豇28-2"豇豆新品种,成为全国主栽品种,覆盖率70%。

1979年,全国第二次土壤普查在富阳县进行试点。这次全省普查历时十二年,在土址分类依据和指标、中小比例尺土壤图技术、应用遥感、微机和现代测试技术等方面,反映了浙江土壤科学研究新水平。

是年,浙江农业大学、省农科院参加全国10个主要地方良种的种质研究,1985年完成,分别揭示了金华猪和嘉兴黑猪的种类特征,制定金华猪的国家标准。

1979—1982年,省海洋水产研究所朱振杏等人进行"中国对虾工厂化全人工育苗中试"成功。1982年全省工厂化育苗突破1亿只。

1980年,省农科院育成胴体瘦肉率57%的省内第一个瘦肉型猪种"浙江中白猪"。1986—1990年又进行杜洛克和中白猪专门化品系培育,育成高繁殖力(经产母猪产仔13.4头)母系DII系,高瘦肉率(64%)父系SI系的配套新品系,居国内领先水平。

1981年,省科委组织首次海岸带和海涂资源多学科综合调查,共有24个单位800多名科技人员参加,于1986年完成,对海岸开发提出目标性规划设想。

是年,省农科院安装国内第一个铯-137辐射源。

1982 年,象山港进行中国对虾放流增殖试验成功,1983—1990 年共放流虾苗 10 亿尾,回收率 6%～9%,并已形成一定数量的种群。

是年,省林科所在湖州南塘乡进行土窑砖瓦和活性炭混烧成功。1986—1986 年帮助宁夏回族自治区太亚活性炭厂设计建造国内第一座改良斯勒普活化炉。

1985 年,浙江农业大学主持研究制定《全国农药安全使用标准》。

是年,浙江省病虫测报站建立《农作物主要病虫模式电报标准》,成为全国稻区正式颁发的标准。

1986 年,省政府办公厅转发省科委《关于制定和实施"星火计划"意见的报告》,并开始全面实施星火计划。

是年,林业部批准千岛湖为国家森林公园,其水质和绿化质量居全国前列,为人工改造自然环境的典范。

1987 年,省政府成立农业科研和技术推广的领导协调小组。

1987 年,国家科委在金华市召开全国星火计划华东、中南、西南片会议。

是年,航天工业部程连昌副部长率领该部有关领导来浙江考察星火计划。

是年,国家科委在杭州召开全国星火技术密集区规划工作会议。

1986—1990 年完成《浙江省农业资源和综合农业区划》,提出浙江省分为 2 个农业热量带、3 个高度层、4 个农业类型、6 个农业自然区和 9 个综合农业区的总体框架。

1987 年,国际水稻研究会议在杭州举行,23 个国家和地区的 200 多位水稻科学家参加,发表 65 篇论文,其中中国科学家发表 19 篇。

1987 年,浙江农业大学应用辐射早稻"浙辐 802",到 1990 年在全国推广近亿亩。

1988 年 7 月,省政府办公厅(浙政办发〔1988〕157 号)文批准《浙江省星火奖励暂行办法》和《浙江省星火奖励暂行办法实施细则》正式实施执行。

是年,省科委、省团委联合开展"农村青年星火带头人"活动。

1989 年 11 月,全国星火成果和适用技术展交会在杭州召开,省长沈祖伦表扬省科委:"这次展交会为制止浙江经济滑坡办了一件实事。"

是年,中国水稻研究所落成典礼在富阳举行。

1990 年,国际种子科学与技术会议在杭州召开。

是年,国务院批复同意建立平阳县南麂列岛为国家级海洋自然保护区,主要保护对象为海洋贝藻类及生态环境。

是年,世界上首株大麦原生质再生绿色植株在中国水稻研究所培育成功,为大麦的遗传操作提供手段。

是年,省农科院陈剑平在国际上首次获得大麦和性花叶病病毒在禾谷多黏菌介体内存在且能增殖的直接证据。

是年,联合国环境署授予萧山市山一村生态农业"全球 500 佳"称号。

是年,国务委员、国家科委主任宋健在浙江省"八五星火计划发展纲要"上批示:"(张)尔可同志,浙江省'八五'星火计划发展纲要写得很好,建议在报纸上摘要发表,供全国各省有关部门参考。"

是年,第五次全国星火计划工作会议在绍兴召开,宋健主任到会,并作重要讲话。

1991—2000年,省政府启动实施"八五"(1991—1995)和"九五"(1996—2000)两个五年农业科技发展规划。重点实施"8812"(籼粳亚种间杂种优势利用)、"9410"(优质专用早稻育种)、"优质高产多抗晚稻新品种选育""9602"(饲料资源开发利用)及"科技兴海"等5个重大科技专项计划。

1991—2000年,省政府启动实施"八五"(1991—1995)和"九五"(1996—2000)两个五年星火计划发展规划纲要。其中1991—1995年,重点实施"浙江省'5-100'星火示范工程";1996—2000年重点实施"浙江省星火燎原工程"。

其间,浙江省科委(厅)三次荣获国家科委颁发的国家星火计划管理奖一等奖和全国星火工作先进集体表彰奖励。

1991年4月13日,省编委(浙编〔1991〕42号)文件批复:同意省科委设立星火计划管理处,对外仍保留省科委星火计划办公室,所需人员编制在科委机关内部调剂解决。

1991年11月2日—7日。国家科委在北京举办全国"七五"星火计划成果博览会,浙江200多人带着414项星火成果参展。中央领导同志江泽民、李鹏、宋平、李瑞环,以及中顾委、全国人大、全国政协等领导机关的100多位副部级以上的领导参观了浙江星火计划展位。博览会上成交额达3.46亿元,其中正式合同2.3亿元,居全国第一。

1992年12月,省科委和省乡镇企业局联合召开全省乡镇企业科技工作会议,推动我省星火计划走上新台阶。

1992年12月28日,国家科委(国科星办发〔1993〕1号)文件转发了浙江省科委上报的《深化改革,推进星火计划工作"高群外"上新台阶——浙江省1992年星火计划工作总结和1993年工作安排》给各省、市科委参考。

1994年4月5日—8日,国家科委、外经贸部和联合国开发计划署(UNDP)联合在杭州举办《中国星火计划国际研讨会暨星火技术和产品展示会》。

1997年3月18日,省科委、省乡镇企业局联合颁发《浙江省"九五"乡镇企业科技进步发展规划纲要》。

2000年2月28日,完成《浙江省农副产品深加工、综合利用科技发展研究》的编著出版。

是年,《把科技星火恩惠洒遍浙江大地——浙江省星火计划实施十五年》载入国家科技部《中国农村科技辉煌50年》大型文献。该文献是中国第一部记载农村科技发展历史的巨大著作。

进入 21 世纪后,2001 年浙江省委省政府首次召开了全省农业科学技术大会。2006 年和 2010 年连续两次召开全省农业科学技术大会。

2001 年,浙江省委省政府联合下发《关于加快农业科技进步的若干意见》政策文件。

2001 年,省政府办公厅转发了省科技厅、省财政厅联合制定的《浙江省农村全面小康社会科技促进纲要》等政策文件。

2001—2005 年,省政府启动实施浙江省"十五"(2001—2005)农业和农村科技创新发展 5 年规划。重点实施"农业生物技术""农产品精深加工""农产品质量安全与标准化""农产品品种选育"等 10 个重大农业科技专项。

2001 年,浙江省在全国率先启动实施省级农业科技成果转化计划。

2001 年,浙江省在全国率先开展"农业高科技园区"建设工作。

2001 年,浙江省在全国率先开展"新农村建设科技示范"创建工作。

2003 年,省政府启动实施农村科技特派员制度。

2004 年,省科技厅启动实施农业科技企业和企业科技研发机构(研发中心、研究院所)、农业区域科技创新服务中心等创新载体(平台)创建培育工作。

2006 年,省政府启动实施"科技富民强县"试点专项行动。

2006—2010 年,省政府启动实施"浙江省农业和农村科技创新能力提升行动计划",重点实施"现代农业科技创新工程"和"现代农村科技推广工程",构建新型农业科技创新服务体系。

附录三

部分农业生物学名表*

黍	*Panicum miliaceum* L.
粟	*Setaria italica*(L.)Beauv.
大麦	*Hordeum vulgare* L.
小麦	*Triticum aestivum* L.
马铃薯	*Solanum tuberosum* L.
玉米	*Zea mays* L.
籼稻	*Oryza sativa subsp*. hsien Ting
粳稻	*Oryza sativa subsp*. Keng Ting
苎麻	*Boehmeria nivea*(L.) Gaud
大豆属	*Glycine* Willd.
野生大豆	*Glycine soja* Sieb. et Zucc.
栽培大豆	*Glycine max*(L.) Merr.
半野生大豆	*Glycine gracillis*
荞麦	*Fagopyrum esculen tum* Moench
颗粒野稻	*Oryza meyeriana* subsp. *granulata*(Nees et Arn. ex Watt) Tateoka
葛	*Pueraria lobata*(Willd) Ohwi
茜(红蓝花)	*Rubia cordifolia* L.
卮(栀子)	*Gardenia jasminoides* Ellis.
竹蔗	*Saccharum sinensis* Roxb.
芝麻	*Sesamum indicum* L.
瞿麦(燕麦)	*Avena sativa* L.
高粱	*Sorghum vulgare* Pers.
紫草	*Lithospermum erythrorhizon* Sieb. Et Zucc.
苕子(毛叶苕子)	*Vicia sativa* L.

---

* 摘自:梁家勉.中国农业科学技术史稿[M].北京:农业出版社,1992:610—615.

水稗	*Echinochloa crusgalli*(L.) Beauv.
番薯	*Ipomoea batatas* Lam.
烟草	*Nicotiana tabacum* L.
花生	*Arachis hypogaea* L.
蚕豆	*Vicia faba* L.
扁豆(峨眉豆)	*Dolichos lablab* L.
赤山豆(赤小豆)	*Phaseolus calcaratus* Roxb.
红萍	*Azolla imbricate*(Roxb) Nakai
葫芦芭(豆科)	*Trigonella foenum-graecum* L.
红花草(紫云英)	*Astragalus sinicus* L.
稻	*Oryza sativa* L.
糯稻	*Oryza sativa* var. *glutinosa*
绿豆	*Phaseolus radiatus* L.
油菜	*Brassica campestris* L.
赤豆(红小豆)	*Phaseolus angularis* Wight
向日葵	*Helianthus annus* L.
棉	*Gossypium* spp.
木棉	*Bombax malabaricum* DC.
非洲草棉	*Gossypium herbaceum* L.
中棉	*Gossypium arboreum* L.
陆地棉	*Gossypium hirsutum* L.
海岛棉	*Gossypium barbadense* L.
薏苡	*Coix lacryma-jobi* L.
芥菜	*Brassica juncea*(L.) Czern et Coss
莲	*Nelumbo nucifera* Gaertn
甜瓜(香瓜)	*Cucumis melo* L.
菱　四角	*Trapa quadrispinosa*
三角	*Trapa bispinosa* Roxb.
酸枣	*Ziziphus jujube* Hu
芸薹属	*Brassica* L.
葵(冬葵、冬寒菜)	*Malva verticillata* L.
菊(此名为菊科)	*Compositae*
韭	*Allium tuberosum* Rottl. ex Spreng
蒲(香蒲)	*Typha orientalis* Presl
芹(旱芹、药芹)	*Apium graveolens* L.
水芹	*Oenanthe javanica*(BL.) DC.

姜	*Zingiber officinale* Rosc.
芋	*Colocasia esculenta*（L.）Schott.
苽（茭白）	*Zizania caduciflora*（Turcz. ex. Trin.）Hand. Mazz.
苜蓿	*Medicago sativa* L.
大葱	*ALLium fistulosum porrum* L.
小葱	*Allium* L.
小蒜	*Allium pallasii*. Murr.
荠	*Capsella bursa-pastoris*（L.）Medic.
豍豆（豌豆、毕豆、麦豆）	*Pisum satium* L.
胡豆（豇豆）	*Vigna sinensis*（L.）Savi
葫蒜（大蒜）	*Allium sativum* L.
葫芦（瓠）	*Lagenaria siceraria*（Molina）Standl.
胡荽（芫荽、香菜）	*Coriandrum sativum* L.
冬瓜	*Benincasa hispida*（Thunb.）Cogn.
越瓜（菜瓜、白瓜）	*Cucumis melo* var. *conomon*（Thunb.）Makino
黄瓜	*Cucumis sativus* L.
茄子	*solanum melongena* L.
萝卜	*Raphanus sativus* L.
苦买菜	*Ixeris denticulata*（Houtt.）Stebb.
马芹子（野茴香）楚葵（水芹）	*Oenanthe javanica*（BI.）DC.
蕨	*Pteridium aquilinum var. latiusculum*（Desv.）Underw.
藷（薯芋、山药）	*Dioscorea opposita* Thunb.
莴苣	*Lactuca sativa* L.
菠菜	*Spinacia oleracea* L.
西瓜	*Citrullus lanatus*（Thunb.）Mansfeld
百合	*Lilium brownii* var. *viridulum* Baker
牛膝	*Achyranthes bidentata* BI.
牛蒡	*Arctium lappa* L.
枸杞	*Lycium chinense* Mill.
牡丹	*Paeonia suffruticosa* Andr.
胡萝卜	*Daucus carota* var. *sativa*. DC.
芍药	*Paeonia lactiflora* Pall.
茉莉	*Jasminum sambac*（L.）Aiton
朱槿（扶桑、佛桑）	*Hibiscus rosa-sinensis* L.
丁香（紫丁香）	*Syringa oblate* Lindl.
玫瑰	*Rose rugosa* Thunb

蔷薇（香水花、香蔷薇）	*Rose odorata* Sloeet.
莙荙（叶用甜菜、牛皮菜）	*Beta vulgaris* var. *cicla* L.
辣椒	*Capsicum frutescens* L.
番茄	*Lycopersicon esculentum* Mill.
菜豆	*Phaseolus vulgris* L.
南瓜（番瓜）	*Cucurbita moschata* (Duch.) Poiret
甘蓝	*Brassica oleracea* L.
球茎甘蓝（苤蓝）	*Brassica caulorapa* Pasq.
银杏	*Ginkgo biloba* L.
雀梅	*Sageretia thea* (Osbeck) Johnst.
虎刺（伏牛花、老鼠刺）	*Damnacanthus indicus* (L.) Gaertn. f.
杜鹃（映山红）	*Rhododendron simsii* Planch.
蜡梅	*Chimonanthus praecox* (L.) Link
天竹（南天竹、天竹子）	*Nandina domestica* Thunb.
山茶	*Camellia japonica* L.
罗汉松（土杉）	*Podocarpus macrophyllus* (Thunb.) D. Don
凤尾竹（观音竹）	*Bambusa multiplex* var. *nana* (Roxb.) Keng f.
紫薇（百日红）	*Lagerstroemia indica* L.
水仙	*Narcissus tazetta* var. *chinesis* Roem.
蒜（大蒜）	*Allium sativum* L.
豌豆	*Pisum sativum* L.
黄瓜（胡瓜）	*Cucumis sativus* L.
扁蒲（瓠瓜、夜开花）	*Lagenaria siceraria* var. *mokinoi* (Nakai) Hara
洋葱	*Allium cepa* L.
金花菜（草头、南苜蓿、黄花苜蓿）	*Medicago hispida* Gaertn
结球甘蓝（卷心菜）	*Brassica oleracea* var. *capitata* L.
花椰菜	*Brassica oleracea* var. *botrytis* L.
大白菜（黄芽菜）	*Brassica pekinensis* Rupr
术（白术）	*Atractylodes macrocephala* Koidz
荸荠	*Elcecharis dulcis* (Burm. f.) Trin. ex Henschel
菊花	*Dendranthema morifolium* (Ramat) Tzvel.
白芨	*Bletilla striata* (Thumb.) Rchb. f.
茯苓	*Poria coccos*
蘡（山葡萄、蘡薁）	*Vit is adstricta* Hance
梅	*Prunus mume* (Sieb.) Sieb. et Zucc
杏	*Prunus armeniaca* L.

桃（山桃）	*Prunus davidiana*（Carr.）Franch
枣	*Zizyphus jujube* Mill
栗	*Castanea mollissima* Biume.
梨	*Pyrus* sp.
樆（梨）	*Pyrus* sp.
橘（柑）	*Citrus reticulate* Blanco
柚	*Citrus grandis*（L.）Osbesk
李	*Prunus salicina* Lindl.
橙	*Citrus sinensis*（L.）Osbesk
柿	*Diospyros kaki* L. f.
枇杷	*Eriobotrya japonica*（Thunb.）Lindl.
杨梅	*Myrica rubra*（Lour.）Sieb. et Zuce
葡萄	*Vitis vinifera* L.
石榴	*Punica granatum* L.
千岁子（花生）	*Arachis hypogaea* L.
橄榄	*Canarium album*（Lour.）Raeusch.
椑（洞柿、椑柿）	*Diospyros oleifera* Cheng
杨桃	*Averrhoa carambola* L.
枸橼（香橼）	*Citrus medica* L.
中华猕猴桃	*Actindia chinensis* Planch.
木瓜（榠楂）	*Chaenomeles sinensis* Koehne
樱桃	*Prunus psesudocerasus* Lindl.
柿	*Diospyros kaki* L. f.
金橘	*Fortunella margarita* Swingle（长）
	F. crassifolia Swingle（圆）
	F. hindsii Swingle（金豆）
洋梨	*Pyrus communis* L.
桃	*Prunus persica* Batsch
柑	*Citrus reticulate* Blanco
胡桃（核桃）	*Juglans regia* L.
酸枣（南酸枣）	*Choerospondias axillaris* Burtt et Hill
茶	*Camellia sinensis* Kuntze
漆	*Toxicodendron vernicifluum* F. A. Barkey
柏	*Cupressus funebris* Endl.
椅（山桐子）	*Idesia polycarpa* Maxim.
桐（青桐）	*Firmiana simplex*（L.）W. F. Wight

锌	*Cataipa ovata* Don
桧	*Sabina chinensis*（L.）Antoine
松	*Pinus* sp.
杞（杞柳）	*Salix integra* Thunb.
栎（麻栎、白栎）	*Quercus acutissima* Carr.
椒（花椒）	Zanthoxglum bungeaum Maxim.
杜（杜梨、粟梨）	*Pyrus betulaefoila* Bunge.
杨	*Populus* sp.
枸	*Lycium chinemis* Mill.
柞	*Xylosma japonicum*（Walp.）A. Gray
壓（鸡桑）	*Morus australis* Poir
柘	Cudrania tricuspidata P(Carr.) Bur.
檀（青檀）	*Pteroceltis tartarinowii* Maxim.
皂角（皂荚）	*Gleditsia sinensis* Lam
冬青	*ILex purpurea* Hassk.
黄连	*Coptis chinensis* Franch.
何首乌	*Polygonum multiflorum* Thumb.
茱萸（吴茱萸）	*Evodia rutaecarpa*（Juss.）Benth.
油茶	*Camellia oleifera* Abel.
杉	*Cunninghania lanceolata*（Lamb.）Hook.
油桐	*Vernicia fordii*（Hemsl.）Airy-shaw
荼（苦苣菜）	*Sonchus oeraceus* L.
狗尾草	*Setaria viridis*（L.）Beauv.
狼尾草	*Pennisetum alopecuroides*（L.）Speng
益母草	*Leonurus japonicas* Houtt.
马齿苋（酱板草）	*Portulaca oleracea* L.
牡鞠（牡菊）	*Dendranthema indicum*（L.）Des Moul.
牛	*Bos* spp.
猪	*Sus scrofa domestica*
狗	*Camis famillaris*
鸡	*Gallus gallus domestica*
绵羊	*Qvis aries*
山羊	*Capra hircus*
野猪	*Sus scrofa*
黄牛	*Bos taurus domestica*
水牛	*Bos bulalus*

家鸡	*Gallus gallus domestica*
田鼠	*Microtus* spp.
獭	*Lutra lutra*
鸠	*Sireptopelia* spp.
鸭	*Anas platyrhynchos domestice*
鹅	*Anser cygnoides domestica*
鹊	*Pica pica*
豺	*Coun alpinus*
天鹅(鹄)	*Cygnus*
鹌鹑	*Coturnix coturnix*
蛇	*Serpentes*
鸽	*Columba livia aomestica*
番鸭	*Cairina moschata domestica*
驯鹿	*Rangifer tarandus*
豪猪	*Hystrix hodgsoni*
蛤(蛤蜊)	*Mactra* spp.
鼍(扬子鳄)	*Alligator sinensis*
大白鱼	*Culter crgthropterus*
鲤	*Cyprinus carpio*
鳟(赤眼鳟)	*Squalilarlws cusscnlus*
鲂	*Megalobrama terminalis*
鲢	*Hypophthalm ichthys molitrix*
鳖	*Trionyx sinensis*
鲻鱼	*Mugil cephalus*
青鱼	*Mylopharyngodon piceus*
草鱼(鲩)	*Ctennopharyngodon idellus*
龟(金龟、乌龟)	*Chinemys reevesii*
泥鳅	*Misgurnus anguillicaudatus*
田螺	*Cipangopaludina chinensis*
青蛙	*Rana nigromaculata*
鳝	*Fluta alba*
螺蛳	*Bellamya*
槎头鳊(团头鳊)	*Megalobrama amblycephala*
鳊	*Parabramis pekinensis*(Basilewsky)
牡蛎、蚝	*Ostrea*
缢蛏(青子)	*Sinonovacula constricta*(Lamarck)

蚶（泥蚶）	*Tegillarca granosa*
金鱼	*Carassius auratus*
蚕目鱼（遮目鱼、白鳞鲻）	*Chanus chanos*
河蚌	*Anodonta* spp.
鲮	*Cirrhina molitorella*
家蚕	*Bombyx mori*
野蚕	*Bombyx mandarina*
桑（白桑）	*Morus alba*
蜜蜂（中华蜜蜂）	*Apis sinensis*
五倍子蚜	*Melaphis chinensis*
柞蚕	*Antheraea pernyi*
蝗	*Acrididae*（蝗科）
螟	*Pyralididae*（螟蛾科）
蟋蟀	*Gryllus* spp.
螳螂	*Raratenodera* spp.
蝉	*Cruptotympana* spp.
萤	*Luciola* spp.
蚯蚓	*Pheretima* spp.
旋毛虫	*Trichinella spiralis*
蚂蚁	*Formicidae*（蚁科）
乳酸菌	*Lactobacillus*；*Streeptoccus lactis*
酵母菌（酿酒酵母）	*Saccharomyces cesrevisia*
蜘蛛	*Araneida*；*Phaiangida*
土蜂	*Scoicidea*（土蜂总科）
蝴蝶	*Rhopalocera*
桑螟（白蚕）（螟虫）	*Rondotia menciana*
黏虫	*Mythimna separta*
桑天牛	*Apriona germatri*
根瘤菌	*Rhizzobium*
地老虎（地蚕）	*Agrotis* spp.
蝽象（半翅目）	*Hemiptera*
蝇（舍蝇）	*Musca domestica vicina*

后 记

本书探讨的是新石器时代至 2010 年浙江农业和农村科学技术的发展历史。历经古代农业、近代农业和现代农业的科学技术发展阶段划分及其特点等若干重大问题需要概括回顾与论述。

一、古代农业

(一)浙江古代农业科学技术发展阶段的划分

古代农业包括原始社会、奴隶社会和封建社会的农业。引用梁家勉主编的《中国农业科学技术史稿》提出的农业科学技术发展阶段划分方法,浙江农业和农村科学技术发展历史可划分为以下五个时期:原始农业——新石器时代(公元前 8000—前 2000 多年);上古农业——夏、商、西周(公元前 21 世纪—前 770 年);传统农业(上)——春秋战国、秦汉(公元前 770—公元 220 年);传统农业(中)——魏晋南北朝、隋唐(公元 220—979 年);传统农业(下)——宋、元、明、清(公元 960—1840 年);到鸦片战争外国资本主义侵入为止。

1. 原始农业——新石器时代(公元前 8000—前 2000 多年)。浙江原始农业开始于距今一万年前后,最初人们使用石斧并借助火的力量毁林开荒,然后用尖头木棒刺土植谷。但浙江较早就出现了耒耜、石锄一类翻土工具,在红黄壤土地带和若干河流的冲积平原开辟了大片农田,并由年年易地的生荒耕作制过渡到种植若干年才抛荒的熟荒耕作制。浙江把一批野生动植物驯化为家养畜禽和栽培植物是原始农业的最大成就。浙江是世界栽培植物起源中心之一,原始时代即已栽种稻、麦和蔬菜等作物。牛、羊、鸡、犬、猪、马等"六畜"均已饲养,而且以养猪为主,较早出现了牲畜栏圈,又发明了养蚕缫丝技术。原始农业的发展,为原始社会向阶级社会过渡创造了物质前提。

2. 上古农业——夏、商、西周(公元前 21 世纪—前 770 年)。伴随着原始社会过渡到奴隶社会、石器时代过渡到青铜时代,农业的面貌发生了巨大变化。金属农具开始逐步代替古老的木石农具。从传说中的大禹治水开始,以防洪排涝为目的的农田沟洫体系逐步建立起来,与此相联系的垄作、条播、中耕除草和耦耕等技术出现并获得发展,选种、治虫、灌溉等技术亦已萌芽,休闲制逐步取代了撂荒制。农牧业在这一时期都有所发展,出现了园圃的萌芽和开始人工养鱼、人工植树。总的看来,这一阶段的农业技术虽然还比较粗放,但基本上摆脱了"刀耕火种"方式,精耕细作技术已在某些生产环节中萌芽了。

3. 传统农业(上)——春秋战国、秦汉(公元前770—公元220年)。从春秋战国开始,浙江开始步入铁器时代,奴隶社会也逐步过渡到封建社会。这一时期,畜力和铁农具大规模应用到农业生产中,犁、耙、耱、耧车、石转磨、翻车、扬车等新式农具相继出现。以灌溉为主要目的的大型水利工程开始兴建。连种制逐步取代了休闲制,并在这基础上形成灵活多样的轮作倒茬方式,成为这一时期农业技术发展的重要特点。施肥改土受到了重视。良种选育、植物保护等技术也获得较大发展。中国传统历法所特有的二十四节气这时也形成了,并在以后长期起着指导农业生产的作用。大田作物除粮食外,纤维、油料、糖料等作物均有大面积种植。蚕桑生产和技术也获得长足的进步。

4. 传统农业(中)——魏晋南北朝、隋唐(公元220—979年)。这一时期,江东犁(曲辕犁)的出现和秒耙的推广带动了水田农具和耕作技术的发展。砺泽、方耙、耘荡、鋭刀、秧马、耘爪等相继出现,适应水田排灌的龙骨车有很大发展。在这基础上,水田耕作形成耕、耙、秒、耘、耥相结合的体系,这是浙江精耕细作技术体系的重要特点之一。这一时期太湖流域的塘浦圩田形成体系,梯田、架田、涂田等新的土地利用方式逐步发展起来。复种虽然在这以前已局部地、零星地出现,但直至宋代才有了较大发展,其标志是水稻和麦类等"春稼"水旱轮作一年两熟制度的初步推广。通过施肥来补充和改善土壤肥力也被进一步地强调。

农业生产结构在本时期内也发生了重大变化。水稻跃居粮食作物首位,小麦也超过粟而跃居次席,棉花成为主要衣被原料。茶树、甘蔗等经济作物也有所发展。猪、羊、家禽饲养仍有发展,耕牛也颇受重视。

5. 传统农业(下)——宋、元、明、清(公元960—1840年)。这一时期,尤其是清代,人口激增、耕地日感不足成为严重社会问题,极大地影响着农业科技的发展。为了解决人多地少的尖锐矛盾,人们加强边际土地(如山地、海涂、盐碱地、冷浸田等)的开发,这类土地的改良与利用技术有了较大的发展。解决人多地少矛盾,更为重要的途径是更充分地利用现有农用地,增加复种指数,大力提高单位面积产量。玉米、番薯、马铃薯等高产粮食作物和落花生等经济作物的引进,是这一时期农业史上的大事,它有利于边际土地的利用,丰富了多熟制的内容,在提高单位面积产量和满足人们各方面需要方面起了积极作用。尤其值得注意的是,在杭嘉湖区域出现了陆地和水面综合利用,"农—桑—渔—畜"紧密结合的基塘生产方式,形成高效的人工农业生态系统。

(二)浙江传统农业科学技术的特点

从主导方面和发展方向看,浙江传统农业科学技术是以精耕细作为主要特点的。它不是指单项技术措施,而是指综合的技术体系,而这一技术体系,一方面以集约的土地利用方式为基础,另一方面又以人与自然环境和生物循环利用的生产体系为指导。

　　1. 集约的土地利用方式。土地利用是农业技术的基础。扩大农用地面积和提高单位面积农用地的产量是发展农业生产的两条途径。浙江传统农业土地利用水平是不断提高的：夏、商、西周，休闲制代替了原始农业的撂荒制，出现了畎亩结合的土地利用方式；春秋战国到魏晋南北朝，连种制取代了休闲制，并形成灵活多样的轮作倒茬和间作套种方式；隋唐宋元，水稻与麦类等水旱轮作一年两熟的复种制有了初步发展；明清，除了多熟种植和间作套种继续发展外，又出现了建立在综合利用土地资源基础上的生态农业雏形。上述土地利用方式的依次进步，成为浙江传统农业科技各个发展阶段的重要标志。提高土地利用率与单位面积产量，是浙江传统农业的主攻方向，也是精耕细作技术体系的基础和总目标。集约经营，或者说集约的土地利用方式，与精耕细作是互为表里的。浙江传统农业的土地利用率和单位面积产量，无疑达到了古代世界农业的最高水平。

　　应该特别指出，浙江传统农业所追求的高度的土地利用率和单产水平，并非一时性的掠夺措施，而是着眼于长久性的永续利用。浙江古代很早就注意采取各种积极的措施培养地力，并形成传统。从总体看，浙江土地越种越肥，产量越种越高，没有出现过大规模地力衰竭现象，是和这一传统有关的。高度用地与积极养地相结合，以获得持续的、不断增高的单位面积产量，是浙江传统农业区别于西欧中世纪农业的重要特点之一。

　　2. 精耕细作的技术体系。从农业的总体来分析，农业技术措施可以区分为两大部分，一是改善农业生物生长的环境条件，二是提高农业生物自身的生产能力。浙江古代农业对这两方面都很重视。

　　由于人们还不可能控制和改变气候条件，浙江古代农业对"天时"只是强调自觉地适应它和充分地利用它（局部的人工小气候，如园艺中的温室栽培除外），改善农业环境侧重在土地上。这方面的技术措施很多，但最突出的是耕作和施肥两项。耕、耙、耖、耘、耥相结合的水田耕作技术，是浙江传统农业精耕细作技术体系的重要组成部分。浙江农田施肥措施出现很早，而且日益受到人们的重视，甚至到了"惜粪如惜金"的地步。肥料来源除天然肥和绿肥外，还包括了人们在农业生产和生活中一切可以利用的废弃物。《沈氏农书》说："作家第一要勤耕多壅，少种多收。"简明地概括了浙江传统农法的若干基本特点。除此以外，浙江古代农业还很重视发展农田灌溉，不同于古代欧洲农业收成取决于天气好坏。

　　在提高农业生物自身的生产能力方面，早在原始农业时代，浙江已驯化了大批作物和畜禽，这一工作后来仍在继续，又不断从外部引进新的作物和畜禽。浙江古代十分重视选育和繁殖良种。汉代已有穗选法的记载，不晚于南北朝，已有类似今日"种子田"的防杂保纯措施。清代又出现了"一穗传"技术。在园艺、植桑和林业生产中普遍采用扦插、分根、压条、嫁接等无性繁殖技术，在畜牧业中则广泛实行杂交育种。浙江古代农业在长期发展中培育和积累了大量作物和畜禽品种资源。以作物品种而言，地方品种资源的优越性是产量和品质的多样性，有高产的、有优质的、有抗逆性强的,以适应自然条件和经济条件不同的各地区农业发展的需要。

农业生物的营养生长和生殖生长之间有密切的关系,浙江古代人民已懂得按照自己的不同需要去利用它。园艺中的摘心打杈、修剪定型、疏花疏果,畜禽饲养中的阉割术等都属这类。

浙江古代人民又善于利用农业生态系统中生物之间彼此依存和制约的关系,使其向有利于人类的方向发展。例如在种植业方面创造的丰富多彩的轮作倒茬、间混套作方式,就是建立在对作物种间互抑或互利关系的深刻认识上。在畜牧业方面,利用人类不能直接食用的农作物秸秆糠秕饲畜,畜产品除供人类食用外,其粪溺皮毛骨羽用以肥田,还利用畜力耕作,这已是基于农牧互养关系的多层次循环利用,虽然还属于比较低级的形式。稻田养鱼、鱼吃杂草、鱼屎肥田,鱼稻两利,亦属此列。在池塘养鱼中,普遍实行草、鲢等家鱼混养,则是对某些鱼类共生优势的利用。生物间的互抑,也可化害为利,使之造福于人。例如,鱼类的天敌水獭、鸬鹚,人们饲养它们来捕鱼,浙江传统农业中颇有特色的生物防治,也是据此而创造的。

从某种意义上说,浙江传统农业经历了从综合到分工、又由分工到综合的螺旋式发展过程。原始农业往往是综合的,以后慢慢分化为大田和园圃,又继续分化为粮食、纤维、油料、糖料、蔬菜、果树、花卉等种类,以及畜牧、渔业、养蚕、养蜂等专业。到了一定时期,在一定条件下,这些分别进行生产的部门又相互联结起来。人们以水土资源的综合利用为基础,利用各种农业生物之间的互养关系,组织起多品种、多层次的生产,形成良性循环的农业生态系统。在这种生态系统中,对土地及其产品能够利用得比较合理而充分,归根结底是取得了较高的太阳能利用率。如明清时代出现的"农—牧—桑—鱼"农业生态系统,代表了浙江传统农业技术的最高水平。

综上所述,精细的土壤耕作虽然是浙江传统农业技术的重要特色,但精耕细作不能归结为精细的土壤耕作,因为它只是改善农业环境多种措施中的一种。除了改善农业环境外,浙江古代农业还十分重视提高农业生物自身的生产能力,即积极采用生物技术措施,比之土壤耕作措施,它的意义可能更为重大,影响可能更为深远。以上两个方面互相联结,共同构成浙江传统农业的技术体系,而所有这些措施,都是围绕着提高土地利用率,增加单位面积农用地产品的数量、质量和种类这样一个轴心而旋转的。

3.人与自然环境和生物循环利用的生产体系。浙江传统农业科学技术是建立在直观经验基础上的,但它并非局限于单纯经验的范围,而是形成自己特有的人与自然环境和农业生物相互依存、相互制约与循环利用为核心的"三位一体"的农业生产体系。把农业生产看作农业生物(稼)和它周围的自然环境(天和地)以及作为农业主导者的人相互联系共同组成的整体,它是接触到了作为自然再生产和经济再生产相结合的过程的农业的本质的。

对"天""地"的本质及其与"稼"的关系,"天时"即气候季节的变化被认为是太阳的运动引起的,而"日阳"(即太阳能)是农业生物生长所需能源的根本来源,"地"是水土的结合,是农业生物赖以生长的载体。这些被称为"天时地利之大本"(《知本提纲》)。

农业生物在自然环境中生长,有客观的规律性,对这些规律,人们不能违背它,只能认识它、利用它。因此,浙江传统农业总是强调"因时制宜",把这看作一切农业举措必须遵守的原则。"精耕细作"本来就是和放任自流相对立的,通过人的勤奋劳动("力"),改造自然,夺取高产("胜天"),是其题中应有之义。

在农业环境的诸因素中,人们很早就认识到土地的因素是人类可以控制和改造的。因此,浙江古代农业技术措施的重点总是放在土地利用上。农业是靠绿色植物把太阳能转化为符合人类需要的有机物的。而农作物等的生长是以土地为载体的,因此,充分利用土地也就是充分利用了太阳能。到了宋代,陈旉总结了土地利用的新经验,进一步指出,只要经常采用施肥等措施培养地力,就可以使"地力常新壮",达到对土地高度利用和永续利用的目的。

对农业生物在农业系统中的地位与作用,人们的认识也在不断深化。早在先秦时代,人们已对"嘉谷""上种"的增产作用有所论述,并指出各种作物依赖于一定的自然环境(风土)。宋代的陈旉认为,在充分利用天时地利的基础上,作物之间可以"相继以生成,相资以利用",这已包含了利用农业生物间互利互养关系的意义。元、明出现了对"唯风土论"的批判,说明人们进一步认识到农业生物和它赖以生存的环境条件之间的关系并非固定不变的,在人的干预下,能够改变农业生物原有的习性,使之适应新的环境,从而突破原有的风土限制。这显然是人们从长期驯化、引种、育种的实践中积累了丰富的经验而在理论上所做的新概括。明清时代,人们又明确提出了"物宜"的原则,要求一切农业措施必须考虑不同农业生物的不同特点。物宜与时宜、地宜合称"三宜"。浙江古代很早就开始利用农业生产和生活中的废弃物为肥料。元代王祯指出,这样做可以"变恶为美,种少收多"。清代杨屾在《知本提纲》中继承和进一步阐述了这种理论,并提出"余气相培"说,它指明农业产品中人类不能直接利用的部分和人畜的排泄物可以在农业生产过程中进行再利用,这已是对农业系统中物质循环与能量转化关系的一种初步的理论表述。

上述"三位一体"的农业生产体系是浙江古代人民丰富的农业实践经验的升华,又反过来成为人们从事精耕细作的指导思想。这种生产体系不同于西方近代农业科学,缺乏实验科学的精确依据,但它蕴含着深刻的哲理,从总体上把握了农业的本质。在这种生产体系的指导下,浙江传统农业技术比较注意适应和利用农业生态系统中农业生物、自然环境等各种因素之间的相互依存和相互制约关系,因而比较符合农业生产的本性,也因而能比较充分地发挥人在农业生产中的能动作用。这是浙江传统农业科学技术的特点和优点。

以上三个方面都是浙江传统农业科学技术的基本特点,它们相互联系,紧密结合,构成一个完整的体系。"精耕细作"指的是技术体系的特点,但它和其他两方面密不可分。因此,就广义而言,这"三位一体"的体系,也可以用"精耕细作"来概括。这是浙江传统农业给今天的浙江以至全世界留下的宝贵遗产。

二、近代农业

近代农业探讨的是 1840 年鸦片战争后至 1949 年中华人民共和国成立前,这一历史时期浙江农业和农村科学技术的发展历程及其发展规律,以便人们从中汲取有益的历史经验,促进浙江现代农业和新农村建设发展。

(一)浙江近代农业科学技术发展阶段的划分

引用郭文韬、曹隆恭主编的《中国近代农业科技史》提出的农业科学技术发展阶段划分方法,浙江近代农业科学技术发展历史可划分为二个时期:晚清时期(1840—1911);民国初年至解放前夕(1911—1949)。

1.晚清时期(1840—1911)。(1)传统农业科技。①耕作栽培。在种植制度方面主要是继承和发展了农田轮作复种、间作套种、多熟种植的优良传统;在土壤耕作制度继承和发展了精耕细作与合理轮作的优良传统;在水旱轮作区域发展了旱作开沟作畦的技术,在间套复种中发展了免耕播种的经验。②选育种。发展了系统选种留种、存优劣汰,建立种子田的优良传统。③积肥施肥技术。发展了窖粪法和稻、麦、豆施肥技术。④治虫防病。总结了消灭杂草、深耕、合理轮作、选择作物等技术经验;在生防方面,继承了放鸭治虫、保护益鸟治虫的传统经验;病害防治方面主要进行了稻热病和麦黑粉病防治。⑤农田水利。主要是继承和发展了修筑海塘和促进海涂围垦技术,创建了浙西建筑挑水和拦水坝的新技术。⑥农业机具。创制了"葍蔜"这种处理前做稻茬的工具。为了将绿肥踏入泥中作为稻田基肥,创制了一种形如木屐,名为"秧马"的工具。⑦传统蔬菜种植。主要是继承和发展了轮作复种、间作套种、多熟种植、深耕细作、粪大水勤等优良传统。⑧畜牧科技。主要是继承和发展了家畜相术、家畜良种、繁殖、饲养管理、畜禽肥育和农牧结合等优良传统。兽医主要是发展了卫生防疫、寄生虫病防治和普通病治疗的优良传统。⑨蚕桑科技。主要是发展了繁殖桑秧的嫁接方法,栽桑主要发展了深耕细作和改良土壤的优良传统。

(2)近代农业科技引进。清代是浙江引进西方近代农业技术的肇始时期。①近代选种育种的新法引进。光绪三十年(1904),清政府的工商部从美国输入大量陆地棉种子,分发给江苏、浙江、湖北等省试种。②近代农业机具的引进。光绪二十五年(1899),浙江引进较多效用较大的抽水排灌机具。③改良蚕种方法的引进。光绪十五年(1889),浙江派养蚕小院的华工江生金前往德国学习制造无病蚕种的方法。他回国后曾在浙江蚕学馆任教。该馆在开学那年即制成无病蚕种 500张。同年上海制种场饲养和日本蚕种杂交制成的改良蚕种,并将绍兴蚕种和日本蚕种杂交,这种改良蚕种是纯系蚕种,品质纯粹,丝量多、茧质好,为丝场所欢迎。

但它体质弱、抗逆力差,容易遭致培育失败,不为蚕农所欢迎。

2.民国初年至解放前夕(1911—1949)。(1)精耕细作传统与近代科技结合,耕作栽培技术从经验科学发展到实验科学的新阶段。①在继承发展双季稻和稻麦两熟制度外,新发展了多种形式的二熟制或三熟制。②合理轮耕的新发展。农田同水旱轮作相适应,发展了水田耕耙耖和旱作的开沟畦技术,同间套复种制相适应,发展了翻耕与免耕结合的轮耕体系。③实践科学的新发展。这一时期,以近代的栽培学、耕作学、土壤学知识为基础,运用近代的实验手段,开展了如双季稻、稻麦两熟等一系列耕作栽培技术的科学实验。(2)用近代科学方法选育种。这一时期侧重稻、麦、棉三种作物的良种选育。1932年,金善宝教授从意大利引进小麦早熟品种"明他那"(Montana),经系统选育,育成"中大2419",后改名"南大2419"。曾一度成为长江流域的当家品种,推广种植面积7000万亩。(3)土壤肥料科技的发展。20世纪30年代,浙江大学农学院的土肥教授刘和与助教官熙光,经过7年的苦心研究,发明一种活化有机肥的新方法,1934年取得实业部的专利。(4)科学治虫。民国十三年(1924)浙江省建设厅筹组浙江昆虫局,任命黄耕雨为局长,后由邹树文继任主事。(5)植物病害研究。主要对稻类、麦类、杂粮薯类等作物的病害和果树病害的病原菌形态与生活史以及防治方法进行了研究。(6)农田水利。这一时期,利用近代科学方法进行水文观测;设立雨量站,观测降雨量和蒸发量;采用精密的水准测量方法,绘制地图;采用新技术修建堤防工程和闸坝工程。(7)近代农业机具。1915年浙江财阀在黑龙江省呼玛县创办的三大公司机械化农场,就从海参崴万国农具支店购入马珂尔墨克拖拉机5台和其他机械。这是我国引进拖拉机的最早记录。(8)改良蚕种。1925年浙江省立蚕桑学校制成一代杂交种万余张进行推广。这是我国大批推行一代杂交种之始。(9)水产品保鲜和加工。20世纪20年代,浙江省渔业局在定海开办了第一座冷藏库,其容量75吨、日制冰能力为7吨。1918年浙江定海的省立水产品制造厂建成投产,生产清炖带鱼、红烧带鱼、红烧梅鱼、炸板鱼、红烧板鱼等十几种鱼罐头。(10)耕作改制。1931—1949年,浙江农业科技重点推行耕作改制。主要推广冬耕,利用冬季休闲地增产杂粮,推广双季稻和保育再生稻,推行间作套种,改良栽培方法。

(二)浙江近代农业科学技术的启示或特点

近代农业生产的发展历史证明,农业生产是不能中断而必须是连续进行的生产事业。这个农业生产的连续性,决定了农业科技的历史继承性。这一点已为晚清时期传统农业科技的继承性和发展的历史所证明。

1.近代农业科技在传统农业科技的母腹中产生的必然性。近代农业科技发展的历史表明,近代农业科技是在传统农业科技的母腹中产生的。以晚清时期农业科技的发展历史为例,可以明显地看出,这一时期仍然是以传统农业科技为主的时期,它是以传统农业科技的继承和发展为主旋律的。但是,这一时期,又是浙江近代农业科技引进和传播的时期。

2.在民国初年至抗战前夕这一时期中,浙江农业科技的最大特点是传统农业科技与近代农业科技相结合,将我省的农业科技推向一个新的发展时期。这一时期,浙江运用近代农业科技最多的领域是选种育种、土壤肥料、病虫防治、园艺科技、畜牧科技、兽医科技、蚕业科技和渔业科技,为我省农业科技由传统科技向近代科技过渡奠定了初步基础。

3.传统农业科技与近代农业科技相结合贯穿近代史的全过程。近代农业科技的历史发展表明,传统农业科技与近代农业科技的结合是贯穿近代史全过程的始终的。例如,晚清时期虽然是以传统农业科技为主的时期,但是已经引进了部分近代农业科技。在民国初期至抗战前夕这一时期,浙江农业科技虽然已进入了传统农业科技与近代农业科技相结合的新时期,但是,这一时期,农业科技的各方面发展是不平衡的,有的领域采用传统科技较多,有的领域采用近代科技较多,总的来看,传统农业科技仍占举足轻重的地位。但是,这一时期的近代科技显然比晚清时期有较大发展。及至抗日战争至解放战争时期,我省的农业科技仍然处在传统农业科技与近代农业科技相交叉的历史时期,并未发生质的变化。有的只是量的变化,即传统农业科技所占的比重越来越少,而近代农业科技所占的比重越来越多。这个历史事实告诉我们,在农业科技领域中,需要正确处理传统农业科技与近代农业科技的关系,正确处理继承与改革的关系,只有这样才能使我省农业可持续地健康发展。

三、现代农业

现代农业探讨的是1949年中华人民共和国成立至21世纪初前十年(1949—2010),这一历史时期农业和农村科学技术发展历程及其规律。大致可划分为以下三个时期:中华人民共和国成立至20世纪70年代后期(1949—1977);20世纪70年代后期至20世纪末期(1978—2000);21世纪初前十年(2001—2010)。这三个时期62年时间,浙江农业和农村科学技术的发展发生了翻天覆地的变化,取得了一系列巨大的科学技术成就。具体在本书中用较大的篇幅做了较详细的论述。

2012年9月,根据《浙江通志·科学技术志》编辑部的要求,拟委托浙江科技学院、浙江农业生物资源科技协同创新中心承编,浙江农科院、浙江科技信息研究院等参编,负责浙江农业和农村科学技术章节相关资料的收集整理与长编工作。截至2017年,课题组已经完成了农业和农村科学技术发展资料长编任务。由于《浙江通志·科学技术志》篇幅为限制100万字,其中农业和农村科学技术相关内容文字限制不能超过8万字。这项研究工作从2012年9月开始到2018年12月完成,历时近7年。在这7年中,课题组成员先后查阅了几十部古代和近代相关农书、几十部方志、数百册古代和近代期刊的资料,以及几十册涉农高校和科研院所志和几十个单位的发展报告资料。经过搜集资料、调查研究、分析研究、归纳总结、拟定提纲、撰写初稿、修改定稿等辛勤的劳动,课题组编纂了200多万字的资料,系统整理分析和归纳总结了浙江农业和农村科学技术历史,而这些资料不能达到古为今用的目的实在可惜。因此,课题组决定编著《浙江农业和农村科学技术发展历史研究》一书,该书主要是由浙江科技学院、浙江农业生物资源科技协同创新中心、浙江农科院、浙江科技信息研究院等高校院所相关科技人员完成的,同时,有浙江省科学技术厅农村处、基金办、政策法规处,浙江大学、浙江农林大学、浙江海洋大学、宁波大学、浙江工商大学、中国水稻研究所、中国农科院茶叶研究所、中国林科院亚林所、浙江林科院、浙江省淡水水产研究所、浙江省海洋水产研究所、浙江省海洋水产养殖研究所、浙江中药材研究所、浙江中医药研究所、嘉兴市农科院、金华市农科院等 20 个单位的 40 多位科研人员提供相关资料或参与专题编写。

在调查研究阶段,课题组根据资料搜集方面的不足,着重到浙江大学、浙江农林大学、舟山市科技局及相关企业、浙江海洋大学、浙江海洋水产养殖研究所、浙江海洋水产研究所等单位进行调查和访问。共有 50 多位老专家和有关科技人员参加了座谈会。在调查访问中,课题组不仅搜集到许多一手文献资料,而且搜集到许多老专家回忆的活资料。这些文献资料和回忆资料,对于课题组了解我省农业和农村科技发展情况起到了重要作用。为此,课题组要在该书即将问世的时候,向给我们提供有关文献资料和回忆资料的单位和个人表示衷心的感谢!

浙江农业和农村科学技术发展历史研究是一个新领域,具有很大的挑战性和较高的研究难度。尽管我们课题组本着认真负责的态度,组织各方面力量,调动各方面的积极性,尝试从多层面、多视角、多途径、多方法进行资料长编工作,但由于水平有限,难免会存在一些疏漏和不足之处,恳请大家批评指正。